● 中学数学拓展丛书

本册书是湖南省教育厅科研课题“教育数学的研究”（编号06C310）成果之一

数学精神巡礼

SHUXUE JINGSHEN XUNLI

沈文选　杨清桃　著

哈爾濱工業大學出版社
HITP HARBIN INSTITUTE OF TECHNOLOGY PRESS

内容简介

本书共分八章:第一章科学与科学精神;第二章人文与人文精神;第三章数学精神;第四章数学精神的光辉结晶——数学推理;第五章数学精神的显著标志——数学证明;第六章数学精神的灯塔指引——数学推广;第七章数学精神的重要载体——数学思维;第八章数学精神的雨露滋润——数学素养.

本书可作为高等师范院校、教育学院、教师进修学院数学专业及国家级、省级中学数学骨干教师培训班的教材与教学参考用书.本书是广大中学数学教师及数学爱好者的数学视野拓展读物.

图书在版编目(CIP)数据

数学精神巡礼/沈文选,杨清桃著.—哈尔滨:哈尔滨工业大学出版社,2019.1
(中学数学拓展丛书)
ISBN 978-7-5603-7229-7

Ⅰ.①数… Ⅱ.①沈… ②杨… Ⅲ.①中学数学课-教学参考资料 Ⅳ.①G633.603

中国版本图书馆CIP数据核字(2018)第022590号

策划编辑 刘培杰 张永芹
责任编辑 张永芹 李宏艳 陈雅君
封面设计 孙茵艾
出版发行 哈尔滨工业大学出版社
社 址 哈尔滨市南岗区复华四道街10号 邮编150006
传 真 0451-86414749
网 址 http://hitpress.hit.edu.cn
印 刷 哈尔滨市石桥印务有限公司
开 本 787mm×1092mm 1/16 总印张20.25 字数545千字
版 次 2019年1月第1版 2019年1月第1次印刷
书 号 ISBN 978-7-5603-7229-7
定 价 58.00元

序

我和沈文选教授有过合作，彼此相熟. 不久前，他发来一套数学普及读物的丛书书目，包括《数学眼光透视》《数学思想领悟》《数学应用展现》《数学建模尝试》《数学方法溯源》《数学史话览胜》等，洋洋大观. 从论述的数学课题来看，该丛书的视角新颖，内容充实，思想深刻，在数学科普出版物中当属上乘之作.

阅读之余，忽然觉得公众对数学的认识很不相同，有些甚至是彼此矛盾的. 例如：

一方面，数学是学校的主要基础课，从小学到高中，12 年都有数学；另一方面，许多名人在说"自己数学很差"的时候，似乎理直气壮，连脸也不红，好像在宣示：数学不好，照样出名.

一方面，说数学是科学的女王，"大哉数学之为用"，数学无处不在，数学是人类文明的火车头；另一方面，许多学生又说数学没用，一辈子也碰不到一个函数，解不了一个方程，连相声也在讽刺"一边向水池注水，一边放水"的算术题是瞎折腾.

一方面，说"数学好玩"，数学具有和谐美、对称美、奇异美，歌颂数学家的"美丽的心灵"；另一方面，许多人又说，数学枯燥、抽象、难学，看见数学就头疼.

数学，我怎样才能走近你，欣赏你，拥抱你？说起来也很简单，就是不要仅仅埋头做题，要多多品味数学的奥秘，理解数学的智慧，抛却过分的功利，当你把数学当作一种文化来看待的时候，数学就在你心中了.

我把学习数学比作登山，一步步地爬，很累，很苦. 但是如果你能欣赏山林的风景，那么登山就是一种乐趣了.

登山有三种意境.

首先是初识阶段. 走入山林，爬得微微出汗，坐拥山色风光. 体会"明月松间照，清泉石上流"的意境. 当你会做算术，会记账，能够应付日常生活中的数学的时候，你会享受数学给你带来的便捷，感受到好似饮用清泉那样的愉悦.

其次是理解阶段．爬到山腰，大汗淋漓，歇足小坐．环顾四周，云雾环绕，满目苍翠，心旷神怡．正如苏轼名句："横看成岭侧成峰，远近高低各不同．不识庐山真面目，只缘身在此山中．"数学理解到一定程度，你会感觉到数学的博大精深，数学思维的缜密周全，数学的简洁，你会对符号运算有爱不释手的感受．不过，理解了，还不能创造．"采药山中去，云深不知处．"对于数学的伟大，还莫测高深．

最后是登顶阶段．攀岩涉水，越过艰难险阻，到达顶峰的时候，终于出现了"会当凌绝顶，一览众山小"的局面．这时，一切疲乏劳顿、危难困苦，全都抛到九霄云外．"雄关漫道真如铁"，欣赏数学之美是需要代价的．当你破解了一道数学难题，"蓦然回首，那人却在灯火阑珊处"的意境，是语言无法形容的快乐．

好了，说了这些，还是回到沈文选先生的丛书．如果你能静心阅读，它会帮助你一步步攀登数学的高山，领略数学的美景，最终登上数学的顶峰．虽然劳顿着，但快乐着．

信手写来，权作为序．

张奠宙

于沪上苏州河边

2016年11月13日

附　　文

（沈文选先生编著的丛书，是一种对数学的欣赏．由此，再次想起数学思想往往和文学意境相通，曾在《文汇报》发表一短文，附录于此，算是一种呼应．）

数学和诗词意境

张奠宙

数学和诗词，历来有许多可供谈助的材料．例如：

一去二三里，烟村四五家．

亭台六七座，八九十枝花．

把十个数字嵌进诗里，读来琅琅上口．郑板桥也有咏雪诗：

一片二片三四片，五片六片七八片．

千片万片无数片，飞入梅花总不见．

诗句抒发了诗人对漫天雪舞的感受．不过，以上两诗中尽管嵌入了数字，却实在和数学没有什么关系．

数学和诗词的内在联系，在于意境．李白《送孟浩然之广陵》诗云：

故人西辞黄鹤楼，烟花三月下扬州．

孤帆远影碧空尽，唯见长江天际流．

数学名家徐利治先生在讲极限的时候，却总要引用“孤帆远影碧空尽”这一句，让大家体会一个变量趋向于0的动态意境，煞是传神．

近日与友人谈几何，不禁联想到初唐诗人陈子昂《登幽州台歌》中的名句：

前不见古人，后不见来者．

念天地之悠悠，独怆然而涕下．

一般的语文解释说：上两句俯仰古今，写出时间绵长；第三句登楼眺望，写出空间辽阔．在广阔无垠的背景中，第四句描绘了诗人孤单寂寞、悲哀苦闷的情绪，两相映照，分外动人．然而，从数学上看来，这是一首阐发时间和空间感知的佳句．前两句表示时间可以看成是一条直线（一维空间）．陈老先生以自己为原点，前不见古人指时间可以延伸到负无穷大，后不见来者则意味着未来的时间是正无穷大．后两句则描写三维的现实空间：天是平面，地是平面，悠悠地张成三维的立体几何环境．全诗将时间和空间放在一起思考，感到自然之伟大，产生了敬畏之心，以至怆然涕下．这样的意境，是数学家和文学家可以彼此相通的．进一步说，爱因斯坦的四维时空学说，也能和此诗的意境相衔接．

贵州六盘水师专的杨老师告诉我他的一则经验．他在微积分教学中讲到无界变量时，用了宋朝叶绍翁《游园不值》中的诗句：

满园春色关不住，一枝红杏出墙来．

学生每每会意而笑．实际上，无界变量是说，无论你设置怎样大的正数 M，变量总要超出你的范围，即有一个变量的绝对值会超过 M．于是，M 可以比喻成无论怎样大的园子，变量相当于红杏，结果是总有一枝红杏越出园子的范围．诗的比喻如此恰切，其意境把枯燥的数学语言形象化了．

数学研究和学习需要解题，而解题过程需要反复思索，终于在某一时刻出现顿悟．例如，做一道几何题，百思不得其解，突然添了一条辅助线，问题豁然开朗，欣喜万分．这样的意境，想起了王国维用辛弃疾的词来描述的意境：“众里寻他千百度，蓦然回首，那人却在灯火阑珊处．”一个学生，如果没有经历过这样的意境，数学大概是学不好的了．

前言

音乐能激发或抚慰情怀,绘画使人赏心悦目,诗歌能动人心弦,哲学使人获得智慧,科技可以改善物质生活,但数学却能提供以上的一切.

——Klein

数学就是对于模式的研究.

——A. N. 怀特海

甚至一个粗糙的数学模型也能帮助我们更好地理解一个实际的情况,因为建立数学模型时,我们通常受限地考虑了各种逻辑,不含混地约定了所有的概念,并且区分了重要的和次要的因素.一个数学模型即使导出了与事实不完全符合的结果,它也还可能是有价值的,因为一个模型的失败常常可以帮助我们去寻找和建立更好的模型.应用数学和战争是相似的,有时一次失败比一次胜利更有价值,因为它帮助我们认识到我们的武器或战略的不适当之处.

——A. Renyi

人们喜爱音乐,因为它不仅有神奇的乐谱,而且有悦耳的优美旋律!

人们喜爱画卷,因为它不仅能描绘出自然界的壮丽,而且可以描绘人间美景!

人们喜爱诗歌,因为它不仅是字词的巧妙组合,而且有抒发情怀的韵律!

人们喜爱哲学,因为它不仅是自然科学与社会科学的浓缩,而且使人更加聪明!

人们喜爱科技,因为它不仅是一个伟大的使者或桥梁,而且是现代物质文明的标志!

而数学之为德,数学之为用,难以用旋律、美景、韵律、聪明、标志等词语来表达!

你看,不是吗?

数学精神,科学与人文融合的精神,它是一种理性精神,一种求简、求统、求实、求美的精神！数学精神似一座光辉的灯塔,指引数学发展的航向！数学精神似雨露阳光

滋润人们的心田！

数学眼光,使我们看到世间万物充满着带有数学印记的奇妙的科学规律,看到各类书籍和文章的字里行间的数学踪迹,使我们看到满眼绚丽多彩的数学洞天！

数学思想,使我们领悟到数学是用字母和符号谱写的美妙乐曲,充满着和谐的旋律,让人难以忘怀,难以割舍！让我们在思疑中启悟,在思辨中省悟,在体验中领悟！

数学方法,人类智慧的结晶,它是人类的思想武器！它像画卷一样描绘着各学科的异草奇葩般的景象,令人目不暇接！它的源头又是那样的寻常！

数学解题,人类学习与掌握数学的主要活动,它是数学活动的一个兴奋中心！数学解题理论博大精深,提高其理论水平是永远的话题！

数学技能,在数学知识的学习过程中逐步形成并发展的一种大脑操作方式.它是一种智慧！它是数学能力的一种标志！操握数学技能是应能达到的一种基础性目标！

数学应用,给我们展示出了数学的神通广大,在各个领域与角落闪烁着人类智慧的火花！

数学建模,呈现出了人类文明亮丽的风景！特别是那呈现出的抽象彩虹——一个个精巧的数学模型,璀璨夺目,流光溢彩！

数学竞赛,许多青少年喜爱的一种活动,这种数学活动有着深远的教育价值！它是选拔和培养数学英才的重要方式之一.这种活动可以激励青少年对数学学习的兴趣,可以扩大他们的数学视野,促进创新意识的发展！数学竞赛中的专题培训内容展示了竞赛数学亮丽的风采！

数学测评,检验并促进数学学习效果的重要手段！测评数学的研究是教育数学研究中的一朵奇葩！测评数学的深入研究正期待着我们！

数学史话,充满了诱人的前辈们的创造与再创造的心血机智,让我们可以从中汲取丰富的营养！

数学欣赏,对数学喜爱的情感的流淌.这是一种数学思维活动的崇高情感表达.数学欣赏,引起心灵震撼,真、善、美在欣赏中得到认同与升华.从数学欣赏中领略数学智慧的美妙,从数学欣赏走向数学鉴赏,从数学文化欣赏走向数学文化研究！

因此,我们可以说,你可以不信仰上帝,但不能不信仰数学.

从而,提高我国每一个人的数学文化水平及数学素养,是提高我国各个民族整体素质的重要组成部分,这也是数学基础教育中的重要目标.为此,笔者构思了这套书.

这套书是笔者学习张景中院士的教育数学思想,对一些数学素材和数学研究成果进行再创造并以此为指导思想来撰写的;是献给中学师生,试图为他们扩展数学视野、提高数学素养以响应张奠宙教授的倡议——构建符合时代需求的数学常识,享受充满数学智慧的书籍.

不积小流无以成江河,不积跬步无以至千里,没有积累便没有丰富的素材,没有整合创新便没有鲜明的特色.这套书的写作,是笔者在多年资料的收集、学习笔记的整理及笔者已发表的文章的修改并整合的基础上完成的.因此,每本书末都列出了尽可能多的参考文献.

在此，笔者也衷心地感谢这些文献的作者.

这套书，作者试图以专题的形式，对中小学中典型的数学问题进行广搜深掘来串联，并以此为线索来写作的.

本册书是《数学精神巡礼》.

数学精神是科学精神与人文精神的融合. 因为数学是科学与人文的共同基因，科学与人文都借助数学，依赖数学来完成各自的使命.

这是一种理性精神. 数学的证明与公理化，数学的抽象与应用性，构成了数学理性的几个主要特性.

数学的求简、求统、求实、求美精神体现了数学精神的主要内容.

数学中的求简精神主要表现于表达形式的简洁、求解方法的简洁以及逻辑结构的简洁；数学中的求统精神主要表现于追求数学形式的统一，数学内容的统一，数学处理手段的统一，等等；数学的求实精神主要表现于追求从数学现实出发，追寻数学实质，揭示数学问题的实际联系；数学求美精神主要表现于追求内在的美、表现的形式美、运用的功能美等，在美的熏陶下，得到情感共鸣和思维启迪.

数学精神的光辉结晶，这就是数学推理. 数学推理有论证推理、合情推理，合情推理中有归纳推理和类比推理.

数学精神的显著标志，这就是数学证明. 数学证明是一种特殊形式的推理，这是一种与科学的证明存在深刻差别的证明. 科学的证明依赖于观察、实验和理解力，而数学证明依靠逻辑推理，数学证明是有绝对的意义，是无可怀疑的，一旦证明了就永远是对的.

数学精神的灯塔指引便可获得数学推广. 数学推广是一种重要的创造性活动，数学推广闪现着创造性火花，数学推广是一种全面、主动、积极的数学学习方式.

数学精神的重要载体，这就是数学思维. 数学本身既是数学思维的结果，又是科学思维的工具. 思维是人类特有的一种能力，思维的规律谓之逻辑，善于运用逻辑的人易于摘下智慧之果！

数学精神的雨露滋润，培育了数学素养. 数学素养是一种数学情感态度价值观的呈现，是数学知识、数学能力的综合体现.

数学精神似一幅崭新的蓝图，启引我们追寻梦想，昂首疾步！

数学精神似一艘现代化航母，载着我们劈波斩浪，一往无前！

衷心感谢张奠宙教授在百忙中为本套书作序！

衷心感谢刘培杰数学工作室，感谢刘培杰老师、张永芹老师、李宏艳老师、陈雅君老师等诸位老师，是他们的大力支持，精心编辑，使得本书以这样的面貌展现在读者面前！

衷心感谢我的同事邓汉元教授，我的朋友赵雄辉、欧阳新龙、黄仁寿及我的研究生们：羊明亮、吴仁芳、谢圣英、彭熹、谢立红、陈丽芳、谢美丽、陈淼君、孔璐璐、邹宇、谢罗庚、彭云飞等对我写作工作的大力协助，还要感谢我们的家人对我们写作的大力支持！

沈文选　杨清桃

于岳麓山下

2017 年 6 月

目录
CONTENTS

第一章　科学与科学精神

第二章　人文与人文精神

第三章 数学精神

第四章 数学精神的光辉结晶——数学推理

第五章 数学精神的显著标志——数学证明

第六章 数学精神的灯塔指引——数学推广

目录
CONTENTS

第一章　科学与科学精神

“科学”一词,1989 年出版的《辞海》对它的解释是“关于自然、社会和思维的知识体系”. 因而我们常有自然科学、社会科学、思维科学等之称. 众所周知,科学知识是人们在认识世界、改造世界的实践之中获得的认知和经验的总结,它是人类文明的核心内容. 在各类科学中,学说、规则、规律、特性、结论等显然属于知识的范围,这些概念也都有其本身的内容. 这样的一种理解,从整体上看也可以说是对科学的一种静态理解. 科学不仅仅是指已被认识的真理和知识,还应包括认识真理和获取知识的探索过程、实践过程,显然这是动态的理解. 于 1974 年出版的《苏联大百科全书》就认为“科学是人类活动的一个范畴”. 从而对科学应该从静与动两种形态来理解.

1.1　科学的起源

混沌初开、乾坤始奠,在茫茫的洪荒宇宙之中出现了人类. 人类为了生存,逐渐地学会了围猎野兽、捕捞鱼虾、采集野果、种植庄稼,不断地改善着人类生存的条件. 毕竟人类有别于其他动物,除了物质生活的需要之外,还有精神生活的需要. 于是,人类中的一些先进分子在追求物质生活条件的同时,也开始考虑人类的未来、社会的发展、环境的改变.

首先引起人们去思考的是神秘的大自然,古希腊人和古代其他文明时期的人们认为大自然是混乱、反复无常,甚至是恐怖的. 自然现象是无法解释的,或者是神的意志决定的,只有用祈祷、祭祀和其他宗教仪式来解脱.

人类热爱大自然,但又害怕大自然,人类迫切地需要了解大自然,认识宇宙,从而拉开了人类认识宇宙的漫长历史的序幕. 古往今来,多少先圣昔贤为了解读这神秘的宇宙,贡献了他们毕生的智慧和精力.

希腊人敢于正视自然. 他们的精神领袖(显然不是普通民众)摒弃了传统观念、超自然力、迷信、教条和其他思想束缚. 他们是最早检验并试图理解各种谜一般的复杂的自然活动的人们. 他们用思维与似乎瞬息万变的宇宙现象抗争,将理性之光洒于其上.

他们有着永不满足的好奇心和勇气,他们提出和回答了许多人遇到过,但却极少人试图解决,并且只能被具有最高智力水平的人所解决的问题. 整个宇宙的运转是有计划的吗? 植物、动物、人类、星系、光和声,仅仅是物理现象还是经过完美设计的? 由于希腊人总梦想着提出新见解,所以他们建立了后来统治整个西方思想中关于宇宙的概念.

希腊的智者们对自然采取了一种全新的态度. 这种态度是理性的、批判的和反宗教的. 神学中上帝按其意愿创造的人和物质世界的信仰被摒弃了. 智者们终于得出了这样的观念:自然是有序的,按完美的设计而恒定地运行着. 从星体的运动到树叶的颤动,所有感官能感知的现象都能用一种精确、和谐而理智的形式来描述. 简而言之,自然是按理性设计的,这种设计,虽然不为人的行为而改变,却能被人的思维所理解.

希腊人不仅是探索混杂现象的秩序和规则的勇敢的先驱,而且也是以才智发掘出自然现象显而易见所遵循的基本模式的先驱. 他们敢于询问并且发现了人类观测到的最壮观的景象的基本规律:朝升夕落的太阳,阴晴圆缺的月亮,光彩夺目的行星,星汉灿烂的夜空,奇妙无比的日食、月食,日月星辰的运行,四季寒暑的更替,多么和谐而有序.

正是公元前6世纪的爱奥尼亚的哲学家首先尝试寻求对大自然和宇宙运行规律的合理解释. 这一时期的著名哲学家们,如泰勒斯(Thales)、阿那克西曼德(Anaximander)、阿那克西米尼(Anaximenes)、赫拉克利特(Heraclitus)和阿那克萨戈拉(Anaxagoras),各自恪守一个主旨去解释宇宙的构成. 比如泰勒斯认为万物都是由气态、液态和固态的水组成的,他试图用水的观点解释许多现象——这是一个不无道理的解释. 因为云、雾、露、雨和雹是水的不同形态,而水是生命不可缺乏的,它滋润庄稼,养育动物. 现在我们知道甚至人体里90%是水.

爱奥尼亚人的自然哲学是一系列的大胆的观察,敏锐的猜测和天赋的直觉,而不是广泛而细致的科学研究的成果. 这些人也许有些过于急切看到世界的全貌,从而匆匆忙忙得到一些泛泛的结论. 但他们的确抛弃了一些陈腐的神秘观点,而代之以唯物主义的,对宇宙的设计和运行的客观解释. 他们以理性方法取代了幻想和非批判的观点,用推理来论证自己的观点成立. 这些人敢于用思维来对待世界,拒绝依赖神灵、意志、鬼怪、妖魔、天使和其他也许能够维护或毁灭自然现象的神秘力量. 可以用阿那克萨戈拉的话来表述这种理性观点的精髓:“理性统治着世界.”

这也使得今天的人们认识到这就是科学的起源. 科学伴随人类出现而生,科学促进了人类文明的进程.

1.2 科学的数学化

1.2.1 科学自起源便与数学结下了不解之缘

摒除故弄玄虚、神秘主义和对自然运动的杂乱无章的认识,而代之以可理解的规律的决定性的一步是数学知识的应用. 在这里,希腊人展示出一种可以与推理的作用的发现相媲美的、几乎同样富有想象力和独创性的洞察力:宇宙是以数学方式设计的,借助于数学知识,人类可以充分地认识它. 最早提出自然界数学模式的是以毕达哥拉斯(Pythagoras)为领袖的坐落于意大利南部的毕达哥拉斯学派. 虽然他们从盛行的致力于灵魂的净化和将它从肉体的污浊束缚中解脱出来的希腊宗教中吸收了灵感和信条,但其自然哲学却是完全理性的. 毕达哥拉斯学派震惊于这样一个事实,即由定性地看各种各样的现象都表现出相同的数学性质,可推知数学性质必定为这些现象的本质. 更精确地,他们从数和数的关系方面发现了这种本质. 数学是他们解释自然的第一要素,所有物体都是由物质的基本微粒或“存在单元”根据不同的几何形状组成的. 单元的总量实际上代表了实在的物体,数学是宇宙的实体和形式. 因而毕达哥拉斯学派认为:“万物皆数也.”因为数是万物之“本”,对自然现象的解释只有通过数字才能得出.

虽然历史片断没有提供精确的年代数据,但这一点却是无疑的,即毕达哥拉斯学派发展并完善了自己的认识,他们开始把数字理解为抽象概念,而物体只不过是数字的具体化. 有了这一后来的特性,我们可以明白菲洛劳斯(Philolaus)的论述:“如果没有数和数的性质,世界上任何事物本身或与别的事物的关系都不能为人所清楚了解……”我们可以在人间的一切行动和思想上乃至在一切行业和音乐上看到数的力量.

例如,毕达哥拉斯学派之所以能把音乐归结为数与数之间的简单关系,是因为他们发现了下列两个事实:第一,弦所发出的声音取决于弦的长度;第二,两根绷得一样紧的弦,若一根是另一根长的两倍,就会产生谐音. 换言之,两个音相差八度. 如两弦长为 3 比 2,则发出另一谐音. 这时短弦发出的音比长弦发出的音高五度. 确实,产生每一种谐音的多根弦的长度都成整数比. 毕达哥拉斯学派也搞出了一个著名的音阶. 我们虽然不打算讲许多希腊时代的音乐,但要指出许多希腊数学家包括欧几里得(Euclid)和托勒密(Ptolemy),都写过这方面的著作,特别是关于谐音的配合,而且还制定过音阶.

毕达哥拉斯学派把行星运动归结为数的关系. 他们认为物体在空间运动时会发出声音,这也许是从绳端吊一东西摆动时发出声音这一方面引起的特例. 他们还认为运动得快的物体比运动得慢的物体发出更高的音. 根据他们的关系,离地球越远的星,运动得越快,因此行星发出的声音(我们因为从出世之日起就听惯了,所以觉察不出来)因其与地球的距离相异而成谐音. 但因这"天籁之音"也像所有谐音一样可以推为数的关系,所以行星运动也是这样.

自然界的其他形形色色特性也可"归结"为数. 1,2,3,4 这四个数,叫四象,是特别受重视的. 据说毕达哥拉斯学派的誓词即是:"谨以赋予我们灵魂的四象之名宣誓,长流不息的自然的根源包含于其中."他们认为自然是由四元性组成的:点、线、面和立体. 后来柏拉图(Plato)强调的则是四种物质元素:土、气、火、水.

四象的四个数字之和为 10,所以 10 是个理想数,代表宇宙. 为了填满这个数字,毕达哥拉斯学派引入了中心地球,加上日、月,已知的五大行星和位于中心地球另一侧的反地球. 我们看不到中心地球和反地球,因为我们所居住的那部分地球是背朝它们的. 我们在这里不打算详细叙述细节,关键一点是毕达哥拉斯学派将天文学建筑在数的关系之上.

由于毕达哥拉斯学派将天文学和音乐"归结"为数,这两门学科就同算术和几何发生了联系. 这四门学科都被人们看成是数学学科,甚至一直到中世纪,仍被包括在学校课程中,当时号称"四大学科".

毕达哥拉斯学派之后的哲学家更加关注现实世界的本质和基本的数学设计. 留基伯(Leuccipus)和德谟克里特(Democritus)由于更加清晰地确定了原子论而闻名于世. 他们的共同哲学观点是:世界是由无穷多个简单的、永恒的原子组成的. 这些原子的形状、大小、次序和位置各有差异,但每个物体都是由这些原子以某种方式组合而成的. 虽然几何上的量,如直线段,是无限可分的,但原子却是终极的,不可再分的质点. 形状、大小等只是原子的特性,其他性质如味、热则非原子所固有,而来自于观察者,所以感性认识不可靠,因为它随观察者而异. 原子论者也和毕达哥拉斯学派一样,认为隐藏在自然界不断变化着的万象之下的真实性是可用数字来表示的,而且认为这个世界上所发生的一切是由数字规律严格确定了的.

继毕达哥拉斯学派之后,传播这种主张最有影响的,当属由柏拉图领导的柏拉图学派.

柏拉图比毕达哥拉斯学派前进了一步,他不仅希望用数学来理解自然界,而且要用数学来取代自然界本身. 他相信,对物质世界仅用少量决定性的几步推理,即能得到基本的真理. 按此观点将只有数学存在,数学将取代物理研究.

这时的科学研究先哲们逐渐形成了两个信条:第一是自然界是按数学原理构成的;第二

是数学关系决定、统一并显示了自然界的秩序. 在这个经典时期末期,上述观点已经确立,并且开始了对数学规律的探求. 虽然这个观点并未影响后世所有的数学家,但一旦为人接受,它就作用于大多数伟大数学家的思维,甚至影响了那些尚未接触过它的人. 希腊人这一重要思想的最大胜利是他们认为宇宙是按可为人类思维所能发掘的数学规律运行的.

于是希腊人决定寻求真理,特别是关于自然的数学化设计的真理. 人们怎样寻求真理并证明其是真理呢? 为此,希腊人也绘出了方案. 这个方案在从公元前600年到公元前300年这段时期逐渐发展,它是何时由何人最先提出尚无定论,但到公元前300年,它已经相当完善了.

从广义的、使用数字和几何图形这方面来看,数学早于古典时期希腊人的研究几千年就开始形成了. 广义来讲,数学包括了许多已经消失了的文明(最有名的有埃及文明和巴比伦文明)的贡献. 除了希腊文明外,在其他文明中数学并不是一个独立体系,它没有形成一套方法,仅为了直接而实用的目的被研究. 它是一种工具,是一系列相互无关的、简单的、帮助人们解决日常问题的规则,如推算日历、农业和商业往来. 这些规则是由试探、错误、经验和简单的观察得到的,许多都只是近似的正确. 这些文明中的数学的最优之处在于,它显示了思维的某些活力和坚韧,尽管不严格,成就也远非辉煌. 这类数学的特点可用经验主义一言蔽之. 巴比伦人和埃及人的经验主义数学为希腊人的数学研究工作揭开序幕.

1.2.2 科学数学化的早期成果

当历史的车轮驶进了16世纪以后,文艺复兴运动进入了全面成熟时期. 这个时期的欧洲人才辈出,科学巨匠哥白尼、培根、第谷、开普勒、笛卡儿、伽利略先后崛起于西欧,使科学迅猛发展.

从毕达哥拉斯的"万物皆数"到文艺复兴时期的数学设计了世界,尽管人们自以为数学与人的经验无关,但因为要强调数学与世界的一致性,就从本质上限定了数学必须符合人们对世界的直观认识,即符合客观实在,从而限定了数学的概念是直接、现实中的物体或人类经验抽象出来的. 所以,当不符合人们直观认识和传统经验的数学出现的时候,如负数、无理数、虚数等,往往受到人们普遍的强烈的抵制. 文艺复兴以后,这种观念逐渐被打破. 16世纪以来,"越来越多的,越来越远离自然界的,似乎是从人们的脑子里涌现出来的概念进入了数学".

17世纪的一些数学家是这样来认识数学的:宇宙是上帝按数学设计的,数学科学只不过把宇宙的数学设计揭示出来,所以,数学的真理性是无可怀疑的. 这样,数学能符合现实世界的原因得到了说明,同时也说明了数学的重要性——离开数学就不能揭示世界的数学设计,也就不能认识世界. 虽然这一时期的数学家表面上一般仍然是宗教信徒,他们从神学观点中寻找科学的信念,但数学家们正是把上帝推崇为一个至高无上的数学家,才使得寻找大自然的数学规律成为合法的宗教活动,从而避免了被当作从事非宗教活动的科学研究而遭到教会的迫害. 打着上帝的旗帜反上帝,把科学从神学中解放出来,上帝的权威则被明升暗降地推到了幕后.

著名数学家笛卡儿(Descartes,1596—1650)和莱布尼茨(Leibniz,1646—1716)的观点可以作为这一时期数学家的代表. 笛卡儿认为:

"数学是原理可靠的唯一科学. 如果科学希望获得真正的和真实的知识,它就应该建立在数学科学中所适应的那种方法的基础上. 数学方法是,它确定了基本的初始原理,这原理是清楚明晰的,所以是真实的,从这一原理可以演绎地和系统地得出一切其他的原理. 如果出发原理是真实的,那么整个知识体系也是真实的. ”①

莱布尼茨与笛卡儿一脉相承,他认为:

“全部算术和全部几何都是天赋的,是实际存在于我们自身之中的. 只要我们细心加以思考,就可以在心中发现它们而无需凭借自己的经验和他人的传统知识. ”②

正像爱因斯坦(Albert Einstein)所指出的那样:命运使牛顿处在人类历史的转折点上. 文艺复兴以来,在资本主义生产力刺激下蓬勃发展的自然科学开始迈入突破阶段. 但是,这种突破又面临着严峻的数学上的困难. 科学的数学化是文艺复兴以来许多科学巨匠孜孜以求的目标. 德国哲学家康德(Immanuel Kant)说过:“任何一门科学,只有当它数学化之后,才能称得上是真正的科学. ”科学数学化有两个要素:第一是科学规律的定量表述;第二是科学知识的演绎综合.

对于科学的数学化,第一个拿出最杰出成果来的是牛顿(Newton). 他于 1687 年出版了《自然哲学的数学原理》一书,堪称科学数学化的范本. 伽利略(Galilei)首先主张要寻求可用量的公式表示自然现象的知识,但伽利略把数学语言主要理解为几何语言,使他在运动定律的系统定量表述方面受到了限制. 笛卡儿曾经设想把“一切问题化为数学问题,一切数学问题化为代数问题,一切代数问题化为方程求解问题”. 他虽然没有成功,但他创造了解析几何,为运动的定量描述提供了框架. 牛顿则克服了两位先哲未能克服的困难,他与莱布尼茨分别独立地发明的微积分,为运动与变化的定量描述提供了方便. 运用这一工具,他使力学第一次成为定量的科学. 科学知识的演绎综合,在牛顿之前,这样的体系可以说只有一个,那就是欧几里得几何. 伽利略和笛卡儿尖锐地批判阻碍科学进步的经院哲学的庸俗三段论模式,提倡实验的、归纳的方法. 牛顿继承他们的观点并且更进一步,在抛弃庸俗三段论的同时,把欧氏几何模式从数学中移植到其他科学,首先是力学领域. 而且,从方法论意义上说,牛顿使公理化向形式化迈出了更重要的一步. 欧几里得用公理方法建立的系统,它的定义、公理和定理都有特定的数学含义. 而牛顿的力学公理系统只有十分空泛和抽象的物理意义,在运用于具体的物理领域时,可以对它的定量做物理解释而赋予其具体的意义.

《自然哲学的数学原理》成功地完成了人类文明史上第一次自然科学的大综合. 它不仅标志了 16 世纪和 17 世纪科学革命的顶点,也是人类文明进步的划时代标志,成为后来科学著作与科学方法的楷模.

1.2.3 现代科学数学化的案例

1. 生物数学的诞生③

第一次世界大战期间,意大利生物学家达柯纳(D'Ancona)研究了亚得里亚海北部海湾渔业生产的情况. 他发现,这一时期食肉大鱼占总捕获量的百分比急剧上升,而供人食用的鱼占总捕获量的百分比骤然下降. 战争年代,渔业萧条,捕量减少,食肉大鱼固然有更多的鱼可食,因而繁殖得快,而食用鱼也应得到繁殖,为何捕获量会下降呢? 人们已经有了无休止

---

①② 王鸿钧,孙宏安. 古今数学思想[M]. 北京:人民教育出版社,1992.

③ 黄汉平. 数学家与科技创新[J]. 数学通报,2003(7):27-28.

地滥捕会使食用鱼供应不上的体验,而长时间的休渔为何也导致食用鱼供应不足呢?达柯纳将这个令他疑惑不解的问题向他的同胞、数学家沃尔泰拉(V. Volterra,1860—1940)请教.沃尔泰拉是意大利第一流学者,曾在泛函分析的抽象理论方面做过突出贡献,是积分方程一般理论的创立者.他接受这一课题后,兴致勃勃地前往那不勒斯海军检查站做实地考察,研究了各类鱼种增殖与减少的规律,提出人类应主动调整捕鱼期,控制各类鱼相生相克后的增殖速度,达到有足够的食用鱼源源不断地供应市场的目的.沃尔泰拉以这一课题为契机,略去一些次要的影响因素,采取必要的简化和假定,建立数学模型,引用微分方程式,解后得出大体与实际相符合的结论,由此发现鱼群的繁殖具有周期性,略加修正就可用于指导渔业生产,"休渔期"由此而来.

之后的实践表明,这一原理也适用于生态平衡、环境保护、人口控制、疾病防治等,被科学界命名为"沃尔泰拉原理".20世纪30年代,经沃尔泰拉系统整理,出版了《生存竞争中的数学原理》一书,该书系统记述了数学向生物学渗透的成果,促成了一门崭新的边缘学科——生物数学的诞生.20世纪50年代,该原理用于渔业生产的实例被编入美国出版的《微分方程及其应用》(H. Betz等著)教科书里,供大学生学习,作为探讨微分方程定量研究动物种群间生克关系的范例.1974年,联合国教科文组织编辑的学科分类目录中,将生物数学作为一门独立学科与现代生物学中的生物化学、生物物理学并列.生物数学是应用数学、计算技术和定量理论对生物系统及其基础过程进行研究,探讨数学和生物学之间相互渗透的一门边缘学科,它又称为数学生物学.

数学与生物学相互渗透,给生物学注入了活力,生物统计学、数量遗传学、生物拓扑学等应运而生.生物数学的近代理论有了迅速发展,开辟了应用数学、计算技术和定量理论对生物系统及其基础过程进行研讨的广阔天地.

当初达柯纳突破以往仅靠实验手段研究生物学的传统,设想用数学工具定量研究生物学课题.沃尔泰拉对年轻的生物学家提出的很有实际意义的问题给予了重视,体现了他们丰富的想象力.正如爱因斯坦所说:"想象力比知识更重要.因为知识是有限的,而想象力概括世界上的一切,推动着进步,并且是知识进化的源泉."两位不同领域专家的合作,开阔了视野,也表明一门科学运用了数学,才得以走向成熟.

2. 曼哈顿工程

号称"20世纪影响人类历史进程的重大科技成就"之一、被命名为"曼哈顿工程"的原子弹研制,是一项有15万人员参加的空前庞大的工程,其中各类专家多达6 000多人,还有数以百计的高级顾问.在这些顾问中,有一位极负盛名的数学家——冯·诺伊曼(J. von Neumann,1903—1957).

原子弹研制是把原子物理学的理论研究成果发展到应用领域的新课题,是与法西斯争时间、抢速度的紧迫任务.冯·诺伊曼对原子弹的配料、引爆、估算爆炸效果等问题都提出过重要意见.在解决由突变所引起的不断增长的能量储存、爆炸中的热流运动,以及放射形式出现的能量分布的计算问题上做出贡献.这里除数学问题外,还涉及化学物理、放射化学、突变理论、爆炸力学等领域的知识.冯·诺伊曼是一位善于把实际问题化为数学模型的能手,是公认的承担这一任务的最佳人选.1945年7月16日凌晨的试验成功表明冯·诺伊曼估算的正确性,受到军方代表的高度赏识,被认为是在"最适当的时候、最适宜的地方,从事最适合的工作的人".

3. 空气动力学的奠基

西奥多・冯・卡门(T. von Karman,1881—1963)是美籍匈牙利航天工程学家、近代空气动力学奠基人之一.

在早期的飞行表演中,机毁人亡的事故也不时从各国传出,冯・卡门意识到,只有把航空事业纳入科学轨道,才得以使这种牺牲减到最低. 例如,飞机设计应做好部位安排,即各部件、发动机、油箱置于适当部位. 其中一次事故的教训是,搭乘人不仅增加了飞机的起飞重量,而且改变了飞机的重心位置,致使操纵困难,造成飞机下旋坠落的空难. 由于燃油消耗引起重心位置的移动,因此油箱的放置应尽可能靠近重心. 于是重心的计算列入了飞机草图设计中的一个必不可少的步骤.

在冯・卡门的功绩中,较为突出的是攻克超音速飞行中一系列的理论和实践的新课题. 当飞行速度接近音速时,飞机与声波几乎跑得一样快,气流来不及跑开而堆积在飞机前面,形成一道"墙",称为"声波墙". 这时机翼、尾翼产生颤震,操纵失控. 如何克服"音障"成为20世纪三四十年代困扰航空界的新课题. 20世纪40年代中期,先后有19名飞行员在超音速试飞中丧生,以致有人发出"超音速飞行不可能实现"的断言. 为从理论上回答突破"音障"的可能性,冯・卡门以偏微分方程、级数论、微幅振动、积分方程作工具,创立高速空气动力学. 配合实验研究,回答了超音速飞行可能性的问题,得出机身头部采用针尖状,机翼用三角形,使冲击波前后压力、流速、密度等气流参数的变化尽可能小,终于攻克了难关,降服了"音障". 1947年,首次取得超音速试飞成功,照科学办事避免了盲目性. 航空工业得以彻底结束了以往靠试试改改摸索着干的格局.

4. 沙漠风暴(海湾战争)①

1990年伊拉克点燃了科威特的数百口油井,浓烟遮天蔽日,美国及其盟军在沙漠风暴以前,曾严肃地考虑过点燃所有油井的后果. 据美国(超级计算评论)杂志披露,五角大楼要求太平洋-赛拉研究公司研究此问题. 该公司利用Navier-Stokes方程和有热损失能量方程作为计算模型,在进行一系列模拟计算后得出结论:大火的烟雾可能招致一场重大的污染事件,它将波及波斯湾、伊朗南部、巴基斯坦和印度北部,但不会失去控制,不会造成全球性的气候变化,不会对地球的生态和经济系统造成不可挽回的损失. 这样才促成美国下定决心进行海湾战争. 所以人们说第一次世界大战是化学战(火药),第二次世界大战是物理战(原子弹),海湾战争是数学战.

数学在军事方面的应用不可忽视. 再举三个例子,海湾战争中,美国将大批人员和物资调运到位,只用了短短一个月时间. 这是由于他们运用了运筹学和优化技术. 另一例是:采用可靠性方法,美国研制MZ导弹的发射试验从原来的36次减少为25次,可靠性却从72%提高到93%. 再者,我国造原子弹,试验为西方的$\frac{1}{10}$,从原子弹到氢弹只用了2年3个月,重要原因之一是有许多优秀数学家参加了工作.

5. 太阳系的稳定性

地球的前途如何？是一个虽然遥远却非常有趣而重要的问题. 将来太阳系是否会保持现状？是否有某行星脱离太阳系？行星间是否会碰撞？数学证明,太阳系在相当长时间内

---

① 王梓坤. 今日数学及应用[J]. 数学通报,1994(7):3-10.

这两者又都以数学为理论基础. 计算流体力学可以帮助人们设计新的飞行器. 数学模型已代替了许多的实验,如风洞实验,既便宜、省时,又有适用性、安全性. 以前利用风洞设计飞机某一部件,若要改变某一部位,必须在机械车间建一模型,而今天设计一数学模型,只要通过键盘打进新的参数即可. 自动导航与自动着陆系统是根据卡尔曼滤波的方法设计的,而后者主要又是数学. 在涡轮机、压气机、内燃机、发电机、数据存储磁盘、大规模集成电路、汽车车身、船体等的设计中,也都用到了类似的先进数学设计方法.

9. 哈代的故事

哈代(G. H. Hardy,1877—1947)是英国著名的数学家,他推崇数学的“纯粹”和“美”,认为数学是一种永久性的艺术品. 他从不谈(甚至轻视)数学的应用,他写道:“我从不干任何有用的事情,我的任何一项发现都没有,或者说不可能给这个世界的安逸带来最细微的变化……他们(指某些数学家)的工作,也和我的工作同样无用.”但他万万没有想到,1908 年他发表的一篇短文却在群体遗传学中得到重要应用. 那篇文章可直观地解释如下:人的某种遗传学病(如色盲),在一群体中是否会由于一代一代地遗传而患者越来越多? 20 世纪初有些生物学家认为确会如此,如果这样,那么势必后代每个人都会成为患者. 哈代利用简单的概率运算,指出这种说法是错误的. 他证明了:患者的分布是平稳的,不随时间而改变. 差不多同时,德国的一位医师温伯格(Weinberg)也得到同样的结论. 这一发现被称为 Hardy-Weinberg 定律.

10. 宏观经济中的应用

宏观经济学研究经济综合指标的控制,例如,研究失业、价格水平以及收支平衡的控制等. 而微观经济学是研究买方和卖方的水平,讨论消费与生产中的选择问题. 1972 年以来,承担调整美国经济的政府机构联邦储备局,以最优控制方法,特别是以线性二次方法为背景,提出了包括失业与通货膨胀平衡的政策建议. 1973 年,《商业周刊》登了一篇文章,概述了最优控制在经济学中的潜在作用,文章说:“你如何努力地、及时地刹住过于繁荣的经济,而又不至于滑入灾难性衰退的危险之中? ……美国的决策者们恰好面临这种情形,而从经济学家那里极少得到明确的建议……对这种两难的情况,可从最优控制理论得到方法上的帮助.”利用控制理论和梯度法,人们求解了韩国经济的最优计划模型(参考 Econometrica, Vol. 33, May, 1970, D. Kendrick 等的文章),美国、加拿大、智利等也有类似的经济模型.

11. 产品质量的提高

在研究提高产品质量中,数理统计发挥了重要作用. 数理统计学的应用极为广泛,它的优势是从有限次的观察或实验中提取重要的信息. 数理统计中的“实验设计”“质量控制”(QC)“多元分析”等对提高产品的质量往往能起到重要的作用. 例如,一家美国电视机制造公司被日本人买下,这家公司的废品率非常高. 通过运用 QC 后,废品率下降到 2%. 又如,美国电话电报公司使用 QC 后提高了质量,处理这个问题的关键是关于自动化装配线. 这一装配线由几个机件组成,其生产率出奇的低,而人们又找不出原因. QC 方法首先是收集数据以确定失败模式,很快找出问题的症结是生产线上所用的塑料成分的尺度变化太大,这些塑料部件过分弯曲,金属元件间的焊接点过厚,使机件运行阻塞. 经过一年的改进,生产率增加 121%,工作时间减少 61%,产品成功率从 90%增加到 98%.

一般地,某产品的质量依赖于若干个因素(原料、工艺时间等),每一因素又有若干种可能的选择,如何挑出最优的选择搭配以求获得最佳的产品,是统计实验设计(SED)的主要研究问题. SED 有一段发展史,20 世纪 20 年代,费希尔(R. A. Fisher)在农业中运用 SED,取得前所未有的成功. 20 世纪 20 年代中叶蒂皮特运用 SED 于棉纺工业,随后又用于化学和制药工业. 20 世纪 50 年代,美国戴明把 SED 介绍到日本,对日本制造业产生很大影响,日本工程师田口用此法以减小产品性能异性,从而提高产品质量. 日本工业广泛运用统计质量控制,后又发展成全面质量管理,这项措施大大提高了日本产品的质量,在国际上最有竞争力,引起了巨大的反响. 20 世纪 80 年代,许多美国工业公司通过田口把统计方法用到设计和制造中,使得产品质量得以不断提高.

12. 优化、控制与统筹

在工、农业生产中,人们希望在一定条件下,在多种策略中选取其一以获得最大利益;数学上,这要求目标函数(代表利益)达到极大. 目标函数也可代表损失,于是要求它达到极小. 这类问题往往化为求目标函数的条件极值,或者化为变分问题. 优选法、线性规划、非线性规划、最优控制等,都致力于研究优化问题. 如果有好几件工作要做,便发生如何合理安排,以使收效最大(时间最短、劳力或成本最省等),这是统筹(或运筹学)的研究对象. 20 世纪 70 年代,华罗庚教授登高一呼,并且亲自动手,率领研究小组,深入到工厂、农村、矿山,大力推广优选法与统筹法,足迹遍及 23 个省市,成果遍及许多行业,解决了许多问题. 例如,纺织业中提高织机效率与染色质量,减少细纱断头率;电子行业中试制新的 160 V 电容器,使 100 万米废钼丝复活;农业中提高加工中的出米率、出油率、出酒率等. 由张里千、陈希孺教授开展的现场统计,对国家经济建设也起了很大作用.

由于改善数学模型,运用最优控制理论和改进计算方法,生产过程和工艺参数的优化已在钢铁、冶金、电力、石油化工中取得很好效果. 武汉钢铁公司、上海石油化工总厂、南京炼油厂、燕山石化公司通过上述优化技术,提高生产率最高可达 20%,一套装置每年可增加几百万元的经济效益. 攀枝花钢铁公司建立了提钒工艺流程系统优化的数学模型,进行全面调优后使钒的回收率达到国际水平,使我国从钒进口国一跃成为钒出口国. 云南大学统计系运用多元回归分析研究钢的成分与性能关系,使昆明钢铁厂甲类镇静钢的合格率由原来的 40% ~81%提高到 95%以上. 华东师大数学系与上钢五厂合作,利用自适应技术,使力学蠕变炉的温度调节由 6 ~7 小时减少为 2 ~3 小时,控制精度由 ±4 ℃提高到 ±2 ℃,并使罩式退火的保温时间缩短 5% ~20%,提高了炉温控制精度,保证了退火质量. 上海科技大学数学系用最优化数学,制成“E 型电源变压器计算机优化设计系统”,可缩短设计周期,节约生产成本.

现代大型工业是多线路的联合作业,成为一个完整的系统,因而产生系统的控制问题,在化工联合企业,半导体集成电路、电力传输系统、电话网络、空间站等方面都有此问题. 上海石化总厂采用网络优化,建立了用电子计算机编制共四级(总厂、分厂、车间、机台)设备的大修网络计划体系. 清华大学关于电力系统过渡过程的研究,相当巧妙地运用微分几何,取得了很好的经济效益,在国际上领先,曾荣获国家自然科学二等奖.

曲阜师范大学自动化研究所应用数学方法,对汽车发动机调温器进行了研究,提高了调温器的质量,从而延长发动机的寿命,并节约耗油量. 他们还采用随机线性模型及定积分近似算法,提高了碘镓灯生产晒版机的质量,产品进入了国际市场;此外,他们制成智能广义预测鲁棒控制器,可用于生产过程中温度、压力的控制;他们还将山东机床附件厂的车间、生产、财务、销售、人事、动力等八个点实行计算机联网,进行优化管理.

运筹学起源于第二次世界大战中军需供应管理，主要应用于工商经营部门和交通运输以对生产结构、管理关系、人事组合、运输线路等进行优化. 应用数学所运用运筹学指导全国原油合理分配和石油产品合理调运，年增效益 2 亿元；另外，他们所发展的下料方法可节省原材料 10% ~15%. 上海石油化工总厂，镇海石化总厂等运用运筹方法，每年可增加利税数百万乃至千万元. 华南理工大学和甘肃外贸局合作，建立新的存贮数学模型和管理决策原则，每年可节省存贮费用近百万元.

13. **设计与制造**

工程的设计与建造、产品的设计与制造是国民经济的重要支柱，也是数学大可用武之领域. 随着电子计算机技术的飞速发展. 数学在制造业中的应用进入了新阶段. 波音 767 飞机的成功设计，与应用数学家加拉贝迪安（Garabedian）对跨音速流和激波进行的计算密切相关. 由此设计出了防激波的飞机翼型. 目前以 CAD 和 CAM 技术为标志的设计革命正波及整个制造业. CAD 是数学设计技术和计算机技术相结合的产物. 我国在老一辈数学家苏步青教授的亲自开拓和大力倡导下，许多数学家在几何造型方面做了大量的工作，所取得的成果已成功地应用于飞机、汽车、船体、机械、模具、服装、首饰等的设计. 南开大学吴大任、严志达教授等在船体放样及齿轮设计上也做了很好的工作.

复旦大学数学系与工程人员合作，对内燃机配合机构建立新的数学模型，发展了新的数量方法，使用此方法可以省油、降低噪声和抑制排污，有很好的经济效益，曾获国家科技进步一等奖. 上海应用数学咨询开发中心等开发研制服装 CAD 系统，为服装行业创汇提供了基础.

14. **质量控制**

提高产品质量是国民经济中的一个关键问题. 第二次世界大战中由于对军用产品的高质量要求，特别是对复杂武器系统性能的可靠性要求，产生了可靠性、抽样检查、质量控制等新的数学方法，这些方法在美国、日本等国家取得了巨大成功. 从 20 世纪 60 年代中期开始，我国应用推广质量控制等统计方法到工业、农业等部门，收到良好的效果，以手表、电视机为代表的机电产品的质量得到明显提高. 清华大学、天津大学等研究了裂纹的扩展过程，有助于改善产品. 同时，我国还制订了一系列质量控制的国家标准，对产品的质量提出了明确的要求.

15. **预测与管理**

自然科学的主要任务是预测、预见各种自然现象. 在经济和管理中，预测也非常重要，数学是预测的重要武器，而预测则是管理（资金的投放、商品的产销、人员的组织等）的依据. 我国数学工作者在天气、台风、地震、病虫害、鱼群、海浪等方面进行过大量的统计预测. 中科院系统所对我国粮食产量的预测，获得很好的结果，连续多年的预测产量与实际产量平均误差只有 1%. 上海经济信息中心对上海的经济增长进行预测，连续多年预测的误差都不超过 5%. 云南大学统计系运用多元分析和稳健统计技术，通过计算机进行了地质数据处理和矿床统计预测.

为了配合机构改革，中科院应用数学所周子康等完成了“中国地方政府编制管理定量分析的研究”，建立了编制与相关因素分析模型等五组数学模型，构成了同级地方政府编制管理辅助决策分析体系，使编制管理科学化、现代化.

16. 信息处理

在无线电通讯中运用数学由来已久,编译码、滤波、呼唤排队等是传统的问题. 近年来,长途电话网络系统中出现的数学问题更为可观,例如,需要用数目大得惊人的线性方程组来描述系统的操作性能;一般的数值法对它们毫无用处,人们不得不用很大力气设计一些新算法. 北京大学在信息处理方面,做了很多工作:他们研究的计算机指纹自动识别,效率远高于国际上通行的方法;研究成功新的一代图像数据压缩技术,压缩比指标达150倍,而传统的JPEG国际标准算法只能达到30倍;研究计算机视觉,创造了从单幅图像定量恢复三维形态的代数方法;应用模式识别和信息论,在时间序列和信号分析的研究中取得新的进展;应用代数编码,使计算机本身具有误差检测能力,以提高计算机的可靠性.

17. 大型工程

工程设计以周密的计算、精确的数据为基础,大型工程尤其如此. 中国科学院计算中心早在20世纪60年代,运用冯康教授等创立的有限元法,设计了一批工程计算专用程序,在国家重点工程建设中发挥了作用. 他们先后完成了23个工程建筑的设计,解决58项重大工程技术问题,并对18座水坝工程进行计算,其中包括葛洲坝工程、新丰江大坝、白山电站、长湖水电站等. 与此同时还进行了技术转让,造就了一批专门人才,发表了许多有价值的论文.

中国科学院武汉数学物理研究所仔细研究古老而又青春长驻的都江堰渠道工程. 根据历史典籍、数学模型与实例资料,揭示了此项工程的系统科学原理,阐明了它"千年不衰"的原因,并提出了发展开拓这一古老工程的具体建议. 在此基础上他们扩大战果,提出了可行的、合理的《都江堰集中调度系统》数学模型与优化决策算法结构,其中包括水情预报模型、需水模型等. 原则上他们的研究成果可适用于一切灌溉水系及"流系系统"(如交通运输流、金融财政流、商品供销流等)的调度与规划.

三峡水利工程是举世关注的超大型工程,其中一个严重的施工问题是大体积混凝土在凝结过程中化学反应产生的热使得坝体产生不均匀应力,甚至形成裂缝,危害大坝安全. 以往的办法是花大量财力进行事后修补. 现在我国已研制成可以动态模拟混凝土施工过程中温度、应力和徐变的计算机软件. 人们可用计算方法来分析、比较各种施工方案以挑选最佳者,还可用它来对大坝建成后的运行进行监控和测算,以保障安全.

18. 资源开发与环境保护

首先看石油开发,在石油开发中我们数学界进行了长期的工作,参加的单位很多. 20世纪70年代中期北京大学闵嗣鹤教授等出版了关于石油勘探数字技术的专著,系统地介绍了有关的数学理论和方法. 人们分析大量的人工地震的数据,以推断地质的构造,为寻找石油、天然气的储藏位置提供依据,运用数理统计、傅里叶(Fourier)分析、时间序列分析等数学方法,成功地开发了具有先进水平的地震数据处理系统. 近年来还用波动方程解的偏移叠加、逆散射等方法处理地震数据. 先后参加这方面工作的有中科院计算中心张关泉等课题组,山东大学、清华大学等. 南开大学胡国定教授等别开生面地用纯分析方法推导出所谓反摺积预测公式,在南海石油勘探中效果显著.

在石油开发的重要手段——测井资料解释方面,复旦大学等建立了电阻率测井的偏微分方程边值问题的模型,研制了高效能的数值方法,并据此进行优化设计、制造了新的测井仪器. 采用此仪器和解释方法可发现容易忽视的薄夹层油层,以减少资源浪费. 此仪器已被国内十多个油田采用,节省了几百万美元的进口外汇. 应用数学所开展不稳定试验方法评价油藏特征研究,采用解微分方程和优化相结合的办法,成功地估计油气储藏量以及油井到油藏边界的距离,对新疆塔里木盆地雅克拉地区中生界油气的富集取得了明显的地质效果.北京大学数学系用三维有限元方法,对大庆油田地层滑移建立数学模型并模拟,据此以预报和预防,这样可减少损失.

水资源的研究十分重要.清华大学等建立了各种地层结构的数学模型,利用有限元方法计算地下水资源,建立了一套地下水资源评价的理论和方法,将该方法用于河南商丘和南京仙鹤门等地取得了实际效益,并在农田灌溉及理论研究上得到许多成果.云南大学统计系利用三维趋势分析,通过电子计算机模拟显示,拟合云南某矿区铅锌矿带分布方向、矿体定向位置,预测出三个成矿地段;同时指出东南方向矿藏变薄,从而及时撤回对该地段的勘探,避免了浪费.他们探矿的两篇论文发表在美国 *Mathematical Geology* 杂志上,法国、瑞典曾来函购买计算程序.此外,他们还建立了水生细菌生态学的数学模型,找出了 EI. Tor 弧菌的最佳和最劣生长条件及生长规律,肯定了此种菌能越冬生长.

在环境保护与预防自然灾害方面,李国平教授发表过《数理地震学》专著.其他有关运用数学方法进行预报的书也不少见.

数学工作者对江、湖、河口的污染扩散、土壤洗盐等问题成功地进行了分析和模拟;对北京、天津、成都等城市的交通、管理自然条件和社会的容纳力做了深入的研究、预测和评价.例如,上海市关于地面沉降及地下储能的探讨,山东大学对西安市地下水污染模拟及预测,都是值得称道的工作.

19. 农业经济

中国科学院武汉数学物理研究所在分析了我国传统的生态农业思想与人类开发关系等问题之后,提出了一个生态农业经济发展及整治的理论框架与行动措施,以图高产、优质、高效来增加农民收入.他们建立了 18 个数学模型,其中包括:一般水环境整治与扩建、水电能源的投入产出与经济系统的优化、林业开发、土地资源开发等优化模型.

中国科学院系统所王毓云运用数学、生物、化学与经济学交叉的研究成果,建立了黄淮海平原农业资源配置的数学模型.按照模型计算,制定了黄淮海五省二市的资源配置规划.通过十年实施农业发生了巨变.此项研究获得了国家重大攻关奖及国际运筹学会荣誉奖.

曲阜师范大学运筹学研究所长期面向农业,他们先后与山东省 23 个县市的农业部门合作,取得了经济和社会效益.他们运用线性规划、对策论、参数规划等数学工具,为长清区种植业和畜牧业制定最优的结构布局方案;采用模糊聚类分析方法,建立了桓台县水产业最优结构的模型;为郯城县剩余劳动力提出了合理转移方案;根据陵县的农业生态环境,建立了"盐、碱、荒地""低产田""中产田"开发治理的优化模型;为济南市的蔬菜产销结构,畜禽结构提出最优方案,都已为济南市有关部门所采用和执行.

20. 机器证明

计算机能进行高速计算,此为人所共知.计算机也能证明几何定理吗?这是关系到人类智能大大扩展和解放的大问题.1976 年吴文俊院士开始进行研究,并在很短的时间内取得了重大突破.他的基本思想如下:引进坐标,将几何定理用代数方程组的形式表达,提出一套完整可行的符号解法,将此代数方程组求解.此两步中,一般第二步更为困难.周咸青利用和发展吴文俊的方法,编制出计算机软件,证明了 500 多条有相当难度的几何定理,并在美国出版了几何定理机器证明的专著.吴文俊的方法不仅可证明已有的几何定理,而且可以自动发现新的定理,可以从开普勒定律推导牛顿定律,解决一些非线性规划问题,给出 Puma 型机器人的逆运动方程的解. 吴文俊院士还将其方法推广到微分几何定理的机器证明上.

在研究几何定理的机器证明中,张景中院士以他多年发展的几何新方法(面积法)为基本工具,提出了消点思想,和周咸山、高小山合作,于 1992 年突破了这项难题,实现了几何定理可读性证明的自动生成. 基于此法所编的程序,已在计算机上对数以百计的困难的几何定理完全自动生成了简短的可读证明,其效率比其他方法高得多. 这一成果被国际同行誉为使计算机能像处理算术那样处理几何的发展路上的里程碑,是自动推理领域 30 多年来的最重要的成果.

21. 新计算方法

近年来国内研制出多种新的算法,具有很高的水平. 中科院计算中心冯康研究组提出哈密尔顿(Hamilton)系统的辛几何算法. 获得了远优于现有其他方法的效果. 研究成果在天体力学、等离子体流体力学、控制论等领域有现实应用或潜在应用. 此工作获得中科院自然科学一等奖.

有限元分析的最主要的位移模式中通常使用两种元,即协调元与非协调元. 后者具有更高的精确度,但收敛性较难保证. 石钟慈研究了非协调元收敛性的各种性质,建立了收敛判别法,证明了许多种极有应用价值的非协调元的收敛性,等等.

早在 20 世纪 70 年代,华罗庚、王元院士开展了近代数论方法在近似分析中应用的研究,对多重积分的近似计算,卓有成效,被称为华 - 王方法,其理论基础是数论中的一致分布论. 近年来,王元与方开泰合作,发展了此方法并应用于数理统计,推广了“均匀设计法”,此方法与通常“正交设计法”相比可减少试验次数,节省工作量与经费$\frac{2}{3}$. 此方法已在航天部有关单位使用. 四川大学柯召院士等在不定方程的研究中,以及徐利治教授在近似计算中,也都有很好的工作.

计算中心余德浩在自然边界元方法和自适应边界元方法研究中,得到了系统完整的成果,开辟了边界元研究的新方向,获得中科院自然科学一等奖.

北京大学数学系应隆安教授等独立于西方发展了无限元计算方法,20 年来主要用于两方面:应力强度因子的计算和流体计算. 用此种计算法以计算方腔流,在角点处得到了无穷多个向角点收缩的涡旋,这是用其他方法所得不到的.

北京大学张恭庆院士对无穷维 Morse 理论与方程的多重解,计算中心袁亚湘对非线性规划的理论和算法,都取得了重要研究成果.

计算是我国古代数学家的特长,例如,祖冲之计算圆周率的巧妙算法,达到当时数学的顶峰. 中科院系统研究所林群院士创立了“最优剖分”方法,发扬了祖冲之的优良传统. 他发现剖分的形状可以决定计算的成败,因而必须选择最优剖分. 这一成果被国际同行高度评价,获中科院自然科学一等奖,并在我国及巴基斯坦的核电站中使用.

为了便于概率统计计算,计算中心制成“随机数据统计分析软件包”(简记为 SASD),在科研、教学、生产、管理等方面发挥重要作用,至今已有 200 多个单位购买和安装了 SASD. 此外,软件研究所陶仁骥等人在自动化方面的工作,也取得了重要进展.

22. 数学物理

数学与物理是联系最紧密的两门科学. 这里所说的数学物理只是指数学在物理中的应

用. 这方面人才济济,许多优秀的数学家都做过与物理有关的研究工作. 中科院武汉数学物理研究所主编的《数学物理学报》,为推动数学物理的研究起了很大作用. 南开数学研究所在这方面的研究中成绩显著. 复旦大学谷超豪院士研究规范场的数学理论,发表了《经典规范场理论》等专著,目前他正致力于非线性数学的研究. 周毓麟教授关于深水波的传播方程以及非线性伪抛物型方程、丁夏畦教授关于等熵气流方程的初值问题以及廖山涛教授对动力系统的深刻研究,都来源于物理或与物理紧密相关. 陆启铿教授等将旋量分析运用于引力波,在引力波场方程求解方面获得成功的结果.

孤立子是非线性波动方程的一种具有粒子性状的解,它是由数学家首先发现的,它的发现及相应的数学理论的发展是当今数学的一件大事,在基本粒子、流体力学中有广泛应用. 复旦大学胡和生院士对孤立子与微分几何中的若干问题进行研究,得到系统的成果. 计算中心屠规彰等研究了非线性波方程的不变群守恒律、贝克隆变换等,解决了一类重要的非线性演化方程守恒律个数的猜想. 计算中心孙继广对广义特征值的扰动理论找到了一条好的研究途径,得到了一系列扰动定理,并解决了 Moler 等人提出的几个问题. 上述计算中心三项工作均获得中科院科技成果一等奖.

23. 最短网络

1990 年,应用数学所研究员堵丁柱与美籍华人黄光明合作,证明了有关网络路线最短的一个猜想(Pollak-Gilbert 猜想,1968 年提出),在美国离散数学界引起轰动,被列为 1989 ~ 1990 年度美国离散数学界与理论计算机科学界中的两项重大成果之一. 设$\triangle ABC$为等边三角形,联结三顶点的路线(称为网络). 这种网络有许多个,其中最短路线者显然是两边之和(如 $AB \cup AC$). 但若允许加新点 P,联结 4 点的新网络的路径长为 $PA+PB+PC$(图 1). 最短新路径的长 N 比原来只联结三点的最短路径 O 要短. 推广到任何 n 点(不必成等边),上述猜想为

$$\frac{N}{O} \geqslant \frac{\sqrt{3}}{2} \approx 86.6\%$$

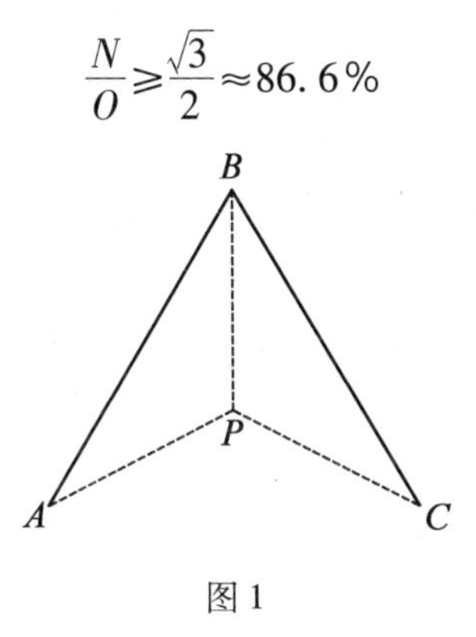

图 1

此猜想持续 22 年,是贝尔实验室一直关注的难题. 它在供电线路设计、计算机电路设计中都有应用,无怪乎解决后引起强烈反响.

24. 几何设计

用计算机作为辅助工具制作影片,是一个有趣的新课题,其中用到计算几何学与分形(fractal)几何的知识和方法. 北方工业大学 CAD 研究中心完成三项成果:

a. 1990 年亚运会期间,首次在我国把电脑三维动画搬上银幕,做成亚运会体育大舞台电影片的片头,继而又完成 14 个节目片头,为中央电视台制作新闻联播片头,1991 年春节

前,完成国内第一部电脑卡通寓言电视片《咪咪钓鱼》.

b. 1992 年完成国内第一部全电脑制作的科教片《相似》,被评为“它在中国电影技术发展史上有重要影响”的事件.

c. 利用计算机制作三维动画广告多个.

25. 模糊推理

人脑能从模糊的观察对象提炼出有用的甚至精确的信息,即使对象蒙上伪装也能识别,这是计算机所望尘不及的. 大脑的这种卓越的功能真令人惊叹不已. 模糊数学研究的正是模糊的对象. 请不要误以为这种数学本身是模糊的、不精确的. 北京师范大学汪培庄教授等从事模糊数学的理论和应用的研究. 基于他们自创的理论,成功研制国际上第二台模糊推理机. 推理速度比日本的第一台(1987 年推出)提高 50%,而样机体积只有它的$\frac{1}{10}$. 随后又成功研制总线级推理机,达到了标准化和通用化. 在家用电器方面,成功开发模糊空调器、模糊电冰箱等. 在工业应用方面,制成“电气化铁路输电线几何参数图像识别系统”“心肺功能数据处理系统”,以及为首钢制造的“给水系统模糊控制器”等.

我国研究模糊数学而且成绩显著者还有四川大学刘应明、陕西师范大学王国俊等教授.

26. 军事与国防

上面已提到,我国之所以能在很短时间内制成原子弹、氢弹和其他先进武器,发射火箭与卫星,是由于许多优秀科技工作者的共同努力,其中也凝聚着数学家的劳动和智慧,他们的贡献暂时默默无闻,然而必将永载史册.

运用数学对重要信息进行加密或破密,形成一门新的应用数学——密码学,即密码分析与讯息安全设计. 北京大学段学复教授等对此进行了长期研究,他们的成果对于一类重要的特殊情况能提高计算时效 2 000 倍. 此外,还开设了几届进修班. 系统研究所万哲先研究员等人相互独立同时完成对移位寄存器序列的理论,进行了潜心的研究,他们的成果丰富了线性及非线性移位寄存器序列的理论,在保密通信中有重要作用;再者,他们运用典型群方法,进行了认证码的构作,这也是保密通信的一个重要方面. 以上段学复、万哲先两位的工作都得到了高度评价和奖励. 中国科技大学曾肯定等对密码分析及讯息安全保护,也做了重要的工作.

在刑事案件中,常遇到被烧毁的纸灰,如能利用它以鉴别纸张类型,对侦破案件有时有重要意义. 云南大学统计系利用聚类分析、判别分析等统计方法,做了这方面的研究,据此侦破案件多起而获奖.

曲阜师范大学自动化研究所运用系统辨识等方法制成重烧伤输流电脑测算仪,提高了对烧伤病人的医护水平. 此仪器已被四所军医大学及其他单位采用,并获中国人民解放军科技进步二等奖.

27. 抗洪斗争①

1998 年 9 月 7 日,上海《文汇报》报道:“20 吨炸药进入倒计时,最后一刻共和国决策者决定荆江不分洪.”其中有一段是这样写的:“由多方专家组成的水利专家组用‘有限单元法’对荆江大堤的体积渗漏进行了测算,确定出一个安全系数. 照这一系数推定,沙市水位

---

① 赵小平. 现代数学大观[M]. 上海:华东师范大学出版社,2002.

即使涨到 45.30 米,也可以坚持对长江大堤严防死守、不用分洪.”这里提到的“有限单元法”,就是求解微分方程边值问题的一种数学方法.我国已故数学家冯康是这一方法的首创者之一.他在 1966 年“文化大革命”开始之际发表论文,国内外知道的人比较少.在此同时,西方数学家做出了类似的成果.1982 年国际数学家大会在华沙召开,冯康应邀作 5 分钟报告,这标志着国际数学界对冯康首创“有限单元法”的承认.此会后来因波兰政治局势缘故延至 1983 年,冯康也因我国代表权问题未获解决而未出席.“有限单元法”的用途十分广泛,在 1998 年抗洪斗争中用于大提的强度计算,当是数学技术巨大作用的体现.

28. 激光照排

1975 年,国家有一个“758 工程”,即汉字信息处理系统工程,其中有三个子项目:汉字通讯,汉字情报检索,汉字精密照排.当时国际上的电子分色机技术状况是:光学机械式的二代照排机前途不大,字模管式三代机和飞点扫描式三代机正在走下坡路,数字存储的第四代技术将占主要地位.当时全国有五个单位在从事这项研究,但是有两家选择了二代照排机方案,另外三家选择了飞点扫描、字模管、全息模拟存储的技术途径.王选毅然选择了“数字存储”的方案,跳过二、三代,直接研制第四代技术.这样做,困难虽大,却符合了数字化信息技术的发展方向.

汉字字形信息量太大,数字化的困难是西方文字照排无法相比的.王选说:“由于我是数学系毕业,所以很容易想到信息压缩,即用轮廓描述和参数描述相结合的方法描述字形,并于 1976 年设计出一套把汉字轮廓快速复原成点阵的算法,但那时的计算机速度很慢,复原点阵需要的时间很长.”如果王选只有数学和软件的知识,他也就打退堂鼓了.然而他有微程序和软硬件的知识,就采用专门硬件配合微程序,使速度提高了几十倍,初步克服了困难.1976 年夏,他终于决定跳过二、三代机,直接研制“激光照排系统”.

到了 20 世纪 80 年代,轮廓描述西方文字的做法在国外大为流行,当时已由轮廓发展为三次曲线轮廓.由于王选的研究起步早,很快吸收了国外的一些经验,发明了高分辨率字形的高倍率信息压缩和复原技术,用于印刷照排系统.之后又设计专用的超大规模集成电路实行复原算法,显著改变了性能价格比.这一技术已经领先于国际先进水平,他所领导研制的华光和方正系统开始在全国的报社和出版社使用.

1980 年 2 月 21 日,时任电子工业部长的江泽民同志,写信给党中央,报告王选的研究成果,建议不再向国外进口同类产品.邓小平同志批示表示支持.同年,光明日报在头版头条报道了这一科技成就.1985 年,中央电视台新闻联播也报道了这一消息.印刷业告别“铅与火”的历史,就此开始.

计算机技术是西方发达国家领先的领域.中国科学家要在某一方向上占据领先地位非常不容易,王选的成功,具有很不平常的意义,其中数学技术是关键的因素之一.

综上,在科学的数学化进程中,首先既是科学家,又是数学家的先哲们将科学与数学融汇,共同发展,接着随着科学的发展,需要数学的参与.以至马克思说:“一门科学只有成功地运用数学,才算达到真正完善的地步.”今天,数学的发展与应用涉足科学的各个领域,加速了科学的数学化进程.

1.3 科学精神

科学发展到今天,有众多的门类,庞大的体系,这促使人们思考如下的问题:一是这丰富多彩的科学内容反映了哪些共同的、带有本质性的东西呢?二是科学的内容是扩展的,方法是在不断变化的,那么这其中不变的又是什么呢?例如,有些古代的科学,今天看来就不是科学了,科学中的某些方法也是可以改变的,用机器证明几何定理(1.2.3 节中的 20)以及用数学方法研究遗传基因(1.2.3 节中的 7)等,这些在过去是匪夷所思的事情.这些问题由历史的车轮碾出了人们所需要的答案,这就是科学精神.科学精神是科学知识产生的基石与支柱,是不随着时间的变迁而改变的.科学精神是人类文明的重要组成部分,是人类文化的核心内容.

什么是科学精神?归纳起来,大致有如下几个方面:

1.3.1 实事求是的求真精神

坚持实事求是,主要是指不盲从、不附和、不迷信、以理智为依据,只问是非,不计利害,不畏强暴.

科学发展史中,追求真理、捍卫真理的勇士历历在目.残暴凶狠的黑暗势力可以杀害个人,却永远不能阻挡真理的车轮滚滚向前.①

公元 4 世纪,埃及亚历山大城的女天文学者伊巴蒂,为了研究天体运行,被基督教僧侣指控为妖术,终于惨遭撕死.疯狂的迫害延续了一千多年,新教徒和罗马教徒在搜罗"妖人"上互相竞赛.某人被告发后,如果他自认有罪,就会立即处死,除非他捕风捉影地出卖别人,也许可以减轻刑罚.如果不认罪,他就必须忍受各种酷刑,直到牺牲为止.总之,死是很难幸免的.那时,真是人人自危,不知哪一天会大祸临头.据估计,欧洲在 15 世纪到 16 世纪的两百年间,被指为"妖人"而遭残害的,为数达 75 万以上.

1600 年,又发生了震惊世界的布鲁诺惨案.意大利的布鲁诺(G. Bruno,1548—1600),具有先进的宇宙观,他积极宣传哥白尼的日心地动学说,并且比哥白尼还前进了一大步.他认为宇宙是无限的,太阳不过是无数恒星之一,宇宙中可以居住的星球也是无限多的.在他的著作《论无限性、宇宙和诸世界》中,有一首诗表明了他的观点:

展翅高飞信心满,晶空对我非遮拦,
戳破晶空入无限,穿过一天又一天,
以太万里真无边,银河茫茫遗人间.

他的学说触犯了《圣经》上的教条,耶稣教会把他视为眼中钉、肉中刺,必欲置之死地而后快.他被迫流亡国外多年,1592 年回到意大利,不久被一个绅士出卖给宗教裁判所.1600 年3 月 17 日,教会以极其野蛮的手段,火焚布鲁诺于罗马的百花广场,罪名是他不仅是一个"异端分子",而且是"异端分子的老师".真是欲加之罪,何患无辞.在漫长的七年监狱生涯里,布鲁诺英勇顽强,毫不妥协,表现了视死如归的大无畏精神.他断然拒绝要他放弃自己的观点就可得到宽大的诱降劝告,并且公开揭发了教会的黑暗、卑鄙和无耻.1599 年 10

① 王梓坤.科学发现纵横谈[M].上海:上海人民出版社,1983:21-23.

月21日的档案记录中说：

"布鲁诺宣布，他不打算招供，他没有做过任何可以反悔的事情，因此也没有理由去这样做……"

其后，政治迫害愈演愈烈.

恩格斯说："新教徒在迫害自然科学的自由研究上超过了天主教徒. 塞尔维特正要发现血液循环过程的时候，加尔文便烧死了他，而且还活活地把他烤了两个钟头，而宗教裁判所只是把布鲁诺简单地烧死便心满意足了."（《自然辩证法》）

宗教裁判所残酷迫害科学家，他们以为用残酷的手段，就能阻止真理的传播，阻止科学文化的发展，真是大错而特错. 事实证明，凡是这类暴行，无不以失败而告终，这可算是一条历史规律. 越镇压，真理就传播得越迅速、越广泛. 霍尔巴赫在《袖珍神学》一书中有一段批判他们的绝妙的文字：

"不信教的人，……用他们凡人的眼光只看见我们神圣的教会里无非是一些愚人蠢事，别的什么也看不见. 他们在其中发现一个愚蠢地让人钉在十字架上的愚蠢上帝、一批愚蠢的使徒、一些愚蠢的奥秘、愚蠢的见解、愚蠢的争论，以及一些由蠢人们来举行使远非愚蠢的僧侣得以生活的愚蠢仪式."

追求真理、不附和、不畏强暴、实事求是，是科学工作人员的优秀品质. 布鲁诺和一切献身于真理、献身于科学事业的英勇战士，是人类的骄傲，他们的实事求是精神浩然长存. 滔滔江水，巍巍青松，科学精神，永放光芒.

1.3.2　不断探索的创新精神

不断探索创新主要指解放思想，不断探索，不满足于自己的成就，不为传统观念所束缚，勇于创新，不怕挑战权威.

无数科学工作者前赴后继，不断探索创新，才造就了今天的科学技术新时代. 例如，进化论的先行者拉马克（J. Lamarck，1744—1829）一辈子不断探索创新与奋斗，他在《动物学哲学》中写道：

"观察自然，研究它所生的万物；追求万物，推究其普遍或特殊的关系；再想法抓住自然界中的秩序，抓住它进行的方向，抓住它发展的法则，抓住那些变化无穷的构成自然界的秩序所用的方法. 这些工作，在我看来，是追求真实知识唯一的法门. 这些工作还能予我们以真正的益处，同时，还能给我们找出许多最温暖、最纯洁的乐趣，以补偿生命场中种种不能避免的苦恼."

拉马克在科学上为人类做出了重要贡献，他建立了生物的种群可以发生变异、有机体适应外界条件而发展以及用进废退、获得性遗传等学说，第一个系统地阐述了唯物主义的生物进化的思想.

对自然现象永不满足的好奇心，火一般地追求真理的愿望，炽热地对待新事物的态度，锲而不舍的钻研精神，是科学工作者不可或缺的重要品质. 科学巨匠牛顿（I. Newton，1642—1727）说：

"我不知道，在别人看来，我是什么样的人，但在我自己看来，我不过就像是一个在海滨玩耍的小孩，为不时发现比寻常更为光滑的一块卵石或比寻常更为美丽的一片贝壳而沾沾自喜，而对于展现在我面前的浩瀚的真理的海洋，却全然没有发现."

在力学三定律的确立中，在万有引力的发现中，在光的微粒说以及微积分的创建中，他的贡献是关键性的，但他毫不满足，面对真理的海洋，对后人寄予殷切的希望. 他伫立在当时科学的最高峰，眼界辽阔，站得越高，发现的问题也就越多，与未知世界的接触面就越广，因而追求真理的心情也就越迫切.

牛顿的成就，主要是靠不断探索取得的，而不全是倚靠天才. 这可举他的助手 H. 牛顿的话为证："他很少在二三点钟以前睡觉，有时到五六点，……特别是春天或落叶的时候，他常常六个星期，一直在实验室里. 不分昼夜，灯火是不熄的，他通夜不眠地守过第一夜，我继续守第二夜，直到他完成他的化学实验."牛顿如此，其他在科学上做出贡献的人也往往如此. 达尔文曾说过，他自己"所完成的任何科学工作，都是通过长期的考虑、忍耐和勤奋得来的".

爱迪生说过："发明是百分之一的灵感加上百分之九十九的血汗."这句话是值得我们认真深思的.

德国人普朗克(M. Planck，1858—1947)是物理学中量子论的创始人，关于科学不断探索的问题他有一段话讲得很精彩：

"物理学的各种定律是怎样发现的？它们的性质又是怎样的呢？……物理定律的性质和内容，都不可能单纯依靠思维来获得，唯一可能的途径是致力于对自然的观察，尽可能搜集最大量的各种经验事实，并把这些事实加以比较，然后以最简单最全面的命题总结出来. 换句话说，我们必须采用归纳法. 一个经验事实所根据的量度越准确，其内容也就越丰富. 所以，物理知识的进步显然和物理仪器的准确度，以及使用量度的技术有密切的关系. ……要找出不同量度所遵守的共同定律非常困难，……唯一有效的方法就是采用假说. ……我们遇到了一个难题，即如何找到最适当的假说问题？在这方面并无普遍的规则. 单有逻辑思维是不够的，甚至有特别大量和多方面的经验事实来帮助逻辑思维也还是不够的. 唯一可能的办法是直接掌握问题或抓住某种适当的概念. 这种智力上的跃进，唯有创造力极强的人生气勃勃地独立思考，并在有关事实的正确知识指导下走上正轨，才能实现. ……如果假说被证明是有用的，那我们就必须继续前进. 我们必须接触假说的实质，并通过适当的公式表达出来——除去一切非本质的东西，说明它的真正内容. ……前面所说的那种智力跃进可以构成一座桥，让我们通向新知识. ……我们还需用一个更经久的建筑物来代替它，要能经得起批评力量的重炮轰击. 每一种假说都是想象力发挥作用的产物，而想象力又是通过直觉发挥作用的. ……但直觉常常变成一个很不可靠的同盟者，不管它在构成假说时是如何不可缺少. ……还要认识到，新理论的创造者，不知是由于惰性还是其他感情作用，对于引导他们得出新发现的那一群观念往往不愿多做更改，他们往往运用自己全部现有的权威来维护原来的观点，因此，我们很容易理解阻碍理论健康发展的困难是什么."(录自《从近代物理学来看宇宙》)

在这里，普朗克谈了许多问题，其中特别指出：物理定律不可能单纯依靠思维来获得，而必须致力于观察和实验；同时，他也讲到提出假说时"智力上的跃进"的重要性. 但他最后还是没有很好地回答到底怎样才能找到正确的假说这一难题，只是说"唯一可能的办法是直接掌握问题或抓住某种适当的概念". 而"直接掌握问题或抓住某种适当的概念"又怎样才能做到呢？他没有回答.

其实，绝大多数正确的假设，都不是一次就找到的，必须通过逐步逼近的途径. 每提出一次假设,经过实践的考验,不管成功或失败,我们都会前进一步. 吃一堑,长一智,不断试探,不断前进,一次又一次地修改前面的假设,才可能实现最后的成功. 这种不断探索的方法叫逐步逼近法.

人类对自然的认识是逐步深化的,永远没有尽头. 一种现象必有它的原因(第一层),这个原因又有原因(第二层),这第二层原因又有第三层原因,如此下去,以至无穷. 譬如说,为什么抛出去的石块会落地? 这是因为地球有吸引力(第一层). 为什么地球会有吸引力? 因为任何物体都有引力,即万有引力(第二层). 为什么万物皆有引力? 限于目前的科学水平,我们暂时还不知道这第三层原因是什么. 由此可见,对于一个具体的人来说,他的认识只能达到某一层. 这样,人们自然会想到:是否有最初的原因?

有没有最初的原因? 辩证唯物主义认为事物是不可穷尽的,人类的认识能力也是无穷尽的,没有最初的原因,事物的原因只能从事物本身中去找,不需要也不存在超客观的因素. 如果说有最初的原因,那么引起这个"最初的原因"的原因又是什么呢? 辩证唯物主义的答案是积极的,它引导人们奋发图强,把原因一层层地深入追下去,每进一层就深入一步,整个人类的认识也就提高一步,如此下去以至于无穷.

勇于创新是科学得以进步的保障,用披荆斩棘的革命胆识,对于那些阻碍科学发展的陈腐"理论",进行彻底推翻,在批判错误理论的基础上建立新的学说. "掀翻天地重扶起",真理与谬论不能并存,非大破无以大立,科学发展的辩证法就是如此.

化学中的燃素说,生物学中的物种不变论,天文中的地心说,等等,都是陈腐的"理论".

早自笛卡儿起,物理界流行着"以太假说",认为以太是一种构造微妙的介质,它充塞于整个宇宙之中. 电磁波(包括光)依靠以太传播,正如声波依靠空气传播一样. 两个世纪以后,迈克尔逊和莫雷于 1887 年在克利夫兰做了一次著名的实验,目的是想判断以太是否真的存在,结果却得到了否定的答案. 他们的想法如下:如果地球真的是在以太海中航行,那么从地球上向以太海中发出的光线必定会受因地球的运行而发生的以太流所影响,正如从轮船上抛出的木片会受因轮船的运行而发生的海流所影响一样. 地球绕太阳的运行速度是 32. 18 km/s,光速约 299 731 km/s,所以,当一束光沿地球运行方向射出,也就是逆着以太流射出时,它的速度约为 299 699 km/s,而当逆地球运行方向射出时,应为 299 763 km/s,顺逆两种速度应相差约 64 km. 可是,试验的结果表明,怎样也观察不出这一差额. 换句话说,不管光线的方向如何,光的速度总是一样的. 这一结果使人们左右为难,或者必须放弃以太理论,或者必须推翻哥白尼的地动说. 物理界为此意见纷纭,许多新的假说匆匆贸然而来,又匆匆悄然逝去. 只有爱因斯坦敢于采取革命行动,毅然否定以太说,牢牢地抓住实验中所观察到的事实,并把它提高为一条基本假设:光速不因光源的运动而变. 乍看起来,这条假设是与人们的生活常识相违背的. 然而,正是从它与相对原理出发,爱因斯坦终于建立了轰动一时的相对论.

1.3.3　精益求精的自律精神

求精自律,是指要求自己,虚怀若谷,诚实地对待自己和他人,一丝不苟地做事情,专致以精.

我国明朝的李时珍(1518—1593),是世界上伟大的药学家. 他的名著《本草纲目》,记载药物 1 892 种,附方 11 096 则,先后被译成英、法、俄、德、日、拉丁等十余种文字,成为国际社会一致推崇和引用的主要药典. 这部巨著不仅对医药,而且对生物、矿物和化学也做出了重要贡献. 李时珍的学术见解是高超的,他的分类方法很符合现代的科学原则.

李时珍之所以能取得如此巨大的成就,固然由于他批判地总结了前人的成果,"搜罗百氏",旁征博引,参考八百余家. 更主要的,还在于他谦虚精益求精的精神. 他认识到这项工作应诚实地对待自己和他人,因而用了近 30 年的时间,三次改写,才最后成书."字字看来皆是血,十年辛苦不寻常". 在写作过程中,他不辞辛苦,深入实际,"访采四方",先后到河南、江西、江苏、安徽等地,收集标本与药材. 他治学态度严谨,一丝不苟. 例如,为了证实前人所说"穿山甲诱蚁而食",便亲自动手,解剖穿山甲,结论是:"腹内脏腑俱全,而胃独大,常吐舌,诱蚁食之,曾剖其胃,约蚁升许也."

李时珍写《蕲蛇传》,也是一个有益的故事. 他父亲李言闻,研究了蕲州的特产艾叶,写成了《蕲艾传》,他读后很受启发,便决心写一本《蕲蛇传》. 开始他只是从蛇贩子那里观察白花蛇,有人告诉他,这不是真正的蕲州蛇,真蕲蛇"其走如飞,牙利而毒",人被咬后会迅速致死,是当时皇帝指定进贡的制药珍品. 不入虎穴,焉得虎子,李时珍不顾危险,几次爬上龙峰山去观察蕲蛇,目睹了它吃石南藤及被捕的情形,了解了它形体与习性上的特点,终于写出了很有特色的《蕲蛇传》. 李时珍很重视这种研究方法,认为这样可以"一一采视,颇得其真".①

又例如,1907 年,德国的欧立希(P. Ehrlich,1854—1915)想用染料来灭锥虫,在艰难寻求中,一天他在化学杂志上读到一篇文章,其中说:在非洲流行着一种可怕的昏睡病,当锥虫进入人的血液大量繁殖后,人就会长时间昏睡而死. 用化学药品"阿托什尔"可以杀死锥虫,救活病人,但后果仍很悲惨,病人会双目失明. 这篇文章给欧立希很大启发,但他没有停留在文章的结论上. 他想:阿托什尔是一种含砷的毒药,能不能稍许改变它的化学结构,使它只杀死锥虫而不损伤人的视神经呢? 在这种思想的指导下,他和同事们找到了多种多样改变化学结构的方法,一次又一次地做实验. 精益求精给了他们毅力,在失败了许多次之后,终于成功地制成药品六〇六(砷凡纳明),挽救了无数昏睡病人和梅毒病人的生命.②

1.3.4 尊贤协作的奉献精神

尊贤协作主要指尊敬贤达前辈、学长补短、善于与友人合作;奉献是指献身科学、献身社会、为人类造福.

我国著名古典小说《红楼梦》第四十八回讲了一个故事:香菱向黛玉请教如何作诗,黛玉说:"我这里有《王摩诘全集》,你且把他的五言律一百首细心揣摩透熟了,然后再读一百二十首老杜的七言律,次之再把李青莲的七言绝句读一二百首. 肚子里先有了这三个人做了底子,然后再把陶渊明、应、刘、谢、阮、庾、鲍等人的一看,你又是这样一个极聪明伶俐的人,不用一年工夫,不愁不是诗翁了."诗来源于生活,林黛玉的这种学诗方法虽然不够全面,作家应该深入到实际中去,才能找到诗的不竭的源泉. 但如果是为了继承古代诗歌的优秀传统,并从前人的创作中吸取经验,她的意见却有可取之处.③

林黛玉的学习方法,对初学自然科学的人也有参考价值. 现代科学,面广枝繁,不是一辈子学得了的. 唯一的办法是集中精力,先打破一缺口,建立一块或几块根据地,然后乘胜追

---

①②③ 王梓坤. 科学发现纵横谈[M]. 上海:上海人民出版社,1983.

击，逐步扩大研究领域. 此法单刀直入，易见成效. 宋朝的黄山谷也发表过类似的见解，他说："大率学者喜博而常病不精，泛滥百书，不若精于一也. 有余力，然后及诸书. 则涉猎诸篇，亦得其精."费尔巴哈说："托马斯·霍布斯(1588—1679)只阅读非常杰出的著作，因此他读的书为数不多，他甚至经常说，如果他像其他学者那样阅读那么多的书籍，他就会与他们一样无知了."

要建立研究据点，必须认真学好最基本的专业知识. 在一个或几个邻近的科学领域内，下苦功夫精读几本最基本的、比较能照顾全面的专业书. 这些书应该慎重挑选，最好是公认的名著或经典著作. 有些好书，读时虽很费力，读懂了却终身受益. 达尔文非常爱读赖尔的名著《地质学原理》，并以此书作为考查工作的理论指导，从中得到不少启发. 书不能太少，太少则行而不远；也不能贪多，贪多则消化不良，容易沦为引人的思想奴隶. 精读应循序渐进，扶摇直上，有如登塔，层层上升，迅速接近顶端. 切忌贪多图快，囫囵吞枣，否则势必根基不稳，患上先天贫血症. 另一方面，也不要老读同一类书，以免长久停留在一个水平上，做平面徘徊，虚掷时光，劳而少功. 顺读以致远，反读以溯源，专读以攻坚. 学习先贤，尊敬贤达. 站在巨人的肩膀上，才有可能做出重要发现.

科学上的许多重要发现，例如，万有引力、电磁场、相对论、量子论、生物进化论、元素周期表、原子能等，都是人间珍品、科学经典，"何须浅碧深红色，自是花中第一流"，使人心旷神怡，一读三叹.

是什么促使科学家获得这样丰硕的成果和达到这样高的创造境界呢？泰山虽高，还须岩石支持；江河虽大，无源必致枯竭. 一个伟大学说的建立，需要一代又一代人的艰苦努力.

下面，我们来看看万有引力发现的过程：

自从开普勒等人发现行星运动的三定律后，自然就产生了一个迷人的问题：是什么驱使行星不知疲倦地绕太阳做椭圆运动呢？

也许有某种力作用于行星吧？以研究磁铁著称的吉伯就曾设想这种力是磁力. 1666 年波勒利又想到行星运动必然产生离心力，为了使它们不离日而去，必须有一种"向心力"来平衡离心力，就像人用绳子系着石块做圆周运动时，手必须用力牵着绳子一样. 1673 年惠更斯在研究钟摆的著作中进一步指出，离心力和半径 r 成正比，和周期 T 的平方成反比，这也就是与$\frac{r}{T^2}$成正比. 然而根据开普勒第三定律，T^2 与 r^3 成正比，因此，向心力应与$\frac{r}{r^3}=\frac{1}{r^2}$成正比. 这一结论已为胡克、哈雷等于 1679 年左右得出.

另一方面，当时还流行着笛卡儿的涡动学说. 笛卡儿认为宇宙是由太初的混沌演化而来的，混沌中充满了物质的微粒，微粒的初始运动没有什么规律，后来逐渐获得了离心的涡动性质，就像水绕某些点做漩涡运动一样. 涡动的结果之一便产生了太阳系，太阳是一个涡动中心.

由此可见，前人已在引力方面做了许多工作. 那么，牛顿又做了些什么呢？

第一，对引力本质的认识. 牛顿起初也是相信笛卡儿学说的，但后来抛弃了它. 笛卡儿学派还有一个更一般的观点，他们否定彼此间有距离的物体间有相互作用力，要有的话，也必须通过中间介质(以太)来传递. 牛顿对此提出异议，他认为：物体之间有吸引力，这种力不需要什么介质的帮助. 吸引作用是物质本身固有的属性，就像磁力是磁铁的属性一样. 牛顿也与惠更斯不同，后者认为引力不是物体本身所固有的，而是物体机械运动的结果. 从牛顿的观点出发，立即得出一个重要的推论：既然引力是物体本身的性质，那么宇宙间一切物体都应该有引力，这就是引力的万有性.

第二，关于万有引力的数学形式. 以上只是初步的猜测，如果不找出引力的定量表示，而且验之于实践，那么这些想法是不能使人信服的. 由于引力与质量都是物体所固有的，因而容易想到，两者之间应有某种关系，而且是正比关系，把这一思想和胡克等人的结果联系起来，便得到万有引力 F 的表达式为

$$F = k\frac{m_1 m_2}{r^2}$$

其中 k 是比例常数，m_1 与 m_2 代表两物体的质量，r 是它们之间的距离.

第三，要考验此公式是否正确，唯一的办法是通过实践. 牛顿对月球的运动做了大量研究，结果证实：月亮运动的向心加速度，以及地球表面物体（如苹果）落地加速度的数值，都和上述公式吻合. 此外，他又用数学演绎法证明：开普勒根据经验求得的行星运动三定律可以由上面的引力公式重新推算出来，由此可知，驱使行星运动的正是引力. 这样，便有相当根据断定：无论是月球绕地、物体落地或行星绕日，都是同一种力，即引力作用的结果，这些引力的数值可以按同一公式计算出来.

牛顿以后，哈雷对彗星的研究、海王星的发现、天体力学以及其他方面的无数事实，都验证了万有引力定律是普遍（至少是高度近似地）正确的. 后人利用上面的公式，近似地求出了地球的质量约为 6×10^{27} g.

1.3.5 因果推演的明辨精神

由结果追寻原因称之为因果推演. 因果推演是一种深层次的明辨推理.

古希腊的亚里士多德有一个论断：推一个物体的力不再去推它时，原来运动的物体便归于静止. 后来伽利略考虑到，有人推一辆小车在路上走，如果他突然停止推车，小车并不立即停止，还会再走一段路，若路面平滑，这段路会更长些. 他还进一步推导得：如果毫无摩擦，小车便会永远运动下去. 伽利略的这个推导便被牛顿写成力学第一定律："任何物体，只要没有外力作用，便会永远保持静止或匀速直线运动的状态."后来，爱因斯坦也高度评价了这一工作，他说："伽利略的发现以及他所应用的科学推理方法，是人类思想史上最伟大的成就之一，而且标志着物理学的真正开端."

因果推演的明辨精神，引导人们奋发图强，把原因一层层地深入追下去，每进一层就深入一步，整个人类的认识也就提高一步，如此下去以至于无穷.

诺贝尔物理学奖得主杨振宁教授于 1999 年 12 月 3 日在香港中文大学"新亚学院"举行的"金禧讲座"上发表演讲时指出：近代科学追求自然规律有一套思维方式，"是从上到下的，是推演，是用逻辑的方法来推演.""推演的方法需要逻辑，逻辑是希腊人为研究几何学所发展出来的思维方法.""从牛顿开始，西方的学者才真正地了解逻辑推演方法的重要性，而把这个重要性加到所谓 Natural philosophy（自然哲学）里头，由此产生了近代的科学. 可以说，这是近代科学精神诞生的一个重要标志."这是"推演的精神、逻辑的精神"，这也就是所谓的因果推演的明辨精神.

在人类文明的探索中，人们总是试图去认识复杂多变的自然现象，去解开人类如何定居在这个地球上的谜题，去弄明白人生的目的，去探索人类的归宿. 在所有早期文明中，这些问

题的回答都是宗教领袖给出的,并为人们所普遍接受. 只有古希腊文明是个例外. 希腊人发现(人类所做出的最伟大的发现)了推理的作用. 正是古典时期(公元前600年至前300年间的鼎盛时期)的希腊人,认识到人类有智慧、有思维(有时佐以观察或实验),能够发现真理.

是什么导致希腊人做出这个发现,这个问题不大好回答. 把推理用于人类活动和思维的始祖曾生活在爱奥尼亚——古希腊人在小亚细亚的一个定居处. 许多历史学家试图依据政治和社会环境对此做出解释,比如,爱奥尼亚人有更大的自主性去无视统治欧洲希腊文明的宗教信仰. 但是,我们所知的在约公元前600年以前的希腊历史过于零碎,无法做出明确的解释.

当时希腊人把推理用于政治体系、伦理道德、法律、教育和其他许多方面. 他们的主要的、决定性地影响了后代文明的贡献是接受了对推理的最强有力的挑战,知道了自然界有规律可言.

为了推导出数学概念,希腊人从自明的、无人怀疑的公理入手. 从公理出发,可用推理得出结论. 有多种推理方法,比如,归纳、类比和演绎,其中只有一种能够证明结论的正确性,由一千只苹果都是红的得出苹果都是红的这个结论,是归纳,不一定可靠. 类似的,由于约翰的兄弟已从大学毕业,而约翰受教于同样的老师,所以也应该能从大学毕业,这是由类比推出的推理,当然也是不可靠的. 然而,如果假定人终将一死,而苏格拉底是人,则必然接受苏格拉底也会死这样的结论. 这里所涉及的逻辑,亚里士多德称之为三段式演绎法. 在亚里士多德的其他推理规则中,还有归谬法(一个命题不可能既真又假)及排中律(一个命题必须为真或假). 他和世人都毫无疑问地承认这些推理原理用于任一前提时,推导出的结果和前提一样可靠. 因此,如果前提为真,则结论也为真. 大多数希腊哲学家都宣称演绎推理是获取真理的唯一可靠方法. 坚持用演绎推理,因为这样可以得到真理,永恒的真理.

哲学家们偏爱演绎推理还有一个原因,他们致力于理解人类和物质世界的广泛知识. 为了建立普遍成立的真理,如人性本善,又如世界是既定的,或人本有为而生之,从可接受的基本原理进行演绎推进要比用归纳或类比更加可行.

在科学发展的道路上,因果推演的明辨精神促进了科学的进一步发展.

第二章　人文与人文精神

“人文”一词在中国最早见于《周易》,《彖传》中关于“贲卦”的一段评论说:

“(刚柔交错),天文也. 文明以止,人文也. 观乎天文,以察时变;观乎人文,以化成天下.”①

这段话的大意是:阴阳变化反映自然的本质,这是天文. 文明礼貌约束人的行为,则是人文. 观察天体的阴阳变化,能察知寒暑易节,四时变化的规律. 观察人文,可用来教化天下,使人人都成为具有高尚道德品质的人. 孔颖达还特别指出,人文是“诗书礼乐之谓也”,大抵相当于我国古代教育科目“六艺”(礼、乐、射、御、书、数)中在今天被称为“人文学科”的那些部分. 从发展的角度看,古人研究阴的变化,从日月星辰的运行等天文现象,到“观阴阳之割裂,总算术之根源”的数学研究,再到炼丹术的化学研究,阴阳辨证的医学研究,构成了今天自然科学的内容. 研究“人文”,从诗书礼乐到文史哲经等,则构成了今天所谓“人文学科”的内容. ②

不过,我们今天所说的“人文”这一概念,并不是从《周易》的“人文”概念发展过来的,而是一个外来语. 在文艺复兴时期一些人提出了“人文主义”的文化观. 人文主义认为人和人的价值具有首要的意义,应该以人为衡量一切事物的标准. 由于当时欧洲的“人文主义者”同时又是研究某一人文学科的专家,因此人文精神与“人文学科”有了密切的联系.《简明不列颠百科全书》对“人文学科”这个词的解释是:

人文学科是那些既非自然科学也非社会科学的总和. 一般认为人文学科构成一种独特的知识,即关于人类价值的精神表现的人文主义的学科.

人文学科最早起源于西塞罗(Cilero,前106—前63)提出培养雄辩家的教育纲领. 这个纲领后来成为古典教育的基本纲领,最后又转变成中世纪基督教基础教育的纲领. 这时的人文学科包括数学、语言学、历史、哲学和其他学科. 到了文艺复兴时期,人文研究与神学相对立,人文主义者所研究的问题包括语法、修辞、诗学、历史和道德哲学. 19世纪以后,人文学科作为独立的知识领域,与自然科学相对立. 总之,人文学科这一概念并没有完全确定的内涵. 而人文教育的内容大体上又是对应于人文学科各分支的内容来说的,它是指包含在人文学科中各分支的交汇内容,即对人生意义的追求,对人的价值的关心,等等,都是人文教育的重点. 由此可见,人文学科虽然不是由我国古代的《周易》中“人文”一词演化而来,而有一点却非常相似,即它们都是对应于几个学科中所蕴涵的关于人的问题引申出来的. 我国近代学者用“人文”一词去翻译文艺复兴时期的人文学科,可谓恰到好处. 不过,社会发展到今天,人文教育的内容也有了新的发展,不能再把它等同于人文学科. 有人主张把“人文教育”定位在追求真善美和人的全面自由发展的最高层面上,将科学知识、艺术修养、道德规范等都包括在内. 这也启引我们应该把人文教育提到议事日程上来.

---

① 原文无“刚柔交错”四字. 王弼,孔颖达,朱熹等易学大师都认为脱此四字,应当补上.

② 欧阳维诚. 数学——科学与人文的共同基因[M]. 长沙:湖南师范大学出版社,2000.

我们认为,人文教育思想的本质便是真善美的价值追求,这不仅与教育的初衷是统一的,而且与当下提倡的新型教学模式是相适应的. 它使得传授知识、启迪智慧、完美人格三者有机地结合起来,真正意义上构建民主、平等、和谐的教育教学氛围.

人文教育以人为本,其根本的目的就是在尊重作为自然人的个性,使教育环境人性化,发展人的主观能动性,实现人的潜能,丰富人的个性,培养思维的独立性和批判性,造就具备超越现在而展示未来的意识的人.

人文教育的内容离不开人文学科. 那么人文学科有哪些? 这些学科又有什么特色呢? 借助这些人文学科进行人文教育的核心又是什么呢? 这就是下面我们要讨论的问题.

各种人文学科与数学均有着不解之缘.

2.1　人文学科与数学的不解之缘

2.1.1　语言学与数学

法国数学家阿达玛(Hadamard,1865—1963)曾经说过:"语言学是数学和人文科学之间的桥梁."语言学历来被看作典型的人文学科,也许人们不容易想到,这两门表面看来相去甚远的学科却有着极为深刻的内在联系.

早在19世纪中叶,就有人提出了用数学方法研究语言现象的问题了. 1847年,俄国数学家布尼亚科夫斯基(Bunyakovsy,1804—1889)提出可以用概率论进行语法、词源及语言历史比较的研究. 瑞士语言学家索绪尔(Saussure,1857—1913)在1894年指出:"在基本性质方面,语言中的量和量之间的关系可以用数学公式有规律地表达出来."1916年,他在其名著《普通语言学教程》中又指出,语言学好比一个几何系统,可以归结为一系列特征的定理. 1904年,波兰语言学家博杜恩·德·库尔特内(Courtenay)认为,语言学家不仅应该掌握初等数学,而且也必须掌握高等数学. 他在20世纪初即相信,语言将根据数学的模式,一方面"更多地扩张量的概念",另一方面"将发展新的演绎思想方法",从而日益接近精密科学. 1933年,英国语言学家布洛姆菲尔德(Bloomfield)提出了一个著名的论点:"数学不过是语言所能达到的最高境界."

尽管上述思想对当时的语言学研究没有发生显著的影响,但也不乏卓越的工作. 例如,著名的俄国数学家、在概率论方面做出过卓越贡献的马尔科夫(Marкov,1856—1922)在对俄语字母序列的数学研究中,提出了马尔科夫随机过程论,后来发展成为一个独立的数学分支,对现代数学的发展产生了深远的影响. 语言结构中所蕴藏的数学规律,成了马尔科夫创造性思想的源泉. 作为人类语言学发展的方向,这些思想和工作揭示了语言学发展的新方向,在人文科学发展史上具有重要作用. ①

随着科学技术的发展和社会的进步,科技文献浩如烟海,国际的商业贸易、对外交往日益频繁,人类的语言障碍就显得越来越突出了. 人们不得不费大力气去从事文献检索、资料

① 欧阳维诚. 数学——科学与人文的共同基因[M]. 长沙:湖南师范大学出版社,2000.

翻译等烦琐而沉重的工作.电子计算机的发明和应用,给解决上述困难带来了希望.20 世纪 50 年代,人们开始考虑将文献检索、资料翻译这类烦琐的工作交给机器去做.这样就提出了机器识别、机器自动检索文献、机器翻译等一系列信息加工问题,在这些问题中,牵涉到计算机如何翻译这样一个难点.要解决这类问题,必须使语言"数学化""形式化".

为了能让计算机进行文献自动检索、语言翻译,必须对古老的语言学中的各种概念用数学方法进行严格的分析,建立起语言的数学模型,采用数学语言来描述语言现象.同时,计算机自身的发展,如用自然语言来进行"人机对话",通信技术中的信息数据化等,也提出了用数学研究语言学的迫切要求.另一方面,19 世纪以来,数学得到了突飞猛进的发展,概率统计、离散数学、数理逻辑、信息论、模糊数学的兴起,也为用数学方法研究语言学提供了有力的武器.

语言与数学至少在以下方面具有联系:

1. 语言符号具有随机性

语言符号的出现和分布规律不是完全确定的,具有随机性.在一般的文字材料中,字的出现具有随机性.这就使语言与数理统计发生了联系.

2. 语言符号具有冗余性

语言符号之间彼此制约,使得我们可以根据符号的关系来判断有关语言符号的性能.文章写完之后应至少看两遍,竭力将可有可无的字、句、段删去,毫不可惜.那些"可有可无"的东西就是语言中的冗余性.书面文章的冗余度具有两重性.文章的冗余度越高,它就越便于识别和分辨,它的抗错能力就越强,因而也就越显得精密,这是冗余度有利的一面.但是,冗余度越高,文章的冗余信息就越多,文章就显得不够精练,这是它不利的一面.

语言符号的冗余性,使它和信息论等发生了联系.

3. 语言符号具有离散性

我们平时说话时的语流似乎是连续不断的,实际上,这些连续不断的语流可以被分解为若干段落,一个段落又可以被分解为若干句子,一个句子又可以被分解为若干短语,一个短语又可以被分解为若干音节,一个音节又是若干元音和辅音音位的组合.在竖直方向上,语流中的各个成分又可引起联想,引出与之属于同一聚类的若干个离散单元来.所以,在连续语流的水平方向和竖直方向上,实际上都是与若干不同的离散单元联系着的.

语言符号的这种离散性,在语流的停顿时表现得特别明显.人们往往可以利用语言停顿的这种离散性质来区别语言的不同含义.

语言既然是由一些如此不连续的离散单元组成的,那么,就可以把这些离散单元看作集合的元素,采用集合论的方法来研究它.苏联数学家康拉金娜在研究机器翻译的实践中,就曾采用集合论的方法来描述语言的某些基本概念,提出了语言的集合论模型.

4. 语言符号具有递归性

语言中有这样一种现象,一个长度有限的句子,可以采用一定的办法将它无限制延长,仍然得到合乎语法的句子.

语言在句式构造方面的递归性给计算机识别带来困难.而现代数学中的公理化方法是研究递归性的有力手段,因此,语言符号的递归性使语言研究与数学中的公理化方法发生了联系.

5. 语言符号具有层次性

语言符号的这种特性,对于同样一句话,人们可能会产生不同的理解. 如果注意到层次的不同,对这种有歧义的情况便可以得到解释.

为了让计算机能准确判断,语言学家把语言符号的层次性与图论中的"树"联系起来,用树形图做出解释以达到准确判断.

6. 语言具有非单元性

语言符号的树形图反映了自然语言的二分特性,但这有时是不够的,特别是在机器翻译等自然语言的计算机处理研究中,二分的树形图有缺陷. 因有时这样处理树形图中会出现"圈"的矛盾.

语言符号的这个性质叫作非单元性. 解决非单元性要联系到多值标记函数的运算.

7. 语言符号具有模糊性

例如,我们常说的一堆,数量大等都是模糊性概念.

由于语言符号的这种模型性,又与模糊数学发生了联系.

综上所述,语言符号具有随机性、冗余性、离散性、递归性、层次性、非单元性和模糊性,与许多相应的数学分支有密切的联系.

每一位诗人和作家都有自己的语言风格,除了作品的内容以外,遣词造句的习惯等语言特点也形成作品风格的重要特征. 这种风格在数量上的表现就是人们各自的语言特点在统计上的差异.

我国著名的古典小说《红楼梦》后 40 回的作者是谁,文学史上一直未能定论,一般认为后 40 回是高鹗所续写,但却缺乏足够的证据. 考证《红楼梦》后 40 回的作者是谁,一直是红学研究中的热点课题. 但过去所用的方法都是从旧有的文献中去寻找蛛丝马迹. 1976 年,在美国威斯康星大学举行了国际红学会议,该大学的学者陈炳藻宣读了一篇论文,他利用计算风格学的方法分析了《红楼梦》前 80 回与后 40 回的用词特点,认为两者是一致的,从而做出结论,《红楼梦》前 80 回与后 40 回均为曹雪芹一人所作. 石破天惊,陈炳藻的论文为红学研究方法揭开了别开生面的一页. 但是,后来有人发现,他所用的统计方法还有缺点,因而其结论尚不足为据. 谁是谁非,还有待于历史的结论.

2.1.2 修辞与数学

人们说话、写文章都讲究修辞. 数学是一种文化,它渗透到人类各种文化活动之中,又与语言的关系十分密切,所以,在语言的修辞中也常使用某些数学方法,最常见的有简单运算、整数分拆、形象比喻等方法.

在文学作品中和日常语言中,常常将一些简单的数字故意通过某些明显的或隐含的数学运算而得出,目的是为了强调某种心情或情趣,往往富于幽默、夸张等意味.

用数字进行简单运算来修辞的,最常见的是整数分拆. 把一个正整数分成若干正整数之和称为整数分拆,整数分拆是数论和组合论中一个艰深的分支. 通过整数分拆有时可使语言显得生动、含蓄,富有幽默感,在诗歌或联语中可以起到避免同一字重复出现或使字音合乎平仄的作用.

整数分拆可以避免同一个数字的重复.

英国大发明家爱迪生说:"天才,就是百分之一的灵感和百分之九十九的汗水."爱迪生通过把100分成1与99,对比悬殊,告诉人们,天才在于勤奋,给人留下极为深刻的印象.

比喻是修辞中最常用的一种手法.有些文学作品用数学对象来做比喻,往往能给人以新奇、生动和无可怀疑的印象.

"他的热情早过了抛物线的顶点,渐渐地下降了."这句话用抛物线的顶点,刻画出"他"对"她"热情的鲜明对比,顶点之前的升温和顶点之后的下降,形象而生动.

2.1.3 诗歌与数学

诗歌是一种具有特殊形式的文学作品,它的结构、格律、表现手法甚至内容都可能与数学发生联系.

一首好的抒情诗,除了在内容上应给人以美感外,还应当使读者易于背诵,易于记忆.在中国,为什么五言和七言的归体诗至今仍为人们乐于吟诵?在西方,为什么"十四行诗"能从文艺复兴时期一直延续到现在?其原因固然是多方面的,但它们都易于背诵也是一个原因.什么样的诗才易于背诵,易于记忆呢?实验表明,人们短时间记忆通常只能记住5个"组块"."组块"是信息量的一个单位,是测量人的短时间记忆的最小单位.多大的信息量算一个组块呢?这并不是固定不变的.一个数字、一个公式、一个符号、一句成语都可能成为一个组块.一首抒情诗要使人们易于背诵,应当采用什么形式为好?有人提出了以一首诗的平均组块数为标准的"抒情诗统计律"

$$S=\frac{1}{5}(A+B+C+D+E)\leqslant 5$$

其中:A——代表一首诗的平均段数;

B——代表每段的平均句数;

C——代表每段的平均行数;

D——代表每段的平均顿数;

E——代表每段的平均字数;

S——代表一首诗的平均组块数.

例如,唐朝诗人张继的《枫桥夜泊》:

月落/乌啼/霜/满天,
江枫/渔火/对愁/眠.
姑苏/城外/寒山/寺,
夜半/钟声/到/客船.

这首诗共有1段,每段2句,每段4行,每行4顿,每顿1-2字,所以S的值明显地小于5,因而易于记忆.反之,如果一首诗的段数太多,句子太长,大大地超过了5个组块,则会给背诵者带来困难.

旧体诗词都有一定的平仄格式,平仄指的是两种不同的声调,是诗词格律中最基本的要素.我国古典诗词中的近体诗,每句诗中各字的平仄都有明确的规定.例如,王之涣的《登鹳

雀楼》:

白日依山尽,——仄仄平平仄
黄河入海流.——平平仄仄平
欲穷千里目,——平平平仄仄
更上一层楼.——仄仄仄平平

如果在诗中用数字 0 代表平声字,用数字 1 代表仄声字,就有了丰富的数学内容.

我们可以把每一句的平仄格式看成一个布尔(Boole)向量,每一首诗的平仄格式就可看成一个布尔矩阵

$$\begin{matrix}\text{白日依山尽,}\rightarrow(1,1,0,0,1)\\ \text{黄河入海流.}\rightarrow(0,0,1,1,0)\\ \text{欲穷千里目,}\rightarrow(0,0,0,1,1)\\ \text{更上一层楼.}\rightarrow(1,1,1,0,0)\end{matrix}\rightarrow\begin{pmatrix}1&1&0&0&1\\0&0&1&1&0\\0&0&0&1&1\\1&1&1&0&0\end{pmatrix}$$

著名语言学家王力教授在《诗语格律十讲》中把五言绝句的平仄格式分为 4 种,利用布尔矩阵可将其统一为矩阵的乘法(可参见本丛书中的《数学眼光透视》7. 2. 1 节).

我们还可以把平仄对应于二进制数,与编码发生联系,例如

$$\text{白日依山尽}\rightarrow 1\,1\,0\,0\,1_2$$

数学中有许多常用的方法,如反证法、不变量法、穷举法等,常常为诗人所采用. 这是因为诗歌的篇幅有限,诗人要详细陈述自己的观点比较困难,不得不把一些要说的话省略于推理之中,即通常所谓的“含蓄”是也.

在中国古典诗歌中,咏史诗占有很大的比重. 前人写作咏史诗,讲究推陈出新,最忌人云亦云,好做翻案文章. 但是一首小诗容量有限,诗人要正面阐明自己的观点比较困难,就常常采用一种“反唇相讥”的方法,即反证法. 先把自己要反驳的观点提出来,但并不立即正面反驳,反而故意加以突出,加以渲染,然后挑选一两个典型的事例,一针见血地驳倒这种观点,从而收到了宣扬自己的新观点的有力的艺术效果.

现以晚唐诗人李商隐的咏史诗为例. 李商隐的诗构思新颖、想象奇妙、词句精警、形象鲜明,能以短小的篇幅,容纳丰富的思想内容,具有强烈的艺术感染力. 除了艺术的表现能力之外,与他惯用“反证法”也不无关系.

瑶池阿母绮窗开,黄竹歌声动地哀.
八骏日行三万里,穆王何事不重来?

——《瑶池》

2.1.4　寓言与数学

寓言作为一种重要的文学形式,与数学有着更为密切的关系.

寓言可以说是一种幽默化了的常识,而数学呢? 荷兰数学家、数学教育家弗赖登塔尔(Freudenthal)曾经说过:“数学可以说是系统化了的常识.”因此,寓言与数学,虽然写作的目的不同,表现的手法各异,但是它们有一条互相联结的纽带,那就是常识.

第一,寓言从普通的常识出发,用最简洁的语言,借助逻辑力量,或阐明事物的深刻哲理,或讽刺社会的常见弊端. 由于篇幅很小,不能不把一些道理省略,须通过逻辑推理,而且

常常还须发挥多元思维或逆向思维去发掘、去理解. 这些正是数学的基本特征. 这就使寓言的表达与数学的方法存在着相似之处.

第二,寓言的内容常常涉及自然与生活中的某些规律,涉及哲学与逻辑的某些原理. 而这些规律、原理的表述,又往往依赖于数学的公式、定理或模型. 换言之,不少寓言可以说是某些规律、原理的具体化、形象化. 数学模型则是这些规律、原理的抽象化、逻辑化. 因此,这就使寓言的具体形象与数学的抽象模型存在着相通之处.

第三,数学是研究空间形式和数量关系的科学,现代数学则研究抽象的关系. 这些关系无所不在,在寓言中亦不例外. 有人说,一篇寓言,可以从各方面去发掘其思想内涵,有了数学的参与,可以从更开阔的层面上去发掘寓言的内涵,有的甚至还非这样不可. 这就使得寓言的艺术魅力和讽喻效应与数学的内容存在着依存之处.

第四,有些寓言涉及一些特殊的概念和关系,这些概念或关系模糊不清,还有待明确和精确化. 这些概念和关系一方面恰恰是寓言家取材的矿点,另一方面又是数学家研究的对象,把概念精确化,把说不清楚的概念说清楚,正是数学的基本工作和看家本领. 这就使得寓言在取材范围、逻辑基础上与数学的研究对象存在着交叉之处.

综上所述,寓言与数学的关系在数学与文学的联系中是最为突出的.

2.1.5 小说与数学

小说与数学的关系也是很密切的. 这可以从两个方面得到解释.

第一,有些作家中的"外来户",他们具有很好的数学修养,常常有意识地把数学知识引入他们的作品中. 如俄国大文学家托尔斯泰就很喜欢数学,常常把一些数学题材写成小小说发表. 利用数学常识来刻画某些特定的人物性格,是小说作家常用的一种手法.

第二,数学无所不在,在现实生活中处处隐含着数学问题. 小说要广泛地接触生活,在接触生活的同时,也接触到一些数学问题. 这并不以小说作家本人的意志为转移.

清代人李汝珍的长篇小说《镜花缘》,全书 100 回,叙述唐敖等人游历海外的见闻和唐闺臣等 100 个才女的故事. 书中罗列各种才智以赞扬女子才学,其中一位叫米兰芬的才女就长于数学. 如该书第 79 回有描写米兰芬利用我国《孙子算经》中的古算法"铺地锦"来计算圆周长的情节.

英国著名侦探小说作家柯南道尔(Doyle Conan,1859—1930)在他的《福尔摩斯历险记》中特意安排了福尔摩斯去解一道数学难题.

美国著名作家爱伦·坡(Allan. Poe,1809—1849)的小说《金甲虫》中,讲述了一位勒格让先生破译密码的故事,涉及很多的数学知识.

有的小说作家一方面把一些数学知识写进他们的作品中;另一方面,数学家也从小说情节中抽象出大量的数学内容,作为他们写作数学著作的例子.

上面我们谈到柯南道尔的小说中有数学内容,博弈论的创始人冯·诺伊曼还将柯南道尔的小说中的主要情节稍加变通,注入博弈论的思想.

2.1.6 艺术与数学

在古希腊时代,数学本身就被视为一门艺术,我们只要回顾一下古希腊时代的音乐、绘画与建筑的风格,就不难想象数学思想与当时艺术风格的关系.

自古希腊以来,数学已经渗入了艺术家的求实精神. 从毕达哥拉斯时代起,乐理(或音乐学)已是数学的一部分. 把音乐解释为宇宙的普遍和谐,这种和谐同样适用于数学及天文学. 开普勒从音乐与行星之间找到对应关系. 莱布尼茨首次从心理学来分析音乐,他认为"音乐是一种无意识的数学运算",这更是直接把音乐与数学联系在一起,从某种意义上来讲,这也是后来用数学结构来分析音乐的先驱. 对于乐谱的分析即傅里叶的三角级数,而这产生的数学分支是"调和分析",而"调和"一词则来源于普遍和谐(harmony). 从形式上讲,音乐的确是一组符号运算,但从内容上讲,音乐成为一种伟大的创造. 为什么音乐动人这就不是数学所能说清楚的了.

在绘画与雕塑方面,各民族都有自己的创造. 文艺复兴时期,西欧的绘画与数学平行发展,许多艺术家也对数学感兴趣,他们深入探索透视法的数学原理. 意大利人阿尔伯蒂(L. B. Alberti,1404—1472)在《论绘画》一书中提出正确绘画的透视法则. 达・芬奇及丢勒(A. Dürer,1471—1528)都不只是大艺术家而且也是大科学家. 他们的著作直接影响了几代艺术家,使得其后二三百年成为西欧古典艺术的黄金时代. 他们的经验原理到 18 世纪也为数学家泰勒(B. Taylor,1685—1731)及兰伯特(J. H. Lambert,1728—1777)变成演绎的数学著作. 而对原形与截景之间几何性质的研究后来孕育了一门数学新学科——射影几何学.

建筑、装饰与几何的关系更为直接,尤其是虽然古时没有群的观念,但对称性及对称花样已散见于各民族装饰艺术之中. 早在 1924 年波尔亚证明平面上有 17 种对称图样(patterns)之前,西班牙的阿尔汉布拉宫的装饰已经一个不少地绘制出这 17 种不同的图样,令人叹为观止.

其他的艺术形式同数学关系要少一些或间接一些. 尽管如此,数学与艺术仍有着千丝万缕的联系,如舞谱学.

数学家多为艺术爱好者,但真正是艺术家的不多. 不过数学家的职业思维特点却往往使他对艺术中的"规律"部分进行思考. 柯西(Cauchy)终生写诗,哈密尔顿不仅写诗而且同大诗人华滋沃斯关系甚密而且相互倾慕,不过他真正的诗还是数学. 而真正的诗学家是西尔维斯特,他不仅写诗,而且在 1870 年出版的《诗词格律》,可以说是真正从数学观点来看待诗了.

19 世纪末以来的现代艺术发展的最大特点是抽象化,而这恰恰平行于现代数学的发展,现代数学的特点也是抽象化、形式化. 现代艺术的出现并没有给古典艺术的发展打上终止符,具象的、现实的艺术仍在发展. 在某些时期,某些地区、某些领域甚至仍是主导的、占有决定性的地位. 同样,现代数学也没有完全涵盖所有数学题材,许多古典数学问题仍然是重要的研究对象. 不可否认,抽象的题材在某些数学领域占统治地位(如抽象群论). 这种平行似乎并非偶然,它反映人类精神的发展与飞跃.

前面所讲的古典艺术是广义的,既包括前古典学派、古典主义,也包括浪漫主义与写实主义(甚至自然主义),而现代艺术则是从象征主义及后期印象主义开始的. 现代艺术的理论家是康定斯基(W. Kandinsky,1866—1944),他本人也是抽象绘画的创始人之一. 他在现代艺术中,看到一个伟大的精神时代特征:其中第一点就是"一种伟大的、几乎是无限的自由". [①]这几乎同康托(Cantor)说过的话"数学的本质在于它的自由性"如出一辙. 正是康托

---

① 瓦西里・康定斯基. 论艺术的精神(中译本)[M]. 北京:中国社会科学出版社,1987.

的集合论把现代数学由传统数学的数量关系及三维空间里的几何图形解放出来,大大扩展了自身的领域. 现代艺术也从简单的摹写现实中解放出来.

康定斯基进一步把"结构"引进绘画:他把结构分为简单结构("旋律")及复合结构("交响乐")①,而这同布尔巴基对数学结构的处理何其相似. ②更有趣的是,康定斯基是明确把数学引入现代艺术的第一人. 他说"数是各类艺术最终的抽象表现". ③他在1923年发表的《点·线·面》一书更是对于这些几何学对象的艺术表现做了深入的分析,这给现代艺术奠定了哲学基础.

现代艺术在绘画、雕塑、戏剧、诗、小说中表现得比较明显,在音乐方面则为两个趋向:一是专业化的现代倾向,以勋伯格(A. Schoenberg,1874—1951)为代表,倡导十二平均律,导致无调音乐,从而乐曲完全形式化及数学化. 他们的作品对一般听众很难接受,这同抽象数学为一般学者不理解一样,成为学院式的东西. 而在群众中流行的现代音乐则是另一种趋向,是建立在原始音乐基础上的各种通俗音乐. 而有文化教养的知识分子(包括数学家)大都喜欢这两种现代音乐之外的"古典音乐"——从巴洛克音乐到新古典主义、后期浪漫主义乃至印象主义音乐. 如前所述,它们可完全数学化,可以输入计算机,但由电子合成器所"创造"的音乐是否动人则是另外一回事了.

在上面的介绍中,我们看到了艺术与数学的广泛联系. 实际上数学与艺术在其深层结构上是最为接近的,它们都反映人类精神的伟大创造,而且都具有相当大的自由性. 从这个意义上讲,艺术更是人类精神的伟大杰作,巴赫及贝多芬的音乐、达·芬奇的绘画、米开朗基罗的雕塑、莎士比亚的戏剧、歌德的诗《浮士德》、陀思妥耶夫斯基的小说、古往今来许多建筑,都是人类精神不朽的体现. "生命有限,艺术之树常青. "各民族均有其伟大的创造. 司马迁的《史记》、曹雪芹的《红楼梦》、鲁迅的《阿Q正传》、故宫、万里长城及各地著名园林也反映了中华民族的艺术成就. 在伟大的艺术作品当中,同样也不同程度地反映出数学的光芒.

还有一个有趣的现象也是不容忽视的——许多著名的数学家都有关于艺术方面的论著. 大数学家笛卡儿和欧拉都有关于音乐理论的著作. 笛卡儿在1650年出版了一本题为《音乐概要》的书. 欧拉在1731年,写了一本以声乐为主题的著作《建立在确切的谐振原理基础上的音乐理论的新颖研究》. 尽管音乐家认为,他的音乐著作太数学化了,但数学家则认为,他的著作太音乐化了,也就是说,在这本书中,音乐与数学到了水乳交融的地步.

随着数学与人文科学的分细,数学与艺术的关系似乎并没有受到太大的影响. 电子技术和计算机科学的发展,数学与艺术的关系反而日趋密切,计算机大大促进了音乐与绘画艺术研究的深化,可以促进艺术教育的提高和普及. 卡拉OK、电脑绘画等大大地增加了一般人艺术实践的机会,使群众对艺术的参与和欣赏水平也随之大大提高.

2.1.7 建筑技艺与数学

任何时代、任何国家的文明都可以通过其建筑技艺反映出来,建筑不仅是综合技术的标志,也是精神文明的象征. 一般建筑物的设计要受到周围环境、建筑物的用途、材料的类型和

① 瓦西里·康定斯基. 论艺术的精神[M]. 北京:中国社会科学出版社,1987.
② 胡作玄. 布尔巴基学派的兴衰[M]. 北京:知识出版社,1984.
③ 瓦西里·康定斯基. 论艺术的精神[M]. 北京:中国社会科学出版社,1987.

性能、资金、人力以及工期等因素的影响.设计师们在这些基础上,尽可能发挥其想象力.数学既是建筑师的智力资源,也是减少试验、消除技术差错的重要手段.除了力学结构、材料负荷、成本核算等都离不开数学以外,建筑的风格,建筑的审美要求,也是数学思想的反映.

在古代,埃及的金字塔建筑中石头的形状、大小、重量、排列等的计算工作,就须用到直角三角形、正方形、毕达哥拉斯定理等方面的知识.雅典的巴特农神殿用到了黄金分割、幻视觉、比例等方面的知识,并能准确地切割圆柱体,使其柱高恰为直径的三倍.古罗马的竞技场等运用了圆、半圆、半球和弧,反映当时罗马的主流数学思想.拜占庭时期的建筑师们将正方形、圆、立方体和带拱的半球等概念优雅地组合起来.歌特式教堂的建筑师们用数学确定地球的引力中心,并设计拱形的天花板,使天花板上拱形的交点正对隐藏在地底下的用巨石构建的重物.文艺复兴时期的石建筑物,显示了一种在明暗和虚实等方面都很精美的对称.在中国,举世闻名的万里长城堪称一大奇迹.杜牧在《阿房宫赋》里描写的阿房宫“廊腰漫迴,檐牙高啄,各抱地势,勾心斗角”,其中必有许多数学思想的造型.赵州桥的“敞肩拱”结构是世界造桥史上的创举.位于我国河南省登封市境内的嵩岳寺塔,建于北魏孝明帝正光四年(公元523年),用到了正十二边形.至于近现代,建筑师们能设计出实质为任何形状的建筑物,如美国旧金山圣·玛丽大教堂的双曲抛物面顶,支撑东京奥林匹克大厅的悬链线缆等,无不得力于数学.

在穆斯林艺术的演进中,伊斯兰地区起着主要的作用.穆斯林们信仰他们的上帝阿拉,他是唯一的生命创造者.如果艺术家们描画或雕塑有生命的事物时,就侵犯了阿拉的领地.这种信仰给穆斯林艺术家们的创作带来了严格的限制,他们必须在自己的创作中力求避免人类和动物肖像的出现.因此在他们的建筑物中,所有的装饰和镶嵌都只限于用到几何图案或植物花草等图饰.这使得穆斯林艺术家们去钻研数学以拓宽创作的源泉.

2.1.8　哲学与数学

哲学是人文学科中最有代表性的学科.哲学与数学有着天然的联系.

哲学与数学有许多共同之处:

(1)数学撇开了许多与数、形无关的东西,它撇开的东西似乎很多,却反过来使它看得很宽、很深,这正是哲学的特点之一.

(2)数学往往要打破砂锅问到底,这个底实际上就是原始概念与原始命题(公理),哲学亦正是一门打破砂锅问到底的学科.

(3)在抽象程度上,哲学居各人文学科之首,数学居各自然学科之首,在各人文学科中哲学与人群的距离和在各自然学科中数学与人群的距离是相似的,然而,二者潜藏于人类生活的广度也是相似的,而这一切源于作为人文学科代表的哲学和作为自然学科代表的数学同是以最宽阔的视野来看世界的这一事实.

哲学是从人仰望天空开始的,数学是从人凝视大地开始的,它们之间不可分割的联系,使得数学的发展曾经深受哲学的影响,更重要的则是数学在更深刻地影响着哲学.

哲学有一个分支叫数学哲学,它的任务是反思并解释数学的本质.这是认识论的一个特殊任务,即为了从一般的意义上去解释人类的知识,数学知识能起特殊的作用.关于知识的构成问题是哲学的核心问题.挽近关于数学基础的大辩论,产生了逻辑主义、形式主义和直觉主义三大学派,把数学哲学推向了一个新阶段.数学哲学的主要问题是对数学知识的看法,一是数学知识的绝对主义观,二是数学知识的可误主义观.

数学知识的绝对主义观认为,数学知识由绝对真理组成,代表着可靠知识的唯一领域.许多现代的和传统的哲学家都持有数学知识的绝对主义观.如亨佩尔(Hempel)认为,数学的正确性来自于那些决定数学概念含义的规定,因而数学命题本质上是“定义为真”的.20世纪初,当许多悖论和矛盾在数学中出现时,数学知识的绝对主义观就遇到了问题.它遭到了数学知识可误观的严厉批评.数学知识可误观认为,数学知识具有经验的基础,而不是绝对的真理,数学知识反映了经验知识,即数学中的真理检验像物理学中的一样,都是我们实践中思想火花的成功闪烁,数学是可纠正的而不是绝对的.

在哲学的认识论上,长期有所谓“经验论”和“唯理论”(也译成“经验主义”和“理性主义”)两派的分野.“唯理论”派的代表人物笛卡儿、斯宾诺莎、莱布尼茨等都是数学家,他们的哲学思想并没有怎样影响他们的数学思想,但反过来,他们的数学思想却深深地影响着他们的哲学思想.“唯理论”和“经验论”的认识论,它们的既矛盾又统一的发展过程,正是数学哲学对数学知识真理性的两种不同观点的延伸和拓广.

数学也从来都是哲学研究的对象和源头活水.

在古代,古希腊罗马的神数观念、柏拉图的理念世界以及毕达哥拉斯学派的万物皆数的观念,都曾经试图用数学来阐释世界的本原.中国古代的数理哲学也认为,数可以通神明、顺性命、类万物,可以包罗天地万物的变化,五行生克的原理.

中世纪,宗教为了维护自身的统治地位,宗教哲学为了给自己寻找理论支持,他们利用数学为思想武器,而反对宗教的异端思想家也借助数学为思想武器.

文艺复兴时期,大多数自然科学家都坚定地相信自然界是上帝按数学方式设计的,并且这个设计是优美和谐的内部真理.这种认识无论对神学家还是对离经叛道的经院哲学家都十分可取.因为只要把上帝放在了最高数学家的位置上,神学家就可以完满地解释神学中关于上帝创造世界的学说.而新思想新文化的创立者,可以把一切归于虚无缥缈的上帝而架空宗教,使自己的行为成为合法的宗教活动,可以顺利地展开而不致遭到宗教的严酷迫害.数学深深地影响着这一时期的哲学家.

近代哲学的集大成者是康德(I. Kant,1724—1804).从某种意义上讲,他是理性主义与经验主义两大潮流的折中统一者,另一方面他又是原始的科学主义与原始的反科学主义——浪漫主义的折中.他为哲学奠定了严整的体系,使得以后的哲学家不论是拥护他、发展他,还是反对他、批判他,都要借助于他,借助于他的概念、论题以及考虑问题的方式.在他的重要著作里,数学始终有它的重要地位,而且也受到前所未有的深入分析.正是这点,使他更加接近认识论的核心问题.在他最主要的著作之一《纯粹理性批判》(第一版,1781年,第二版,1787年)之中,第一次明确数学知识与经验知识的区别.他把命题一方面区分为“分析”命题和“综合”命题,另一方面把命题区分为“先天”命题和“经验”命题.他批判过去的观点,认为数学和自然科学的原理都是先天综合判断.不仅如此,他强调人类的真正知识就其本性来讲均为先天综合性质的,欧几里得几何学和牛顿力学就是这种知识的典范.这样一来,他为未来哲学规定了总的目标:先天综合判断何以成为可能?这一直是哲学的根本问题.由此可见数学在他的哲学形成中所起的作用.不仅如此,他对数学哲学的一些论著对后世也有极大影响.他在《能够作为科学的任何未来形而上学导论》(1783)一书中谈到“几何学是根据空间的纯直观的;算术是在时间里把单位一个又一个加起来,这样构成数的概是稳定的，至少10亿年内如此. 科学家还用计算模拟以研究恒星消亡过程. 太阳最后变成一颗白矮星，但一颗质量约为8～10倍于太阳的恒星则会发生超新星爆炸：由于热源枯竭而收缩到一个小城市大小，密度达到原来的100万亿倍，这些物质产生巨大的刚性反弹而爆炸，恒星外壳被炸掉而剩下的残余成为中子星. 天文学是数学的重要用武场所之一，如1846年勒维耶通过计算在笔尖上发现海王星，在科学史上传为佳话. 在多体问题的研究中，由于初始条件不同，多体系统的运动或表现为规则的，或表现为混沌的. 行星沿椭圆运动是规则运动的例子，而小行星在Kirkwook窗口的运动是混沌运动的特例：与木星的共振相互作用导致偏心率随机的变化，有时朝这一方向，有时朝另一方向；无规则变化的偏心率可能变得很大，这时小行星便可能陨落，例如落到火星上.

6. 石油勘探

这是数学取得重大经济效益的应用场所之一. 石油深藏地下，人们通过人工地震记下反向回来的地震波，波形随着地层地质的不同而变化. 用计算机处理所得的Wiener滤波波形数据可以提供地下岩层、岩性以及有关石油、天然气等相关信息. 1991年5月，美国壳牌石油公司应用计算技术于新奥尔良以南39 km的河流之下930 km处，探明了一个储量超过10亿桶的大油田. 我国在这方面也做了许多工作（参见文献[18]）. 在数据处理中，Wiener滤波起到重要作用.

7. DNA与CT

如果说第二次世界大战以前，数学主要用于天文、物理，那么，现在数学已深入到化学、生物及经济、管理等社会科学中. 例如，DNA是分子生物学的重要研究对象，是遗传信息的携带者，它具有一种特别的立体结构——双螺旋结构，在细胞核中呈扭曲、绞拧、打结和圈套等形状，这正好是数学中的纽结理论研究的对象，北京大学姜伯驹教授对此深有研究. 下面两项有关生物、医学和化学的高技术中，数学起着关键性作用. 一项是X射线计算机层析摄影仪（简称CT）的问世，它是20世纪医学中的奇迹，其原理是基于不同的物质有不同的X射线衰减系数. 如果能够确定人体的衰减系数的分布，那么就能重建其断层或三维图像. 但通过X射线透射时，只能测量到人体的直线上的X射线衰减系数的平均值（是一积分）. 当直线变化时，此平均值（依赖于某参数）也随之变化. 能否通过此平均值求出整个衰减系统的分布呢？人们利用数学中的Radon变换解决了此问题，Radon变换已成为CT理论的核心. 首创CT理论的A. M. Cormark（美）及第一台CT制作者C. N. Hounsfield（英）因而荣获1979年诺贝尔医学和生理学奖. 另一项高技术是H. Hauptman与J. Karle合作，发明了测定分子结构的新方法，利用它可以直接显示被X射线透射的分子的立体结构. 人们应用此方法，并结合利用计算机，已测出包括维生素、激素等数万种分子结构，推动了有机化学、药物学和生物学等的发展. 两发明人分享了1985年的诺贝尔化学奖. 由此可见在此两项技术中数学起的关键作用.

8. 制造工业

制造业中广泛地用到数学，现以飞机为例. 设计师必须考虑结构强度与稳定性，这是用有限元来分析的，而机翼的振动情况则需解特征值问题；为了使飞机省油与提高速度必须找到一种最佳机翼和整个机体的形状；如何为飞行员选择最优控制参数，也是必须考虑的问题. 飞机设计在极大程度上以计算为基础，人们研究描绘机翼和整个机体附近气流的方程. 工程设计和制造工艺主要靠计算机辅助设计（CAD）和计算机辅助制造（CAM）两大工具，而

念;……"这些都预示后来直觉主义及数学基础的论战.①

康德以后的哲学百家争鸣,主流还是清楚的:一条是以费希特(J. G. Fichte,1762—1814)、谢林(F. W. J. Schelling,1775—1854)及黑格尔(G. W. F. Hegel,1770—1831)为主线的德国唯心主义,另一条是反对他们的支流赫尔巴特(J. F. Herbart,1776—1841)的实在论和叔本华(A. Schopenhauer,1788—1860)的唯意志论,这两位也都自认为是康德的真正继承人. 不错,从他们都重视自然科学这点来看的确如此,特别是赫尔巴特对黎曼(Riemann)的数学观点有很大影响. 另外一位反黑格尔的哲学家是现在数学界的知名人物波尔查诺(B. Bolzano,1781—1848),19 世纪中叶以后,一系列新康德主义,新黑格尔主义学派兴起,他们一般是反对人文科学(包括社会科学)以自然科学为模式来进行数学化的. 以狄尔泰(W. Dilthey,1833—1911)为首的一派倡导精神科学,重视理解和阐释,是与自然科学根本对立的. 但他们对人文科学及社会科学研究很有影响. 另外一位以数学及自然科学观念改造康德的数学家是卡西勒(E. Cassirer,1874—1945),他认为数学同文字、艺术、宗教等表现形式一样,都是人的象征作用的表现,属于一般的符号学. 象征作用是人类意识的基本功能,人就是进行象征活动的动物,而象征作用的认识论功能就是揭示结构. 这预示了一般符号学,而且把数学从自然科学分离开来.

19 世纪末,有两位受过数学训练的哲学家对当代哲学产生了最大的影响:一位是胡塞尔(Husserl),一位是罗素(Russell). 胡塞尔以数学论文(实际上是数学哲学)获得博士学位,当过魏尔斯特拉斯(Weierstrass)的助手,1901 年在希尔伯特(Hilbert)的推荐下到哥廷根任副教授. 他的早期哲学都是从算术及逻辑出发的,由此提出他的现象学观念,后来发展成为现象学哲学流派.

罗素对数学的研究直接影响他的哲学观点. 在历史上,笛卡儿和莱布尼茨都是数学家,但他们的哲学并不是从数学中直接衍生出来的. 后来的哲学家如康德、黑格尔也对数学有所论述,但是他们的数学知识已经落在当时数学发展的后面,更不用说对于数学有所创新了. 而罗素则掌握当时的数学,并为了追求确定性而试图给数学奠定一个稳固的基础. 这个目标虽然没有达到,但是在数学史上有着重大影响. 罗素也正是从这里开始发现他的哲学的方法. 分析方法的,属于当代哲学最大流派之一. 分析哲学的哲学家不仅精通数理,很多人本人也像罗素那样是数学家. 这种情况与过去哲学家不同,也与现代其他流派的哲学家不同.

正是罗素的分析方法开创了现代分析哲学家这个巨大的哲学流派. 他的分析方法由四个方面构成:

(1)本体论(实在的"质料")——本体论分析;

(2)抽象宇宙论——形式分析;

(3)数理逻辑——符号逻辑;

(4)符号学——逻辑构造.

这几方面现在都形成专门的分支.

罗素以其特有的方式取消哲学基本问题. 逻辑实证主义者则干脆把它说成是形而上学的伪命题,不予理睬. 罗素的这种态度对哲学的影响至为巨大.

对语言进行逻辑分析成为现代一大派哲学的首要任务,当然这样做对于使语句严格化,

---

① 故作玄. 数学与社会[M]. 长沙:湖南教育出版社,1991:74-80.

搞清概念的意义,使论述更加严密、更加科学是重要的,但是发展结果不可避免地带来烦琐无聊,成为只有专门哲学家才能懂得的东西.尤其是罗素等以符号语言为主要分析工具的一派,就更需要专门的数理逻辑知识.

罗素不仅第一个提出、应用、证明分析方法是适当的哲学方法,而且是现代分析方法最主要的实践者.20 世纪最负盛名的大哲学家维特根斯坦(L. Wittgenstein,1889—1951)正是在他的影响下成长的.罗素发现维特斯根坦并引导他走上哲学的道路.他们两人互有影响,其结果就是第一次世界大战前后的逻辑原子论.罗素的方法和思维集中反映在前期维特根斯坦的代表作《逻辑哲学论》中,这是分析哲学的经典著作.

与上面西方哲学根本对立的是马克思主义哲学.马克思主义哲学由辩证唯物主义及历史唯物主义构成,但从前面所说的狭义哲学看,则应是辩证唯物主义它的来源是德国经典哲学,特别是黑格尔的唯心主义辩证法体系,马克思主义哲学的基础是唯物主义,以唯物主义辩证法取代黑格尔的唯心主义辩证法.马克思主义认为哲学的基本问题是精神与物质谁是第一性的问题,这种本体论问题与数学的关系显然不如与自然科学及社会科学的关系那样密切,而且数学的进展似乎对这个基本问题的回答也贡献不大.在数学及哲学发展的历史长河中,只有毕达哥拉斯学派是数本体论者,他们主张"万般皆数",而且很快由于无理数的发现被否定.还有一些反科学的数秘论(numerology)者,他们同占星术者、骨相学者等一样是神秘主义者乃至宣传迷信的江湖骗子,谈不上与数学和哲学有太大关系.

与唯物论相比较,辩证法与数学的关系更为密切.有关马克思主义的经典著作对数学的本质有过许多基本的论述,它们集中在马克思的《数学手稿》(1933 年发表)、恩格斯的《反杜林论》(1878)以及《自然辩证法》(写于 1873—1883 年,1885—1886 年做了个别补充,于 1925 年首次全文发表).

由于马克思没能整理完成他的《数学手稿》,现在还难以对马克思的数学哲学进行全面的理解.单从《数学手稿》来看,马克思已做了许多精辟的论述,他运用唯物辩证法研究了数学特别是微积分中一些概念和方法的发展.他根据各人提出微分法不同特点,把微分法划分为三个时期:以牛顿、莱布尼茨为代表的"神秘的微分学",以达朗贝尔(d'Alembert)为代表的"理性的微分学"和以拉格朗日(Lagrange)为代表的"纯代数的微分学",这样把微分思想发展历程概括为否定之否定的过程.他提出微分是"扬弃了的差"的思想,深刻揭示了微分概念的辩证实质.他的思想对以后的数学哲学及数学史的研究仍有很重大的意义.

恩格斯的论述比较系统,对于数学的许多问题有十分明确的提法:

(1)数学的对象.数学以确定的完全现实的材料作为自己的对象,不过它考虑对象时完全弃其具体内容和本质的特点.他明确地把数学从自然科学划分出来.

(2)数学与现实的关系.数学用于研究现实世界的数量关系和空间形式,数学来源于现实,不但数学概念反映现实,而且它的结论、方法都是反映现实的.

(3)数学中的根本矛盾.数学本质中的根本矛盾在于数学以纯粹形态研究现实形式和关系,必须把形式及内容割裂开来,但是离开内容的纯形式及关系不存在.从而不能完全割裂,这就导致在数学的发展过程中不断出现矛盾又不断解决矛盾,而且由此导致一系列矛盾:有限与无限、连续与离散,其后还有正与负、微分与积分等矛盾.

(4)数学史."数学本身由于研究变数而进入辩证法的领域,而且很明显,正是辩证哲学家笛卡儿使数学有了这种进步."

这样,恩格斯奠定了马克思主义的数学哲学的基础.

一直到现在,哲学的基本问题,人何以能认识,人的概念的形成,抽象概念的实在性,这些都是与数学不可分开的.从数与空间到抽象的无穷、概率、逻辑等都是哲学思辨的重要材料,任何郑重考虑自然、社会乃至精神世界的哲学家都不能忽视这些问题.

2.1.9　逻辑学与数学

在四大文明古国尚存的数学史料中,就已经有了简单的归纳、演绎、分析、综合等逻辑方法的运用.经过古希腊数学家们特别是亚里士多德和欧几里得等人的努力,数学同比较完善的形式逻辑体系结合起来,成为一门演绎科学.在整个知识体系中,数学成为逻辑性最强的一门学科.逻辑思维是数学证明的工具,是使数学知识理论系统化的手段和数学发现的引导.

数学离不开逻辑.反过来,现代逻辑的发展完全得力于数学的发展.不了解现代数学的背景就不可能准确地把握现代逻辑的脉络.逻辑主义的代表人物罗素曾经认为:"逻辑即数学的青年时代,数学即逻辑的壮年时代,青年与壮年没有截然的分界线,故数学与逻辑亦然."我们虽然不能把逻辑与数学混为一谈,但是这两门学科之间确有盘根错节、水乳交融、难解难分的关系.

有许多逻辑范畴内的问题,用逻辑方法也许不大容易说得明白清楚,但如果把它转化为数学问题就变得十分明白简单了.

例如,个别与一般的关系,在历史上曾长期纠缠不清,在两千多年的历史时期内,一直成为哲学家争论的课题.

在西方,中世纪时在经院哲学内部分成了唯名论与实在论两派.他们就曾为"个别"与"一般"问题进行过你死我活的争论.

亚里士多德的逻辑处理的是动词"是"的关系,并且不是肯定就是否定.推理的形式是"三段论",例如:

大前提:凡人都是会死的.

小前提:苏格拉底是人.

结论:所以苏格拉底是会死的.

但是德摩根(De Morgan,1806—1871)指出了亚里士多德逻辑中存在着缺陷:

在亚里士多德的逻辑中,从两个前提"有些 M 是 A""有些 M 是 B"出发,是得不出任何结论的.只有在中项 M 至少有一项是周延的,即用作全称时,才能得出结论.但是德摩根指出:从"多数 M 是 A"和"多数 M 是 B"必定可以得出"有些 A 是 B"的结论.德摩根还把这一事实表示成定量的形式.如果有 m 个 M,a 个 M 是 A,b 个 M 是 B,那么至少有 $(a+b-m)$ 个 A 是 B.

德摩根还消去了亚里士多德逻辑的另一个缺陷.在亚里士多德逻辑中,从"所有的 A 是 B"可以推出"有些 A 是 B".这个结论蕴涵了 A 的存在,但实际上 A 不一定存在.A 不存在时并不影响"所有 A 是 B"的正确性.

另外,德摩根还指出,逻辑必须处理普遍意义上的关系.亚里士多德的逻辑处理的只是动词"是"的关系,这样的逻辑不能证明由"一匹马是一个动物"到"马尾巴是动物的尾巴"的推理,因为要得出这一推理需要增加一个前提,即"所有的动物都有尾巴".

对逻辑代数跨出最重要一步的是英国自学成才的数学教授布尔(Bool,1815—1864),布尔确信语言的符号化会使逻辑严密.布尔的办法是从外延逻辑,即类的逻辑开始.他用小写拉丁字母 $x,y,z,\cdots$ 表示,而符号 X,Y,Z 则代表个体元素.1 表示万有类,0 表示空类.xy 表示集合的交,$x+y$ 表示集合的并,$1-x$ 表示 x 的补,$x-y$ 表示由不是 y 的 x 组成的类,$xy=x$ 表示包含关系 $x\subseteq y$.

布尔相信,人的头脑会根据上面一些记号立即做出一些初等的推理规则,这些规则就是逻辑公理.例如,矛盾律,即 A 与非 A 不能同时成立,就可以表示为

$$x(1-x)=0$$

因此矛盾律是一条公理.又例如,对人的头脑来说,这样的关系也是显然的

$$xy=yx$$

因此,交的可交换性就是另一条公理.同样明显的性质还有

$$xx=x \quad (吸收律)$$

$$x+y=y+x \quad (并的交换律)$$

和

$$x(u+v)=xu+xv \quad (并对交的分配律)$$

利用这些公理就可把排中律说成

$$x+(1-x)=1$$

这意味着,任何事物不是 x 就是非 x.

每一个 X 都是 Y 可写成 $x(1-y)=0$;

没有 X 是 Y 可写成 $xy=0$;

有些 X 是 Y 可写成 $xy\neq 0$;

有些 X 不是 Y 可写成 $x(1-y)\neq 0$.

布尔看到了类运算可以解释为命题的运算,如果 x 和 y 不是类而是命题,那么一些复合命题也可以通过命题的代数式来表示,正像复杂的类可以通过类的代数式来表示一样.代数式运算的结果为1,表示复合命题是真的;代数式运算的结果为0,则表示复合命题是假的.

德摩根和布尔是改造亚里士多德逻辑的开创者,他们的工作使逻辑逐渐离开哲学而靠近数学.

到了20世纪30年代后期,逻辑的数学化得到了巨大的发展.新的数学分支——数理逻辑进入了一个新阶段,成为一门成熟的学科.它可以分成逻辑演算、证明论、集合的公理化理论、递归论和模型论等5个分支.其中逻辑演算是数理逻辑中最重要、最基本的部分.逻辑演算的研究方向是用古典演算的无逻辑方法来处理非古典逻辑,即纯逻辑理论和不同的应用逻辑体系.纯逻辑理论的特点是,在古典逻辑中加入一些逻辑常项或者给古典逻辑的常项以不同的解释,同时增减一些公理而得到一种新的逻辑体系,如构造性逻辑、多值逻辑或模态逻辑(严格意义下的)等.应用逻辑则是在古典逻辑之外加入一些某个领域中的非逻辑常项和公理而得到新的逻辑系统,如认知逻辑、道义逻辑和时态逻辑,还有为计算机科学而建立的算法逻辑等.

古典逻辑帮助了数学的建立和发展,使数学建立在逻辑的基础上;反过来,随着数学的发展,数学又帮助了逻辑克服其自身的缺陷,使逻辑数学化.它们相辅相成,都得到了突飞猛进的发展.

2.1.10　伦理学与数学

17 世纪唯理论派认为数学思维的严密性是认识的最高目的，唯理论派的著名代表人物，荷兰哲学家斯宾诺莎（Spinoza，1632—1677）曾用几何学的方式阐述笛卡儿的《哲学原理》，还用几何学的方法写过一本《伦理学》，这本书完全仿照几何学的体制，先提出定义、公理，然后用演绎方法一个一个地推出伦理学的命题. 他确信哲学上的一切，包括伦理、道德，都可以用几何的方法一一加以证明. 斯宾诺莎认为"善"具有客观性，正如他在《伦理学》中所描述的，用主观的词句来为"善"下定义："善"对于不同种类的动物（如人和马等）是有区别的，然而人类有足够的共同之处，可以提出什么是真正的善良，尽管他们的观点不同. 因而可以说"善良"对人类有客观意义，特别在反映对"上帝的认识"时.

用几何学的方法来写伦理学的著作，固然大可不必，但是，几何思维方式对于人类伦理学、道德哲学等的构建究竟有无作用呢？恩格斯在《自然辩证法》中曾分析过数学在各门学科中的不同作用，例如，在生物学中等于零. 时移世易，恩格斯当年的这个论断显然已经失效了. 但是，也必须承认，数学在不同学科中的作用总是不会完全相同的. 数学或者说数学思想对伦理学、道德哲学等这些典型的人文科学会有着重要的作用.

18 世纪，欧洲的一些唯物主义哲学家曾试图建立一种关于人的本性的科学. 关于自然的科学证明了自然界遵从一定的法则，是合理的，可预测的. 人是大自然的一部分，虽然不敢说"天人合一"，但是人类社会总也应该服从某些理性的法则，和一些不证自明的公理. 社会之所以有黑暗，人类之所以有罪恶，根本原因是因为人没有按照这些法则办事. 如果有人能找到这些法则而人类又能自觉地、乐意地服从它，则人类就会摆脱黑暗的统治，进入光明的王国. 可是用什么办法能找到这些法则呢？人类获取知识、认识真理的手段不外两个办法：实验和推理. 社会是不可能拿来做实验的，"摸着石头过河"只是一种形象的说法，事实上是必须先有理论做指导的. 剩下的就只有推理，也就是还有数学方法，更确切地说是几何学的方法，即从公理出发演绎出种种结论. 当时的代表人物霍布斯（Hobbes，1588—1629）、洛克（Locke，1632—1704）都非常推崇几何学，他们首先去找寻人类社会或人性的"公理"，并由此出发构建光明王国的方案.

他们提出的"公理"反映了当时社会的需要，如他们肯定人生而平等，人性总是趋吉避凶，人总是按照自己的利益来行动的. 特别是最后一条公理最为重要，它反映了资产阶级取得统治的需要，被看成是和万有引力一样放之四海而皆准的真理. 洛克还从他的哲学认识论开始去探求政府存在的理性依据. 洛克认为，人脑是一块"白板"，没有天赋观念，一定要与外界接触才有观念，正如白板上要写了字才有痕迹. 不过人脑虽然不能创造出简单的观念，却可以把它们组成复杂的观念. 人的心智所认识的不是现实本身而只是有关现实的观点. 知识就是这些观念的联结，与现实相符的知识就是真理. 证明就可以把观念联结起来从而得出真理. 就所得的结果而言，数学证明是最为完全、最为可靠的. 按照洛克的认识论，既然人的心灵只是一块"白板"，则其性格与知识来自经验和环境. "人之初，性本善，性相近，习相远. ""近朱者赤，近墨者黑. "如果"众人遵循理性一起生活，在人世间没有共同的长上秉权威在他们之间裁决，这真正是自然状态"（洛克语）. 这时，人人都有自由而互不侵犯，而为了维护这种状态，人结成"社会契约"，给政府以惩治违反契约、破坏自然状态者的权力.

洛克的政治哲学在 1776 年美国的《独立宣言》中得到了明显的体现.《独立宣言》的起

草人杰弗逊(Jefferson,1743—1826)是当时主要的思想家,他非常喜欢欧几里得几何,后来做了美国第三任总统.在《独立宣言》中引用了不少洛克的话,从所引的话中足以看到数学的影响:

"吾人认为这些真理为自明的,即人生而平等,造物主赋人以某些不可剥夺的权利,如生命、自由以及寻求幸福.为保障这些权利,人建立政府,其公正的权力来自被统治者之同意.若任何形式之政府有违于此目的,则人民有权将之更换或废除,并组成新政府,其基础即上述之原理,使之能最好地达到人民的安全与福祉."

齐民友教授指出:

"这完全是公理(即上述自明的真理)化的说法.有了公理以后再继之以某些事实,指出英国殖民政府实有背于这些公理,因而北美十三洲人民有权起来推翻之,并成立美利坚合众国."①

当然历史的发展并没有遵循洛克等人设想的理性王国的道路,由"理性的胜利建立起来的社会制度和政治制度竟是一幅令人极度失望的讽刺画"(恩格斯语).

"18世纪的这些思想家们是太数学化了,他们想找出政治科学或经济科学的'公理'.可是他们没有认真研究过现实的社会并由此检验自己的'公理'及其推论是否正确.但是不论如何,关于人类社会也应该用科学的方法来研究,这一点已经不可怀疑了.应该探讨各个领域的基本原理,并且把有关知识都合逻辑地组织起来,这也是无可怀疑了.这就是当时理性主义的功绩."(齐民友语)

2.1.11 政治学与数学

在西方,政治学有悠久的历史.第一部政治学著作是亚里士多德的《政治学》,在此之前,柏拉图的《理想国》已是一部政治哲学著作.不过这些与宗教神学以及伦理学交织在一起,不能说是一门独立科学.16世纪意大利思想家马基雅维利(N. Machiavelli,1469—1527)最先把政治学看成管理国家的科学.马克思评论道:"由此,政治的理论观念摆脱了道德,所剩下的是独立地研究政治的主张,没有其他别的了."西方的政治学从17世纪起分成两条路线,一是英国的洛克到边沁(J. Bentham,1748—1832),穆勒父子的功利主义以及法国的启蒙思想家伏尔泰 、孟德斯鸠(C. Montesquieu,1689—1755)及卢梭(J. J. Rousseau,1712—1778)所奠定的自由、民主政治的思想基础;二是空想社会主义者一直到马克思、恩格斯1848年合写的《共产党宣言》奠定了阶级斗争及无产阶级专政的理论.后一条路线为列宁所发展:①建党理论和国家与革命理论,集中反映在1916年出版的《国家与革命》一书中;②十月革命后建立苏维埃国家的理论.在多伊奇(Deutsch)的评价中,这两项是潜在的定量研究,不过似乎不大可能进行定量研究,但从另一角度的数学化——结构研究还是可以用得上的.在多伊奇的评价中,还把毛泽东的农民革命理论也算作潜在的定量研究,不过要数学化也是困难的②.

西方的政治学在19世纪末开始有较大的发展,但何时成为一门科学说法不一.模糊的国家、政府、民族概念一直是政治学的主要研究对象,但后来认为权力是中心概念,第二次世

---

① 齐民友.数学与文化[M].长沙:湖南教育出版社,1991:62-64.
② 胡作玄.数学与社会[M].长沙:湖南教育出版社,1991:67-68.

界大战后,政策研究占有突出地位.

西方政治理论中主要用的是系统方法及结构功能分析法. 系统分析的代表人物是美国政治学家伊斯顿(D. Easton,1917—2014),他的理论是:

(1)把政治生活看成一套行为系统.

(2)政治系统处于社会大环境中,它们分为内在社会系统(包括生态系统、生物系统、人格系统及狭义社会系统)与外在社会系统(包括国际政治系统、国际生态系统、国际社会系统等).

(3)政治系统必定是开放的,有输入,有输出,有反馈,使自身正常工作,它的输入是环境和系统内对它的支持与需要,它对环境输出决策及行动. 输出到输入有反馈,反映环境对政治系统的态度(如接受或反对).

(4)政治系统对来自内外环境的压力有适应的能力,它产生的反应是内部调整或消除压力,这样它可以持续,趋于稳定,否则将崩溃.

伊斯顿对各种政治活动用这个模型进行详尽的分析. 他的方法广泛应用于不同层次的系统,如国际、国内、地方、部门系统. 但是系统分析的缺点是对突发的激烈变革无法解释,忽略了对权力、控制、影响力等的分析. 另外如何与经验数据相配合也是一个问题.

结构功能分析的代表人物是阿尔蒙德(G. A. Almond,1911—2002),他把伊斯顿的分析进一步精细化. 他从政治体系的功能出发,把它分为三个层次:系统层次(涉及体系的维持与适应功能)、过程层次(转换过程四个功能:利益表达、利益综合、政策制定、政策实施)及政策层次,考虑三个层次相互作用并进行比较分析.

最粗浅的结构分析是比较各种数据进行分类,并分析其间的相互作用,如 1965 年有两位学者运用因素分析这种统计方法对 115 个国家的 68 个特征进行分析,归纳出 8 种政治系统的类型. 1967 年在《社会、政治、经济发展》一书中对 1950 年时还“不发达”国家的各种政治、社会及经济因素的相互作用进行分析. 第二版《世界政治和社会指标手册》(1972 年)包括 136 个国家的 150 个变数. 利用这些指标,根据数以千计的不同分类可以得出各种分类方案. 如果要想从这些分类中得出科学结论,还需要从政治学本身和从数学工具两方面进一步地来探讨.

政治学的教育是对人进行世界观教育的重要内容,而数学教育是素质教育的最佳学科之一,因而也是对人进行世界观教育的重要内容.

2.1.12　史学与数学

数学史料浩如烟海,利用数学来研究史学,便产生了计量史学.

计量史学是一门运用计算方法研究历史、探索历史发展客观规律的历史学分支学科,它是现代电子计算机及其技术在历史研究中广泛应用的产物. 最早出现在 20 世纪 50 年代末的美国,很快传播到世界各国,对各国史学产生了深刻的影响.

计量史学的核心内容是历史数量研究的理论与方法问题. 当代史学研究所采用的计量方法,与以往史学研究中经常运用的以数字作为论据说明历史现象的方法有着根本的区别,它是利用电子计算机系统地收集、整理和储存史料(其过程的主要步骤是:用算式列出所研究的问题,将收集到的各种数据公式化、符号化,然后存入计算机记忆,利用电子计算机计算获得学术资料),并运用统计学和数学原理,对历史数据资料进行数量分析. 其目的是找出研究对象中相对稳定的关系,它的结果通常是用统计图表或数学公式表示.当代计量史学所运用的统计分析,大多是属于推测统计学领域的更先进的方法,如随机抽样的方法.在许多历史课题的研究上,还广泛地运用了线性代数、判别式分析、解析几何、微分、积分、概率单位分析和逻辑分析等方法.近年来,很多计量史学还试图采用模糊数学、博弈和决策理论、曲线拓扑理论等更先进的数学方法来分析历史研究中所遇到的社会、经济等复杂结构.运用计算机和数学的理论和方法,主要是建立各种数学模型和编制其算法,开展对历史现象与过程的模拟研究.这里的数学模型主要有:反映计量模型、反映事实模仿模型和模仿选择模型等.

2.1.13 心理学与数学

心理学是研究人的心理特点及心理发展规律的学科.

把数学方法引入心理学研究,已有100多年的历史.由于心理学对数学的主要需求在于处理大量的数据资料,因此,统计学的应用一直成为主流,而数理心理学除运用统计学外,还研究用数学形式来表现心理学的方式方法,它的内容已经超出了单纯处理数据的统计方法的范围,是一门心理学方法论的新兴学科.数理心理学领域内使用了大量的数学模型及其算法.例如,根据感觉、记忆等心理学对象的各类进行分类,建立有关视觉和听觉的一系列模型、有关智能测试的模型等.研究所涉及的领域有仿生学、社会心理学等方面的决策问题,行为科学方面的消费者行为问题,以及表现具体心理现象的纯公理方式.又如,根据决定论或确率论等数学理论的性质进行分类,分析决定和确率过程.前者包括运用解析法、函数方程、线性代数、微分几何等内容和方法,后者是目前最流行的模式之一.再如,根据采用生理学术语和纯粹心理学术语的模式的全体进行分类.一种类型采用由生理学术语构成的模式,用来"说明"心理学现象.这是由于当与心理现象相对称的生理现象(如神经过程、光化学反应物质)比较明确的时候,往往可以采取数学模型表达形式,这种数学模型表达形式能够使这种生理过程具有具体的形象.另一类型为采用纯粹心理学术语构成的模式.数理心理学的任务一方面在于通过新的心理学实验来验证模型所预言的事物,从而使一个模型尽可能多地包容一些心理现象;另一方面,随着计算机的普遍使用,从而要进行处理模型算法的综合研究.

2.1.14 教育学与数学

教育学是探讨教育的特点、规律及如何实施教育的学问.教育学与数学结合不仅探讨数学教育的一系列问题,而且探讨如何运用数学的理论研究教育学的理论.

在最早的教育中就关注到了数学.从中国古代的"六艺"教育、古希腊的"七艺"教育,直到当代数学都是教育的核心内容之一(只有少数的例外).人们早已意识到数学不只是让人学会生活和生活得更好的知识和工具,它还能使人自身得到发展和完善.有产品的开发,科技的开发,现在人们已认识到,还有人(或人类)自身的开发.因而数学教育的作用是不可低估的.

从根本上说,应当把数学教育视为人文素质教育,或者说它本应当是一种文化素质教育或人文素质教育.数学课程虽不能直截了当地叫人文课程,但它是最接近人文课程的学科课程,最能起到人文教育作用的课程.例如,数学内容及推理是培养人的诚信度的最好素材.数学不只提供精确和逻辑,数学思维是一个无穷的宝库,数学可以提供思维的艺术而不是一个个模式.又例如,数学中某些有难度问题的攻克是锤炼人坚定意志的方式,等等.

有人说,数学是左脑的产物,数学教育主要是左脑训练. 其实,数学是左右脑共同的产物,数学教育对人的左右脑开发都起作用. 脑科学研究的新成就表明,左脑犹如一位专家(进行语言分析,逻辑推理,符号化、形式化的运用等),右脑则犹如一位万能博士(进行直觉思维,发散思维,发现灵感、顿悟、联想等);左脑若是一个善于分析的战术指挥官,右脑则是一位“纵观局面”的战略家. 因而,加强数学教育,就是加强左右大脑共同开发,而加强大脑开发,是人(或人类)自发开发的主要阵地.

对于教育学的研究,离不开数学理论与方法的运用,特别是在对教育实践的分析与结论的描述中,更离不开数学方法的运用. 这是当前教育学研究的一个重要方面.

综上,在介绍各种人文学科与数学的不解之缘中,我们获得了各人文学科的文化熏陶与艺术陶冶,这也体现了人类的智慧,在获得这些人类文明教育中所呈现出来的奋斗与热情,体现出了人类的情感. 人类的智慧与情感结晶出了人文精神. 人文精神是蕴涵在各人文学科中的核心,亦即对人生意义的追求,对人的价值的关心,对真善美的追求. 人文精神可融入人自身,可成为人的一种修养,成为人的重要素质. 因此,人文精神的教育是人文教育的核心.

2.2　人文精神的内涵

对真善美的追求是人文精神的重要内涵. 我们试图从七个方面进行探讨,下面七点中的前两点可看作是对“真”的追求,后两点可看作是对“美”的追求,中间三点可看作是对“善”的追求.

2.2.1　严谨、朴实

严谨、朴实指的是思维缜密,有条理,有一丝不苟的工作态度,有敬业精神和强烈的社会责任感. 这种态度和责任感应是文明社会各行各业从业人员所具备的.

在这方面,也有一些格言和故事:

“言而无文,行之不远.”这要求在进行写作时,注意作品的文学性与通俗性,以求广泛流传,易为群众所接受. 如牛顿写的巨著《自然哲学的数学原理》,坚持用初等数学,避而不引他新发明的微积分. 拉格朗日推崇这部书是学术著作中人类心灵的最大产物. 地理,如果写得不好,很容易枯燥无味,然而郦道元的《水经注》,却文思清丽,情景交融,读来使人飘然意远.《本草纲目》也如此,许多药物的描述,类似优美的散文,李时珍的这种敬业精神给后人留下了宝贵的财富.

2.2.2　诚信、求真

这是人文精神的重要特征. 要求任何行为应处于公正的立场,不容许有任何的弄虚作假,也不盲从任何一个权威. 做事有理有据,坚持原则,忠于真理,具有独立的人格. 在近代的文学史研究中,就有这样的故事:

苏联著名作家肖洛霍夫的名著《静静的顿河》出版后,早在 1928 年就有人说这本书是抄袭一位哥萨克作家克留柯夫的. 1974 年,一位匿名的作者在法国巴黎出版了一本书,断言克留柯夫才是《静静的顿河》的真正作者,肖洛霍夫是一个剽窃者,充其量不过是一个合作者罢了. 特别是该书的第一、第二卷更是如此.

为了弄清事实真相，一些学者利用计算风格学的方法来考证《静静的顿河》的真正作者究竟是谁. 他们的具体做法是：把《静静的顿河》四卷本同肖洛霍夫与克留科夫两人其他没有疑问的作品用计算机提取各种数据，加以分析比较，以便获得可靠的资料来澄清存在的各种疑问. 计算统计分析的各种数据结果表明，《静静的顿河》与肖洛霍夫的作品十分接近，与克留柯夫的作品则相距甚远，因而有充分的理由可以断言，《静静的顿河》确系肖洛霍夫的作品. 到了 1990 年 5 月 19 日，新华社发自莫斯科的一则电讯说：苏联发现了长篇小说《静静的顿河》的两篇原稿，经专家鉴定，这两篇原稿均出自肖洛霍夫的手笔，与利用计算风格学的方法所得的结论完全一致. 至此，这一长达数十年的文坛公案遂告结束.

2.2.3 理智、谦恭

这指的是自知之明，具有较强的自我约束力，谦虚恭让.

做任何事情都要讲究理智、有理有节，才能使问题迎刃而解，收到事半功倍的效果. 这理智，不仅要针对问题的实际，使之有效，而且需切合自己之所长，扬长避短，使之可行. 因此，善于迅速地找到有效有节措施也是一种重要的才能.

做人要谦恭，一个人有学问未必有才能，进一步，即使才学有余也可能见识不高. 这就需要自知之明，在实践中针对自己的缺点有意识地进行锻炼，方能弥补不足.

宋朝爱国诗人陆游，在他逝世的前一年（1209 年，84 岁），曾给他的第七个儿子写了一首诗，传授他写诗的经验. 大意说：他初学作诗时，专门在辞藻雕琢、绘声绘色上下功夫，只注意追求形式的美，到中年才领悟到这种做法不对，诗应该注重内容，反映人民的要求和喜怒哀乐. 从此他的诗起了本质性的变化，道路越走越宽广. 最后他说：

“汝果欲学诗，工夫在诗外.”

“工夫在诗外”，这是陆游一生创作的重要经验，而且是在他中年或晚年才总结出来的，值得用金字写下. 初听起来也许奇怪，学诗当然应在诗上下功夫，怎能跑到诗外去学呢？这句话该怎样理解呢？

陆游在评价肖彦毓的诗时说：“君诗妙处吾能识，正在山程水驿中.”另一处又说：“纸上得来终觉浅，绝知此事要躬行.”这就很清楚，所谓“工夫在诗外”，就是强调要“躬行”. 无数事实证明，如果只关在屋子里冥思苦想，搜索枯肠，面壁九年，也绝写不出好作品来的. 要做出成绩，就得深入实际，亲身实践，到火热的斗争中去体验生活，收集资料，本着对人民的深厚感情，进行艺术加工. 文情汹涌而后发，这样写出来的东西才是有血、有肉、有哭、有笑的上等文章.

当然，生活在封建时代的陆游，他所主张的“躬行”，决不能与今天的工作实践相提并论. 我们生活在伟大的社会主义社会，优越的社会制度为我们提供了实践的广阔场所.

文学创作如此，研究自然科学也如此. 从文献到文献，把现成的理论修修补补，做点逻辑推理，那就是“纸上得来”，必然轻飘飘很少分量. 只有深深扎根于客观实际，才能材料丰富，根据充足，“厚积而薄发”，最后结出丰硕的果实.

道理很简单，在旧的公理、假设或学说中转圈子，固然也可以做出一些成绩，可以把原有理论加以延伸、深化或推广，但无论如何，总不能超越旧的“理论场”，不能得出与原有公理截然不同的结论，因而得不出本质上崭新的、带有革新性的成果. 要取得全新的成果，需要从另一条根开始，而这条根，又必须生长在实践的肥沃土壤上. 俗话说：种瓜得瓜，种豆得豆. 要想得豆,怎能只种瓜呢?

2.2.4 勤奋、自强

人的一生是学习的一生,而学习需要勤奋.当然,工作中也要勤奋,做事情不能投机取巧,需要通过自己不懈的努力,克服重重困难,表现出顽强的意志和探索精神.

学习时要多读名著.初读时要慢、细、深,一步一个脚印,以便深入掌握这门学科的基本知识,体会其技巧、思路和观点.强迫自己读慢、读细、读深的一个好方法是做笔记、做习题或做实验.我们的思想常常急于求成,用这种方法可以控制自己.细读第一遍后,留下许多问题,读第二遍时会解决一些,同时又可能发现一批新问题.如此细读几遍,到后来便越读越快,书也越读越觉得薄了.这时可顺读,可反读,也可就一些专题读.顺读以致远,反读以溯源,专题读则重点深入以攻坚.三种读法,不可或缺.如是反复,最后才能提要钩玄,得其精粹.到了这时,绝大多数问题已经解决,留下少数几个,往往比较深刻,不妨锲而不舍,慢慢琢磨.这时我们面临着攻坚战,这几个难题成了攻坚对象.不要指望一两天就能成功,需要的是坚持、顽强和拼搏精神.白天攻,晚上钻,梦中还惦记着它们."此情无计可消除,才下眉头,却上心头""忆君心似西江水,日夜东流无歇时",反正不攻下来就没个完.这样搞他几个月,不信一点也搞不动.到最后可能还剩下极少数顽固分子,那就转入持久战,时时留心,处处注意,一旦得到启发,就可一通百通,有的甚至可以成为新的起点,导致新的发现.因此,深刻的问题,怕无而不怕有,嫌少而不嫌多.学问、学问,学与问本来就是同一事情的两个方面,是矛盾的两个组成部分,相辅相成,对立而又统一.在最后的攻坚战中,勤学多问,向一切有经验的人学习,坚信"科学有险阻,苦战能过关",这对解决难题是十分重要的.

当然,只有那些十分重要、高水平而又艰深的著作,才值得如此努力.至于一般的书,那就只需一般读之.

有了一定的专业基础,就应抓紧时机,转入专题研究.只有从事研究,才能消化和运用已学到的东西.并且,"书到用时方恨少",那时又会逼着自己去寻找新知识、新方法.唐代名医孙思邈曾说:"读书三年,便谓天下无病可治,及治病三年,便谓天下无方可用."确是切身经验之谈.要经常阅读科学杂志、评论及文摘,了解最新的发展.读大部分书,只能学到比较古典的知识,一般地,正式写进书里的东西至少是几年前的发现,不能反映最新成果.多读有关杂志,才能掌握本学科国内外的新动向、新思想、新成就.

阅读多种书刊,还可以使大脑得到积极的休息,使思想方法受到多方面的训练.英国的弗兰西斯·培根(Francis Bacon,1561—1626)说:"阅读使人充实,会谈使人敏捷,写作与笔记使人精确.……史鉴使人明智,诗歌使人巧慧,数学使人精细,博物使人深沉,伦理之学使人庄重,逻辑与修辞使人善辩."这番话虽然缺乏实践的观点,但也有一定的参考价值.①

2.2.5 智慧、创新

在实践中增长才干,养成会思考的能力,体现出智慧,不断追求,勇于创新.

在社会发展的进程中,这样的典故数不胜数.

宋朝的文学家苏轼不仅文章诗词写得很好,而且书法绘画也很有造诣.有一次,他画了

---

① 王梓坤.科学发现纵横谈[M].上海:上海人民出版社,1983:46-48.

一幅《百鸟归巢图》,广东一位名叫伦文叙的状元,在他的画上题了一首诗:

归来一只复一只,三四五六七八只.

凤凰何少鸟何多,啄尽人间千万石.

画题既名“百鸟归巢”,而题画诗中却不见“百”字的踪影.诗人开始好像只是在漫不经心地数数:1只,又1只,3,4,5,6,7,8只,数到第8只,诗人再也不耐烦了,突然感慨横生,笔锋一转,大发了一通议论.

诗人借题发挥,辛辣地讽刺了官场之中廉洁奉公、洁身自好的“凤凰”太少,而贪污腐化的“害鸟”则太多.他们巧取豪夺,把老百姓赖以养家糊口的千石、万石粮食侵吞殆尽,使得民不聊生.

究竟苏轼的画中确有100只鸟,还是只有8只鸟呢?原来诗人使用了数论中整数分拆的方法,把100分成了2个1,3个4,5个6和7个8之和,含而不露地落实了“百鸟图”中的“百”字

$$1+1+3\times4+5\times6+7\times8=100$$

可谓匠心独运,勇于创新,体现出了智慧.

2.2.6 情趣、精明

热爱生活、热爱自然、热爱社会、愉悦自己的情调,才能使工作有热情.情调支撑兴趣,兴趣产生动力,动力支撑信念,信念使人精明.

大自然往往把一些深刻的东西隐藏起来,只让人们见到表面或局部的现象,有时甚至只给一点暗示.总之,人们只能得到部分的、远非完全的信息.一个精明的人,仅凭借这部分的信息,加上他的经验、学识和想象,居然可以找出问题的正确答案,或近于正确的答案,使人不得不承认,这是一种才华的表现.

由精明联想起猜谜来,这是人民群众喜爱的一种智力游戏.我国远在3 000多年前的夏朝,就有了这种活动.有些谜语很文雅,例如,有一个谜说:“南面而坐,北面而朝,象忧亦忧,象喜亦喜.”谜底是镜子.这个谜不仅符合镜子的实际,而且很有文采,富于形象.进行这样的猜谜就愉悦了自己的情调.

做事精明,不仅对科学,而且对文学、艺术以及处理日常事务等方面都是非常重要的.精明才能也不是天生的,而是在长期实践中培养锻炼的产物.法国短篇小说家莫泊桑曾向福楼拜请教写作的方法,福楼拜说:“请你给我描绘一下这位坐在商店门口的人,他的姿态,他整个的身体外貌.要用画家那样的手腕传达他全部的精神实质,使我不至于把他和别的人混同起来.”“还请你只用一句话就让我知道马车站有一匹马和它前前后后五十来匹是不一样的.”关于这点福楼拜进一步说:“对你所要表现的东西,要长时间很注意地去观察它,以便发现别人没有发现过和没有写过的特点.任何事物里,都有未被发现的东西,因为人们观看事物时,只习惯于回忆前人对它的想法.最细微的事物里也会有一星半点未被认识过的东西,让我们去发掘它.”他说得多精辟啊!

2.2.7 宽容、和谐

宽容的心态是人的一种高尚品质,宽容促进和谐.所谓和谐,是各种矛盾和关系配合协调,使之相生相长.当事物的矛盾和关系配合得当、匀称(即协调)时,就会达到共同发展的

美好境界,或发生质变生出新的更高级的事物. 古希腊哲学家、数学家毕达哥拉斯认为:“和谐”不是没有矛盾,而是矛盾双方的“协合”或“和解”,“和谐”是自然界,也是社会关系的主旋律. 音乐、美术、雕塑等艺术,经济、管理、建筑、工程等社会生活,宇宙天体中都有和谐的范例.

在学术研究中,讲宽容、和谐,不是不要学术批判. 学术问题,应百花齐放. 学术批判,必须讲道理,明是非,不能强词夺理,以势压人. 批判,是批判错误,批判消极因素,是为了促进学术繁荣,扶植百花齐放,绝不是否定一切、打倒一切. 批判的最后成果,应是立新. 无新,则批判不能彻底. 有些理论,并非全错,只是适用范围有限. 批判它的局限性,也是有积极意义的. 例如,牛顿力学对低速运动是很准确的,但对高速运动,则误差很大,应以相对论力学来代替.

宽容、和谐是文明社会的形象,也是文明程度的展示.

第三章　数学精神

科学精神与人文精神都属于人类的精神文化范畴. 它们像人类的两只眼睛一样,对我们认识宇宙,观察社会发挥着无可替代的重要作用. 据生物学家研究,人的两眼生长在前方,每只眼的视野为166°左右,两眼的视野大约有124°的范围是相互重叠的. 凡是位于两眼视野重叠范围之内的物体,人们都能准确地判断其位置,而位于两眼重叠范围之外的物体,人的左右两眼对其位置的判断就不会完全一致,常常存在着一定的误差. 人类使用科学之眼与人文之眼来观察世界的时候也是这样. 由于这两只"眼睛"各自的内在构造不完全相同,会形成它们视野中世界图景的差异,只有在两者有机地紧密地结合在一起时,才能更准确地把握世界. 同时,也应该看到,文化是多元的,世界是复杂的,当人们观察复杂现象的时候,两只眼睛有时会有所侧重. 看一件物体,用两只眼睛同时去观察固然会比用一只眼睛去观察看得更清楚一些,但有时候闭上一只眼睛(例如射击)也许更为有效. 科学、人文作为人类认识世界的两只眼睛,然而数学就在两只眼睛视野重叠的范围之内,科学与人文都借助数学,依赖数学来完成各自的使命. 科学自不待言,各门科学都正在不同程度地数学化. 数学的进入,意味着该门科学趋于成熟. 至于人文学科亦复如此. 它在历史上与数学的关系源远流长,这只要看看古希腊的哲学、文学与艺术的数学化倾向就足以说明问题. 这也可以从前两章中的科学的数学化、人文学科与数学的不解之缘的介绍中看到.

3.1　数学的科学精神

3.1.1　求是求真精神

数学的求是求真精神常体现于我们的日常生活中.

人们常说:这件事,就像是"一加一等于二"一样,那便足以说明该事情的真实确定. "1 + 1 = 2"这就是数学真理,它是那样的确定而真实,无懈可击,无可怀疑.

在人们日常所说的成语中,也常用数字来表示这种求真务实的信念. 例如,一是一,二是二;万无一失;万众一心;一丝不苟;一五一十;一诺千金;一心一意;十全十美;百发百中;百里挑一;千方百计;千头万绪;一言九鼎;十拿九稳,等等. 人们用这些带有数字的成语,来表达自己思想的确定性,求真务实的决心或信念. 人们在说这些话时,一定是"心中有数"的,具备数学特色的科学精神的.

古希腊时期的毕达哥拉斯提出"万物皆数(有理数)"的口号,被学派中学者因发现无理数而打破时,整个学派为之震惊不已,甚至将发现者投入大海溺死,从而引发了"第一次数学危机". 可见在数学史以至于科学史上,发现无理数却是一件大事. 面对这次危机,在震惊之余,数学家采取了积极的态度,进行了不懈地研究,以解决危机.

后来,数学家欧多克索斯(Eudoxus)创用比例论,解决了有理数与无理数的统一问题. 他的方法是"烘云托月"法,用所有的有理数(两个整数之比)来烘托出一个"数"来,它可以是有理数,也可以不是有理数,即无理数. 但直到 19 世纪的数学家戴德金(Dedekind,1831—1916),受欧多克索斯上述比例论的启发,正式提出有理数分割的实数定义,才最终完成实数理论的建立.①

为什么数学家如此执着,如此吹毛求疵呢? 就是由于他们所具有的"求真"精神. 这种求真精神,却给数学家带来了丰硕的回报,带来了数学新结果的发现、新理论的诞生,连带对相关科学起了巨大的推动和促进作用. 若用非欧几何创始人之一鲍耶的话说,就是"从一无所有之中创造了一个新宇宙".

数学的求真一般体现于思维之中,数学是一门思维的学科. 齐民友教授指出:"思维必须力求清晰,力求明确,概念要准确. 不但不容偷换概念,而且不容丝毫含糊. 简言之,即'要言之有理,得之有故'."容不得半点强词夺理,更不能蛮不讲理. 进一步说,思维必须力求深入,力求全面,破除一切成见. 思维如此,实践也是如此.

明确,包含着"简明"的要求. 数学家不但要求结论明确,而且要求结论简洁,这里有数学家对美学的追求. 按照数学家王元的说法,数学之美,归根结底在于"简明". 历代数学家对简明的追求,也是非常执着的.

数学的求真明确精神,还包含着实事求是. 所有数学计算,都只要求正确而已,没有其他的要求. 所谓"一是一,二是二",没有其他奢求. 古希腊时代,有所谓"几何作图三大作图难题"(即三等分任意角,二倍立方体和化圆为方),因限制于作图工具只能用圆规和不带刻度的直尺,很多数学家都没有解决. 但数学家没有放弃,而是不断努力研究,找出其中不能作图的原因. 到了近代,解析几何发明之后,人们发现几何作图可以化为代数方程求解问题:凡几何作图,都能转化为至多求解二元二次方程组的问题. 上述三个几何作图问题是否能够解决,只要看它们是否可以化为可解方程(组). 但是怎样的方程的解可以作图,怎样的方程的解不能作图呢? 必须具有"根式解"的方程的根,才能作图. 而判定方程是否有"根式解",又是一个难题.

19 世纪初,法国天才数学家阿贝尔(Abel,1802—1829)和伽罗瓦(Galois,1811—1832)提出新概念,创用新方法,用"群论"思想,相继解决了这一历史难题. 按照他们的理论,这三个几何作图问题,不是作图难题,而是"作图不能"问题,即在原有作图工具的限制下,它们所化成的方程没有根式解.

到此,人们终于明白了:几何作图是有限度的,并不能要求所有的几何作图问题都能用圆规和不带刻度的直尺解决,而且心服口服. 在数学面前,只能实事求是,不能异想天开.

这就是求真务实的数学的科学精神的意义和力量所在. 如果人们从小就接受这样的思想熏陶,可以预见他们长大之后,其精神世界必然充盈,其思想境界必然高远,洞察事物真伪的能力必然强大.

3.1.2　探索创新精神

数学的显著特点是抽象性. 数学结论——数学定理、数学公式、数学法则都是抽象的存在. 虽然有些数学结论是通过实验直接得到的,但大多数数学结论,是数学家大脑的思维产物,是数学家通过思维活动创造出来的. 一句话,数学,特别是现代数学的许多概念、数学理

---

①　尚强,胡炳生. 数学的灵魂——数学精神[J]. 中学数学教学参考,2012(6):67-68.

论,如四元数,非欧几何,高维空间,抽象代数结构——群,拓扑变换,微分流形,希尔伯特几何公理体系,公理集合论等,都是数学家的探索创新物. 它们虽有实际背景,但并不是真实存在的,甚至在现实中找不到原型. 例如,康托创造的超限数序列,可能就找不到相应的实际存在的事物.

非欧几何诞生的故事更为动人. 我们知道,欧几里得几何学是建立在公理的基础上的,它雄视科学界两千年,没有人能动摇它的权威. 通常,科学著作容易被新著作所淘汰,很少能流传百年,唯独欧几里得写的《几何原本》与众不同,传诵至今. 由此可见,欧几里得几何已经深入人心了.

不过后来人们也发现了一个问题,原来在那些作为基石的公理中,第五公理显得很特别. 这条公理现在是这样说的:"通过不在直线上的一个点,不能引多于一条的直线,平行于原来的直线. "可是,怎样才能断定两条直线平行呢? 要做到这一点,必须把它们向两端无限延长,并且处处不相交. 这当然无法做到. 因此,第五公理是否符合实际就值得怀疑,有什么根据说不能引多于一条的平行线呢? 欧几里得本人似乎也察觉到了这一点,他总是尽量避免引用它,在他的书中,第五公理出现得很晚. 这样一来,便更增加了人们的怀疑. 能不能把它从公理中删掉? 能不能从其余的公理中把它证明出来,因而改变它的地位,使它由公理变为定理呢?

罗巴切夫斯基(Lobachevsky)于 1815 年开始研究平行线问题,起初也想走证明第五公理的老路,可是 1823 年他认识到以前所有的证明都是错误的. 1826 年,他公开声明第五公理不可证明,并且采用了相反的公理:通过不在直线上的一点,至少可以引两条直线平行于已知直线. 从这个新公理和其余的公理出发,他终于建立了一种崭新的非欧几何学. 由于这种新几何学的结论违反人们的常识(例如,它断定:三角形三内角的和小于 180°),常常使人瞠目结舌,不知所云. 这种几何学及其他的非欧几何学在天文学、宇宙论等中找到了应用.

罗巴切夫斯基毫不动摇地坚持自己的信念,不怕犯错误,不怕社会舆论的批评,敢于向权威挑战,公开声明第五公理不可证明,他这种大无畏的精神,很值得我们学习. 高斯(Gauss)也得到了同样的正确结果,甚至比罗巴切夫斯基更早些,但他谨慎地隐藏了自己的发现,没有公诸于世. 非欧几何的出现解放了人们的思想,扩大了人们的空间概念,可以说是人类对空间的认识史上的一次革命.

数学特别是现代数学,其创新精神在于敢于突破传统的思维方式,而不受现实世界限制的自由创造.

我们应该如何来理解数学的这种探索创新的精神呢?

第一,数学的探索创新,并不是随意胡说、胡思乱想,是有科学基础、有理论或实际背景的.

第二,它们是受严格的逻辑推理制约的,不论什么新数学概念、新理论的出现,都与原有数学理论是相容的、不相矛盾的、彼此互通的. 新数学概念、新理论,是在已有的数学理论大厦上的新增建筑,而不是对原有理论的否定和拆台. 新的数学体系,仍然是协调一致的、和谐相关的. 以数的概念扩大为例,是最好的说明.

人类最早认识的是正整数,以后为了进行分配,便产生了(正)分数. 正整数扩大到分数以后,整数是作为分数的特例(分母为 1),而统一构成有理数. 这便是毕达哥拉斯的古希腊时代的数字体系. 那时所说的"万物皆数"中的"数",只是这种正有理数.

但是数学家没有因为新“数”出现而沮丧，相反，他们积极设法应对以自救. 果然，不久欧多克索斯用“比例论”克服了危机，使数的领域扩大到实数，有理数的性质和运算方法，也同样适用于实数，而有理数包含其中. 当然，实数理论的完成要晚得多，直到 1872 年，由戴德金、康托、魏尔斯特拉斯等，用不同的方法最终完成实数理论的构建.

16 世纪意大利数学家在发现三次方程求根公式后，发现公式中可能出现平方下为负数的情况. 这时怎么办呢？在短时间的犹豫之后，数学家们果断地认定复数的“数”的地位. 命名为“虚数”，并将 $\sqrt{-1}$ 作为虚数单位，用符号 i 来表示. 把实数与虚数联合成 $a+bi$ 的形式，称为“复数”，把实数作为其特例，而实数的性质、运算方法，对于复数完全一致. 于是“数”的概念再次扩大——实数扩大到复数.

第三，数学的自由创造，其目标在于创新：创造新的概念、新的理论，在更大的范围内，使原本不相关的理论、方法，在更高的层次上统一起来；或者使原来没有解决的问题，得到解决；或者使原有的定理、公式的证明得到简化，使其内容更加完善，形式更加优美.

数学的这种追求创新，追求完善、完美的精神，不仅对于数学学习和研究有重要的指导意义，而且对于各行各业的人们都是重要的. 我们当前正处于创新的时代，科学发展需要创新思维、创新思路、创新劳动. ①

3.1.3　求精自律精神

人类对圆周率 π 的认识与研究充分体现了数学的这种科学精神.

无论古埃及，还是古代中国，最初都取 $\pi\approx3$ 作为圆周率的近似值. 但这过于粗糙，不准确. 阿基米德(Archimedes，前 287—前 212)最先用割圆术，获得圆周率的两位小数近似值 3.14. 中国古代三国时期的数学家刘徽独立采用割圆术，发现了圆周率(我们称之为“徽率”). 其后五百年，南北朝时数学家祖冲之(429—500)，发展了割圆术，创用新法，先将圆周率的近似值提高到小数点后四位——3.1416(密率)，后又求得七位小数近似值：π 值在 3.1415926 ~ 3.1415927. 15 世纪，中亚数学家阿尔 · 卡西又把这数值精确到小数点后 16 位. 即使如此，数学家仍不满足，16 世纪德国数学家鲁道夫(Rudolff，1500—1554)，坚持用纯手工计算，使圆周率的近似值达到小数点后 30 位，为此几乎花费了他一生的精力，这也是手工计算 π 值的最高纪录.

如果从实用观点，圆周率计算到小数点后 4 位或 7 位就足够了，人们完全没有必要花费那么大的精力来寻求更精确的 π 的近似值. 但这绝不是为了实用，而是精益求精的数学精神在不断追问：圆周率到底是个什么数(精确值)？并且要把它追问到底.

当然，起初，人们希望圆周率是个有理数，以为通过不断努力计算，总可以把它的精确值算出来. 但是，后来数学家发现，圆周率居然是个无理数——无限不循环小数，不可能求得它的“精确值”. 之后又知道它还是个超越数，即它不是任何一个代数方程的根. 那么数学家是否就此罢手呢？——还是没有罢手！

从 16 世纪下半叶起，韦达(Vieta)首先用解析方法来寻求 π 的解析表达式，经过多人的改进，1671 年英国人梅钦(Machin)利用他所发现的公式，计算得 π 的 100 位小数值. 1949

---

① 尚强，胡炳生. 数学的灵魂——数学精神[J]. 中学数学教学参考，2012(6)：69-70.

年,美国人伦奇和史密斯(Smith)计算 π 到小数点后 1 120 位. 这是仅凭人工计算出的最高纪录. 随着电子计算机的发明,人们设计出多种计算程序,π 的小数位迅速上升. 1949 年达到2 037 位,1961 年突破 10 万位,1973 年便突破 100 万位,现在早已突破 1 亿位.

对此,有人提出怀疑,"古代和现代数学家不断有人想打破 π 值的纪录,实际上并无多大意义". 其实,他是不了解数学家"求精自律"的执着精神,也不了解正是数学家在这样的追求中,对数学和计算机科学起了巨大的推动作用.

数学史家在总结了世界各国研究圆周率的历史进程之后说:"数学家们对 π 值精益求精地不断追求,使 π 值不断精确,成了各个时代的数学才能的度量. "事实证明,在近两千年的历史进程中,最精确的 π 值出现在哪里,哪里一定就是当时数学水平最高的地区.

公元前 3 世纪,3. 14 的纪录是阿基米德创造的,那时的希腊是世界数学水平最发达的地区;从公元 5 世纪到 14 世纪,祖冲之保持 π 的七位小数纪录,这期间正是中国领先于世界数学之时;15 世纪,拉伯地区数学兴起,那里出现了 16 位小数的新纪录;15 世纪以后,数学中心转移到欧洲,于是欧洲人发明了用解析方法计算 π 值,迅速超过亚洲;近代电子计算机发明后,数学中心又转移到美国,计算 π 值的新纪录就不断地在那里出现. π 值精确化进程,与数学发达中心地区的转移是如此的吻合,数学史家之言令人信服.

求精自律,还体现了数学追求完善、追求完美的精神,追求真、善、美的统一. 早在古希腊时代,著名思想家、教育家和数学家柏拉图就曾以"数学与善"做过讲演. 两千多年后,近代著名数学家 A. N. 怀特海(Whitehead)于 1939 年也以同样的题目在美国哈佛大学做过一次著名的演讲,进一步阐述柏拉图的思想.

柏拉图当年举例说:"'圆'有多种形态. 圆圆的太阳,十五的月亮;在地上用圆规画出一个圆的图形,我们用语言做出'圆'的定义——以一点为中心、以一线段长为半径所作的图形,以及在人们大脑中存在的关于"圆"的理念. 除了圆的理念,其他几种都是关于圆的部分真实,而非全部. 只有理念中的圆,才是真实的、完善的. "用怀特海的话来说,就是"时间的模糊性,被清晰的理想经验加强了". 他认为真正的精确性,在实际中是做不到的,人类也是不承认的,而数学和完善的理想,正是与精确性相联系的.

求精自律还促使人们研究了数学中与 π 的特性相似的另一个无理数 e 的奇妙联系.

e 与 π 都是无理数,但它们都可以用有理数表示,例如(当然不可能是有限形式)

$$\pi=4\left(1-\frac{1}{3}+\frac{1}{5}-\frac{1}{7}+\cdots\right)$$

$$e=1+1+\frac{1}{2!}+\frac{1}{3!}+\frac{1}{4!}+\cdots$$

这里,我们可以看到有理数与无理数的许多联系,这些联系帮助我们通过有理数去把握无理数. 然而,我们也已看到,有限个有理数之和必然是有理数,无限个有理数之和则不一定是有理数了.

e 与 π 的来源和背景不同,它们的上述表现形式不同,它们的小数表示也如此不同

$$\pi=3.141\,592\,653\,589\,793\,238\,46\cdots$$

$$e=2.718\,281\,828\,459\,045\,235\,36\cdots$$

尽管如此,人们却在探寻人类最初碰到的这两个具有极其特殊地位的超越数之间有什么联系. 首先人们看到一些现象:π 与 e 这两个数的上述表示式中,第 13 位数同是 9,第 17 位数

同是2,第18位数同是3,第21位数同是6,第34位数同是2.人们甚至猜测每隔10位数就会出现一个数相同.还有人猜测在π的数字中必有e的前n位数字,在e的数字中必有π的前n位数字.

还有关于π与e的一种奇妙联系

$$\pi^4+\pi^5=e^6$$

一个更奇妙的式子被视为数学美的一个象征

$$e^{i\pi}+1=0$$

1是正整数也是实数的基本单位,i是虚数的基本单位,0是唯一的中性数,它们都具有独特的地位,最具代表性.可以说,i来源于代数,π来源于几何,e来源于分析,e与π在超越数之中都独具特色.这5个看来似乎是互不相干的数,居然如此和谐统一地在一个式子中.

3.1.4　协作奉献精神

雄伟的数学宫殿是由一代又一代人的努力修建而成.许多人为数学终生奋斗,有时仅为一个问题而奉献人生的大段历程.

笛卡儿为解析几何的创立而思索了19年;

哈密尔顿为四元数的诞生思索了15年;

陈景润为"1+1"奋斗了30多年;

……

甚至,同一个数学问题,几代的数学家前仆后继,为之奋斗,为之献身.

欧氏平行公理的独立性问题,在两千多年的时间里为人们苦思冥想;

正多边形的尺规作图(或圆的等分)问题也经历了两千年以上的探索,直到高斯时代;

不要说整个数的世界,仅仅是一个π(圆周率),几千年来,有多少人去探索它,直到19世纪后半叶才弄清楚,原来它不仅是无理数,而且是超越数;

费马(Fermat)问题真可谓引无数英雄竞相随,经历了300多年众多英雄人物的探讨,方获成功;

哥德巴赫(Goldbach)问题吸引了全世界人的注目,也经历了无数人200多年的努力;

高斯提出的类数猜想经过了一个多世纪里许多人的努力,才于1968年解决;

黎曼(Riemann)猜想也已经被人研究了100多年;

比伯巴赫(Bieberbach)猜想提出后60多年才解决;

莫德尔(Mordell)猜想也是60年后才解决的;

四色问题是100多年后才研究成功的;

一份完整的关于球的同伦群和经典李群的表,经过了好几十年的研究,和好几个世界闻名的数学家花费了大半辈子数学生涯,才列出了它;

……

19世纪中叶的狄利克雷级数、黎曼级数均受到傅里叶级数的启发,前者后来又导致今天研究的L级数.这种思想把级数与群表示论统一起来.从傅里叶分析中还得出了函数空间(如索伯列夫(Sobolev)空间,施瓦兹(Schwartz)空间、广义函数空间等)的概念,而函数空间乃是泛函分析的基础.在这些空间中,我们又可以分析线性或非线性微分方程及其推广——拟线性微分方程,分析傅里叶积分算子.

3.1.5 推演明辨精神

科学强调因果关系,强调有一定的因必有一定的果,而且同样的因必有同样的果能重复出现. 艺术则不同,如果这是一幅画,它叫艺术品,假若再去模仿它,复制一幅完全相同的东西出来,重复出现了,然而它就不算艺术品了.

数学强调推演明辨,坚定相信演绎推理是很重要的. 假设一位科学家在不同地区测量了一百个形状大小不同的三角形,发现它们的内角和在实验精度允许范围内都是 180°,他当然可以下结论:任何三角形的内角和都是 180°. 但他的证明是归纳而不是演绎,从而在数学上不会被认可. 同样,只要你高兴,你可以检验任意多的偶数,发现它们都是两个素数的和,但这种检验也不是演绎证明,因而结果也不是数学定理. 那么看来,演绎证明是一种很严格的要求. 这是所说的任意多的偶数,它们都是两个素数的和,这就是哥德巴赫猜想.

这个猜想是 1742 年提出的,哥德巴赫在 6 月 7 日致欧拉的信中说:"看起来至少好像每个大于 1 的数是三个素数的和."欧拉在当年 6 月 30 日的回信中说:"虽然我不能证明,但我肯定每个偶数是两个素数之和. ……"

说也奇怪,数学对似乎"肯定"的东西就是不放过,必须去证明它,且不证明不罢休,这是数学特有的一种精神. 起初,人们是验证千个偶数是两素数之和,万个偶数是两素数之和,乃至对亿个偶数进行验证,但是这种验证性质的工作是不能最终完成证明的.

为了在一般意义下证明哥德巴赫猜想,直到 20 世纪才有突破. 1920 年,挪威数学家布朗(Brown)用一种古老的筛法证明了(9 +9),即每一个充分大的偶数都可表示为两个殆素数之和,每个殆素数所含的素数因数不超过 9 个(例如 15,它不是素数,但它是素数因数为 2 的殆素数).

1924 年,德国数学家拉德马哈尔证明了(7 +7).

1932 年,英国数学家麦斯特曼证明了(6 +6).

1938 年,苏联数学家布赫斯塔勃证明了(5 +5).

1940 年,布赫斯塔勃又证明了(4 +4).

1956 年,苏联著名数论专家维诺格拉托夫(陈景润想要挑战的对象)证明了(3 +3).

1957 年,我国年轻的数学家王元(华罗庚的学生)有一个重大突破,他证明了(2 +3).

但是在以上的($p+q$)中 q,p 都还未达到 1,最终所需要的结果是(1 +1)(即任一充分大的偶数可表示为 1 个素数与另一个素数之和).

1948 年,匈牙利数学家兰恩依证明了(1 +6).

1962 年,我国数学家潘承洞证明了(1 +5).

1962 年,即证明(1 +5)的同年,潘承洞和王元一起证明了(1 +4).

1965 年,布赫斯塔勃、维诺格拉托夫和意大利数学家庞皮艾黎都证明了(1 +3).

1966 年,陈景润证明了(1 +2).

就是这样一个似乎"肯定"的结论,数学工作者们坚持推演明辨走过了多少崎岖的路,熬过了多少漫漫长夜.

3.2　数学的人文精神

3.2.1　数学人文精神的人性本质

在近代,数学与一切科学思考一样,是人类摆脱愚昧、无知,通向智慧的重要知识力量. 数学对真理性、理性、主体性的不懈追求和持久关注,显示了对于人的一种人文关怀. 由于一切追求知识和真理的活动都是符合并显示人性本质的,因此数学作为一种理性求知活动,体现了人性的普遍品质. 进而我们可以断定,数学作为人类的一种理性求知活动显示了人性的本质. ①

数学的理性和求知品质赋予数学以极其重要的价值和作用. 数学崇尚实事求是的求真精神,具有可贵的质疑、怀疑和批判态度. 数学崇尚独立思考、追求真理、探索创新、判断的合理性和公正性,对事物不先入为主、不存偏见、不偏听偏信、客观公正、尊重事实、以理服人、求精自律、协作奉献、推演明辨. 这些构成科学精神的核心特征品质恰恰也正是人性和理性的思想精髓.

数学在其伟大的历史变革中展现出来的文化精神,也在不断变革着数学自身的纯粹科学形象. 数学已不仅是一种科学现象,而且更多地表现为一种文化现象;数学不仅具有自然科学的普遍特征,而且包含着丰富多彩的社会学意义和人文精神;数学的当代观念展现出越来越多的、越来越深刻的人文精神. 因为数学是人的文化建构,而不是简单的机械论和反映论,因此数学创造体现了一种人的自由. 数学认识越来越显示出人类理性正从必然王国走向自由王国.

数学思维具有推理与猜测相结合、逻辑推理与合情推理相结合、逻辑与直觉相结合的特点. 数学知识观的这一进步也为逐步消解长期以来介于科学主义和人文主义的对峙,为实现人类整个思想体系在更高层次上的整合和统一奠定了知识基础.

当代数学是由各种相互关联的形式化和非形式化的体系(其中概念已没有明确的指派意义)构成的庞大系统,其中数学和元数学的标准和判断是由数学固有的法则、规则、设定、历史传统、数学共同体所共同决定的. 随着数学的现代发展,数学知识被赋予了越来越多的相对自主性. 那些超越了现实世界客观性的数学获得了在数学本体意义上的新的客观性,亦即通过数学历史文化积淀而成的数学自身的理论标准和认识法则所赋予的真理意义.

数学具有的这种超越现实客观性的意义使得数学在其科学性之外,还被赋予了特有的人文特质. 数学不仅是一门知识体系,而且包含着人类普遍的思想方法;数学不仅是一种科学语言,而且包含着人类认识的普遍范式;数学不仅是一种技巧技能,而且是一种高技术;数学不仅是一套形式符号系统,而且包含着人类普遍的思维模式;数学不仅有着耀眼夺目的真理光辉,而且具有造福人类的善的功能和独特生动的审美价值和美学意蕴. 数学的应用领域已经延伸到了人类社会生活的各个角落. 而这些生动、鲜明、实在的人性闪光点及其文化意蕴赋予新人文主义更为明确和生动的精神气质. 现代数学涌动起来的这样一股强有力的文化创造与知识建构潮流,体现出其有别于传统理性的新理性主义,其基本特征就是人性和人的创造性在数学知识建构中日益增长的作用以及这种具有丰富人性化色彩的学科在自然科学、人文科学等一切人类文化领域的渗透和应用.

---

① 黄秦安,邹慧超. 数学的人文精神及其教学教育价值[J]. 数学教育学报,2006(4):6-7.

19~20世纪以来,尤其是在当代,数学知识建构的本质与数学认识活动的本质被日益揭示出来.当数学对象的客观性和实在性意义已不仅仅是对物质实在的"表象"和"镜面"的反映,而更多的是一种基于数学语言的知识建构的时候,当数学思维不再仅仅是逻辑理性的独角戏而变成各种思维形式的全谱系的时候,当数学理论的能动性反映已经超出了对自然和物质世界的单纯模拟、模仿、描摹的阶段而进入了创新、重新塑造、开拓的新阶段的时候,数学的知识建构特征和人性化表征就愈加明显.数学知识的文化建构本质凸显了人类认识主体性的重要地位,当代数学展示出其对人的认识主体性价值的终极关怀和对人类认识地位的维护.随着数学认识的深化,数学成为一种连续不断的、认识主体性特征日益明显的知识建构.

数学在其知识性(即其对象、关系和结构的客观性构成)和认识过程(即个体认知建构和社会性知识的认同过程)中共同展现的独特的艺术特征和美学意蕴,为数学添加了深厚浓郁的人文色彩,使数学美成为科学美的一个典范.数学中的智巧、大胆的想象和猜测、丰富的直觉、奇特的构思,与缜密的论证和推理一起构成了数学的思想特质.数学的审美体验发生在认知——情感场当中,是直接或间接参与数学认识活动而不是游离于认识活动之外的.因此,数学的美感和审美意向是渗透在数学的对象、过程以及主体与对象的交互性之中的.从中我们可以感受到科学性与人文性、艺术性的内在统一.

因此,数学除了其科学精神以外,还有其深邃的人文精神.数学是包括自然科学、人文和社会科学在内的所有科学的共同语言,数学是人类的一种文化建构.

3.2.2 数学人文精神的内涵

由于数学是人类的一种文化建构,因而它具有人文精神的内涵.

1. 严谨、朴实

这是由数学学科的严密性特点来决定的.数学的结果不容许有任何夸张,数学中的概念、命题、定理表述的最根本的准则是准确、简明.没有人认为数学计算的结果可以进行"艺术加工",也没有一位稍有常识的人认为数学证明过程可以借助于生动形象的描述来完成.因此,数学的思维方式、数学的精神能使人们养成缜密、有条理的思维方式,有助于培养一丝不苟的工作态度、敬业精神和强烈的社会责任感.

严谨、朴实,一般地说就是:想问题、办事情都要讲道理,不凭感情用事.这对每个人来说,是非常重要的.如果说话没有根据,就是乱说,就是无理取闹;办事不讲道理,不考虑条件,就是蛮干,非把事情办砸不可.培养人的严谨朴实精神的重要途径之一,就是接受数学教育.因为数学充满着理性精神.这主要表现在以下三个方面:

(1)严密的逻辑推理和证明.数学中的每个定理、公式、结论,都给出了符合逻辑的证明,每步推理都有切实的根据.

(2)严谨、简明的数学语言.数学语言(符号)是科学语言,它所表达的数学概念、命题、推理和证明,必须符合逻辑规则,其意义明确无误,不允许模棱两可.

(3)把握事物本质、揭示规律性.数学是脱离具体事物的抽象理论,它只研究事物的数量关系和空间形式,所以它才能把握事物的本质,才能揭示客观世界的基本规律,而这正是理性精神的核心.

数学的这种严谨朴实精神,代表着人类理想精神的最高境界,是培养学生和一般人理性精神的源泉.一个人有了这种人文精神,待人时,就能够心平气和,沉着冷静,以理服人;说话时，就能够条理分明，简明扼要；看问题时，就能够抓住本质，发现规律；办事时，就可以从全局考虑，按其轻重缓急安排操作程序；如果条件不够，努力创造条件，达到事半功倍的效果.

2. 诚信、求真

这是数学科学人文精神的重要特征. 数学语言的精确性使得数学中的结论不会出现模棱两可的情形，数学中不存在伪科学，数学的本质要求数学始终处于公正的立场上，不容许有任何弄虚作假. 数学中的结论只符合逻辑的论证，不会盲从任何一个权威. 在数学学习过程中，通过数学的训练形成一种习惯，任何一步证明、任何一个结论的获得必须有理有据. 显然，数学的这种品格能使人杜绝偏见，客观公正，不屈服于权贵，坚持原则，忠于真理，具有独立的人格.

数学的求真精神，首先表现在数学理论的真实可靠上. 人们在肯定某个结论时，常说“这就像 $1+1=2$ 那样地正确”，这说明人们对数学结论的普遍信赖.

数学的求真精神，还表现在对真理不懈的追求上. 数学中的许多定理、公式、理论的获得，许多数学问题的解决，都经过了艰难的历程，甚至是几代人的长期努力.

例如，关于球的体积公式，中国数学家刘徽（3 世纪）为《九章算术》做注释时，就已创用“牟合方盖”来进行研究，并获得重大进展，但是他没有最后解决. 200 多年后，祖冲之的儿子祖暅（5 世纪—6 世纪，数学家）继续研究，终于得到了正确的结果.

实事求是，承认有不能解决的问题存在，承认悖论，也是数学求实精神的表现. 例如，古希腊人提出的“几何三大作图难题”——三等分角、二倍立方体和化圆为方，从公元前 5 世纪起，在以后的两千年里，数学家不断对它进行研究，试图求得解决. 直到 18 世纪，伽罗瓦创立群论，终于弄清楚这三个几何问题，是“作图不能问题”，即只用圆规直尺是无论如何作不出几何图形来的.

20 世纪初，英国数学家兼哲学家罗素提出集合论悖论，指出了数学理论深处存在着不可克服的矛盾，引发了“第三次数学危机”. 数学家们曾经提出过各种解决方案，但当哥德尔（Gödel）证明了不完备定理之后，大家都接受了这样的事实：作为反映客观世界数量关系和空间形式的数学，它同客观世界本身一样，也存在着各种矛盾，其中包括悖论. 那种想一劳永逸地建立一个总括所有数学内容的公理体系，是不可能的.

数学的这种执着的诚信、求真精神，是其他学科所无法比拟的，它不可避免地影响到学习它的每一个人的思想和品格.

3. 理智、谦恭

数学中的结论是在公理和定义的约束下形成的逻辑结果，而不是情感世界的宣泄. 每个数学问题的解决，都必须遵守数学规则，这种对规则的敬重能够迁移到人和事物上，使人们形成一种对社会公德、秩序、法律等内在的自我约束力. “没有规矩，不成方圆”，便是数学规则影响人们行为规范的最好诠释.

人的谦恭，虽然与人的先天禀赋有关，但是主要还是后天教育的结果. 从某种意义上讲，人的谦恭是一个动态过程——接受教育、增长知识、陶冶性情、锻炼意志、培养品德、逐渐了解社会和人生的过程. 在遇事时，有人沉着冷静，有人急躁冒进；在为人处事上，有的以理服人，有的却感情用事；在办事时，有人仔细认真，精益求精，有人则粗枝大叶，敷衍了事；在说话时，有的简明扼要，条理分明，有的则含糊拖沓，零乱颠倒；讨论问题时，有人能一针见血，抓住本质，有人则只见现象，不着边际；对待事业和工作，有人能够执着追求，勇于创新，有人则虎头蛇尾,因循守旧.如此等等,表现出人们理智、谦恭水平的显著差异.

4. **勤奋、自强**

虽然数学被誉为美的乐园,但数学的各种美并不是任何人都能鉴赏的,因为数学不像音乐、文学那样以其华丽的外表容易让人一下子着迷.数学学习需要付出艰辛的劳动,投机取巧是不可能达到最终目标的.在学习数学的过程中,常常会遇到许多困难,只有通过不懈的努力,才能克服重重困难,领略到数学的真谛.数学学习是"数学活动过程的学习",学习只有充分发挥学习者的主动性,让学习者有一个主动探索的空间,对知识产生浓厚的兴趣、高涨的热情,学习者的思维才会非常活跃,从而培养学习者顽强的意志和探索精神.

勤奋,要体现于"三勤",才有可能呈现出自强.

首先,勤于学习,重于积累.俗话说:聪明在于勤奋,才智在于积累.要学习和掌握多方面的基本知识和技能,因为知识和技能是才智的基础.知识越多、知识面越广,基本技能越熟练,产生才智的基础就越深厚.古人说"熟能生巧",就是这个道理.没有知识,或知识很少的人,在现代社会是谈不上有什么聪明的.

其次,要勤于思考,善于变化.我们平常所学的知识,都是事物的一个断面,是静态的,而且各不联系.我们学习以后,要将各种知识联系起来,加以分析和综合,使所学知识在我们的大脑中"动"起来.这样才有可能产生新的知识板块和知识结构,在原有知识的基础上有所发现,有所发明,有所成就,有所前进.

再次,要勤于动手,勇于实践,在实践中解决问题,尤其是困难的问题.知识本身是死的,只有在解决实际问题的实践中,才能将知识越用越活."活"用知识,才能激发出才智.

5. **智慧、创新**

学习数学会使人变得智慧起来.多数人所从事的工作与数学关系并不大,但数学思维能够培养人思考问题的周密性,数学中的变换、化归能够培养人思考问题的灵活性,令人受用终身.在自然科学研究中,通过数学推理能发现一些暂时没被人们认识的规律;在社会科学研究中,人们运用数学知识对有关数据进行处理,可以预见事物的发展方向.这一切都说明数学智慧在人类社会不断发展、不断创新的过程中起着巨大的推动作用.如海王星的发现是天文学家先"算出来",而后被观测到的,近年来有多位诺贝尔经济学奖获得者是数学家出身.

数学是思维的科学,是人们,特别是青少年思维的体操.所以数学学习,是提高人们思维能力、激发灵感思维、培养智慧的重要途径.

数学智慧,是指在人类活动——实际问题的解决中表现出来的数学技能与智能.这在人类史上有许多精彩的典型事例.例如,中国古代数学家祖冲之巧测冬至点;刘徽的创设立体模型——牟合方盖,以求解决球体积问题;古希腊数学家阿基米德解决数学问题的力学方法;欧几里得用公理化方法撰写数学著作;近代数学家欧拉用"图"解哥尼斯堡的"七桥问题";哈代用统计方法,解决了困惑人们的"色盲遗传"难题,等等.

一般说,在解决难题时,要综合运用多方面的知识,采用各种方法和手段,探索解决问题的多种途径,进行艰苦的、长期的、紧张的思维和动手试验,以至于多次反复,这样才有可能"急中生智".这个"急",就是指人的思维处于高度紧张状态之中,这正是出现灵感思维的必要条件,产生智慧的良好环境.

在解决问题中,可以帮助我们理解智慧所表现出来的特征:

(1)智慧,只有在解决困难问题时,才能表现出来,它是动态的,而非静态的;

(2)灵活运用简单的知识和方法,巧妙地解决问题,这才是智慧;

(3)智慧,是一种高级思维——灵感思维活动,运用智慧解决问题的方法和途径,是非常规的,独创的,前人所没有发现过的.

通常人的思维有两种方式:感性思维和逻辑思维. 而灵感思维,是超越了这两种思维又综合了这两种思维的高级思维方式. 一个人只有在经过长期的、紧张的思维过程之后,才会出现灵感思维. 在灵感思维的过程中,才有可能闪现出智慧的火花.

数学的创新,表现在以下几个方面①:

(1)一部数学发展史,就是人类思维创新的历史. 从数数到计数,从刻画符号到数字的出现,从结绳记事到进位制——十进制的发明,都是伟大的创造. 近代数学的发展更是这样,从微积分的创立到分析数学理论的严密化,从赌博问题的提出到概率论的建立,从集合论的诞生到电子计算机的发明,如此等等,更是惊人的创新.

(2)数学的创新,还表现在敢于突破传统思维方式,允许不受现实世界限制的自由创造. 特别是 19 世纪以后,数学发展到现代数学时期更是如此. 例如,从欧几里得几何发展到非欧几何,突破了"空间"传统观点的束缚,把空间概念从现实空间发展到抽象空间,使人们眼界大开. 又如,群论的出现,使人们对"数"与"运算"的认识,发生了根本的变化. 以前人们认为只有数才能运算,但这以后,在任何集合中的元素之间,都可以定义运算,都可以进行"计算". 正因为如此,使得数学研究的领域大为扩展.

(3)数学的创新,还表现在数学问题的解决上,即使是中学课本上数学定理的证明,数学问题的解答也是如此. 虽然,这些定理证明、问题解答是早已经知道的,但是,对学生来说,是从未接触过的新问题. 所以,学生在学习定理、求解这些问题时,就是进行探索、创新的过程.

6. 情趣、精明

数学的美使学习者得到美的享受和情趣欣赏. 想象丰富,情调愉悦,数学的美,激发学习的兴趣,产生热爱之行动.

π 是一个超越数,是数学中最重要的常数. 计算 π 的近似值,一直引发着许多数学家们的兴趣. 随着计算技术的发展,算出的 π 的小数点后位数的记录一个接一个地被刷新. 1872 年,英国学者威廉·向克斯算出了小数点后 707 位. 若干年后,数学家法格逊发现,向克斯算出的 707 位数字中,0 ~ 9 这 10 个数字出现的频率相差太大,如 3 出现了 86 次,而 7 只出现了 44 次,这不符合对称性的审美原则. 法格逊产生一个直觉的预感:在 π 的数值中,对 0 ~ 9 这 10 个数字应该一视同仁,不会对其中一两个有特殊的偏爱. 因而怀疑向克斯的计算可能有错误,于是下决心进行检验.

他从 1944 年 5 月到 1945 年 5 月,整整花了一年的时间,用当时最先进的计算工具,对向克斯算出的 π 值进行检验,终于发现,707 位中只有前 527 位是正确的.

不过法格逊虽然纠正了向克斯的错误,但仍未能证明他出自审美要求的"一视同仁"的猜想是正确的. 人们想验证它,却苦于已知 π 的位数太少. 直到 1973 年法国学者让·盖克和芳旦娜对 π 的小数点后 1×10^6 位中的各数字出现的频率进行了统计,其结果是:各个数

---

① 胡炳生. 数学与修养[J]. 中学数学教学,2006(2):46-47.

字出现的次数虽略有差异，但出现的频率都是1/10. 据说，目前 π 的值已计算到小数点后 1×10^9 位，从现有资料看，10个数字出现的频率仍然是基本相等的.

库尔森(Coulson)说：

"在这个世界上没有丑陋数学的容身之地. 如果读者看到一个定理的证明显得丑陋，那他的明确责任就是找到一个更好的证明. 不美的数学是不允许继续存在的."

这话的确代表了绝大多数数学家的感情，他们不给丑陋数学以容身之地！

数学不仅可以调动学习者的情感，还可以使人更精明——精致明晰.

看看这样一个二次式

$$f(x)=x^2+x+11$$

当 $x=1$ 时，它的值是13，即 $f(1)=13$，是个素数；当然，$f(0)=11$ 也是素数；$f(2)=17$ 仍是素数；$f(3)$ 呢？它等于23，还是素数；再试验一下，$f(4)=4^2+4+11=31$，依然是素数！我们似乎可以说，对任何自然数 n，$f(n)$ 都是素数. 然而，数学告诉你，即使这个结论真是对的，那么，你下这一结论的时间还早了，这也许算数学的精明表现之一吧？我们甚至还可再试验一些，例如，$f(5)=41$，$f(6)=53$，$f(7)=67$ 都还是素数，即便如此，你如果想说"对于所有的 n，$f(n)$ 是素数"，那么要走的路还很远. 不过，你要说明这个结论是不对的，那倒简单，只要拿出一个自然数 n，使 $f(n)$ 不是素数就够了. 还真能拿得出，看看 $n=10$，此时

$$f(10)=121=11\times11$$

它就不是素数了.

对于下面的二次式，更有意思

$$f(x)=x^2+x+72\ 491$$

当 $x=1,2,\cdots$ 直至 $x=10\ 000$ 时，$f(x)$ 都是素数. 可是，哪怕有一万次的试验是这一结论，你也还不能说对于所有的自然数 n，$f(n)$ 都是素数. 这一次，我们应该容易拿出一个反例来了，那就是 $x=72\ 490$，因为

$$\begin{aligned}f(72\ 490)&=72\ 490^2+72\ 490+72\ 491\\&=72\ 490^2+2\times72\ 490+1\\&=(72\ 490+1)^2\end{aligned}$$

再看一个例子，这是关于 x^n-1 的分解形式，试看：

$x^2-1=(x-1)(x+1)$；

$x^3-1=(x-1)(x^2+x+1)$；

$x^4-1=(x-1)(x+1)(x^2+1)$；

$x^5-1=(x-1)(x^4+x^3+x^2+x+1)$；

$x^6-1=(x-1)(x+1)(x^2-x+1)(x^2+x+1)$.

这样看来，似乎 x^n-1 在整系数范围内的分解式中系数必然是 $0,1,-1$，绝对值不超过1. 人们一直耐心地分解着，不敢轻易得出结论说"对所有的 n，x^n-1 在整系数范围内的分解式中系数绝对值不超过1"，虽然从 x^7-1，x^8-1，一直到 $x^{100}-1$，$x^{101}-1$，$x^{102}-1$，$x^{103}-1$，$x^{104}-1$ 皆如此，可是，1941年，有一位先生发现 $x^{105}-1$ 的整系数分解式中出现了这样一项

$$\begin{aligned}&x^{48}+x^{47}+x^{46}-x^{43}-x^{42}-2x^{41}-x^{40}-x^{39}+\\&x^{36}+x^{35}+x^{34}+x^{33}+x^{32}+x^{31}-x^{28}-x^{26}-x^{22}-\\&x^{20}+x^{17}+x^{16}+x^{15}+x^{14}+x^{13}+x^{12}-x^9-x^8-\\&2x^7-x^6-x^5+x^2+x+1\end{aligned}$$

其中,x^{41}和x^7的系数绝对值就超过1了.

精明还表现在人们做事时“心中有数”. 心中有数,表明在做事之前,要估计一下,这件事有多少把握能够做成功,或者说成功的概率(或可能性有多大)是多少. 表明事情本身中包含有数学指标或数学问题,要进行“数学地思考”,用数学的思想方法分析、处理问题.

7. 宽容、和谐

数学活动作为人类探索自然界未解之谜的活动,不能排除错误和失误的可能性,数学家经常是在试错的情况下向正确方向推进的. 数学本身的发展过程就是一个不断纠错的过程,无理数的发现就是纠正错误最终得到承认的最典型的例子. 它告诉我们,在数学研究探索未来的活动中,研究的主体如果只有怀疑意识和批判理性,没有宽容的态度,最后必然走向独断和偏执,使数学丧失其人文精神作用.

从数学的本质上认识到不同观点可以共存的哲学基础,可以培养人的宽容品质和民主精神.

数学和数字是神奇的,它们的神奇在于可以避开细枝末节去认识和理解那些和科学看起来相去甚远的事物. 黄金比例就是这样一个神奇的数字. 它是一个数学比例$\frac{\sqrt{5}-1}{2}\approx 0.618$,是指事物各部分之间的一种比例关系,即将整体一分为二,较大部分和较小部分之间的比例等于整体与较大部分之间的比例. 0.618这一神秘的数字广泛存在于浩瀚的宇宙之中、人类社会关系之中、人身及人生的各个方面,它构成了天地之奇、生命之谜、形体之美、生活之理,它在经济、管理、科技、建筑、工程、美术、音乐、养生、体育、医疗、教育等各个方面都有广泛的应用,它构建了各个方面的和谐体系:区域发展的和谐、城乡发展的和谐、经济结构的和谐、金融体系的和谐、人与自然的和谐、人际关系的和谐、社会关系、生活等诸方面的和谐.

数学中和谐的关系式还有我们前面提到的$e^{i\pi}+1=0$,这个奇妙的式子将数学中的“五虎将”和谐地统一在一起. 又如一元二次方程$ax^2+bx+c=0(a\neq 0)$的求根公式$x_{1,2}=\frac{-b\pm\sqrt{b^2-4ac}}{2a}$,它将六种基本运算:加、减、乘、除、乘方、开方和谐地统一在一个式子中.

数学中的和谐元素哺育了人的宽容心态,促进了追求和谐的品德的培育.

由于数学是人类的一种伟大的精神创造,因而数学本质上是弘扬人性的. 我们坚信,科学精神和人文精神作为人性的本质特征,本身就具有重要的人文价值.

数学是包括自然科学和人文、社会科学在内的所有科学的共同语言,数学语言的这一独特功能赋予了人文、社会科学语言和自然科学语言一种统一性,进而为沟通文理、实现科学精神与人文精神的连接架起了一座桥梁. 数学对象性的结构主义和后结构主义的特征,数学中量的意义的扩展和数学化领域的扩大,都为在更广泛的基础上构建人文与科学知识的新体系开辟了可能性,并奠定了其对于融合科学精神和人文精神的认识论基础.

不同的社会现象和自然现象满足同样的数学定律,遵循同样的数学规律,这一事实在本质上反映出社会现象与自然现象在量性关系上的类似性、关联性和同一性,正是这种普遍的数学量性规律的存在,把人类不同类型的文化联系在一起,构成了一个多样化的知识统一体,一个和谐化的统一体.

3.3 数学理性精神

3.3.1 数学理性的内涵

"理性"是一个由相应的历史发展而演变的概念,具有一定的文化相对性.一般地,将那种孕育于古希腊文明,并伴随近代自然科学的形成和发展逐步定型和不断得到强化的西方理性精神称为"数学理性".①

数学理性的主要内涵有:

1. 数学研究的纯客观立场

因为自然科学是对于客观世界的研究,即在自然界的研究中,采取的是纯客观的、理智的态度,不掺杂有任何主观的、情感的成分.这也是数学研究的一个主要特征,尽管数学对象并非现实世界中的真实存在,是抽象思维的产物,也应当采取纯客观的立场,把数学看成是一种不依赖于人类的独立存在,并通过严格的逻辑分析去揭示其固有的性质和相互关系.因而,数学研究是一种主客观的严格区分的研究.

更为一般地说,主客体的严格区分,也即承认一个独立的、不依人们意志为转移的客观世界的存在,显然就构成了自然科学研究的一个必要前提.

数学研究是一种"理智地"而"非情感"地研究.例如,莱布尼茨不仅与牛顿一起最早创立了微积分理论,而且也被公认为现代逻辑——数理逻辑的创建者.就其基本的含义而言,后者即是指这样的一种逻辑理论,在其中我们已经实现了彻底的符号化、演算化和系统化,从而,我们在此就可像做数学那样去从事逻辑的研究.莱布尼茨不仅在历史上最早地提出了上述的使逻辑"数学化"的思想,而且也明确地指出了这一发展的意义.莱布尼茨这样写道:"要是我少受搅扰,或者是更为年轻些,或者有一些年青人来帮助我,我将做出一种'通用代数',在其中,一切推理的正确性将化归为计算.它同时又将是一种通用语言,但却和目前现有的一切语言完全不同,其中的字母和字将由推理来确定.除去事实的错误以外,所有的错误将只是由于计算而来."这样,"如果人们之间存在着分歧,而他们又都具有解决分歧的良好愿望,所需要的只是拿起笔和纸,并说:让我们一起来从事计算吧!"②

2. 数学对自然界的研究精确、定量

数学对自然界的研究精确、定量,这关系到科学研究的基本方法,即表明就是要揭示自然界内在的数学规律,这也表明"自然界是有规律的,这些规律是可以认识的".从而也就表明了"数学理性"的"数学"特征.对于自然科学研究的特殊重要性以及数学在其中所发挥的重要作用,爱因斯坦指出:"希腊人最早做出了一种思想体系,它的结论是谁也回避不了的.然后,文艺复兴时代的科学家把系统的实验同数学方法结合起来.这种结合,使得人们有可能如此精密地表述自然规律,并且有可能如此确定地用经验来检验它们,结果使得自然科学中不再有意见的根本分歧的余地."这也就是说,"数学给予精密的自然科学以某种程度的

---

① 郑毓信等.数学文化学[M].成都:四川教育出版社,2001:291.

② Kneebone. *Mathemaitcal Logic and the Foundatrions of Mathematics*, London, 1963:151.

可靠性,没有数学,这些科学是达不到这种可靠性的."①

正因为定量的、精确的研究对于自然科学的研究有着如此的重要性,因此,在不少学者看来,这也就可被看成客观性的主要标志.

3. 批判的精神和开放的头脑

所谓"批判的精神",实质上就是表明了这样的一种真理观,即任何权威,或是自身的强烈信念,都不能被看成判断真理性的可靠依据;恰恰相反,一切真理都必须接受理性法庭的裁决,这也就是说,在未能得到理性的批准以前,我们应对一切所谓的"真理"都持严格的批判态度.

事实上,即使是在古希腊,批判的精神就可被看成理性精神的一个重要内涵. 例如,尽管亚里士多德是柏拉图的学生,但他仍然对柏拉图的理念论(包括其在数学本体论问题上的实在论立场)进行了尖锐的批判. "吾爱吾师,但吾更爱真理."亚里士多德的这一名言就集中地体现了理性的批判精神. 另外,在古希腊以后,尽管理性的批判精神曾在很长时期受到了教会和经院哲学家的极大压制,但是,到了文艺复兴的时代,这种精神又以更大的力量迸发了出来,其势锐不可当,锋矛所指,各种宗教神学和经院哲学理论纷纷土崩瓦解.

那么,在这种批判精神逐步形成与不断壮大的过程中,数学又发挥了什么样的作用呢?首先,从古希腊直到近代的欧洲,数学一直被视为真理的典范. 例如,笛卡儿就曾指出:"几何学家惯于在最困难的证明中,利用一长串简单而容易的推理得出最后的结论.""所有人们都能够了解、知道的东西,也同样是互相联系着的……"这也就是说,为了获得真理,我们就应把数学方法(更为准确地说,即是公理化方法)推广应用于一切知识的领域. 其次,从更深的层次看,数学则又可以说是为人们的认识活动提供了必要的信心,从而不至于因普遍的批判而倒向怀疑主义和虚无主义.

由于批判的精神归根结底地说是由人们的求真欲望所直接决定的,因此,就各个个人而言,这也就意味着,在对真理的探索过程中我们始终应当保持头脑的"开放性". 这就是说,如果一个假说或理论已被证明是错误的,那么,无论自己先前曾有过怎样强烈的信念,现在都应与之划清界限. 同样地,如果一个假说或理论已经得到了理性的确证,那么,无论自己先前曾对此具有怎样的反感,现在又都应当自觉地去接受这一真理.

由此可见,从思维发展的角度看,头脑的开放性即是与强烈的进取心直接相联系的,它与批判的精神更有着互相补充、相辅相成的密切关系.

4. 抽象的、超验的思维取向

抽象的、超验的思维取向,这指的是我们应当努力超越直观经验并通过抽象思维达到对于事物本质和普遍规律的认识.

所说的这种思维取向在数学中显然也有着最为典型的表现,因为,在很多情形下,数学是作为"模式的科学",数学并非对于真实事物或现象的直接研究,而是以抽象思维的产物——(量化)模式作为直接的研究对象. 而也正因如此,数学规律所反映的就并非个别事物或现象的量性特征,而是一类事物或现象的共同性质.

另外,众所周知,科学研究的最终目标就是要透过现象以揭示事物的本质. 对此,例如,由对于"规律"的普遍理解就可清楚地看出:规律是"事物发展过程中的本质联系和必然趋

---

① 爱因斯坦. 爱因斯坦文集(第3卷)[M]. 北京:商务印书馆,1982:136-137.

势. ……规律是看不见摸不着的,只有对十分丰富的现象进行分析研究,从感性认识上升到了理性认识,才能认识规律. 科学的任务就是要揭示客观规律".

5. 数学规则的正确运用

数学规则是由数学概念组成的,它反映数学概念之间的关系,是数学知识的重要组成部分,是数学理性的基本层面.

数学规则的正确运用,是理智地处理数学问题的重要保证,否则便会出现错误. 看下面的问题:

题目 在平行四边形 $ABCD$ 中,$AC^2 \cdot BD^2 = AB^4 + AD^4$,求 $\angle DAB$ 的度数.

误解 图略,设 $\overrightarrow{AB} = \boldsymbol{a}$,$\overrightarrow{AD} = \boldsymbol{b}$,则 $\overrightarrow{AC} = \boldsymbol{a} + \boldsymbol{b}$,$\overrightarrow{BD} = \boldsymbol{b} - \boldsymbol{a}$.

因为

$$\begin{aligned}(\boldsymbol{a}+\boldsymbol{b})^2 \cdot (\boldsymbol{b}-\boldsymbol{a})^2 &= [(\boldsymbol{a}+\boldsymbol{b}) \cdot (\boldsymbol{b}-\boldsymbol{a})]^2 \\ &= (\boldsymbol{b}^2 - \boldsymbol{a}^2)^2 = (\boldsymbol{a}^4 + \boldsymbol{b}^4) - 2(\boldsymbol{a} \cdot \boldsymbol{b})^2\end{aligned}$$

由已知 $AC^2 \cdot BD^2 = AB^4 + AD^4$ 得

$$(\boldsymbol{a}+\boldsymbol{b})^2 \cdot (\boldsymbol{b}-\boldsymbol{a})^2 = \boldsymbol{a}^4 + \boldsymbol{b}^4$$

所以 $2(\boldsymbol{a} \cdot \boldsymbol{b}) = 0$,即 $\boldsymbol{a} \cdot \boldsymbol{b} = 0$.

因此 $\boldsymbol{a} \perp \boldsymbol{b}$,故 $\angle DAB = 90°$.

评析 答案正确吗? 如果 $\angle DAB = 90°$,四边形 $ABCD$ 就是矩形了,由勾股定理知,$AC^2 \cdot BD^2 = AC^4 = (AB^2 + AD^2)^2 \neq AB^4 + AD^4$. 这是为什么呢? 上述误解中,将实数的幂运算用到了向量中,向量 $\boldsymbol{a}$ 的 4 次幂没有意义,$(\boldsymbol{a}+\boldsymbol{b})^2 \cdot (\boldsymbol{b}-\boldsymbol{a})^2 = [(\boldsymbol{a}+\boldsymbol{b}) \cdot (\boldsymbol{b}-\boldsymbol{a})]^2$ 也是不成立的! 这根本的原因是向量的数量积不满足结合律这个数学规则.

正解 设 $\overrightarrow{AB} = \boldsymbol{a}$,$\overrightarrow{AD} = \boldsymbol{b}$,则 $\overrightarrow{AC} = \boldsymbol{a} + \boldsymbol{b}$,$\overrightarrow{BD} = \boldsymbol{b} - \boldsymbol{a}$.

因为

$$\begin{aligned}|\boldsymbol{a}+\boldsymbol{b}|^2 \cdot |\boldsymbol{b}-\boldsymbol{a}|^2 &= (\boldsymbol{a}+\boldsymbol{b})^2 \cdot (\boldsymbol{b}-\boldsymbol{a})^2 \\ &= (\boldsymbol{a}^2 + 2\boldsymbol{a} \cdot \boldsymbol{b} + \boldsymbol{b}^2) \cdot (\boldsymbol{a}^2 - 2\boldsymbol{a} \cdot \boldsymbol{b} + \boldsymbol{b}^2) \\ &= (\boldsymbol{a}^2 + \boldsymbol{b}^2)^2 - (2\boldsymbol{a} \cdot \boldsymbol{b})^2 \\ &= (|\boldsymbol{a}|^2 + |\boldsymbol{b}|^2)^2 - (2|\boldsymbol{a}||\boldsymbol{b}|\cos\angle DAB)^2 \\ &= |\boldsymbol{a}|^4 + 2|\boldsymbol{a}|^2|\boldsymbol{b}|^2 + |\boldsymbol{b}|^4 - 4|\boldsymbol{a}|^2|\boldsymbol{b}|^2\cos^2\angle DAB\end{aligned}$$

由 $|\boldsymbol{a}+\boldsymbol{b}|^2|\boldsymbol{b}-\boldsymbol{a}|^2 = |\boldsymbol{a}|^4 + |\boldsymbol{b}|^4$,有

$$2|\boldsymbol{a}|^2|\boldsymbol{b}|^2 = 4|\boldsymbol{a}|^2|\boldsymbol{b}|^2\cos^2\angle DAB$$

所以 $\cos^2\angle DAB = \frac{1}{2}$,即 $\cos\angle DAB = \pm\frac{\sqrt{2}}{2}$.

因为 $0° < \angle DAB < 180°$,所以 $\angle DAB = 45°$ 或 $135°$.

因此,数学规则的正确运用应注意如下的层面:

(1)学习数学规则,关注从感性到理性.

规则是在理解掌握概念、定义的基础上形成的,它揭示了若干概念之间的关系. 中学数学中的定理、公式、运算程序等表示的都是概念之间的关系,都属于规则. 数学规则本身就是抽象化、概括化的产物,而且往往与数学的形式化联系在一起. 形式化是数学的基本特征之一,在数学学习中,学习形式化的表达是一项基本要求,但要"强调本质,注意适度形式化".

学习中，对较为抽象、形式的规则，可以先"感性"从形的视角进行审视，再过渡到"理性"认识.

（2）应用数学规则，认清套用与盗用.

规则是运用概念之间的关系来处理问题的手段. 规则属于程序性知识的范畴，是关于如何做的知识. 因此，看一个人是否掌握了规则，是看他能否运用规则解决具体的事件. 套用数学规则无疑成为学习与理解规则的第一步，否则就会"盗用".

（3）掌握数学规则，重视理解与创造.

诚然，记住数学规则，为正确"套用"规则创造了良好的外部条件，要想自由地驾驭数学规则，还应理解规则. 因此，数学规则的学习过程至少有以下三个阶段：记忆数学规则（可以采用套用规则练习），理解规则（精致表述与意义建构），变式练习.

对数学规则的理解应该理解"是什么"及"为什么"两方面. 用已有的知识结构同化与顺应它，丰满原有的数学认知结构. 在内化新的数学规则时，我们更强调对新的数学规则的意义建构，强调个人规则系统的"再创造"，并强调对数学规则的超越.

3.3.2　数学理性精神的主要特性

数学的抽象与应用性、数学的证明与公理化，这是数学理性精神的几个主要特性.

1. 数学抽象

抽象就是从不同的事物中找出共同的东西，从而形成一般概念. 例如，从苹果、梨、香蕉、葡萄中抽象出"水果"；从太阳、十五的月亮、马车的轮子、茶杯的杯口抽象出"圆"；从牛、马、猫、狗中抽象出"动物"，又从"动物""植物"中抽象出"生物"等.

数学是抽象思维的产物. 数本身就是一个抽象概念，几何中的点、线、面也都是抽象的概念，全部数学的概念都具有这一特征. 整数的概念、几何图形的概念都属于最原始的数学概念. 在原始概念的基础上又形成有理数、无理数、复数、函数、微分、积分. n 维空间以至无穷维空间这样一些抽象程度更高的概念，但需要指出的是，所有这些抽象度更高的概念，都有非常现实的背景. 不过，抽象不是数学独有的特性，任何一门科学都具有这一特性. 因此，单是数学概念的抽象性还不足以说尽数学抽象的特点. 数学抽象的特点还在于：第一，在数学的抽象中只保留量的关系和空间形式而舍弃了其他一切；第二，数学的抽象是一级一级逐步提高的，它们所达到的抽象程度大大超过了其他学科中的一般抽象；第三，数学本身几乎完全周旋于抽象概念和它们的相互关系的圈子之中. 如果自然科学家为了证明自己的论断常常借助于实验，那么数学家证明定理只需用推理和计算. 这就是说，不仅数学的概念是抽象的、思辨的，而且数学的方法也是抽象的、思辨的. 数学的抽象性带来了数学的广泛应用性.

2. 数学证明

数学的证明与科学的证明之间存在着深刻的差别. 这种差别是理解自毕达哥拉斯以来每个数学家工作的关键之点.

经典数学的证明方法是，从一系列公理、定义出发，通过逻辑论证，一步一步地得到某个结论. 如果公理是正确的，逻辑又没有缺陷，那么得到的结论将是不可否定的. 这个结论就是一个定理.

数学证明依靠这一逻辑过程，而且一个定理一经证明就永远是对的. 为了正确判断这种证明的价值，应该将它们与科学证明做一比较. 在物理学中，一个假设被提出来，用以解释某一类物理现象. 如果对物理现象的观察与这个假设相符,就成为这个假设成立的证据. 进而,这个假设不仅能描述已知的现象,而且能预见新的结果,如果它再次成功,那么就有更多的证据支持这个假设. 最终,证据的数量可能达到压倒的程度,这个假设就作为一个理论而被接受.

科学的证明依赖于观察、实验和理解力,而这两者都是容易出错的,从而它只能提供近似真理的概念. 即使人们最为普遍地接受了的科学证明中也总存在着可疑的成分. 而在另外一些场合,这种理论最终会被证明是错的,这就导致科学上的革命,用一种新的理论去替代原以为正确的旧理论. 这种新理论可能是原有理论的深化,也可能与原有理论完全相反. 例如,对物质基本粒子的探索,使得每一代物理学家都推翻或重新修改他们前辈的理论.

数学证明却与此不同. 数学证明具有绝对的意义,是无可怀疑的. 毕达哥拉斯公元前500 年证明的定理,今天依然正确. 数学不依赖于容易出错的实验证据,而是立足于逻辑.

数学证明与科学证明有着质的不同.

数学的研究方法是逻辑研究,和自然科学不一样. 数学也做试验,也做归纳,然后要补一个逻辑演绎证明的这样一个步骤. 而自然科学,比如物理化学做完试验就归纳,归纳完就结束了,没有什么逻辑证明. 一般是没有的.

自然科学也做试验,做完试验就提出一个猜想,这个猜想不用证明,基本上这个猜想就可以叫作定律. 验证这个定律是不是对的,部分是作者的事,部分是全世界人民的事情. 所以所有的定律永远处在被检验的状态,因为没有逻辑证明. 所有的定律也有可能是错的,所以这个定律就是猜想.

3. 数学的公理化

虽然古希腊人对数学做出过许多贡献,但他们对此学科做出的最大贡献或许是他们用公理化方法对数学所做的整理. 此后的两千年中,公理化方法没有得到进一步的发展. 直到19 世纪,数学发展中的三个重大事件才导致数学家们对公理化方法做深一步的研究. 这三个重大事件是,非欧几何的发现,非交换代数的发现,以及以分析的算术化为顶峰的实数理论的建立.

由于19 世纪许多数学家的工作,公理化的方法逐渐变得清晰而精细. 希尔伯特的《几何基础》对欧几里得几何公设做了通俗而又严格的发展,于1899 年发表,为重建公理化方法做出了重大贡献. 希尔伯特把公理化思想明确而严格地确立了下来. 他对公理化提出了一些逻辑上的要求:

(1)完备性. 完备性是指所有的定理都可以从这组公理中推导出来.

完备性的要求出现得很自然,每门科学都有这一要求,因为人们总希望科学能回答一切问题,数学也不例外. 负数的引进,无理数的引进,以及复数的引进都是为了满足完备性的要求. 若一组公理是完备的,那么所有的定理就都能从这组公理中推导出来. 要是从中去掉一个公理,一些定理将得不到证明.

(2)独立性. 称一组公理中的一个公理是独立的,如果它不是其他公理的逻辑推论;整个公理组是独立的,如果它的每一个公理都是独立的.

数学史上关于公理的独立性的最著名的研究是关于欧几里得的平行公设的研究. 3. 1. 2节中我们曾做过详细介绍. 我们知道,最后证明欧几里得的平行公设的独立性的是罗巴切夫斯基非欧几何的发现及其相容性的证明.

独立性的证明不是绝对必要的. 一组公理显然不会因为缺少独立性就成为无用的. 但数学家们偏爱独立性,因为他们要把他们的理论建立在最少的假定之上. 一组不独立的公理集自然不满足这一要求.

有些著名的公设集在最初发表时,人们并不知道它包含了不独立的公设. 例如,希尔伯特起初为欧几里得几何安排的公设集就是如此. 后来发现,这组公设集中有两条公设就蕴涵在其他公设中. 这两条不独立的公设的发现并没有使希尔伯特的公设失去效力,只不过把这两条公设变成定理罢了.

(3)相容性. 其含义是从这些公理出发不能推出相互矛盾的定理来. 这是一组公理集的最重要、最基本的性质. 没有这条性质,这组公理集就毫无价值.

4. 数学的应用性

数学应用的极其广泛性也是数学理性精神的特性之一. 因为数学理论不管离现实多远,最后总能找到它的实际用途,体现其为人类服务的价值取向,这又体现数学的善. 求善是数学精神的一个重要方面. 著名数学家华罗庚教授曾指出:宇宙之大,粒子之微,火箭之速,化工之巧,地球之变,生物之谜,日用之繁,数学无处不在. 凡出现"量"的地方就少不了用数学. 研究量的关系,量的变化,量的变化关系,量的关系的变化等现象都少不了数学. 数学之为用量穿到一切科学部门(这也可以参见前面两章中的"科学的数学化"与"人文学科与数学的不解之缘")深处,而成为它们的得力助手与工具,缺少了它就不能准确地刻画出客观事物的变化,更不能由已知数据推出其他数据. 因而就减少了科学预见的可能性,或减弱了科学预见的精确度.

如上四点特性实质上是数学的最本质的特性. 也可以说是数学的核心,其实,数学理性精神本身就是数学的核心.

克莱因(Klein)曾说:"在最广泛意义上说,数学是一种精神,一种理性精神,正是这种精神试图影响人类的物质、道德和社会生活,并试图回答人类自身存在提出的问题."他的这句话肯定了数学理性精神的价值.

3.4　数学求简精神

"简单是真的印记."自然科学研究的最高的使命是从繁杂中整理出秩序,秩序就是意味着真理,意味着简洁. 简单性是科学工作者一贯追求的目标. 这里的简单不是指简易、单薄、初等,而是要用简洁的公式概括众多的事实. 因而,这种简单同时就显得深远. 最突出的例子之一是爱因斯坦的质能关系式 $E=mc^2$,它深刻地揭示了微观、宏观、无数质能变化的规律,但其式子却极简单. ①

把复杂的东西用简洁的形式表示出来是一种美. 诗歌之所以动人,就在于它能以最简练的语言表达最热烈的感情、最复杂的思想;漫画之所以让人喜爱,就在于它用寥寥数笔就勾勒出了事物的形象. 数学更是力求用最简单的形式表示出复杂的道理,这是一种简洁美. 美国数学家伯克霍夫(Birkhoff,1884—1944)提出过一个"审美度"的公式:审美度 $=\frac{\text{秩序}}{\text{复杂性}}$. 数学探讨中的追求,数学中的概念、定理、公式、证明等都应有最简单的形式.

---

①　刘云章. 试论数学的求简精神[J]. 数学通报,1999(7):5-8.

数学的简洁美表现在以下几个方面：

第一,内容的简洁性. 数学家在每得到一个结论后,总要不断地探索这个命题的前提是否能再简化,或结论能否再推广,尽量做到以简驳繁.

第二,方法的简洁性.

第三,形式的简洁性. 数学家总是不断地创造一些简洁的合理的符号,使数学的表达形式更为简洁.

数学中的求简精神主要表现于表达形式的简明,求解方法的简洁以及逻辑结构的简洁.

3.4.1 表达形式的简明

1. 数学内容的符号表示

数学的符号表示是求简精神的突出表现之一. 数学符号是交流、传播数学思想的媒介,它不仅能用精炼的形式准确地表达概念,而且能帮助人们加速思维进程. “数学的一切进步都是对引入符号的反映. ”仅以代数为例,代数是怎样成为独立学科的? 其关键步骤就是引进字母代表数字,用符号代替文字叙述. 它经历“文字代数”“简写代数”与“符号代数”三个阶段. 若用文字代数的表达方法,关于一元二次方程的根的一般性讨论要写上两百页纸,而在符号代数中只要一页纸就够了. 可见,数学是“极端的思维经济学”.

数学符号的发展总是遵循着求简精神不断革新,例如

$$\underbrace{a+a+\cdots+a}_{n\text{个}} \xrightarrow{\text{简化}} n\times a\text{；}\underbrace{a\times a\times\cdots\times a}_{n\text{个}} \xrightarrow{\text{简化}} a^n$$

等等. 数学中的“最简形式”,如最简多项式、最简分式、最简根式等,都是求简精神的产物. 为什么要规定各种“最简形式”? 人们为了突出研究对象的本质属性,总要尽量在外形上化简. 就多项式来说吧,“合并同类项后的多项式叫作最简多项式”,没有最简多项式这个概念,关于多项式的很多问题就难以研究. 例如,“如果两个最简多项式恒等,那么它们的对应项系数相等. ”这个定理表明了两个恒等的多项式在外形上是完全一样的,它是待定系数法的理论依据. 这里“最简”的条件是必不可缺的. 没有这个条件,本质上完全相同(即恒等)的多项式,在外形上可以千变万化,那么,讨论问题时,就不方便. 另外,不规定“最简形式”,在运算中就不知道应该化简到哪一步为止,缺乏统一的标准.

例如,反正弦函数、反余弦函数的主值区间分别规定的$\left[-\frac{\pi}{2},\frac{\pi}{2}\right]$,$[0,\pi]$. 能不能各取另外一段“等长”的区间,如$\left[-\frac{\pi}{2}+2\pi,\frac{\pi}{2}+2\pi\right]$与$[-\pi,0]$作主值区间呢? 完全可以,不过在运算和各种应用中,后者不如前者简便. 所以如此,是因为前者区间选取符合在正与负之间选正;在对称与不对称之间选对称;在与原点远与近之间选近的求简原则.

2. 标准形式的运用

与最简形式相关,数学中还规定了各种标准形式. 如椭圆的标准方程,抛物线的标准方程,双曲线的标准方程及自然数的标准分解,等等,为什么要规定一个“标准形式”? 以椭圆为例,建立不同的坐标系,就可得到不同形式的方程. 因此,同一个椭圆,就会有各种不同形式的方程. 其中若不规定一个是标准的,那么人们就没有共同的语言. 那么,选哪一个方程为标准方程呢? 人们选择一个合适的坐标系,在这坐标系中椭圆的方程取得最简的形式,就称这个方程为椭圆的标准方程,相应的坐标系则称为标准坐标系.

下面,看椭圆方程的推导:设$M(x,y)$是椭圆上任一点,椭圆的焦距为$2c(c>0)$,M与F_1

和 F_2 的距离的和等于正常数 $2a$,则 F_1,F_2 的坐标分别是 $(-c,0),(c,0)$.

椭圆就是集合 $P=\{M \mid |MF_1|+|MF_2|=2a\}$.

因为

$$|MF_1|=\sqrt{(x+c)^2+y^2}$$

$$|MF_2|=\sqrt{(x-c)^2+y^2}$$

得方程

$$\sqrt{(x+c)^2+y^2}+\sqrt{(x-c)^2+y^2}=2a \quad ①$$

将这个方程移项,两边平方,得

$$a^2-cx=a\sqrt{(x-c)^2+y^2} \quad ②$$

两边再平方,得

$$a^4-2a^2cx+c^2x^2=a^2x^2-2a^2cx+a^2c^2+a^2y^2 \quad ③$$

整理,得

$$(a^2-c^2)x^2+a^2y^2=a^2(a^2-c^2) \quad ④$$

由椭圆定义可知,$2a>2c$,即 $a>c$,所以 $a^2-c^2>0$.

设 $a^2-c^2=b^2(b>0)$,整理,得

$$\frac{x^2}{a^2}+\frac{y^2}{b^2}=1 \quad (a>b>0) \quad ⑤$$

分析上述推导中每个环节(运算)的作用与意义:

(1)首先受数学美和求简精神的驱使,使建立的坐标系、所设的点坐标都对称和谐;

(2)在推导中首先得到的式①,事实上这已是椭圆方程,但由于它既不符合数学简洁美的特性,又不能反映椭圆的基本特征(长半轴与短半轴的长),因此需要简化.但因左边是两个根号之和,于是就可移项平方得到式②,整理后还有一个根号,于是再平方,进一步简化得到式④.式④虽比式①简单,但还是没有达到数字简洁美的最高境界,故用变量代换(补美思想):设 $a^2-c^2=b^2(b>0)$ 得到具有简洁美、对称美等许多优点的式⑤,我们称它为椭圆的标准方程.

(3)在 $a^2-c^2=b^2$ 中,为何这里(教材)要规定 $b>0$,能不能规定 $b<0$?完全可以.不过这样做将带来一系列的麻烦,如椭圆的短半轴长就不是"b",而应是"$|b|$"(在正数与负数之间,总是取正数简单是一个常识).

(4)在标准方程中,即在式⑤中还可看到 a 正好是长半轴长,b 正好是短半轴长.

这个初等的实例,正好能帮助我们理解"简单是真的印记"这句拉丁格言的深刻含意,从中也可看到椭圆的标准方程的"标准"含意就是美和简洁.由此可进而去领悟要在圆、椭圆、双曲线、抛物线中都要讲"标准方程"的道理:也是为了简洁和美.正如冯·诺伊曼所说:"人们要求一个数学定理或理论,不仅能用简单和优美的方法对大量的先天彼此毫无关系的个别情况加以描述,并进行分类,而且也期望它在'建筑'结构上'优美'".中学数学中的圆、圆锥曲线的标准方程正是达到了这种简洁美的最高境界,是培养求简精神的好素材.

3. 新的概念的引进

在数学中,引进一些新的概念,就是为了表述的简明.

例如,将"在凸四边形 $ABCD$ 中,两组对边 AB,CD 的延长线交于点 E,AD,BC 的延长线

交于点 F”改称为“在完全四边形 $ABECFD$ 中”就简明多了，这也说明了引进“完全四边形”这个概念的必要了.

又例如，有如下一个命题：

如图 3-1，在 $\triangle ABC$ 中，顶点 B,C 在对边上的射影分别为 E,F. 设顶点 B,C 处的外接圆的切线相交于点 P，与 EF 平行的直线分别交 AC,AB 于点 R,Q，则直线 AP 平分线段 RQ.

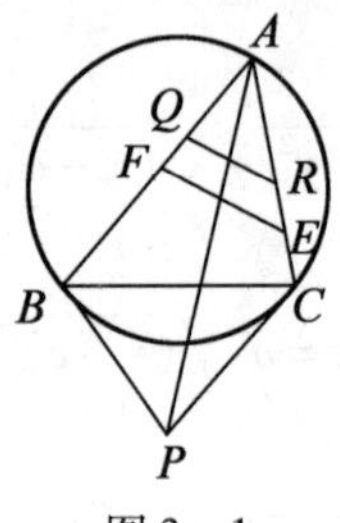

图 3-1

如果引进“逆平行线”的概念，则上述命题可简明表述为：

如图 3-1，若 $\triangle ABC$ 的顶点 B,C 处的外接圆的切线相交于点 P，则 AP 平分与边 BC 逆平行的线段.

3.4.2 求解方法的简洁

英国的数学家德摩根(De Morgan,1806—1871)说起话来极为风趣，有人问他：“阁下今年有多大年纪了?”德摩根笑道回答：“到 x^2 年，我正好是 x 岁”.

有从这样推算：他生于 x^2-x 年，此式可以分解因式，变为 $x^2-x=x(x-1)$.

当 $x\leqslant 42$ 时，$x(x-1)\leqslant 1\,722$；

当 $x\geqslant 44$ 时，$x(x-1)\geqslant 1\,892$.

作为 19 世纪的数学家，他不可能出生于 1722 年之前，也不可能出生于 1892 年之后. 故而 $x=43$，即他出生于 $43\times 42=1806$(年)

这样推算简洁吗? 注意到，在 19 世纪，作为完全平方数的年份. 仅仅只有一年，即 $43^2=1849$(年). 事实上，因 $44^2=1936$(年)已到了 20 世纪，而 $42^2=1764$(年)则在 18 世纪. 于是由 $1\,849-43=1\,806$，即得他生于 1806 年了.

这也说明，为了得到简洁的求解问题的方法. 有时还需整合题设所给条件.

例 1 求和 $S_n=\frac{1}{1\times 2}+\frac{1}{2\times 3}+\frac{1}{3\times 4}+\cdots+\frac{1}{n(n+1)}$.

解 注意到 $\frac{1}{k(k+1)}=\frac{1}{k}-\frac{1}{k+1}$，从而

$$S_n=\frac{1}{1\times 2}+\frac{1}{2\times 3}+\cdots+\frac{1}{n(n+1)}$$

$$=(1-\frac{1}{2})+(\frac{1}{2}-\frac{1}{3})+\cdots+(\frac{1}{n}-\frac{1}{n+1})$$

$$=1-\frac{1}{n+1}=\frac{n}{n+1}$$

例 2　求证:在非直角△ABC 中,$\dfrac{1}{1-\dfrac{1}{1-\dfrac{1}{1-\sin^2 A}}}=\sin^2 A$.

证法 1

$$\text{左边}=\frac{1}{1-\dfrac{1}{1-\dfrac{1}{\cos^2 A}}}=\frac{1}{1-\dfrac{1}{1-\sec^2 A}}=\frac{1}{1-\dfrac{1}{-\tan^2 A}}$$

$$=\frac{1}{1+\cot^2 A}=\frac{1}{\csc^2 A}=\sin^2 A=\text{右边}$$

证法 2　令 $\sin^2 A=x$,则

$$\text{左边}=\frac{1}{1-\dfrac{1}{1-\dfrac{1}{1-x}}}=\frac{1}{1-\dfrac{1}{\dfrac{-x}{1-x}}}=\frac{1}{1+\dfrac{1-x}{x}}$$

$$=\frac{1}{\dfrac{1}{x}}=x=\text{右边}$$

上述证法 1 中,角 A 的六个三角函数统统粉墨登场,全部一一出现了. 忽而上台,忽而下台,且其间的关系还不能记错,证法 2 显然简洁多了. 这也说明了证法 1 中也不必出现那么多的三角函数,即用 $\sin^2 A$ 直接推算就行了.

例 3　设 MN,PQ 是两条线段,则 $MN\perp PQ$ 的充要条件是 $PM^2-PN^2=QM^2-QN^2$.

证法 1　如图 3-2,设 R,S,T,K,E,F 分别为 QN,NP,PM,MQ,PQ,MN 的中点,将这些中点两两联结,则四边形 $KFSE,RFTE$ 及 $KRST$ 均为平行四边形.

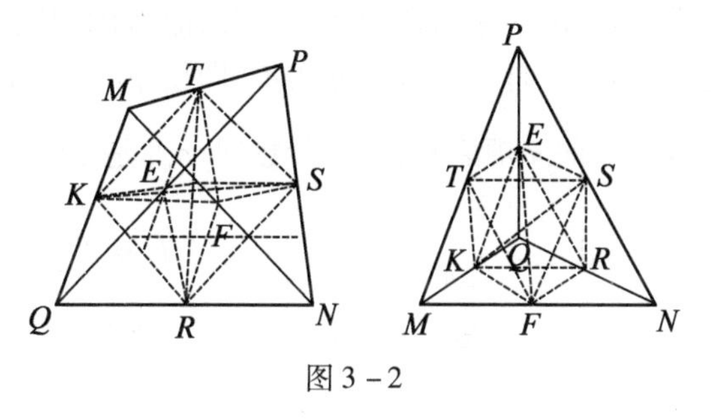

图 3-2

由平行四边形性质,有

$$2(KE^2+KF^2)=EF^2+KS^2,2(ER^2+RF^2)=EF^2+RT^2 \qquad (*)$$

于是

$MN\perp PQ\Leftrightarrow$注意 $KT/\!/QP,KP/\!/MN$,有 $KT\perp KR$

$\Leftrightarrow$平行四边形 $KRST$ 为矩形$\Leftrightarrow KS=RT\Leftrightarrow KS^2=RT^2$

$\Leftrightarrow$注意到式$(*)$,有 $4(KE^2+KF^2)=4(ER^2+RF^2)$

$\Leftrightarrow$注意到三角形中位线性质,有 $PM^2+QN^2=PN^2+QM^2$

$\Leftrightarrow PM^2-PN^2=QM^2-QN^2$

证法 2 注意到向量的运算,有

$$\begin{aligned}&PM^2+QN^2-PN^2-QM^2\\&=\overrightarrow{PM}^2+\overrightarrow{QN}^2-\overrightarrow{PN}^2-\overrightarrow{QM}^2=\overrightarrow{PM}^2+(\overrightarrow{PN}-\overrightarrow{PQ})^2-\overrightarrow{PN}^2-(\overrightarrow{PM}-\overrightarrow{PQ})^2\\&=\overrightarrow{PM}^2+\overrightarrow{PN}^2+\overrightarrow{PQ}^2-2\overrightarrow{PN}\cdot\overrightarrow{PQ}-\overrightarrow{PM}^2-\overrightarrow{PQ}^2+2\overrightarrow{PM}\cdot\overrightarrow{PQ}-\overrightarrow{PN}^2\\&=2\overrightarrow{PM}\cdot\overrightarrow{PQ}-2\overrightarrow{PN}\cdot\overrightarrow{PQ}=2(\overrightarrow{PM}-\overrightarrow{PN})\cdot\overrightarrow{PQ}=2\overrightarrow{NM}\cdot\overrightarrow{PQ}\end{aligned}$$

于是

$$\begin{aligned}MN\perp PQ&\Leftrightarrow\overrightarrow{NM}\perp\overrightarrow{PQ}\Leftrightarrow\overrightarrow{NM}\cdot\overrightarrow{PQ}=0\\&\Leftrightarrow\overrightarrow{PM}^2+\overrightarrow{QN}^2-\overrightarrow{PN}^2-\overrightarrow{QM}^2=0\\&\Leftrightarrow PM^2-PN^2=QM^2-QN^2\end{aligned}$$

上述命题对平面、空间的情形均成立. 在平面情形中的必要性即为定差幂线定理(载于欧几里得《几何原本》). 上述证法 1 虽然都比许多资料上的证明简洁. 但还是没有证法 2 简洁. 这也说明了,引进新的数学工具或知识是简洁求解有关问题的途径.

数学家们始终追求最简的解题方法. 法国数学家狄德罗曾说过:“数学中所谓美的解答,是指一个困难复杂问题的简易回答. ”高斯也曾说过:“去寻求一种最美和最简洁的证明,乃是吸引我去研究它的主要动力. ”中学数学的很多内容都显示出求简精神.

(1)观察求简.

观察就是“看”,任何方法和技巧的活用都基于这“看”的功底的深浅. “看”在数学中表现为对各种图形、数量关系与空间形式的观察. 良好的观察能力是活用数学知识、巧解数学问题的关键. 我们要引导学生善于从大处着眼看题型——抓住共性,用好思想方法;从小处着眼看特征——抓住个性,用好技巧技能.

例 4 证明:恒等式$\dfrac{1^2}{1\times3}+\dfrac{2^2}{3\times5}+\cdots+\dfrac{n^2}{(2n-1)(2n+1)}=\dfrac{n^2+n}{2(2n+1)}(n\in\mathbf{N})$.

解析 通常的看法常常是:因问题与自然数 n 有关,故考虑用数学归纳法(通法),但这不要说其中要用到配凑的技巧,就是书写也要分两步,即使不难,写也够繁. 若能善“看”,就不难看出上式不过是个数列的前 n 项之和,故可设数列$\{a_n\}$是以 $S_n=\dfrac{n^2+n}{2(2n+1)}$为其前 n 项之和. 则由 $a_{n+1}=S_{n+1}-S_n$ 可得 $a_n=\dfrac{n^2}{(2n-1)(2n+1)}$,从而原式得证.

注 公式 $a_{n+1}=S_{n+1}-S_n(n\geqslant2)$是证和式恒等式的一种常用的方法.

(2)猜想求简.

猜想是似真推理,是创造发明的先导. “猜想在任何考试中都不可避免,各种题都有猜测的因素”“如选择题的教育功能之一,就是:鼓励猜测”“并使人们看到猜测的无可替代的功效”.

例 5 设 $a=\log_5 6, b=\log_7 8, c=\log_9 10$,则(   ).

A. $a>b>c$　　B. $c>b>a$　　C. $a>c>b$　　D. $b>c>a$

解析 “一般化”. 因为恒有 $\log_n(n+1)>1(n\geqslant2,n\in\mathbf{Z})$,当 n 越大时,$\log_n(n+1)$越接近于 1. 因此大胆地猜想 n 越大 $\log_n(n+1)$越小,故答案为 A. 若是解答题,使用此法只能得零分,但对选择题,这个解法是可取的,而且简洁,本题若用推理来进行证明,那就难了.

(3)配凑求简.

“一凑假设,二凑结论”是成功求解数学问题或证题的关键. 同样,在解决许多问题时,也需要“两边凑”. 这是因为在思考问题的过程中,既要追溯结论成立所必需的各种条件,又需探索条件与结论之间的最佳联系,从而获得简洁的解法. 如在应用基本不等式解题时,“配、凑”更是成为一项不可缺少的技术和基本功.

(4)回到定义求简.

定义、定理是对数学对象的本质属性的概括和内在规律的揭示,只有深刻地理解概念的本质和定理所揭示的内在规律,才能灵活运用它来简化解题过程. 有的问题虽可以不依赖于定义,但如能回到定义,则常能使问题获得简洁的解法,波利亚(Pólya)就提倡“回到定义”.

例6　一直线 l 被两直线 $l_1:2x+y+3=0$ 和 $l_2:2x-3y-6=0$ 截得的线段的中点恰好是坐标的原点. 求这条直线的方程.

解析　此题的一般求解思路是:先求出 l 分别与 l_1,l_2 的交点(用 k_l 表示),然后利用中点坐标公式求出 k_l,进而得到 l 的方程,这样运算量太大. 如果我们对直线与方程的定义有深刻的理解,就会自觉地利用定义,并结合运用设而不求的技巧寻求简洁解法.

设 l 分别与 l_1,l_2 交于点 M,N,又设 M 的坐标为(x_1,y_1),则有

$$2x_1+y_1+3=0 \quad ①$$

又因为 M,N 关于 O 对称,所以点 N 的坐标为$(-x_1,-y_1)$,则有

$$-2x_1+3y_1-6=0 \quad ②$$

①×2+②,得

$$2x_1+5y_1=0$$

可见 $M(x_1,y_1)$ 在 $l:2x+5y=0$ 上,又此直线过原点,由两点确定一直线知所求直线的方程为 $2x+5y=0$.

“数学中每一步真正的进步都与更有力的工具和更简单的方法的发现密切联系着,这些工具和方法同时会有助于理解已有的理论并把陈旧的复杂的东西抛到一边. 数学科学发展的这种特点是根深蒂固的. ”(希尔伯特语)由于追求计算的简单性,导致对数计算方法的产生. 在几何作图中,由于追求较简单的工具,引起“尺规作图”问题. 历史证明,这种几何作图工具的简单性,并未限制数学的发展,恰恰相反,却极大地推动了数学的研究工作.

3.4.3　逻辑结构的简洁

科学家们总是自觉地或不自觉地遵循着一种方法原则——“简单性原理”,其精神就是爱因斯坦多次强调的:一切科学的伟大目标是“要从尽可能少的假设或者公理出发,通过逻辑的演绎,概括尽可能多的经验事实”. 数学也不例外,在逻辑结构方面总是力求简洁. “人们要求一个数学定理或理论,不仅能用简单和优美的方法对大量的先天彼此毫无联系的个别情况加以描述,并进行分类,而且也期望它在‘建筑’结构上‘优美’. ”(冯·诺伊曼语)

大家熟知,希腊前期的几何材料已相当丰富,令人眼花缭乱,为了将这些庞大的资料系统化,欧几里得在前人工作的基础上,完成了他的巨著《几何原本》. 欧几里得竭力追求命题之间严密的逻辑系统,他由少数定义、公设和公理出发,运用逻辑推理的方法,将其他几何知识推导出来,建立了几何学的演绎体系.《几何原本》是演绎体系的典范,突出表现了数学中关于逻辑结构的求简精神.

《几何原本》是那个时代的逻辑方法与数学相结合的产物,是现代公理法的雏形. 在现代公理法中,公理系统中要求每一个公理必须是独立的,也就是说它不能由其他的公理推导出来,这正是为了追求逻辑结构的简洁. 历史上人们试图使几何的逻辑结构尽量简洁,推敲欧几里得公理系统的独立性(即第五公设问题),奋斗了两千多年,结果引出了罗氏几何与黎曼几何.

皮亚诺(Peano)的算术公理系统也是很典型的例子. 自然数本身看起来是最简单的数,但对它下定义却不容易. 那么,为什么要给自然数下定义呢? 没有自然数的严密定义,包括数学归纳法在内的很多基本问题都无法彻底解释. 历史上,由于微积分的严密化迫使人们必须对数系加以剖析. 然而,没有自然数的基础理论,就无法研究有理数与实数的逻辑结构. 在这种历史背景下,1889 年皮亚诺用少量的原始概念及公理,给出了自然数的严格定义,体现了数学中的求简精神. 皮亚诺的理论成为现代数学基础研究的先导.

再说记数法. 阿拉伯数字为什么能成为国际通用的数字? 除了它的表达形式比较简单外,更重要的原因是由于它的逻辑结构简洁. 正如拉普拉斯(Laplace)所说:"用不多的记号来表示全部的数的思想,赋予它的除了形式上的意义外,还有位置上的意义,它之所以如此绝妙,正是由于这种简易难以估量."

人们推测莱布尼茨创建二进制记数法,也是出于逻辑结构简洁性的考虑:只要使用"0""1"这两个数就可表示一切数目. 莱氏曾设计、制造了当时最新型的算术计算机(一种能进行四则运算的机械计算机),尽管他本人没有把二进制用于计算机,没有使两者结合起来,但他的工作为现代电子计算机的发明创造了有利条件.

3.5 数学求统精神

数学抽象的特性是数学求统精神的基石.

3.5.1 数学家们追求数学的统一

数学起始就是统一的. 古希腊虽出现了算术、代数、几何的区分,但所有数学家三者都研究. 欧几里得的《几何原本》,其中含有算术和代数的内容. 牛顿和莱布尼茨发明微积分,出现了分析学. 自此,虽代数、几何、分析三足鼎立,但一些大数学家,如欧拉、柯西、高斯、黎曼、希尔伯特等都是全才的数学家.

追求数学内容的统一,历来是数学家们追寻的目标.

例如,将几何学用几何变换统一起来就是一个案例. 1872 年,德国数学家克莱因在一次著名演讲(后称"Erlange 纲领")中,首先把几何学与变换群联系起来,将各种几何学看成是各种群的不变量理论. 他认为,每一种几何应该有一个主变换群,图形在该变换群的变换下保持不变的性质,就是几何所研究的对象.

又例如,20 世纪的布尔巴基(Bourbaki)学派,把数学归结为研究抽象结构的理论,他们把集合论作为数学大厦的地基,探讨了大厦的骨架由三种最基本的结构——序结构、代数结构、拓扑结构这三种母结构组成(如实数有大小是序结构,有四则运算是代数结构,有连续性是拓扑结构). 结构加进新的公理,产生新结构,不同的结构结合起来,产生复合结构. 他们试图用结构统一整个数学. 有了结构观点,数学的核心部分条理化、系统化了,他们出版了雄心勃勃的系列著作《数学原本》.

数学的有机统一,是这门学科固有的特点. 19 世纪以来,数学的分支学科层出不穷,每门学科都有自己特定的内容和专门的术语,使得不同学科的研究者之间难以建立起共同的语言,彼此之间缺乏了解. 不少数学家担心数学会不会遭到有些科学那样的厄运,被分割成许多孤立的分支,使它们之间的关系变得松散起来. 希尔伯特以其深邃的洞察力做了如下的回答:

“我不相信会有这样的情况,也不希望有这样的情况. 我认为,数学科学是一个不可分割的整体,它的生命力正是在于各个部门之间的联系. 尽管数学知识千差万别,我们仍然清楚地意识到,在作为整体的数学中,使用着相同的逻辑工具,存在着概念的亲缘关系,同时,在它的不同部分之间,也有大量相似之处. 我们还注意到,数学理论越是向前发展,它的结构就变成越加调和一致,并且,这门科学一向相互隔绝的分支之间也会显露出原先意想不到的关系. 因此,随着数学的发展,它的有机的特性不会丧失,只会更清楚地呈现出来. ”

20 世纪下半叶,数学科学迅猛发展,数学分支如雨后春笋,科目越分越细. 现在美国《数学评论》中,数学分支的分类目录共 65 大类,500 小类. 著名的数学家也许可以涉及其中的几个大类,而多数数学家也许只是一个大类中的若干小类的专家. 隔行如隔山,一篇普通的数学论文,愿意去读又能够读懂的人,恐怕只有几个人或者几十人. 那么,数学的统一性,在 21 世纪还能保持吗?

阿蒂亚(Michael Atiyah,1929—),20 世纪下半叶影响最大的数学家之一. 1990 年,他以数学家的身份,当选为英国皇家学会会长、剑桥三一学院院长,以及牛顿数学研究所所长. 这种集三职于一身的情况,是牛顿以来的数学家所未曾有过的荣誉. 1974 ~ 1976 年,阿蒂亚担任伦敦数学会主席,他的就职演说题目是:数学的统一性. 他在演讲中举了三个例子:代数方面的高斯整数环 $\mathbf{Z}[-5]$;几何方面的默比乌斯(Mobius)带;分析方面的由核函数 $a(x,y)$ 确定的线性微分——积分方程. 这三个似乎彼此无关的内容却具有深刻的内在联系. 默比乌斯带的存在和多项式环 $\mathbf{R}[x,1-x]$ 的因子分解不唯一性相联系. 如果核函数满足 $a(x,y)=-a(y,x)$,则上述的微分——积分方程相当于斜伴随算子 A. 然后可以看到 A 的奇偶性恰和默比乌斯带的拓扑性质相一致. 阿蒂亚总结这些联系之后说道:

“在我看来,这种相互联系绝不是一种偶然的巧合,实际上反映了数学的本质. ……在数学范围内,其内在的雷同性也应该凸显出来,就没有什么值得奇怪的了. 我感觉有必要强调这一点,是因为在公理化时代,人们倾向于把数学分为专门的分支,每一分支只局限于从给定的一套公理推演出一些结论. 我并不完全反对公理化方法,但只能将它当作一种方便的措施,以便集中处理我们的对象. 我们不能把它的地位抬得太高. ”

“数学的统一性和简单性都是十分重要的……. 如果我们所积累起来的知识要代代相传的话,我们就必须不断地努力把它们简化和统一. ”

数学精神追求统一性,不仅是由于审美的情趣,也是数学本身的要求. 数学精神除了在形式上追求统一之外,还常常表现以下一些方面.

(1)结论、方法的统一. 数学家研究问题时,常常希望所得的结论能够一般化,所用的方法可以普遍化.

形如 $x^2-Ay^2=1$(其中 A 为任意非平方正整数)的丢番图(Diophantus)方程称为佩尔(Pell)方程. 在拉格朗日以前,人们满足于给出这类方程的一些特殊解,拉格朗日则不是一个一个地进行研究,而是通过对方程本身结构的研究,给出方程可解性的充分必要条件,从而解决整个这类方程.

(2)系统结构的统一.追求数学结构系统的统一与协调,是数学审美追求的目的之一.虽然新的数学分支不断涌现,但由于更强的概括性概念的引入,抽象的程度更高,使得许多似乎没有多少共同之处的数学分支,有可能建立在统一的基础之上.克莱因用群的观点统一几何学,不同的几何学是研究不同的变换群下不变性的科学.同态、同构、同胚、同伦等追求统一性的概念,被一一在数学中建立起来.

有趣的是,20世纪初叶,由于对数学基础的不同观点而产生三大流派:逻辑主义学派、形式主义学派和直觉主义学派,尽管他们的观点不同,但却有一个共同的愿望,即都力图使数学建立在一个统一的基础之上.

3.5.2 处理问题追求统一解法(方案)

例如,用计算机处理问题要编程序,因而是追求统一算法的.

计算机要解决一个问题,一般地说,要具备三个基本条件,或者说要先进行"三化"处理.

(1)把要解决的实际问题的描述形式化,建立起相应的数学模型和形式系统.规定所用符号所代表的含义及联结成合法符号串的规则,以及合法符号串如何表示问题领域中的意义.然后建立一些规则,规定对这些符号串只能作何种变换.这样一来,要解答的问题就可以用符号串表示出来,计算机根据符号串按规则进行推演,直到推导出符合某种要求的符号串为止.这一套程序一般就称为形式化.计算机的各种应用无不是依靠这种方法来实现的.

形式化目前一般是依靠人脑来完成的,要计算机能代替人脑的一切工作,首先它就得会做形式化的工作.形式化是从一种非形式化的领域向形式化的领域转变,为了使计算机具备这种转变的功能,又必须先对转变功能形式化,同样地,又必须增加使转变功能形式化的又一个转变功能,又要再一次引入形式化.如此继续,需不断地引进形式化功能,这样就有可能像处理无穷集时导致回归现象,甚至引出悖论.姑且不谈在无限扩大功能时所带来的硬件和技术性的困难,就是形式化过程计算机也是难以完成的.

(2)形式化完成以后,要使计算机能解决问题,还必须为它设计一个算法.如果把设计算法的工作也交给电脑完成,就要增加电脑设计算法的功能,毫无疑问,又会像形式化一样遇到回归问题.

能否用搜索法来解决这一问题呢?因为搜索法是一种"万能的算法".这也不能,因为搜索法在涉及无穷集合的问题时是难以运用的.一个问题(例如证明一个命题)只有当它在某一形式系统中可解的时候,才能指望用搜索的办法求出其解来.在涉及无穷集合的问题中,如果问题不可解,搜索过程就无能为力,就不能不从一个层面即形式系统向另一个层面(也是形式系统)转移,我们是无法判断应在哪一个层面停止下来的.在这种情况下,"万能搜索法"也不是万能的.

(3)要使解题的过程自动化,即运用逻辑代数和基本的逻辑电路,自动进行操作推演,也离不开人的工作.要使从事某一问题求解的计算机的确具有"自动"的特性,必须先有能使其"自动"的另一个"自动"系统,同样又会导致无穷的回归问题.

探讨某些问题的简单易行的统一解法是我们数学工作者努力做的一个工作.下面我们

给出某些和(或积)式不等式、和式函数最值的一种统一求解方法.

在 $n\times m$ 的非负实数矩阵(a_{ij})中,令 $A_j=\sum_{i=1}^{n}a_{ij}, j=1,2,\cdots,m, G_i=\prod_{j=1}^{m}a_{ij}, i=1,2,\cdots,n$,则有

$$\left(\prod_{j=1}^{m}A_j\right)^{\frac{1}{m}}\geqslant\sum_{i=1}^{n}G^{\frac{1}{m}}$$

等号成立的充要条件是或者某列的数全为0,或者所有行对应成比例.

事实上,设 $a_{ij}\geqslant 0, i=1,2,\cdots,n, j=1,2,\cdots,m$. 若存在 j,使得 $A_j=0$,由非负数性质有 $a_{1j}=a_{2j}=\cdots=a_{nj}=0$,则 $G_1=G_2=\cdots=G_n=0$,结论显然成立. 若 $A_j>0, j=1,2,\cdots,m$,对于数 $\frac{a_{i1}}{A_1},\frac{a_{i2}}{A_2},\cdots,\frac{a_{im}}{A_m}$应用算术——几何平均值不等式,即有

$$\frac{a_{i1}}{A_1}+\frac{a_{i2}}{A_2}+\cdots+\frac{a_{im}}{A_m}\geqslant m\cdot\left(\frac{G_i}{\prod_{j=1}^{m}A_j}\right)^{\frac{1}{m}}\quad(i=1,2,\cdots,n)$$

将如上 n 个不等式相加即证得结论成立.

等号成立的充要条件从上面证明即推得.

在此,我们运用如上结论来求解问题.

例 7 设 $x,y,z\geqslant 0, x+y+x=1. f(n)=x^{2n+1}+y^{2n+1}+z^{2n+1}(n\in\mathbf{N}\cup\{0\})$. 试求 $f(n)$的最小值.

解 构造矩阵

$$\underbrace{\begin{bmatrix}x^{2n+1} & 1 & \cdots & 1\\ y^{2n+1} & 1 & \cdots & 1\\ z^{2n+1} & 1 & \cdots & 1\end{bmatrix}_{3\times(2n+1)}}_{2n\text{列}}$$

运用前面结论有$[(x^{2n+1}+y^{2n+1}+z^{2n+1})\cdot\underbrace{3\cdots3}_{2n\text{个}}]^{\frac{1}{2n+1}}\geqslant x+y+z=1$,即

$$x^{2n+1}+y^{2n+1}+z^{2n+1}\geqslant\frac{1}{3^{2n}}$$

其中等号当且仅当 $x^{2n+1}:y^{2n+1}:z^{2n+1}=1:1:1$,即 $x=y=z=\frac{1}{3}$时取得,故 $f(n)$的最小值为$\frac{1}{3^{2n}}$.

例 8 若 $a_i>0(i=1,2,\cdots,n), m\in\mathbf{R}_+$ 且$\prod_{i=1}^{n}a_i=1$,试证:$\prod_{i=1}^{n}(m+a_i)\geqslant(m+1)^n$.

证明 构造矩形

$$\begin{bmatrix}m & m & \cdots & m\\ a_1 & a_2 & \cdots & a_n\end{bmatrix}_{2\times n}$$

运用前面结论即证.

例 9 试证:数列$\left\{\left(1+\frac{1}{n}\right)^n\right\}$是单调递增的.

证明 构造矩阵

$$\begin{bmatrix} 1 & 1+\frac{1}{n} & \cdots & 1+\frac{1}{n} \\ 1+\frac{1}{n} & 1 & \cdots & 1+\frac{1}{n} \\ \vdots & \vdots & & \vdots \\ 1+\frac{1}{n} & 1+\frac{1}{n} & \cdots & 1 \end{bmatrix}_{(n+1)\times(n+1)}$$

矩阵中除主对角线上均为1外,其余全为$1+\frac{1}{n}$. 运用前面结论有

$$\left\{\left[1+n\left(1+\frac{1}{n}\right)\right]^{n+1}\right\}^{\frac{1}{n+1}}\geqslant(n+1)\left[\left(1+\frac{1}{n}\right)^{n}\right]^{\frac{1}{n+1}}$$

及行中数不成比例,亦即

$$\left(1+\frac{1}{n+1}\right)^{n+1}>\left(1+\frac{1}{n}\right)^{n}$$

由此即证.

例10 求证:$\sqrt{10^{n+1}}>\sqrt[n]{91\cdot 991\cdot 9991\cdot\cdots\cdot\underbrace{99\cdots 9}_{n-1个}1}+9$,其中$n\in\mathbf{N}$且$n\geqslant 2$.

证明 构造矩阵

$$\begin{bmatrix} 1 & 91 & 991 & \cdots & \overbrace{99\cdots 9}^{n-1个}1 \\ 9 & 9 & 9 & \cdots & 9 \end{bmatrix}_{2\times n}$$

运用前面结论有

$$(10\cdot 10^{2}\cdot 10^{3}\cdot\cdots\cdot 10^{n})^{\frac{1}{n}}>(1\cdot 91\cdot 991\cdot\cdots\cdot\underbrace{99\cdots 9}_{n-1个}1)^{\frac{1}{n}}+(9^{n})^{\frac{1}{n}}$$

由此即证.

例11 设α,β均为锐角,求证

$$\sin^{3}\alpha\cdot\cos^{3}\beta+\sin^{3}\alpha\cdot\sin^{3}\beta+\cos^{3}\alpha\geqslant\frac{\sqrt{3}}{3}$$

证明 构造矩阵

$$\begin{bmatrix} \sin^{3}\alpha\cdot\cos^{3}\beta & \sin^{3}\alpha\cdot\cos^{3}\beta & 1 \\ \sin^{3}\alpha\cdot\sin^{3}\beta & \sin^{3}\alpha\cdot\sin^{3}\beta & 1 \\ \cos^{3}\alpha & \cos^{3}\alpha & 1 \end{bmatrix}_{3\times 3}$$

运用前面结论有

$$\begin{aligned}&[(\sin^{3}\alpha\cdot\cos^{3}\beta+\sin^{3}\alpha\cdot\sin^{3}\beta+\cos^{3}\alpha)^{2}\cdot 3]^{\frac{1}{3}}\\ \geqslant&\sin^{2}\alpha\cdot\cos^{2}\beta+\sin^{2}\alpha\cdot\sin^{2}\beta+\cos^{2}\alpha=1\end{aligned}$$

由此即证得$\sin^{3}\alpha\cdot\cos^{3}\beta+\sin^{3}\alpha\cdot\sin^{3}\beta+\cos^{3}\alpha\geqslant\frac{\sqrt{3}}{3}$.

例12 已知a,b是正的常数,$n\in\mathbf{N}$,x是锐角. 求$y=\frac{a}{\sin^{n}x}+\frac{b}{\cos^{n}x}$的最小值.

解 构造矩阵

$$\begin{bmatrix} \dfrac{a}{\sin^n x} & \dfrac{a}{\sin^n x} & \sin^2 x & \cdots & \sin^2 x \\ \dfrac{b}{\cos^n x} & \dfrac{b}{\cos^n x} & \underbrace{\cos^2 x & \cdots & \cos^2 x}_{n\text{列}} \end{bmatrix}_{2\times(n+2)}$$

运用前面结论有

$$\left[\left(\frac{a}{\sin^n x}+\frac{b}{\cos^n x}\right)^2\cdot\underbrace{1\cdots1}_{n\text{个}}\right]^{\frac{1}{n+2}}\geqslant a^{\frac{2}{n+2}}+b^{\frac{2}{n+2}}$$

亦即

$$\frac{a}{\sin^n x}+\frac{b}{\cos^n x}\geqslant\left(a^{\frac{2}{n+2}}+b^{\frac{2}{n+2}}\right)^{\frac{n+2}{2}}$$

其中等号当且仅当$\dfrac{a}{\sin^n x}:\dfrac{b}{\cos^n x}=\sin^2 x:\cos^2 x$，即$x=\arctan\left(\dfrac{a}{b}\right)^{\frac{1}{n+2}}$时取得，故$y_{\min}=\left(a^{\frac{2}{n+2}}+b^{\frac{2}{n+2}}\right)^{\frac{n+2}{2}}$.

由上述诸例可知，某些和（或积）式不等式、函数最值运用前述结论求解能简化思维，开拓思路，具有一定的规律和数学模式，使许多“特技”归结为矩阵设计. 这种求解法的要点也较容易把握.

利用一元连续函数$y=f(x)$在其存在且无根的区间内保号，可以给出一元高次不等式、分式不等式、无理不等式、指数不等式、对数不等式、三角不等式、绝对值不等式等的一种简单易行的统一解法，其方法的具体步骤是：

（1）构造函数$f(x)$，由所解不等式两边作差即得$f(x)$；

（2）求函数$f(x)$的定义域；

（3）解方程$f(x)=0$；

（4）在其根（偶重根舍去，若原不等式中有等号则不舍，注意具体问题具体分析）依次将定义域分成的各个区间内取一值代入$f(x)$，看其值的正负，从而求得原不等式的解.

这种解法步骤清晰，既复习了函数概念，也学习了处理问题的辩证思想方法. 从下面的例子将看出这种解法确实是一元不等式的一种简单易行的统一解法.

例 13 解不等式$x^4+2x^3-13x^2-14x+24<0$.

解 令$f(x)=x^4+2x^3-13x^2-14x+24$，其定义域为$(-\infty,+\infty)$.

由$f(x)=0$解得$x_1=-4,x_2=-2,x_3=1,x_4=3$. 在区间$(-\infty,-4),(-4,-2),(-2,1),(1,3),(3,+\infty)$中，有$f(-3)<0,f(2)<0$. 故原不等式的解集为$\{x\mid -4<x<-2$ 或 $1<x<3\}$.

例 14 解不等式$\dfrac{x^2-3x+2}{x^2-2x-3}<0$.

解 令$f(x)=\dfrac{x^2-3x+2}{x^2-2x-3}$，其定义域是$x\neq3,x\neq-1$的全体实数.

由$f(x)=0$解得$x_1=1,x_2=2$. 在区间$(-\infty,-1),(-1,1),(1,2),(2,3),(3,+\infty)$中，有$f(0)<0,f(2.5)<0$. 故原不等式的解集为$\{x\mid -1<x<1$ 或 $2<x<3\}$.

例 15 解不等式$\sqrt{x^2-3x-10}<8-x$.

解 令$f(x)=\sqrt{x^2-3x-10}-(8-x)$,其定义域为$x\leqslant-2$或$x\geqslant5$.

由$f(x)=0$解得$x=5\frac{9}{13}$.在区间$(-\infty,-2]$,$\left[5,5\frac{9}{13}\right)$,$\left(5\frac{9}{13},+\infty\right)$中,有$f(-2)<0$,$f(5)<0$.故原不等式的解集为$\left\{x\mid x\leqslant-2\text{ 或 }5\leqslant x<5\frac{9}{13}\right\}$.

例16 解不等式$2^{2x^2-3x+1}<\left(\frac{1}{2}\right)^{x^2+2x-5}$.

解 令$f(x)=2^{2x^2-3x+1}-\left(\frac{1}{2}\right)^{x^2+2x-5}$,其定义域为$(-\infty,+\infty)$.

由$f(x)=0$解得$x_1=-1,x_2=\frac{4}{3}$.在区间$(-\infty,-1)$,$\left(-1,\frac{4}{3}\right)$,$\left(\frac{4}{3},+\infty\right)$中,有$f(1)>0$.故原不等式的解集为$\left\{x\mid -1<x<\frac{4}{3}\right\}$.

例17 解不等式$\log_{\sqrt{3}}(x^2+4x+6)+6\sqrt{\log_3(x^2+4x+6)}\geqslant8$.

解 令$f(x)=\log_{\sqrt{3}}(x^2+4x+6)+\sqrt[6]{\log_3(x^2+4x+6)}-8$,其定义域为$(-\infty,+\infty)$.

由$f(x)=0$解得$x_1=-1,x_2=-3$.在区间$(-\infty,-3)$,$(-3,-1)$,$(-1,+\infty)$中,有$f(-4)>0$,$f(0)>0$,且$f(-3)=0$,$f(-1)=0$.故原不等式的解集为$\{x\mid x\leqslant-3$ 或 $x\geqslant-1\}$.

例18 解不等式$|\sin x|>|\cos x|,x\in[0,2\pi)$.

解 令$f(x)=|\sin x|-|\cos x|$,其定义域为$(-\infty,+\infty)$.

由$f(x)=0$有$x=\frac{\pi}{4},\frac{3\pi}{4},\frac{5\pi}{4},\frac{7\pi}{4}\in[0,2\pi)$,而$f\left(\frac{\pi}{2}\right)>0$,$f\left(\frac{3\pi}{2}\right)>0$.故原不等式的解集为$\left\{x\,\middle|\,\frac{\pi}{4}<x<\frac{3\pi}{4}\text{或}\frac{5\pi}{4}<x<\frac{7\pi}{4}\right\}$.

例19 解不等式$|3x-5|-|x+3|<2$.

解 令$f(x)=|3x-5|-|x+3|-2$,其定义域为$(-\infty,+\infty)$.

由$f(x)=0$解得$x_1=0,x_2=5$.在区间$(-\infty,0)$,$(0,5)$,$(5,+\infty)$中,有$f\left(\frac{5}{3}\right)<0$.故原不等式的解集为$\{x\mid 0<x<5\}$.

由上面的例子,对于一元不等式的统一解法由此略见一斑.关于在各区间取值的技巧,读者可从上述诸例的解法中去体会.

3.6 数学求实精神

求实,是指从现实出发,追寻实质,揭示实际联系.从数学现实出发,追寻数学实质,揭示数学对象、数学问题间的实际联系就是数学求实精神.

3.6.1 从数学现实出发

美国学者怀尔德(Wilder)在探讨数学发展的动力时,提出了:与生物的进化相似,数学的发展也是由其内在力量(即已有的数学工作及数学传统对进一步研究的影响)和外部力量共同决定的，并称这两种力量分别为“遗传力量”和“环境力量”. 这两种力量便呈现出了各种数学现实. 无论是数学的概念、公式、定理、性质、原理、方法等，还是数学的运算、规则等都是由于现实世界的实际需要而形成的，数学是现实世界的抽象反映和人类经验的总结. 每个人都有自己的“数学现实”，即每个人所接触到的客观世界中的数学规律以及有关这些规律的数学知识结构. 大多数人的“数学现实”可能仅限于数字和简单的几何形状以及它们的运算，而一个以数学为职业的工作者的数学现实则会包括希尔伯特空间的算子、拓扑学以及纤维丛等. 每个学习者所经历到的客观现实世界不同，他们从中所获得的数学经验、数学知识以及关于这些知识的结构有所不同，这就造成了每个学习者数学现实的差异. 社会需要各种人才，同时人人都必须面对客观世界，面对来自日常生活，来自他所从事或将来从事的职业需要的数学知识的现实.

关于数学现实，张奠宙教授等撰文探讨了它的三个特性及内涵的四个层次：“数学现实”具有整体性、实践性、个体性特性，类型大致可分为模拟型数学现实、程序型数学现实、论证型数学现实、思想型数学现实.

数学现实是一种认知结构，体现数学知识之间的内在关联，包括已知的“知识”：数学思想方法、数学规律的把握、数学抽象能力等. 这是数学现实的整体性特性.

数学现实是从数学角度观察世界，并进行思考所获得的知识内容，因而具有很强的实践性质. 数学现实中有很大一部分是数学模型，不能把数学现实仅仅理解为形式化、逻辑化的数学内容. 数学现实与生活现实互通，学习者的生活现实可以促进数学现实的形成，反之，学习者的数学现实能够帮助学习者进一步观察生活现象，发现其中的数学问题以及解决问题的方法，即所谓学会“数学地”思考问题. 这是数学现实的实践性特性.

学习者的数学现实，按照他所生活的环境，是一个属于学习者个性的、变化的、发展的动态系统. 这是数学现实的个体性特性.

人们经常通过想象或适度抽象，人为地“创造”出一些问题模型或情境模型，这类模型既不是生活现实的原型，也不是完全形式化的数学原理，而是介于两者之间的那种数学形态，此即称为模拟型数学现实. 对于这类数学现实，学习者可以长期存留在记忆中，随时可以调用，成为推动数学问题思考的一种数学现实.

程序型数学现实指的是，数学中有相当一部分知识属于程序性的知识. 它往往表现为一些运算法则、规定以至口诀. 这些需要熟记的知识可以忘掉原型，随手拿来就运用，可以说已经化作人们的一种数学直觉. 这种程序型的“数学现实”，具有很强的真理性，一旦新的数学知识与这些程序、规则、算法相联系，就会觉得是联系到自己已经非常熟悉而完全可以接受的现实.

数学中由概念、定理、性质、原理构成的理论框架，如果被学习者所“掌握”，因其表达精确、逻辑严密、结构完整，可称为论证型数学现实. 论证型数学现实长期以来一直被作为数学里的重点，对其进行承接式推进、阶梯式提高、螺旋式上升等处理方式在数学上已被广泛运用，采用化归、迁移、类比、同化等手段对“数学现实”进行连续不断地“建构”已是数学工作者运用娴熟、学习者也普遍接受的教学方式.

数学作为一种文化，有其深刻的思想内涵. 这些思想内容经由工作者的传导和启迪，加上学习者自身的感悟，通过数学活动、逻辑思考、问题解决等一系列方式或多或少在学习者思维中得以积累而形成的数学现实，被称为思想型数学现实. 学习者的思想型数学现实有些是可以"言传"的,如"化归"思想、对应思想、分割思想等;有些却不能"言传",只能"意会",如数学直觉、数学灵感,但我们可以确信学习者头脑中存在这类难以用言语表达的数学思维形态. 如学习者经过几何变换的学习形成的"以运动的观点处理几何问题"这一数学观点就属于思想型数学现实,由直观的表象予以支撑. 但是,函数的极限是一个无限过程,只能存在于想象之中,成为一种意境.

数学现实,是传承数学、发展数学的出发点;数学现实,是增长数学才干的基点.

3.6.2 追寻数学实质

事物的实质,就是事物最基本的属性,也是运动变化中不变的属性. 一些数学问题的实质常体现在知识的内在联系、规律的形成过程、思想方法的提炼、理性精神的体验中,因而需要我们想方设法去寻找.

寻找到了数学问题的实质,可以使我们从简单的数学对象中看到丰富多彩的数学信息,从而领悟到其中的奥妙. 这也是激发学习数学兴趣的一种途径.

例 20 试证:任何一个正整数的倒数可以写成任意多个不同的非零自然数的倒数之和.

证明 注意到 $1=\frac{1}{2}+\frac{1}{3}+\frac{1}{6}$(这是证明本题的关键,即本题的实质之一)及 $\frac{1}{n(n+1)}=\frac{1}{n}-\frac{1}{n+1}$(本题的实质之二),有

$$\begin{aligned}\frac{1}{n}&=\frac{1}{n}\left(1+\frac{1}{2}+\frac{1}{6}\right)=\frac{1}{2n}+\frac{1}{3n}+\frac{1}{6n}\quad(3\text{ 项之和})\\&=\frac{1}{2n}+\frac{1}{3n}+\frac{1}{6n}\left(\frac{1}{2}+\frac{1}{3}+\frac{1}{6}\right)\\&=\frac{1}{2n}+\frac{1}{3n}+\frac{1}{12n}+\frac{1}{18n}+\frac{1}{36n}\quad(5\text{ 项之和})\\&=\cdots\quad(\text{任意奇数项之和})\end{aligned}\qquad ①$$

$$\begin{aligned}\frac{1}{n}&=\frac{1}{n+1}+\frac{1}{n(n+1)}\quad(2\text{ 项之和})\\&=\frac{1}{n+1}+\frac{1}{n(n+1)}\left(\frac{1}{2}+\frac{1}{3}+\frac{1}{6}\right)\\&=\frac{1}{n+1}+\frac{1}{2n(n+1)}+\frac{1}{3n(n+1)}+\frac{1}{6n(n+1)}\quad(4\text{ 项之和})\\&=\cdots\quad(\text{任何偶数项之和})\end{aligned}\qquad ②$$

由式①②知,原命题获证.

例 21 一个代数恒等式的实质寻找.

阿贝尔恒等式指的是

$$\begin{aligned}&a_1b_1+a_2b_2+\cdots+a_nb_n\\&=a_1(b_1-b_2)+(a_1+a_2)(b_2-b_3)+\cdots+\\&\quad(a_1+a_2+\cdots+a_{n-1})(b_{n-1}-b_n)+(a_1+a_2+\cdots+a_n)b_n\end{aligned}$$

这就是挪威数学家阿贝尔给出的一个恒等式. 对于这个恒等式如何寻找其实质呢?

我们看一看简单的一种情形,取 $n=3$,且 a_1,a_2,a_3,b_1,b_2,b_3 均为正实数,作如下图形.

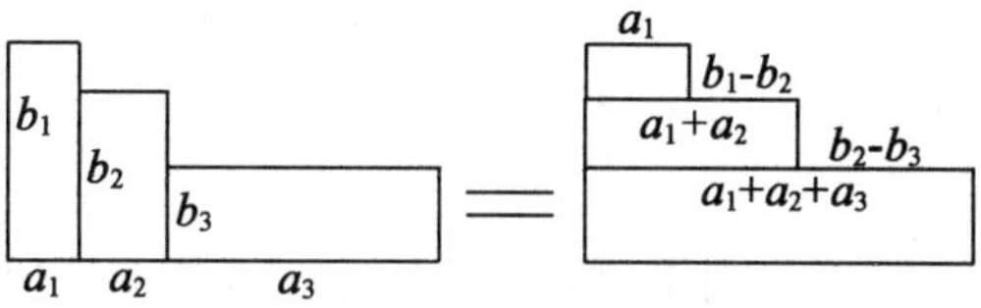

图 3－3

如图 3－3 所示,一看就明白,这里很有意思,不过就是从横纵两个角度看而已. 此即为阿贝尔恒等式的特例

$$a_1b_1+a_2b_2+a_3b_3=a_1(b_1-b_2)+(a_1+a_2)(b_2-b_3)+(a_1+a_2+a_3)b_3$$

这个恒等式看似复杂,但我们只要把实质寻找到了,就一目了然了. 由面积关系,我们也就寻找到阿贝尔恒等式的实质,如图 3－3 所示的图.

苏东坡诗之:横看成岭侧成峰,远近高低各不同.

同一个事物,从不同的角度,所得到的表象是不一样的,多角度、多侧面、多层次地观察和分析,会将事物看得更全面,了解更细致,实质也就寻找到了.

例 22　两个不等式的相同实质.

已知正数 a,b,且 $a+b=1$,则:

(Ⅰ)$\left(\frac{1}{a^3}-a^2\right)\left(\frac{1}{b^3}-b^2\right)\geqslant\left(\frac{31}{4}\right)^2$;

(Ⅱ)$\left(\frac{1}{a^2}-a^3\right)\left(\frac{1}{b^2}-b^3\right)\geqslant\left(\frac{31}{8}\right)^2$.

这两个不等式的表述方式不同,但实质是一样的.

下面,我们给出这两个不等式的统一推广式:

命题 1　设 $a,b>0$,且 $a+b=1$,对任意的正整数 $m,n(m\geqslant 2)$,记

$$f_{(m,n)}(a,b)=\left(\frac{1}{a^m}-a^n\right)\left(\frac{1}{b^m}-b^n\right)$$

则有

$$f_{(m,n)}(a,b)\geqslant\left(\frac{2^{(m+n)}-1}{2^n}\right)^2$$

即

$$\left(\frac{1}{a^m}-a^n\right)\left(\frac{1}{b^m}-b^n\right)\geqslant\left(\frac{2^{(m+n)}-1}{2^n}\right)^2$$

以上不等式取等号当且仅当 $a=b=\frac{1}{2}$.

证明　记 $Q(x)=\frac{1+x+\cdots+x^{(m+n-1)}}{x^{m-1}}$,则

$$\begin{aligned}Q(x)&=\frac{1+x+\cdots+x^{(m+n-1)}}{x^{m-1}}\\&=\frac{1}{x^{m-1}}+\frac{1}{x^{m-2}}+\cdots+\frac{1}{x}+1+x+\cdots+x^{n-1}+x^n\end{aligned}$$

$$=2^{m+n-1}\frac{1}{2^{m+n-1}x^{m-1}}+2^{m+n-2}\frac{1}{2^{m+n-2}x^{m-2}}+\cdots+$$

$$2^{n+1}\frac{1}{2^{n+1}x}+2^{n}\frac{1}{2^{n}}+2^{n-1}\frac{x}{2^{n-1}}+\cdots+2\frac{x^{n-1}}{2}+x^{n}$$

其中,$2^{m+n-1}\frac{1}{2^{m+n-1}x^{m-1}}$表示$2^{m+n-1}$个相同的项$\frac{1}{2^{m+n-1}x^{m-1}}$,其余同此. 记上式中的总项数为$p$,则

$$p=1+2+\cdots+2^{n+m-1}=\frac{1(1-2^{(m+n)})}{1-2}=2^{(m+n)}-1$$

从而由均值不等式可知

$$Q(x)\geqslant p\Big[\Big(\frac{1}{2^{m+n-1}x^{m-1}}\Big)^{2^{m+n-1}}\Big(\frac{1}{2^{m+n-2}x^{m-2}}\Big)^{2^{m+n-2}}\cdots$$

$$\Big(\frac{1}{2^{n+1}x}\Big)^{2^{n+1}}\Big(\frac{1}{2^{n}}\Big)^{2^{n}}\Big(\frac{x}{2^{n-1}}\Big)^{2^{n-1}}\cdots\Big(\frac{x^{n-1}}{2}\Big)^{2^{1}}x^{n}\Big]^{\frac{1}{p}}$$

记根号下$\frac{1}{2}$,$\frac{1}{x}$和x的指数分别为$I_{\frac{1}{2}}$,$I_{\frac{1}{x}}$和I_x,则

$$I_{\frac{1}{2}}=(m+n-1)2^{m+n-1}+(m+n-2)2^{m+n-2}+\cdots+2\times2^{2}+1\times2^{1}$$

$$I_{\frac{1}{x}}=(m-1)2^{m+n-1}+(m-2)2^{m+n-2}+\cdots+2\times2^{n+2}+1\times2^{n+1}$$

$$I_x=1\times2^{n-1}+2\times2^{n-2}+\cdots+(n-2)2^{2}+(n-1)2^{1}+n$$

由错位相减法,可得

$$I_{\frac{1}{2}}=(m+n-2)2^{(m+n)}+2=(m+n-2)p+m+n$$

$$I_{\frac{1}{x}}=(m-2)2^{(m+n)}+2^{n+1}=(m-2)p+2^{n+1}+m-2$$

$$I_x=2^{n+1}-n-2$$

从而化简根号下可得

$$Q(x)\geqslant p\Big[\Big(\frac{1}{2}\Big)^{(m+n-2)p+m+n}\Big(\frac{1}{x}\Big)^{(m-2)p+2^{n+1}+m-2}\cdot x^{2^{n+1}-n-2}\Big]^{\frac{1}{p}}$$

$$=p\sqrt[p]{\Big(\frac{1}{2}\Big)^{(m+n-2)p+m+n}\Big(\frac{1}{x}\Big)^{(m-2)p+m+n}}$$

故

$$\Big(\frac{1}{a^{m}}-a^{n}\Big)\Big(\frac{1}{b^{m}}-b^{n}\Big)$$

$$=\frac{1-a^{(m+n)}}{a^{m}}\cdot\frac{1-b^{(m+n)}}{b^{m}}$$

$$=Q(a)\cdot Q(b)$$

$$\geqslant p^{2}\sqrt[p]{\Big(\frac{1}{2}\Big)^{2[(m+n-2)p+m+n]}\Big(\frac{1}{ab}\Big)^{(m-2)p+m+n}}$$

$$\geqslant p^{2}\sqrt[p]{\Big(\frac{1}{2}\Big)^{2[(m+n-2)p+m+n]}2^{2[(m-2)p+m+n]}}$$

$$=p^{2}\sqrt[p]{\Big(\frac{1}{2^{n}}\Big)^{2p}}=\Big(\frac{p}{2^{n}}\Big)^{2}=\Big(\frac{2^{(m+n)}-1}{2^{n}}\Big)^{2}$$

显然,上面的不等式中的等号当且仅当 $a=b=\frac{1}{2}$时成立.

注　上述命题及证明由昆明学院周兴伟、姚丽、赵震宇老师给出.

例 23　一个代数问题的条件的实质寻找.

命题 2　已知 a,b,c 为正实数,且 $a^2+b^2+c^2+abc=4$. 求 $f(a,b,c)=a+b+c$ 的最大值.

解　由题设知 $a,b,c\in(0,2)$. 则可设 $a=2\cos A, b=2\cos B, c=2\cos C$,其中 $A,B,C\in(0,\frac{\pi}{2})$,则 $a^2+b^2+c^2+abc=4$ 变为 $\cos^2 A+\cos^2 B+\cos^2 C+2\cos A\cdot\cos B\cdot\cos C=1$.

这就是三角形中的一个恒等式,即知有 $A+B+C=\pi$.

注意到余弦函数 $\cos x$ 在 $(0,\frac{\pi}{2})$内是上凸函数,从而

$$a+b+c=2(\cos A+\cos B+\cos C)\leqslant 2\cdot 3\cos\frac{A+B+C}{3}=3$$

其中等号当且仅当 $A=B=C=\frac{\pi}{3}$时取得,此时 $a=b=c=1$.

故当 $a=b=c=1$ 时,$f(a,b,c)=a+b+c$ 的最大值为 3.

由上可知,命题 2 中的条件 $a^2+b^2+c^2+abc=4(a,b,c\in\mathbf{R}_+)$的实质为锐角三角形中的恒等式 $\cos^2 A+\cos^2 B+\cos^2 C+2\cos A\cdot\cos B\cdot\cos C=1$.

下面的一系列条件式,也均可以看到其实质也为上式:

(1)正实数 u,v,w 满足 $u+v+w+\sqrt{uvw}=4$;

(2)正实数 x,y,z 满足$\frac{1}{x^2+1}+\frac{1}{y^2+1}+\frac{1}{z^2+1}=2$;

(3)正实数 x,y,z 满足 $xy+yz+zx+xyz=4$;

(4)设正实数 $a,b,c\geqslant 1$,且满足 $abc+2(a^2+b^2+c^2)+ca-bc-4a+4b-c=28$.

3.6.3　揭示数学问题间的实际联系

相存是现象,联结是实质. 那些看上去好像是风马牛不相及的相存对象,有时却有着不可思议的实际联结关系. 学习内容的章、节呈现,学习时间的间断分开,使得各种图形、数式、定理等数学对象、数学问题在头脑中形成一些孤立的知识点,当我们学习、研究数学时,有必要揭示数学对象、数学问题间的相互紧密的实际联结关系.

例 24　关于调和点列与调和四边形实际联结关系的探讨.

设两点 C,D 内分、外分同一线段 AB 成同一比例,即$\frac{AC}{CB}=\frac{AD}{DB}$,则称点列 A,B,C,D 为调和点列. 对边乘积相等的圆内接四边形称为调和四边形. 这两者似乎有点风马牛不相及,它们有内在的联结关系吗?

如图 3-4,设 A,C,B,D 是共线顺次四点,过共点直线外一点 P 引射线 PA,PC,PB,PD,记$\angle APC=\theta_1$,$\angle CPB=\theta_2$,$\angle BPD=\theta_3$. 在$\triangle APC$ 中应用正弦定理,有

$$\frac{AC}{\sin\theta_1}=\frac{AP}{\sin\angle ACP}$$

即 $\sin\angle ACP=\dfrac{AP\cdot\sin\theta_1}{AC}$.

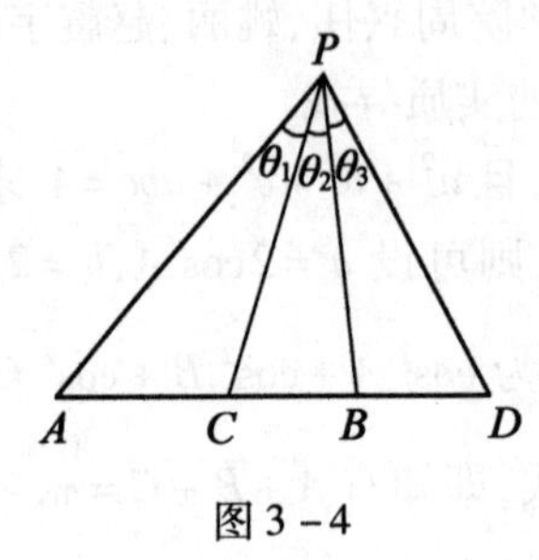

图 3-4

同理

$$\sin\angle PCB=\frac{BP\cdot\sin\theta_2}{BC}$$

$$\sin\angle PDB=\frac{BP\cdot\sin\theta_3}{BD}$$

$$\sin\angle PDA=\frac{AP\cdot\sin(\theta_1+\theta_2+\theta_3)}{AD}$$

从而

$$\frac{AP\cdot\sin\theta_1}{AC}=\frac{BP\cdot\sin\theta_2}{BC}$$

$$\frac{BP\cdot\sin\theta_3}{BD}=\frac{AP\cdot\sin(\theta_1+\theta_2+\theta_3)}{AD}$$

于是

$$\frac{\sin\theta_1}{\sin\theta_2}=\frac{BP\cdot AC}{AP\cdot BC},\frac{\sin(\theta_1+\theta_2+\theta_3)}{\sin\theta_3}=\frac{BP\cdot AD}{AP\cdot BD}\Leftrightarrow\frac{AC}{BC}=\frac{AD}{BD}$$

故

$$\frac{\sin\theta_1}{\sin\theta_2}=\frac{\sin(\theta_1+\theta_2+\theta_3)}{\sin\theta_3}$$

即

$$AC\cdot BD=AD\cdot CB\Leftrightarrow\sin\theta_1\cdot\sin\theta_3=\sin(\theta_1+\theta_2+\theta_3)\cdot\sin\theta_2 \quad ①$$

如图 3-5,设 E,F 在线段 AD 上,满足 $\dfrac{AE}{EF}=\dfrac{AD}{DF}$,即 A,F,E,D 为调和点列.

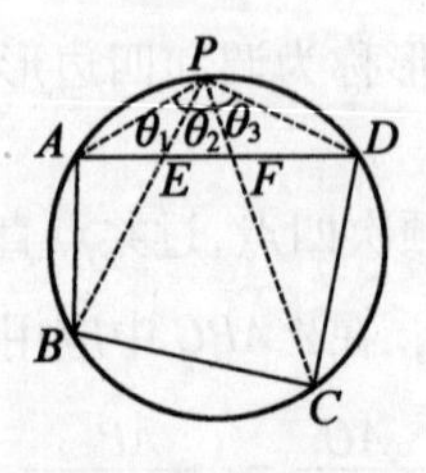

图 3-5

以 AD 为弦作圆，点 P 在 $\overset{\frown}{AD}$ 上，射线 PE,PF 分别交圆于点 B,C，令 $\angle APE=\theta_1$，$\angle EPF=\theta_2$，$\angle FPD=\theta_3$，由上述式①知，有 $\sin\theta_1\cdot\sin\theta_3=\sin(\theta_1+\theta_2+\theta_3)\cdot\sin\theta_2$.

注意到正弦定理，有

$$AB\cdot CD=AD\cdot CB \tag{②}$$

这说明四边形 $ABCD$ 为调和四边形.

于是，由上述①②两式，我们便发现了调和点列 A,F,E,D 与调和四边形 $ABCD$ 的关系.

如图 3－6，设圆 O 与 $\angle APC$ 的边 PA,PC 切于点 A,C，过点 P 的割线交圆 O 于点 B,D（B 在 P,D 之间），则由 $\triangle PAB\backsim\triangle PDA$，$\triangle PCB\backsim\triangle PDC$，有

$$\frac{AB}{DA}=\frac{PA}{PD}=\frac{PC}{PD}=\frac{CB}{DC}$$

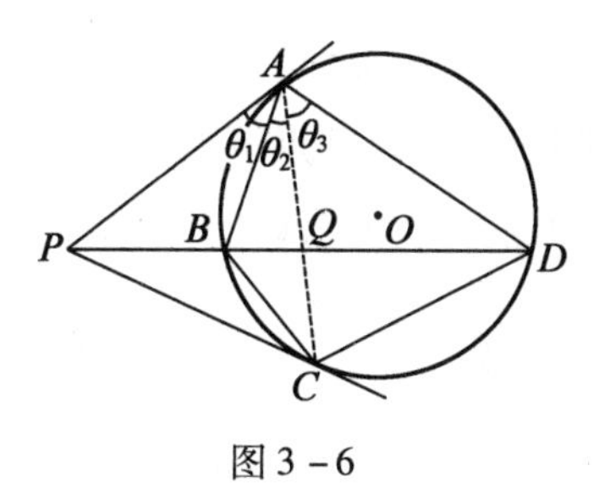

图 3－6

于是

$$AB\cdot DC=DA\cdot CB \quad \text{（即四边形 } ABCD \text{ 为调和四边形）} \tag{③}$$

令 $\angle PAB=\theta_1$，$\angle BAC=\theta_2$，$\angle CAD=\theta_3$，AC 交 BD 于点 Q. 由式③，应用正弦定理，有

$$\sin\angle ADB\cdot\sin\theta_3=\sin\angle ACD\cdot\sin\theta_2$$

注意到弦切角定理，有

$$\angle ADB=\angle PAB=\theta_1,\ \angle ACD=180^\circ-(\theta_1+\theta_2+\theta_3)$$

从而有

$$\sin\theta_1\cdot\sin\theta_3=\sin(\theta_1+\theta_2+\theta_3)\cdot\sin\theta_2$$

注意到式①，即知 $PB\cdot QD=PD\cdot BQ$，即

$$\frac{PB}{BQ}=\frac{PD}{DQ} \tag{④}$$

从而知 P,Q,B,D 为调和点列.

由上述③④两式. 我们又发现了调和四边形 $ABCD$ 与调和点列 P,Q,B,D 的关系.

例 25　关于两个著名定理内在联结关系的探讨.

我们运用有向线段和有向角来探讨塞瓦（Ceva）定理和梅涅劳斯（Menelaus）定理的联系.

定理 1　设 A',B',C' 分别是 $\triangle ABC$ 的三边 BC,CA,AB 或其所在直线上的点，令 $\dfrac{\overrightarrow{BA'}}{\overrightarrow{A'C}}=\lambda$，

$\frac{\overrightarrow{CB'}}{\overrightarrow{B'A}}=\mu,\frac{\overrightarrow{AC'}}{\overrightarrow{C'B}}=\omega$,则:

(1)AA',BB',CC'三线共点或平行的充要条件是

$$\lambda\cdot\mu\cdot\omega=1 \tag{①}$$

(2)A',B',C'三点共直线的充要条件是

$$\lambda\cdot\mu\cdot\omega=-1 \tag{②}$$

在此,我们还需指出的是:在式①中,λ,μ,ω 要么全为正值,要么其中两个为负值,另一个为正值;在式②中,λ,μ,ω 要么一个为负数,两个为正值,要么三个全为负值.

显然,上述定理 1 中(1)和(2)的必要性即分别为塞瓦定理、梅涅劳斯定理,其充分性即分别为两定理的逆定理,其证明在许多文献上均有.

在此,我们给出这两个定理可以互相推证的证明.

首先,由梅涅劳斯定理推证塞瓦定理(共点情形). 如图 3-7,设 A',B',C'分别为$\triangle ABC$的三边 BC,CA,AB 所在直线上的点,AA',BB',CC'三线共点于 P.

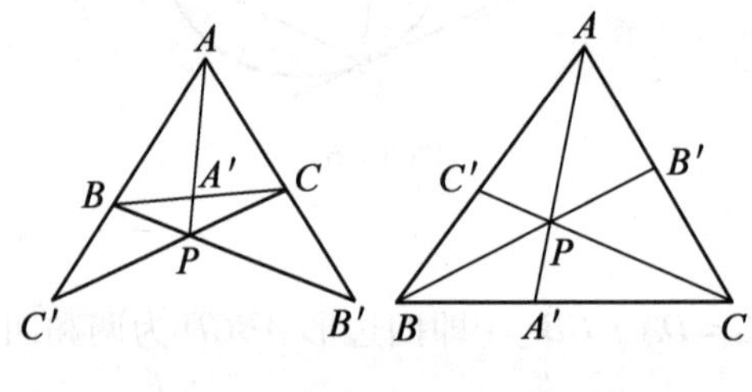

图 3-7

分别对$\triangle ABA'$及截线 $C'PC$,对$\triangle AA'C$ 及截线 BPB'应用梅涅劳斯定理,有

$$\frac{\overrightarrow{BC}}{\overrightarrow{CA'}}\cdot\frac{\overrightarrow{A'P}}{\overrightarrow{PA}}\cdot\frac{\overrightarrow{AC'}}{\overrightarrow{C'B}}=-1$$

$$\frac{\overrightarrow{A'B}}{\overrightarrow{BC}}\cdot\frac{\overrightarrow{CB'}}{\overrightarrow{B'A}}\cdot\frac{\overrightarrow{AP}}{\overrightarrow{PA'}}=-1$$

上述两式相乘,得

$$\frac{\overrightarrow{A'B}}{\overrightarrow{CA'}}\cdot\frac{\overrightarrow{CB'}}{\overrightarrow{B'A}}\cdot\frac{\overrightarrow{AC'}}{\overrightarrow{C'B}}=1$$

故 $\lambda\cdot\mu\cdot\omega=1$.

其次,由塞瓦定理(共点情形)推证梅涅劳斯定理.

如图 3-8,设 A',B',C'分别为$\triangle ABC$ 的三边 BC,CA,AB 所在直线上的点,且 A',B',C'三点共线.

令直线 BB'与 $C'C$ 交于点 X,直线 $C'C$ 与 AA'交于点 Y,直线 AA'与 BB'交于点 Z.

分别对点 C',A',B',C,A,B 作为塞瓦点应用塞瓦定理,即:

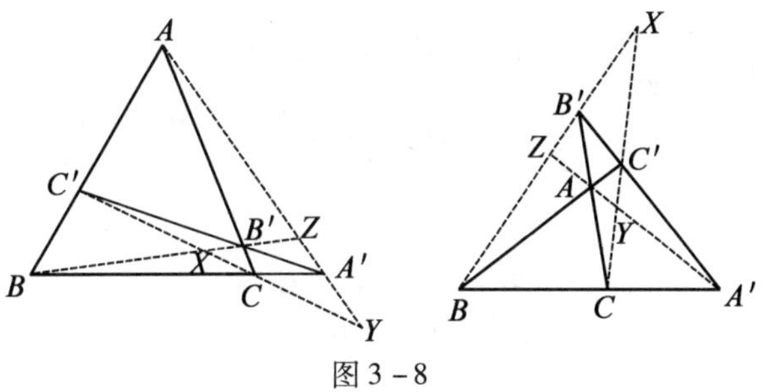

图 3-8

对$\triangle BCB'$及点C'(直线$BA,CX,B'A'$的交点)有$\frac{\overrightarrow{BA'}}{\overrightarrow{A'C}}\cdot\frac{\overrightarrow{CA}}{\overrightarrow{AB'}}\cdot\frac{\overrightarrow{B'X}}{\overrightarrow{XB}}=1$;

对$\triangle CAC'$及点A'(直线$CB,AY,C'B'$的交点)有$\frac{\overrightarrow{CB'}}{\overrightarrow{B'A}}\cdot\frac{\overrightarrow{AB}}{\overrightarrow{BC'}}\cdot\frac{\overrightarrow{C'Y}}{\overrightarrow{YC}}=1$;

对$\triangle ABA'$及点B'(直线$AC,BZ,A'C'$的交点)有$\frac{\overrightarrow{AC'}}{\overrightarrow{C'B}}\cdot\frac{\overrightarrow{BC}}{\overrightarrow{CA'}}\cdot\frac{\overrightarrow{A'Z}}{\overrightarrow{ZA}}=1$;

对$\triangle BB'C'$及点C(直线$BA',B'A,C'X$的交点)有$\frac{\overrightarrow{BX}}{\overrightarrow{XB'}}\cdot\frac{\overrightarrow{B'A'}}{\overrightarrow{A'C'}}\cdot\frac{\overrightarrow{C'A}}{\overrightarrow{AB}}=1$;

对$\triangle CC'A'$及点A(直线$CB',C'B,A'Y$的交点)有$\frac{\overrightarrow{CY}}{\overrightarrow{YC'}}\cdot\frac{\overrightarrow{C'B'}}{\overrightarrow{B'A'}}\cdot\frac{\overrightarrow{A'B}}{\overrightarrow{BC}}=1$;

对$\triangle AA'B'$及点B(直线$AC',A'C,B'Z$的交点)有$\frac{\overrightarrow{AZ}}{\overrightarrow{ZA'}}\cdot\frac{\overrightarrow{A'C'}}{\overrightarrow{C'B'}}\cdot\frac{\overrightarrow{B'C'}}{\overrightarrow{CA'}}=1$.

上述六式相乘,得

$$\left(\frac{\overrightarrow{BA'}}{\overrightarrow{A'C}}\cdot\frac{\overrightarrow{CB'}}{\overrightarrow{B'A}}\cdot\frac{\overrightarrow{AC'}}{\overrightarrow{C'B}}\right)^2=1$$

即有$\frac{\overrightarrow{BA'}}{\overrightarrow{A'C}}\cdot\frac{\overrightarrow{CB'}}{\overrightarrow{B'A}}\cdot\frac{\overrightarrow{AC'}}{\overrightarrow{C'B}}=-1$,故$\lambda\cdot\mu\cdot\omega=-1$.

由上,使我们看到了梅涅劳斯定理与塞瓦定理的密切关系.

定理 2 设A',B',C'分别是$\triangle ABC$的三边BC,CA,AB或其所在直线上的点,记$\measuredangle$表示有向角(即逆时针方向表示正角,顺时针方向表示负角),则:

(1)AA',BB',CC'三线共点或平行的充要条件是

$$\frac{\sin\measuredangle BAA'}{\sin\measuredangle A'AC}\cdot\frac{\sin\measuredangle CBB'}{\sin\measuredangle B'BA}\cdot\frac{\sin\measuredangle ACC'}{\sin\measuredangle C'CB}=1 \quad ③$$

(2)A',B',C'三点共直线的充要条件是

$$\frac{\sin\measuredangle BAA'}{\sin\measuredangle A'AC}\cdot\frac{\sin\measuredangle CBB'}{\sin\measuredangle B'BA}\cdot\frac{\sin\measuredangle ACC'}{\sin\measuredangle C'CB}=-1 \quad ④$$

证明 用$\overline{S}_\triangle$表示三角形的有向面积(顶点按逆时针方向排列为正值,按顺时针方向排列为负值),则

$$\frac{\overrightarrow{BA'}}{\overrightarrow{A'C}}=\frac{\overline{S}_{\triangle BAA'}}{\overline{S}_{\triangle A'AC}}=\frac{\frac{1}{2}AB\cdot AA'\cdot\sin\measuredangle BAA'}{\frac{1}{2}AA'\cdot AC\cdot\sin\measuredangle A'AC}=\frac{AB\cdot\sin\measuredangle BAA'}{AC\cdot\sin\measuredangle A'AC}$$

同理

$$\frac{\overrightarrow{CB'}}{\overrightarrow{B'A}}=\frac{BC\cdot\sin\measuredangle CBB'}{AB\cdot\sin\measuredangle B'BA}$$

$$\frac{\overrightarrow{AC'}}{\overrightarrow{C'B}}=\frac{AC\cdot\sin\measuredangle ACC'}{BC\cdot\sin\measuredangle C'CB}$$

以上三式相乘,分别应用式①②即得式③④.

上述定理2常称为角元形式的塞瓦定理和梅涅劳斯定理及其逆定理.

由定理1和定理2,我们看到了塞瓦定理和梅涅劳斯定理的密切联系.

定理3 设 A_1,B_1,C_1 分别为 $\triangle ABC$ 的外接圆三段弧 $\overset{\frown}{BC},\overset{\frown}{CA},\overset{\frown}{AB}$ 上的点,则 AA_1,BB_1,CC_1 三线共点的充要条件是

$$\frac{BA_1}{A_1C}\cdot\frac{CB_1}{B_1A}\cdot\frac{AC_1}{C_1B}=1 \quad ⑤$$

证明 如图3-9,设 $\triangle ABC$ 的外接圆半径为 R,AA_1 交 BC 于 A',BB_1 交 CA 于 B',CC_1 交 AB 于 C'.

由 A,C_1,B,A_1,C,B_1 六点共圆及正弦定理,有

$$\frac{BA_1}{A_1C}=\frac{2R\cdot\sin\measuredangle BAA_1}{2R\cdot\sin\measuredangle A_1AC}=\frac{\sin\measuredangle BAA'}{\sin\measuredangle A'AC}$$

同理

$$\frac{CB_1}{B_1A}=\frac{\sin\measuredangle CBB'}{\sin\measuredangle B'BA}$$

$$\frac{AC_1}{C_1B}=\frac{\sin\measuredangle ACC'}{\sin\measuredangle C'CB}$$

以上三式相乘,并应用式③即得式⑤.

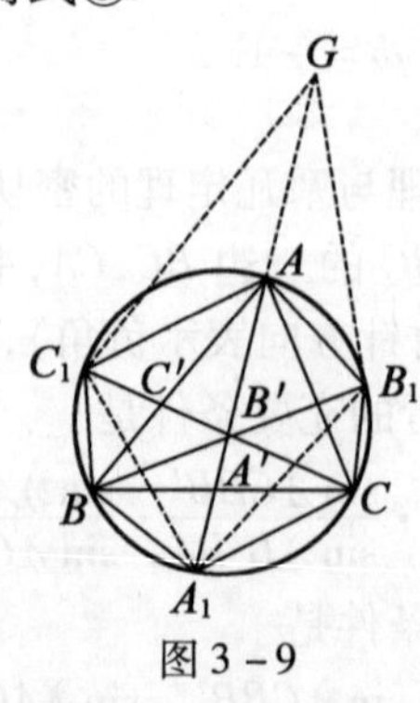

图3-9

由上述定理3,可得如下推论:

推论 设 A_1,B_1,C_1 分别为 $\triangle ABC$ 的外接圆三段弧 $\overset{\frown}{BC},\overset{\frown}{CA},\overset{\frown}{AB}$ 上的点.若 AA_1,BB_1,CC_1 三线共点,则:

(1) $$\angle BA_1C+\angle CB_1A+\angle AC_1B=360^\circ \tag{6}$$

(2) $\angle B_1A_1C_1=\angle B_1CA+\angle ABC_1$,且

$$\frac{B_1A_1}{A_1C_1}\cdot\frac{C_1B}{BA}\cdot\frac{AC}{CB_1}=1 \tag{7}$$

(3) $\angle C_1B_1A_1=\angle C_1AB+\angle BCA_1$,且

$$\frac{C_1B_1}{B_1A_1}\cdot\frac{A_1C}{CB}\cdot\frac{BA}{AC_1}=1 \tag{8}$$

(4) $\angle A_1C_1B_1=\angle A_1BC+\angle CAB_1$,且

$$\frac{A_1C_1}{C_1B_1}\cdot\frac{B_1A}{AC}\cdot\frac{CB}{BA_1}=1 \tag{9}$$

证明　如图 3-9.

(1)由圆周角定理即得.

(2)由同弧上圆周角相等有$\angle B_1A_1C_1=\angle B_1CA+\angle ABC_1$.

延长 A_1A 至 G,使$\angle AC_1G=\angle BC_1A_1$,则由$\angle C_1AG=\angle C_1BA_1$. 联结 A_1C_1,知$\triangle C_1AG\backsim\triangle C_1BA_1$,有$\dfrac{C_1G}{C_1A}=\dfrac{C_1A_1}{C_1B}$,且$\angle A_1C_1G=\angle BC_1A$,从而$\triangle A_1C_1G\backsim\triangle BC_1A$,即有

$$\frac{A_1G}{A_1C_1}=\frac{AB}{BC_1} \tag{10}$$

联结 B_1G,A_1B_1,同理$\triangle A_1B_1G\backsim\triangle CB_1A$,即有

$$\frac{B_1A_1}{A_1G}=\frac{B_1C}{CA} \tag{11}$$

于是,由⑩⑪两式有

$$\frac{B_1A_1}{A_1C_1}=\frac{B_1A_1}{A_1G_1}\cdot\frac{A_1G}{A_1C_1}=\frac{B_1C}{CA}\cdot\frac{AB}{BC_1}$$

故

$$\frac{B_1A_1}{A_1C_1}\cdot\frac{C_1B}{BA}\cdot\frac{AC}{CB_1}=1$$

(3)和(4)可类似于(2)而证.(略)

对于式⑤⑦⑧⑨中的比例式的字母顺序,我们可形象地由下述凸六边形、折六边形记忆之,如图 3-10.

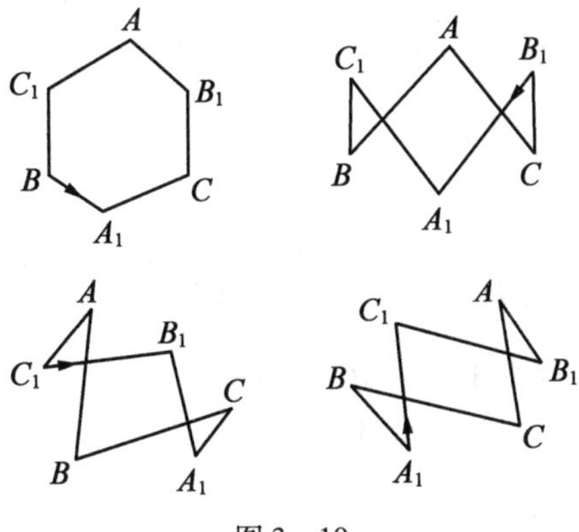

图 3-10

我们可将上述推论推广到更一般的情形：

定理4 以任意$\triangle ABC$的三边BC,CA,AB为一边作三个三角形（也可以是退化的三角形）$\triangle BA_1C,\triangle CB_1A,\triangle AC_1B$，使之满足（其中$\measuredangle$表示有向角）：

（ⅰ）$\dfrac{BA_1}{A_1C}\cdot\dfrac{CB_1}{B_1A}\cdot\dfrac{AC_1}{C_1B}=1$；

（ⅱ）$\measuredangle BA_1C+\measuredangle CB_1A+\measuredangle AC_1B=360°$.

则(1) $\measuredangle B_1A_1C_1=\measuredangle B_1CA+\measuredangle ABC_1$，且

$$\frac{B_1A_1}{A_1C_1}\cdot\frac{C_1B}{BA}\cdot\frac{AC}{CB_1}=1 \tag{12}$$

(2) $\measuredangle C_1B_1A_1=\measuredangle C_1AB+\measuredangle BCA_1$，且

$$\frac{C_1B_1}{B_1A_1}\cdot\frac{A_1C}{CB}\cdot\frac{BA}{AC_1}=1 \tag{13}$$

(3) $\measuredangle A_1C_1B_1=\measuredangle A_1BC+\measuredangle CAB_1$，且

$$\frac{A_1C_1}{C_1B_1}\cdot\frac{B_1A}{AC}\cdot\frac{CB}{BA_1}=1 \tag{14}$$

上述式⑫～⑭与式⑦～⑨中字母及位置顺序完全相同，其记忆时亦可按图3－10中折六边形处理.

证明 仅证式⑫，其余类同（亦可参见文献（萧振纲，1991））.

以$\triangle ABC$的三边作的三个三角形$\triangle BA_1C,\triangle CB_1A,\triangle AC_1B$的情形有四种：三个都向$\triangle ABC$的形外；三个都向形内；两个向形外，一个向形内；两个向形内，一个向形外. 下面仅就图3－11所代表的两种情形给出证明，其余两种情形可类似证明.

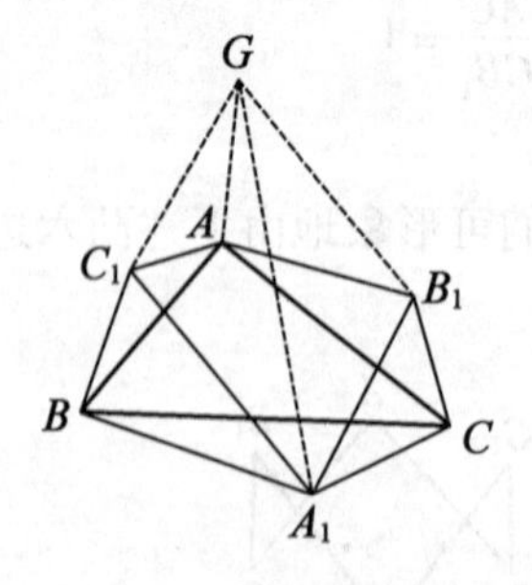

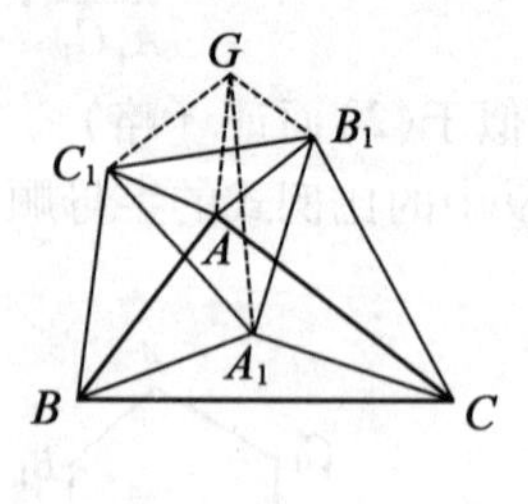

图3－11

作$\triangle AGC_1$同向相似于$\triangle BA_1C_1$，联结GA_1,GB_1，则$\dfrac{C_1G}{C_1A}=\dfrac{C_1A_1}{C_1B}$，$\measuredangle GC_1A=\measuredangle A_1C_1B$，$\measuredangle C_1AG=\measuredangle C_1BA$，由此易知$\triangle GC_1A_1\backsim\triangle AC_1B$，即有

$$\measuredangle GA_1C_1=\measuredangle ABC_1 \tag{15}$$

又由$\triangle AGC_1\backsim\triangle BA_1C_1$，有$\dfrac{AG}{AC_1}=\dfrac{BA_1}{BC_1}$.

于是，由条件（ⅰ）得

$$\frac{AG}{AB_1}=\frac{AG}{AC_1}\cdot\frac{AC_1}{AB_1}=\frac{BA_1}{BC_1}\cdot\frac{AC_1}{AB_1}=\frac{A_1C}{CB_1}$$

再由条件（ⅱ）及六边形的内角和公式，得

$$\measuredangle B_1AC_1+\measuredangle C_1BA_1+\measuredangle A_1CB_1=360^\circ$$

从而，由 $\measuredangle B_1AC_1+\measuredangle C_1AG+\measuredangle GAB_1=360^\circ$ 及 $\measuredangle C_1AG=\measuredangle C_1BA_1$，得

$$\measuredangle GAB_1=\measuredangle A_1CB_1$$

因而 $\triangle AB_1G\backsim\triangle CB_1A_1$. 所以

$$\frac{GB_1}{AB_1}=\frac{A_1B_1}{CB_1}\text{且}\measuredangle GB_1A=\measuredangle A_1B_1C$$

于是，$\triangle GB_1A_1\backsim\triangle CB_1A$，即有

$$\measuredangle B_1A_1G=\measuredangle B_1CA \tag{16}$$

由⑮⑯即知，$\measuredangle B_1A_1C_1=\measuredangle B_1A_1G+\measuredangle GA_1C_1=\measuredangle B_1CA+\measuredangle ABC_1$.

再由 $\triangle A_1GC_1\backsim\triangle BAC_1$，$\triangle GB_1A_1\backsim\triangle AB_1C$，得

$$\frac{B_1A_1}{A_1C_1}=\frac{B_1A_1}{A_1G}\cdot\frac{A_1G}{A_1C_1}=\frac{B_1C}{CA}\cdot\frac{AB}{BC_1}$$

即

$$\frac{B_1A_1}{A_1C_1}\cdot\frac{C_1B}{BA}\cdot\frac{AC}{CB_1}=1$$

上述定理 4 在确定三角形形状、三点共线等问题方面有广泛应用，这可参见文献（萧振纲，1991）. 特别地，若 $\triangle BA_1C$，$\triangle CB_1A$，$\triangle AC_1B$ 都是退化的，即点 A_1，B_1，C_1 分别位于 BC，CA，AB 所在直线上，且满足定理 4 的条件，如图 3－12 所示，则有 $\measuredangle B_1A_1C_1=\measuredangle B_1CA+\measuredangle ABC_1=0+0=0$. 这说明 A_1，B_1，C_1 是共线的.

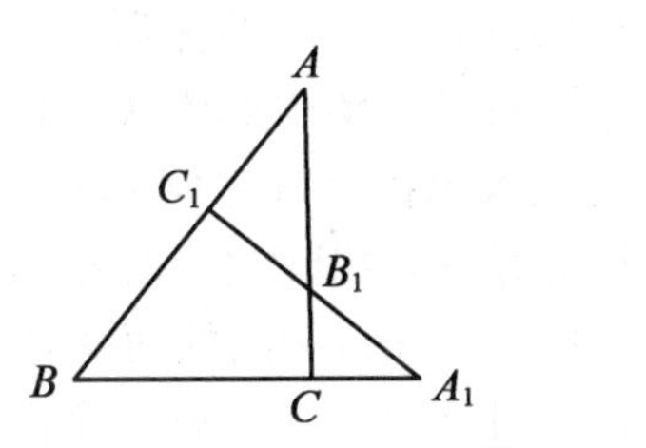

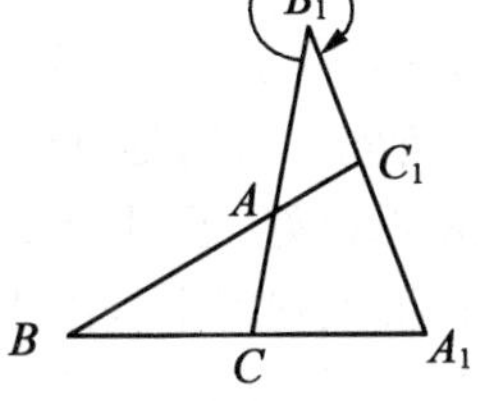

图 3－12

定理 5　设 A_1，B_1，C_1 分别为 $\triangle ABC$ 的三边 BC，CA，AB 所在直线上的三点. 若：

（ⅰ）$\frac{BA_1}{A_1C}\cdot\frac{CB_1}{B_1A}\cdot\frac{AC_1}{C_1B}=1$；

（ⅱ）$\measuredangle BA_1C+\measuredangle CB_1A+\measuredangle AC_1B=360^\circ$.

则 A_1，B_1，C_1 三点共直线.

注意到上述条件（ⅰ）与（ⅱ）等价于

$$\frac{\overrightarrow{BA_1}}{\overrightarrow{A_1C}}\cdot\frac{\overrightarrow{CB_1}}{\overrightarrow{B_1A}}\cdot\frac{\overrightarrow{AC_1}}{\overrightarrow{C_1B}}=-1$$

从而定理 5 即为梅涅劳斯定理的逆定理.

显然,定理 5 的逆命题也是正确的,从而我们又获得了塞瓦定理与梅涅劳斯定理的又一种密切关系.

3.7 数学求美精神

"美是真理的光辉."数学理论本身的奇特、微妙、简洁有力以及建立这些理论时人的创造性思维,充分展示了数学的美.

从本质上讲,数学美大体上来自三个方面:

第一,是数学本身内在的美.数学中有许多内容,它的本身就能给人美感,有的人把它称为数美因子.

第二,是数学表现的形式美.许多数学中的公式、图形往往能给人以美感,它们表现出简明、和谐、对称等,充满美感.

第三,是数学运用的功能美.数学具有广泛的适用性,它不仅运用于科学技术之中,也被运用到文学艺术之中,如在艺术中尤其是在绘画艺术中,数学起的作用是相当大的,甚至对近代艺术的产生也是举足轻重的.

亚里士多德强调美的主要形式是"秩序、匀称与明确".数学家庞加莱也曾指出,数学的美就是各个部门之间的和谐、对称及恰到好处的平衡.一句话,那就是秩序井然、统一协调……人们根据这一原理,把数学美的表现归纳为简洁、对称、统一和奇异.

数学的简洁美、统一美是数学美的两个重要标志,求简、求统是人们追求的数学精神,因而,我们在前面已分作两小节专题重点介绍.这里,我们仅就对称美、奇异美的特性及其追求进行探讨.

3.7.1 对称美的特性及其追求

对称性符合人们的审美要求.蝴蝶之所以美丽,因为它的体形结构和花纹都是对称的;一幅好的楹联给人以美感,除了它的内容之外,对仗工整也起着决定性的作用.晚唐诗人李商隐的许多《无题》诗,诗句十分晦涩难懂,但是大家都觉得它很美."世人都晓西崑好,但恨无人作郑笺."大家都觉得诗好,但可惜无人注解,不懂其内容.既然连内容都不太懂,为什么会觉得诗很美呢?在很大程度上是由于那些七言律诗中间的两联对仗工整的缘故.

数学家在处理数学问题时总是不断地追求对称美.对称,就其字面上的意义来说,是相对而又相称,在数学中不单指几何图形的对称,也包括其他元素就其某个方面(图形、关系、地位、作用、形式等)的对称.

(1)形式上的对称.在数学中具有对称形式的图形、方程、公式、定理比比皆是.由于对称具有形式美,数学家们常常人为地构造出对称性,在一定程度上是出于对美的追求.

在初等数学中,许多定理都具有对称形式.

在$\triangle ABC$中,令a,b,c分别表示角A,B,C的对边,则正弦定理是对称的

$$\frac{a}{\sin A}=\frac{b}{\sin B}=\frac{c}{\sin C}$$

在二次方程中,令α,β分别表示二次方程$ax^2+bx+c=0$的两根,则韦达定理是对称的

$$\alpha+\beta=-\frac{b}{a},\alpha\cdot\beta=\frac{c}{a}$$

许多函数的图像都是美丽的对称曲线.

例如,概率论中的正态分布曲线,许多互不相干的自然现象或社会现象,它们的统计规律却服从统一的分布——正态分布,一条美丽而对称的曲线把这些互不相干的现象联系在一起了.

在高等数学中,多元微积分的格林公式,在形式上本不是对称的,于是人们便引入形式记号

$$\oint_c P\mathrm{d}x + Q\mathrm{d}y = \iint_D \begin{vmatrix} \frac{\partial}{\partial x} & \frac{\partial}{\partial y} \\ P & Q \end{vmatrix} \mathrm{d}x\mathrm{d}y$$

便成为优美的对称形式了.

可微函数 $u = u(x, y, z)$ 的梯度

$$\mathrm{grad}\ u = \left(\frac{\partial}{\partial x}, \frac{\partial}{\partial y}, \frac{\partial}{\partial z}\right) u$$

当把$\left(\frac{\partial}{\partial x}, \frac{\partial}{\partial y}, \frac{\partial}{\partial z}\right)$视为一个形式算子后,斯氏公式也可形式地表示为对称形式

$$\oint_c P\mathrm{d}x + Q\mathrm{d}y + R\mathrm{d}z = \iint_s \begin{vmatrix} \cos\alpha & \cos\beta & \cos\gamma \\ \frac{\partial}{\partial x} & \frac{\partial}{\partial y} & \frac{\partial}{\partial z} \\ P & Q & R \end{vmatrix} \mathrm{d}s$$

(2)内容上的对称. 在数学中许多定理、公式都具有对偶性. 例如,布尔代数中的许多定理都有对偶定理. 集合运算中的德摩根律

$$(\overline{A \cup B}) = \overline{A} \cap \overline{B}, (\overline{A \cap B}) = \overline{A} \cup \overline{B}$$

无论从形式到内容都是优美的. 数学家在自己的工作中常努力追求这种对称性.

在欧氏平面几何中,点与直线的关系是不对称的. 比方说,过两点总可作一条直线,但是,两直线总可得一个交点却并不成立. 于是笛沙格(Desargues,1591—1661)引进了“无穷远点”的概念,设想两平行直线相交于无穷远点,从而为射影几何的建立奠定了基础. 在射影几何中,点和直线就始终具有对称性. 例如:

两点确定一直线——两直线确定一点;

不共点的三直线决定唯一的三角形——不共点的三线决定唯一的三角形.

等等. 总之,在欧氏平面几何中的定理与射影几何中的定理之间存在对偶关系. 将平面几何定理中的“点”换成“直线”,将“直线”换成“点”,那么就得到射影几何中的一条定理,如笛沙格定理:

“若两个三角形对应顶点的连线共点,则其对应边的交点共线.”在射影几何中有对偶定理:

“若两个三角形的对应边交点共线,则其对应顶点的连线共点.”

(3)规律的对称性. 数学家在解决问题时,常常直觉地认为某些数学对象的规律具有对称性,从而努力去发现、去构造、去运用其可能的对称性. 庞加莱指出:“在解题中,在证明中,给我们以美感的东西是什么呢? 是各部分的和谐,是它们的对称,是它们的巧妙平衡.”

由于具有对称性的物体的形状、性质及其变化规律各式各样,因而呈现出的对称性也有

各种不同的形式，所以，我们在探讨数学求美精神中进行对称性考虑时，也可以有不同的考虑方式. 如果从事物发展形态的层次结构来考虑，对称性可分为空间直观、定性抽象和精确定量三种不同形式. 与此相应的就有三种不同的对称考虑方式：位置对称考虑、定性对称考虑、数式对称考虑.

所谓位置对称考虑，指的是从面对的实体出发，根据对称原理，主要从位置的对称性考虑构造出具有反映实体对称性(可能很不完全)特征的直观模型、图形、数表等.

例 26 一道几何问题的简明求解.

题目 在边长为 1 的正方形 $ABCD$ 的周界上任意两点 P,Q 间连一曲线，把正方形的面积分为相等的两部分. 求证：曲线的长不小于 1.

证明 我们先讨论这两点在正方形边界上的各种可能分布情况：

(1)在相对的两边上；

(2)在相邻的两边上；

(3)在同一条边上.

显然，(1)是不证自明的.

如果从位置对称考虑，则(2)(3)均可化归为(1).

对于(2)，当点 P 在 AB 上，点 Q 在 AD 上时，如图 3-13(a)所示. 联结 BD 与曲线PQ必有交点 K，否则曲边$\triangle APQ$ 完全位于$\triangle ABD$ 内，曲线PQ不平分正方形面积. 现以 BD 为对称轴，考虑点 Q 的对称点 Q'，则 Q'必落在 CD 上. 至此，问题已化归为(1).

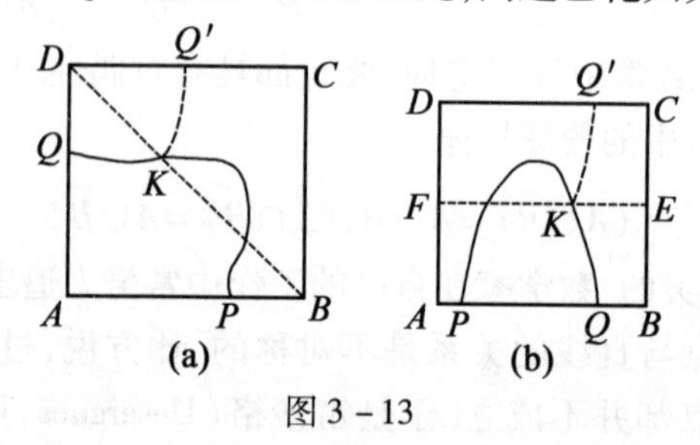

图 3-13

对于(3)，当 P,Q 两点均在 AB 上时，如图 3-13(b)，分别取 BC,AD 的中点 E,F，则 EF 与曲线PQ必有交点 K(理由同(2))，以 EF 为对称轴，考虑点 Q 的对称点 Q'，则 Q'必落在 CD 上. 此时，问题也化归为(1).

综上所述，问题获证.

一般地讲，定性对称考虑分为两种不同类型，即添补对称考虑和平衡对称考虑.

所谓添补对称考虑，指的是对那些因缺项而不对称的客体进行对称性改造的一种科学思维. 具体地讲，根据对称性原理，对具有缺项的不对称客体，假设存在一个与已知方面相对称的未知面，把造成旧有概念、命题、理论系统不对称的项添补成一个新的具有对称性的概念、命题、理论系统. 这种具有探索性的思维方式为科学的发展开辟了道路.

所谓平衡对称考虑，指的是对某些科学理论不平衡的对称性，进行对称性改造的科学思维. 具体地讲，某些科学概念、理论系统，虽然对客观事物的两个对称方面或者两个对称客体都有所反映，但这两方面的性质在理论系统中却处于一种不平衡地位. 如果能从对称原理出发，对该理论系统内部两个不对称方面进行适当调整或改造，使它们在理论系统内部基本处于平衡对称地位，从而获得一种具有内在对称性的新成果.

例 27　定性对称考虑获得重大成果的典型例子.

这样的例子有麦克斯韦(Maxwell)方程、笛沙格定理等.

关于麦克斯韦方程的建立. 设 $\boldsymbol{E}$ 为电场强度矢量,$\boldsymbol{H}$ 为磁场强度矢量,c 为光速,rot $\boldsymbol{E}$ 表示 $\boldsymbol{E}$ 的旋度,div $\boldsymbol{E}$ 表示 $\boldsymbol{E}$ 的散度. 则有

$$\begin{cases}\mathrm{rot}\ \boldsymbol{H}=\dfrac{1}{c}\ \dfrac{\partial \boldsymbol{E}}{t}\\ \mathrm{rot}\ \boldsymbol{E}=-\dfrac{1}{c}\ \dfrac{\partial \boldsymbol{H}}{t}\end{cases},\begin{cases}\mathrm{div}\ \boldsymbol{H}=0\\ \mathrm{div}\ \boldsymbol{E}=0\end{cases}$$

据说麦克斯韦是在法拉第经过实验所获得的电磁方程(Ⅰ)的基础上,一方面从电和磁的对称性考虑;另一方面从法拉第方程组结构形式上的对称性考虑,从而大胆的猜想出方程(Ⅱ):

$$(\mathrm{I})\begin{cases}\mathrm{rot}\ \boldsymbol{E}=-\dfrac{1}{c}\ \dfrac{\partial \boldsymbol{E}}{\partial t};\\ \mathrm{div}\ \boldsymbol{H}=0\end{cases}$$

$$(\mathrm{II})\begin{cases}\mathrm{rot}\ \boldsymbol{H}=\dfrac{1}{c}\ \dfrac{\partial \boldsymbol{E}}{\partial t}.\\ \mathrm{div}\ \boldsymbol{E}=0\end{cases}$$

麦克斯韦方程揭示了电磁波的存在,从而对推动科学的发展做出了划时代的贡献. 显然,麦克斯韦的成功,是添补对称性考虑和平衡对称考虑综合运用的产物.

关于笛沙格定理的发现,由在两个不同映射平面上的两个三角形对应顶点连线共点,根据对称性考虑可得两个三角形对应边的交点共线. 这就是射影几何中著名的笛沙格定理.

从数式对称考虑获得数学新成果,例子相当多的.

例 28　张景中院士从数式对称考虑提出的面积法的两个基本工具:三角形中的共边比例定理和共角比例定理.

共边比例定理　若线段 PQ 和线段 AB 交于 M,则

$$\frac{S_{\triangle PAB}}{S_{\triangle QAB}}=\frac{PM}{QM}$$

共角比例定理　在$\triangle ABC$ 和$\triangle A'B'C'$中,$\angle A=\angle A'$或$\angle A+\angle A'=180°$,则

$$\frac{S_{\triangle ABC}}{S_{\triangle A'B'C'}}=\frac{AB\cdot AC}{A'B'\cdot A'C'}$$

例 29　张景中院士关于“余面积”概念的给出.

对于十分有用的三角形面积公式 $S_{\triangle ABC}=\dfrac{1}{2}ac\cdot\sin B$,把公式中的 $\sin B$ 换成 $\cos B$,会得到另一个与$\triangle ABC$ 有关的量$\dfrac{1}{2}ac\cdot\cos B$. 为了方便,给它取个名字,叫作$\triangle ABC$ 关于$\angle B$的“余面积”,记作 $\widetilde{S}_{\triangle ABC}=\dfrac{1}{2}ac\cdot\cos B$.

给出余面积的概念后,则可以进一步探讨它的性质,探讨它与三角形三边之间的新型关系,从而为提出勾股差的概念打下了基础.

例 30 证明三角形三内角的平分线小于三边的连乘积.

证明 记三角形的三边分别为 a,b,c,三边所对顶点的角平分线相应地为 t_a,t_b,t_c,如图 3－14 所示. 那么要证明的结论是

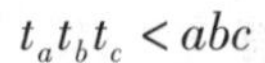

$$t_at_bt_c<abc$$

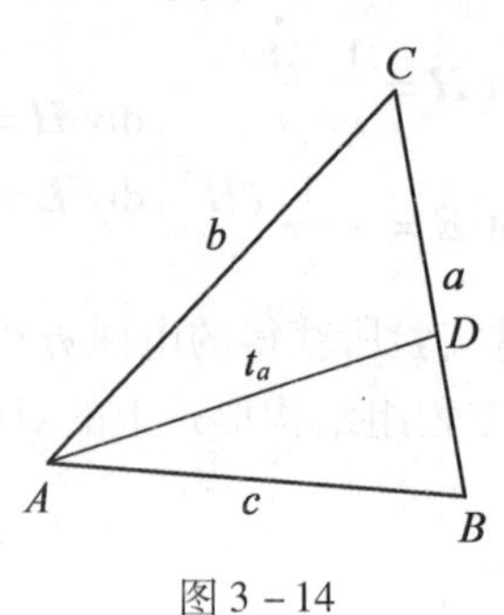

图 3－14

在这个式中,无论是对 t_a,t_b,t_c 来说,还是对 a,b,c 来说都是对称的. 要证的结论也是对称的,但一般的不可能有 $t_a<a,t_b<b,t_c<c$ 同时成立,即不等式 $t_a<a$ 不具有对称性. 从不对称性到对称性,中间可能有一个过渡到对称的过程. 例如可以试探是否有

$$t_a<\sqrt{bc},t_b<\sqrt{ca},t_c<\sqrt{ab}$$

正是这一思路,使我们很快获得了解题途径.

因为

$$S_{\triangle ABC}=S_{\triangle ABD}+S_{\triangle ADC}$$

即

$$\frac{1}{2}bc\sin A=\frac{1}{2}t_ac\sin\frac{A}{2}+\frac{1}{2}t_ab\sin\frac{A}{2}$$

所以

$$bc\cos\frac{A}{2}=\frac{1}{2}t_a(c+b)$$

因此

$$t_a=\frac{2bc}{b+c}\cos\frac{A}{2}<\frac{2bc}{b+c}\leqslant\frac{2bc}{2\sqrt{bc}}=\sqrt{bc}$$

下略.

关于对称美的追寻与运用,还可参见本丛书中的《数学方法溯源》中的第十七章对称原理,以及《数学解题引论》中的 5.4 节对称方法等内容.

3.7.2 奇异美的特性及其追求

如果数学中仅有和谐、对称、统一等,未免有些单调.

英国哲人培根(R. Bacon)说过:"没有一个极美的东西不是在匀称中有着某种奇特."他又说:"美在于奇特而令人惊异."

数学中的奇异则更是无处不在,数学的和谐性与奇异性相辅相成,都具有审美价值.

奇异性是数学美的一个重要特性. 奇异性包括两个方面内容:一是奇妙,二是变异.

数学中不少结论巧妙无比,令人赞叹,正是因为这一点数学才有无穷的魅力.

变异是指数学理论拓广或统一性遭到破坏后，产生新方法、新思想、新概念、新理论的起点. 变异有悖于人们的想象与期望，因此就更引起人们的关注与好奇.

凡是新的不平常的东西都能在想象中引起一种乐趣，因为这种东西会使人的心灵感到一种愉快的新奇，满足它（心灵）的好奇心，从而得到原来不曾有过的一种观念.

数学中许多新分支的诞生，都是人们对于数学奇异性探讨的结果. 在数学发展史上，往往正是数学自身的奇异性的魅力，吸引着数学家向更新、更深的层次探索，弄个水落石出！

数学中有许多变异现象（有些则是人们没有认清事物本质而做出的错误判断，有些则是有悖于通常认识的结论），它们往往与人们预期的结果相反. 令人失望之余，也给了人们探索它们的动力（这是人类与生俱来的冲动所致）和机遇.

奇异中蕴涵着奥妙与魅力，奇异中也隐藏着真理与规律.

俗话说："黄山归来不看岳. "看来黄山之美，可谓众名山之冠了. 黄山的美在哪里？在其奇峰怪石、悬崖峭壁、深谷幽壑、古松苍柏、清泉碧潭. 更令人赞叹、感慨的是，登山路径的险峻，危阶千级，形同壁立，可谓"半山悬古刹，云端挂天梯".

数学之美有如黄山，它既有奇例妙题，又有深境幽域. 探索它的一片艰辛，胜利后的一丝幸悦，犹如攀登黄山的情趣.

让我们来看看数学中的这些奇异，领略一下其中的奥妙——看上去它们似乎"离经叛道"，有悖于人们期待的规律.

数学中有许多奇怪的例子，它们不仅奇异，而且非常"漂亮".

例 31　可"约去"指数的等式

$$\frac{5^3+2^3}{5^3+3^3}=\frac{5+2}{5+3}=\frac{7}{8}$$

$$\frac{7^3+3^3}{7^3+4^3}=\frac{7+3}{7+4}=\frac{10}{11}$$

$$\frac{432^3+321^3}{432^3+111^3}=\frac{432+321}{432+111}=\frac{753}{543}=\frac{251}{181}$$

解析　仔细观察式子的特点，我们能证明下式吗

$$\frac{a^3+b^3}{a^3+(a-b)^3}=\frac{a+b}{a+(a-b)}$$

事实上，因

$$\frac{a^3+b^3}{a^3+(a-b)^3}=\frac{(a+b)(a^2-ab+b^2)}{[a+(a-b)][a^2-a(a-b)+(a-b)^2]}$$

$$=\frac{(a+b)(a^2-ab+b^2)}{[a+(a-b)](a^2-ab+b^2)}=\frac{a+b}{a+(a-b)}$$

于是，只需将 a,b 代入不同的实数（不一定是整数）都可以得出以上类似的结果. 而这个运算好像是把等式左边分子、分母上的指数约掉了一样.

像如上的巧妙、有趣、优美的等式还有不少. ①

---

① 易南轩. 数学美拾趣［M］. 北京：科学出版社，2005：186-188.

例 32 可"约去"对数符号的等式.

如果说$\frac{\lg 2}{\lg 4}=\frac{2}{4}$，$\frac{\lg \frac{9}{4}}{\lg \frac{27}{8}}=\frac{\frac{9}{4}}{\frac{27}{8}}=\frac{2}{3}$，您相信吗？

解析 上面的等式是对的. 这是因为，恒等式

$$\frac{\lg\left(\frac{m+1}{m}\right)^{m}}{\lg\left(\frac{m+1}{m}\right)^{m+1}}=\frac{\left(\frac{m+1}{m}\right)^{m}}{\left(\frac{m+1}{m}\right)^{m+1}}$$

是对的. 证明如下

$$左式=\frac{m}{m+1}\cdot\frac{\lg\left(\frac{m+1}{m}\right)}{\lg\left(\frac{m+1}{m}\right)}=\frac{m}{m+1}$$

$$右式=\left(\frac{m+1}{m}\right)^{-1}=\frac{m}{m+1}$$

当 $m=1,2$ 时，便是上面的两个等式，它们好像是将分子、分母中的对数符号约去了一样.

例 33 两数积等于两数和的等式.

我们说$\frac{8}{7}\times 8=\frac{8}{7}+8$，$\frac{11}{10}\times 11=\frac{11}{10}+11$，这不是很神奇吗？

解析 等式$\frac{n+1}{n}\times(n+1)=\frac{n+1}{n}+(n+1)$是成立的. 因为

$$左式=\frac{(n+1)^{2}}{n}，右式=\frac{(n+1)+n(n+1)}{n}=\frac{(n+1)^{2}}{n}$$

所以当 $n=7,10$ 时，便是以上的两个等式了.

例 34 可把带分数的整数部分提到根号外的等式.

请看等式$\sqrt{5\frac{5}{24}}=5\sqrt{\frac{5}{24}}$，$\sqrt{7\frac{7}{48}}=7\sqrt{\frac{7}{48}}$，$\sqrt{10\frac{10}{99}}=10\sqrt{\frac{10}{99}}$，这不是把带分数的整数部分提到根号外了吗？这些等式是否成立呢？

解析 有等式$\sqrt{a+\frac{a}{a^{2}-1}}=a\sqrt{\frac{a}{a^{2}-1}}$成立吗？因为

$$左边=\sqrt{\frac{a^{3}-a+a}{a^{2}-1}}=\sqrt{\frac{a^{3}}{a^{2}-1}}=a\sqrt{\frac{a}{a^{2}-1}}=右边$$

这说明等式是成立的，因此，只需令 $a=5,7,10$，便可得到前面的三个等式. 事实上，对上面的等式还可推广为

$$\sqrt[n]{a+\frac{a}{a^{n}-1}}=a\sqrt[n]{\frac{a}{a^{n}-1}}\quad（n 可为大于 1 的任意自然数）$$

证略.

因而，下面的等式也是成立的

$$\sqrt[3]{5\frac{5}{124}}=5\sqrt[3]{\frac{5}{124}},\sqrt[4]{3\frac{3}{80}}=3\sqrt[4]{\frac{3}{80}},\sqrt[5]{3\frac{3}{242}}=3\sqrt[5]{\frac{3}{242}}$$

对于公式中的 a 并非只能取正整数,对于取任意实数都是成立的.

例 35 指数可交换的等式.

当 $a\neq b$ 时,一般说来是 $a^2+b\neq a+b^2$ 的,然而下面的等式是成立的,您相信吗?

$$\left(\frac{1}{6}\right)^2+\frac{5}{6}=\frac{1}{6}+\left(\frac{5}{6}\right)^2,\left(\frac{1}{9}\right)^2+\frac{8}{9}=\frac{1}{9}+\left(\frac{8}{9}\right)^2,\left(\frac{1}{100}\right)^2+\frac{99}{100}=\frac{1}{100}+\left(\frac{99}{100}\right)^2,\cdots$$

解析 看等式 $\left(\frac{1}{n}\right)^2+\frac{n-1}{n}=\frac{1}{n}+\left(\frac{n-1}{n}\right)^2$ 是否成立?

因

$$\left(\frac{1}{n}\right)^2+\frac{n-1}{n}=\frac{1}{n^2}+\frac{n^2-n}{n^2}=\frac{n^2-n+1}{n^2}$$

而

$$\frac{1}{n}+\left(\frac{n-1}{n}\right)^2=\frac{n}{n^2}+\frac{n^2-2n+1}{n^2}=\frac{n^2-n+1}{n^2}$$

则有等式 $\left(\frac{1}{n}\right)^2+\frac{n-1}{n}=\frac{1}{n}+\left(\frac{n-1}{n}\right)^2$ 成立.

如果令 $n=6,9,100$,不就是前面的三个等式吗?

事实上,下面推广的等式也是成立的

$$\left(\frac{b}{a}\right)^2+\frac{a-b}{a}=\frac{b}{a}+\left(\frac{a-b}{a}\right)^2$$

其中 a,b 可为任意实数,这是因为

$$\text{左边}=\frac{b^2}{a^2}+\frac{a^2-ab}{a^2}=\frac{a^2-ab+b^2}{a^2}$$

$$\text{右边}=\frac{ab}{a^2}+\frac{a^2-2ab+b^2}{a^2}=\frac{a^2-ab+b^2}{a^2}$$

故 $\left(\frac{b}{a}\right)^2+\frac{a-b}{a}=\frac{b}{a}+\left(\frac{a-b}{a}\right)^2$.

因而我们又可构造出一系列的等式

$$\left(\frac{5}{7}\right)^2+\frac{2}{7}=\frac{5}{7}+\left(\frac{2}{7}\right)^2$$

$$\left(\frac{\pi}{4}\right)^2+\frac{4-\pi}{4}=\frac{\pi}{4}+\left(\frac{4-\pi}{4}\right)^2$$

$$\left(\frac{\sqrt{3}}{3}\right)^2+\frac{3-\sqrt{3}}{3}=\frac{\sqrt{3}}{3}+\left(\frac{3-\sqrt{3}}{3}\right)^2$$

如果 a 是大于 0 且小于 1 的实数,那么显然有

$$a^2+(1-a)=a+(1-a)^2$$

因为它与等式 $\left(\frac{1}{n}\right)^2+\frac{n-1}{n}=\frac{1}{n}+\left(\frac{n-1}{n}\right)^2$ 是等价的(其中 n 是大于 1 的正实数).

例 36 计算

$$\frac{1}{1+x^{c-b}+x^{c-a}}+\frac{1}{1+x^{b-a}+x^{b-c}}+\frac{1}{1+x^{a-b}+x^{a-c}}$$

解析 如果将三个分母相乘通分后再相加，则将是不胜其烦的，但如果注意到原式是一个关于 a,b,c 的轮换对称式，其分母也应是关于 a,b,c 的轮换对称式，便可得到以下的两种简便解法，想不到这三个复杂式子的和竟然是一个简单的数 1.

解法 1

$$原式=\frac{x^{a+b}}{x^{a+b}+x^{b+c}+x^{a+c}}+\frac{x^{c+a}}{x^{a+b}+x^{b+c}+x^{c+a}}+\frac{x^{b+c}}{x^{a+b}+x^{b+c}+x^{c+a}}=1$$

解法 2

$$原式=\frac{x^{-c}}{x^{-c}+x^{-a}+x^{-b}}+\frac{x^{-a}}{x^{-c}+x^{-a}+x^{-b}}+\frac{x^{-b}}{x^{-c}+x^{-a}+x^{-b}}=1$$

算式的对称、和谐与答案的简单融为一体.

无论是“荒谬”的等式，还是优美算式的等式，都体现了这些等式巧妙结构本身所具有的对称、和谐和奇异的内在美，恒等变换是一种平淡无奇、枯燥无味的运算，只要认真钻研，将会感到趣味无穷. 下面再看看奇异数世界中的例子吧！

153 是一个极为普通的数，但却有一个十分美丽的名字——圣经数.《新约全书》约翰福音的第 21 章有这样的内容：“耶稣对他们说：‘把刚才打的鱼拿几条来.’西门 · 彼得就去把网拉到岸上. 那网网满了大鱼，共 153 条，鱼虽然这样多，网却没有破.”这个 153 却有许多有趣的性质：

$1+2+3+\cdots+17=153$；

$1!+2!+3!+4!+5!=153$.

更有趣的是，以色列人科恩发现，从任何一个 3 的倍数出发进行这样的变换：把这个数立方后再把它的各位数字相加，经过有限次的变换之后，必然得到 153. 它总是翻不出如来佛的掌心. 例如：

48→576→684→792→1 080→513→153.

又例如，不定方程

$$x^2=2y^4-1$$

除了平凡解(1,1)之外，是否还有别的解呢？人们都倾向于没有别的正整数解. 可是一位挪威数学家证明了，这个方程还有一个正整数解(239,13)，除此之外，再没有别的正整数解了. 这个结果是这样地出人意料，使人不可思议，大有“黄河之水天上来”的新奇，多么令人惊叹！

数学家常在和谐中找出反例，有时虽难免有煞风景，但正是这种奇异的反倒给数学带来了新机. 当人们以为一切函数基本连续的时候，狄利克雷却给出了一个非常明确但处处不连续的函数；当人们把连续与可微当作一回事的时候，却有人构造出了连续而处处不可微的函数；当人们认为黎曼积分通行无阻的时候，它对狄利克雷函数却失效了，从而导致了勒贝格(Lebesgue)积分的产生；当人们认为勒贝格积分已经是无所不能的时候，人们又发现了在勒贝格意义下不可测的集合，勒贝格积分包罗万象的格式又被打破，新的积分又相继出现；当人们正讴歌由于集合论的建立，使得数学基础“绝对的严格已经取得了”的时候，1903 年罗素提出了他的“理发师悖论”“一石激起千重浪”，竟然导发第三次数学危机.

美具有多样性.花好月圆，当然是美；落红飞絮，荒城断碑，同样可以成为美.残缺美是客观存在的，数学中的反例，可以说是一种残缺美，正是这种残缺美，推动了数学的发展，使人进入一种新的境界，从而产生新的美感.白居易诗云：“无人解爱萧条境，更绕衰丛一匝看.”人弃我取，自得其乐，从残缺中体验出美的感受.①

数学美不仅表现在数学的内容、形式、方法和运用之中，而且贯穿于数学创造的整个过程中.无数事例说明了数学美能够激发人们创造数学的激情，数学美能启发人们探求真理的思路.同时，数学美感有检验真理的作用，实践是检验真理的唯一标准，对数学也不例外.但那是在最终意义上而言的，数学研究的对象不管它多么抽象，不管离开现实有多远，最终必然要回到实践中去检验.不过在数学研究的中途，数学家常常仅凭直觉去判断某些结论是不是真的，而这种直觉往往直接来自对数学的审美要求.数学家相信世界是和谐的，数学反映客观世界的规律，也应该具有和谐、对称的美.（有关数学美的内容还可参见本丛书中的《数学欣赏拾趣》中有关章节.）

3.8 用数学精神认识数学发展的动力和规律

3.8.1 数学精神是一种信念，也是一种精神支柱

克莱因把数学看成是“一种精神，一种理性精神”.齐民友教授则进一步认定数学精神集中地体现为“彻底的理性探索精神”.他指出：“数学深刻地影响人类的精神生活，可以概括为一句话，就是它大大地促进了人类的思想解放，提高与丰富了人类的整个的精神水平，从这个意义上讲，数学使人成为更完全、更丰富、更有力量的人.”②

数学精神，它首先表现为一种信念，表现为对真理的追求.它相信数学是可以被认识的，因此，它反对愚昧与迷信，反对神秘的不可知主义，它认为每个人都有认识数学世界的天赋.

数学精神，它也是一种精神支柱.我们可以读一读齐民友教授的著作《数学与文化》该书结尾的一段话.

在本章结束的时候，我们不妨再从反面来看一下数学发展的历史.如果不是这样一种探索的精神支持，数学将是什么样，人类社会又将是什么样，那时，或者人们不去研究数学而任数学与占星卜卦混在一起，成为徐光启说的“妖妄之术”，或者人们研究数学只是为了解决眼下的实际问题，至于更深层次的问题，不但谈不到解决，甚至无法提出，因为在这本书里我们已经看得很清楚没有相当的数学知识，根本不可能从更深的层次上反映人类的实践活动所带来的问题.那样的话，一切深刻的问题都只好交给徐光启所说的“土苴天下之实事”的“名理之儒”.于是，我们不会有欧几里得，因为《几何原本》上讲的几何定理大部分还是可以摸得着的，可以凭直接经验知其为真的，就解决眼下的问题而言，承认这些定理也就行了，不需要写什么《几何原本》.这样，我们就还不断地徘徊，不知道到了什么时候，人们才感到了有必要把自己的知识整理成有系统的体系，直到那时人们才能在认识宇宙上前进一步.我们

---

① 欧阳维诚.数学——科学与人文的共同基因[M].长沙：湖南师范大学出版社，2000：184-186.

② 齐民友.数学与文化[M].长沙：湖南教育出版社，1991：42.

也不会有非欧几何，因为即令人们终于找到另一个方法——不一定是公理方法——整理自己的数学知识，也不会对平行线公理有什么怀疑. 没有非欧几何，自然也就没有相对论，没有全部现代的物理学以及以之为基础的全部现代技术. 那样也不会有全部关于数学基础的研究，不会有形式系统这样的思想，不会有哥德尔定理，同样也不会有计算机. 更重要的是，没有人类理性思维的高度发展，人的精神状态会是什么样呢？总之，可以毫无疑问地说，没有现代数学就不会有现代文化.

3.8.2 怀尔德的数学发展动力和规律理论

曾长期在美国密歇根大学任教的怀尔德教授是数学文化研究的一个重要倡导者，特别是，他曾对数学发展的动力和规律进行了较为系统的研究. 他在这一方面的主要研究成果为：

在1968年出版的《数学概念的演化，一个初步的研究》一书中，怀尔德提出了关于数学发展的11个动力和10条规律. 它们分别是：

数学发展的动力：①环境的力量；②遗传的力量；③符号化；④文化传播；⑤抽象；⑥一般化；⑦一体化；⑧多样化；⑨文化阻滞；⑩文化抵制；⑪选择.

数学发展的规律：

规律1 在任何时候，只有那些能增强已有数学的能力以满足自身的遗传力量或一般文化的环境力量的概念，才能得到发展.

规律2 概念的可接受性取决于它的富有成果的程度. 特别是，一个概念不会由于它的起源或诸如"不真实的"此类形而上学的标准而永远遭到拒斥.

规律3 一个概念在数学上的重要性既取决于它的符号表达形式，也取决于它与其他概念的关系. 如果一种符号形式造成了理解上的困难、甚至对这一概念的彻底拒绝，那么，假设这一概念是有用的，一种更容易把握和理解的符号形式就会得到发展. 如果一组概念的相互联系使得把它们合并成一个更为一般的概念的一体化成为可能，后者也就会得到发展.

规律4 如果某一问题的解决将会促进某个数学理论的发展，那么，这一理论的概念结构就会以这样的方式得到发展以使这一问题能最终得到解决，而且，这种解决很可能是由若干个研究者彼此独立地做出的.

规律5 由于共同的符号系统的采用或出版机会的增加，以及其他的交流方法所造成的传播机会，对于新概念的进化速度有着直接的影响.

规律6 整个文化的需要，特别是数学文化的繁荣所能提供的更大便利，将会造成能满足这种需要的新的概念创造的发展.

规律7 僵化的文化环境最终会抑制新的数学概念的发展，不利的政治气氛或一般的反科学的气氛也会造成同样的结果.

规律8 由于现行概念结构的不相容性或不适合性的发现而造成的危机，会刺激数学的加速发展.

规律9 新的概念常常依赖于那些在当时只是直觉地把握的概念，但后者的不完善性最终将导致新的危机. 类似地，重要问题的解决也会产生新的问题.

规律10 数学的进化是一个永无止境的过程，它只受到诸如规律5、规律6、规律7中所指出的各种偶然性的限制.

另外，在 1981 年出版的《作为文化系统的数学》一书中，怀尔德又提出了关于数学发展的 23 条规律，这一成果基于怀尔德自身的进一步研究，也得益于他与其他人的广泛讨论：

①重大问题的多重地独立地发现或解决，是一条规律，而不是例外.

②新概念的进化通常是由于遗传的力量，或者是由于借助环境力量得以表现的一般文化的压力造成的.

③一旦一个数学概念在数学文化中提出，它的可接受性最终将取决于这一概念的富有成果的程度；它将不会由于它的起源，或因为形而上学或者其他的标准谴责它是"不真实的"而永远遭到拒斥.

④一个新的数学概念的创造者的名望和地位在该概念的可接受性方面起着强制的作用，尤其是在新概念突破了传统时是这样，对于新的术语或符号的创造也是这样.

⑤一个概念或理论能否保持它的重要性，既取决于它的富有成果性，又取决于它的符号表达形式. 如果后者造成了理解上的困难而概念却仍然是富有成果的，那么，一种更容易把握和理解的符号形式就会得到发展.

⑥如果一个理论的进展依赖于某一问题的解决，那么，这一理论的概念结构就会以这样的方式得到发展以使这一问题得到最终的解决. 一般说来，这种解决将带来一大批新的成果.

⑦如果若干概念的一体化将会促进一个数学理论的发展，特别是这一理论的发展就依赖于所说的一体化，那么，这种一体化就会发生.

⑧如果数学的发展需要引入某种似乎是不合理或"不真实"的概念，那么，这种概念就会通过适当的且可接受的解释提供出来.

⑨在任何时候，都有一种为数学共同体的成员所共同享有的文化直觉，它体现了关于数学概念的基本的和普遍接受的见解.

⑩不同文化与不同领域之间的传播经常会导致新概念的产生并加速数学的发展，假设接受的一方已经达到了必要的文化水平的话.

⑪由一般文化及其各种子文化，诸如科学的子文化，所造成的环境力量，将在数学子文化中造成明显的反应. 这种反应既可能是增加新的数学概念的创造，也可能是数学创造的减少，这取决于环境力量的性质.

⑫当数学中取得了重大的进展或突破，而它们的意义又已为数学公众所理解时，就常常会导致对先前只是部分地被理解的概念的新的洞见，以及有待于解决的新的问题.

⑬数学现行概念结构中不相容性或不适当性的发现，将会导致补救性概念的产生.

⑭革命可能发生在数学的形而上学、符号体系和方法论之中，但不会发生在数学的内核中.

⑮数学的不断进化伴随着严密程度的提高. 每一代数学家都会感到对先前几代人所做的隐藏的假设进行证明(或反驳)是必要的.

⑯数学系统的进化只能通过更高的抽象进行，这种抽象借助于一般化和一体化，并通常为遗传的力量所激励.

⑰个别的数学家必须维持与数学文化主流的接触，而不能有其他的选择. 他不仅受数学的发展状况和已有的数学工具的限制，而且必须适应那些即将走向综合的概念.

⑱数学家们不时地宣称，他们的课题已经近乎"彻底解决了"，所有的基本结果已经得

到,剩下的只是填补细节问题.

⑲文化的直觉主张,每个概念、每个理论都有一个开端.

⑳数学的最终基础是数学共同体的文化直觉.

㉑随着数学的进化,隐藏的假设不断被发现并得到明确的表述,其结果或者是普遍的接受,或者是部分或全面地被抛弃. 接受通常伴随着对假设的分析以及用新的证明方法去证实它.

㉒数学中最活跃时期出现的充要条件是,存在有合适的文化气候,包括机会、刺激(如新领域的出现,悖论或矛盾的发现等)和材料.

㉓由于数学的文化基础,因此在数学中不存在什么绝对的东西,只有相对的东西.

综上,我们从怀尔德的数学发展动务和规律的内容可以看出,数学精神给了我们信念和支持,使得数学的发展呈现出当今的辉煌.

第四章　数学精神的光辉结晶——数学推理

一切科学都离不开推理. 推理正日益成为学科发展、科学创新、人类生活“共通”的技能. 整个数学都是建立在推理之上的.

4.1　推理与推理规则、方法

4.1.1　推理

推理是从一个或几个已知判断(命题)得出另一个判断(命题)的思维形式.

推理分内容和形式两个方面. 例如,由命题:

(1)如果四边形是平行四边形,则它的对角线互相平分;

(2)四边形 $ABCD$ 是平行四边形.

得出命题:

(3)四边形 $ABCD$ 的对角线互相平分.

这是一个有内容的推理. 在这个推理中,前两个命题是前提,第三个命题叫结论. 它具有如下推理形式

$$\begin{array}{l} A\rightarrow B \\ \underline{A\qquad\quad} \\ \qquad B \end{array}$$

这是一种正确的推理形式.

然而,下列推理是不正确的

$$\frac{\text{如果天下雨,则马路湿}}{\text{如果马路湿,则天下雨}}$$

因而,由它抽象出的推理形式

$$\frac{A\rightarrow B}{B\rightarrow A}$$

也是不正确的.

所谓正确的推理形式就是在假设前提为真时,其结论必为真的推理形式,我们把正确的推理形式叫推理规则.

推理规则是从大量的推理中抽象出来的,它是数学中推理论证的依据,也是我们获取新结果的重要工具.

4.1.2　推理规则

下面介绍一下中学数学中常用的逻辑推理规则:

1. 蕴涵规则

$$\frac{\begin{array}{c}A\to B\\ A\end{array}}{B}\text{或 } A,A\to B\Rightarrow B$$

2. 引入合取规则

$$\frac{\begin{array}{c}A\\ B\end{array}}{A\land B}\text{或 } A,B\Rightarrow A\land B$$

例 1 $\dfrac{AB /\!/ CD \text{ 且 } AB=CD}{AB \underline{/\!/} CD}$.

3. 分解合取规则

$$\frac{A\land B}{A},\frac{A\land B}{B}\text{或 } A\land B\Rightarrow A,A\land B\Rightarrow B$$

例 2 $\dfrac{2\text{ 是偶数且 }2\text{ 是质数}}{2\text{ 是偶数}}$.

4. 否定规则

$$\frac{\begin{array}{c}A\to B\\ \neg B\end{array}}{\neg A}\text{或 } A\to B,\neg B\Rightarrow\neg A$$

例 3 如果$\angle A$和$\angle B$是对顶角,则$\angle A=\angle B$.

$$\frac{\angle A\neq\angle B}{\angle A\text{ 和 }\angle B\text{ 不是对顶角}}$$

5. 逆否规则

$$\frac{A\to B}{\neg B\to\neg A}\text{或 } A\to B\Rightarrow\neg B\to\neg A$$

例 4 $\dfrac{\text{若 }x=y,\text{则 }x^2=y^2}{\text{若 }x^2\neq y^2,\text{则 }x\neq y}(x,y\in\mathbf{R})$.

6. 偏逆否规则

$$\frac{A\land B\to C}{A\land\neg C\to\neg B}\text{或 } A\land B\to C\Rightarrow A\land\neg C\to\neg B$$

例 5 $\dfrac{\text{同底等高的三角形必等积}}{\text{同底不等积的三角形必不等高}}$.

7. 演绎规则

若 $\Gamma,A\Rightarrow B$,则 $\Gamma\Rightarrow A\to B$(其中 Γ 是前提集合).

例 6 三段论规则 $A\to B,B\to C\Rightarrow A\to C$.

证明 ① $A\to B$ (假设)

② A (假设)

③ B (①②蕴涵规则)

④ $B\to C$ (假设)

⑤ C (③④蕴涵规则)

⑥ $A\to B,B\to C,A\Rightarrow C$

⑦　$A \to B, B \to C \Rightarrow A \to C$（演绎定理）

例 7　$(a>0) \wedge (b>0) \wedge (a \neq b) \Rightarrow \left(\frac{a+b}{2} > \sqrt{ab}\right)$.

证明　$(a>0) \wedge (b>0) \wedge (a \neq b)$　（假设）

$a \neq b$　（分解合取规则）

$a \neq b \Rightarrow (a-b)^2 > 0$　（已证定理）

$(a-b)^2 > 0 \Rightarrow (a+b)^2 > 4ab$　（已证定理）

$a \neq b \Rightarrow (a+b)^2 > 4ab$　（三段论规则）

$(a+b)^2 > 4ab$　（蕴涵规则）

$(a>0) \wedge (b>0)$　（分解合取规则）

$((a+b)^2 > 4ab) \wedge (a>0) \wedge (b>0) \Rightarrow \left(\frac{a+b}{2} > \sqrt{ab}\right)$　（已证定理）

$\frac{a+b}{2} > \sqrt{ab}$　（蕴涵规则）

故 $(a>b) \wedge (b>0) \wedge (a \neq b) \Rightarrow \left(\frac{a+b}{2} > \sqrt{ab}\right)$　（演绎定理）

8. 归谬规则

若 $\Gamma, \neg A \Rightarrow B$ 且 $\Gamma, \neg A \Rightarrow \neg B$，则 $\Gamma \Rightarrow A$.

例 8　求证 cos 10°是无理数(A).

证明　反证法. 设 cos 10°是有理数($\neg A$)，则以 $\theta = 10°$代入 $\cos 3\theta = 4\cos^3\theta - 3\cos\theta$，得

$$\frac{\sqrt{3}}{2} = \cos 30° = 4\cos^3 10° - \cos 10°$$

右端为有理数(B)，左端为无理数($\neg B$)，矛盾.

故 cos 10°为无理数.

9. 谓词推理规则

$$\frac{\begin{array}{c}\forall_{x \in A} xF(x) \\ B \subset A\end{array}}{\forall_{y \in B} yF(y)}$$

这个规则是说，如果某一集合 A 的所有元素都具有性质 F，则集合 A 的任何非空子集合 B 的所有元素也有性质 F.

例 9　每个矩形的对角线相等，有

$$\frac{\text{每个正方形是矩形}}{\text{每个正方形的对角线相等}}$$

4.1.3　推理方法

推理方法常用的是归纳、演绎和类比.

1. 归纳法与演绎法

所谓归纳法就是由特殊到一般的推理，演绎法就是由一般到特殊的推理.

(1)不完全归纳法.

例 10 考查式子$F(n)=n^2+n+17$的值

$$F(1)=1^2+1+17=19$$
$$F(2)=2^2+2+17=23$$
$$F(3)=3^2+3+17=29$$
$$F(4)=4^2+4+17=37$$
$$F(5)=5^2+5+17=47$$

不难看出$F(1),F(2),F(3),F(4),F(5)$都是质数.由此我们得出一个结论:对任一自然数$n,F(n)$都是质数.这就是由不完全归纳法得出的一般性结论.

不完全归纳法的推理形式是

$$\frac{\begin{array}{c}x_1\text{ 具有性质 }F\\ x_2\text{ 具有性质 }F\\ \vdots\\ x_n\text{ 具有性质 }F\\ \text{集合}\{x_1,x_2,\cdots,x_n\}\text{是集合 }A\text{ 的真子集}\end{array}}{\forall_{x\in A} xF(x)\text{(即集合 }A\text{ 中任一元素 }x\text{ 具有性质 }F\text{)}}$$

不完全归纳法是一种或然性推理,即当前提为真时,其结论未必为真.在前面例子中,当$n=16$时

$$F(16)=16^2+16+17=289$$

而289不是质数.

不完全归纳法得出的结论,只能作为一种猜想,其结论的真实性还要经过严格证明.

(2)完全归纳法.

完全归纳法的推理形式是

$$\frac{\begin{array}{c}x_1\text{ 具有性质 }F\\ x_2\text{ 具有性质 }F\\ \vdots\\ x_n\text{ 具有性质 }F\\ \{x_1,x_2,\cdots,x_n\}\text{与集合 }A\text{ 相等}\end{array}}{\forall_{x\in A} xF(x)\text{(即集合 }A\text{ 中的任一元素 }x\text{ 具有性质 }F\text{)}}$$

完全归纳法是一种必然推理,即当前提为真时,其结论必为真.

演绎法一般用"三段论",由大前提、小前提、结论三部分组成.我们课本中的定理、结论都是用演绎法推理的.

2. 类比法

类比法就是类比推导,它是根据两个对象的某些相同属性做出它们的另一些属性也相同的结论的一种推理形式.它是由特殊到特殊的推理,或一般到一般的推理.

类比法的推理形式

$$\frac{\begin{array}{c}A\text{ 类事物具有性质 }a,b,c,d\\ B\text{ 类事物具有性质 }a,b,c\end{array}}{B\text{ 类事物具有性质 }d}$$

类比法是一种或然推理,即前提为真时结论或然为真.数学教学中经常采用类比法,算

术与代数、平面几何与立体几何、平面三角与球面三角之间,有不少定理、法则可用类比法引入,然后再加以证明.类比法在数学发现中有重要作用.

例 11　求证 $\log_a b+\log_b a\geqslant 2$($a,b$ 均为大于 1 的数).

证明　由不等式 $a+\dfrac{1}{a}\geqslant 2$($a$ 是正数),类似地,由于 a,b 都大于 1,则 $\log_a b,\log_b a$ 都是正数,且 $\log_b a=\dfrac{1}{\log_a b}$,故原式得证.

4.2　数学推理的种类

由于分类的标准不同,推理可分成不同的种类:

(1)根据推理的前提和结论之间是否有蕴涵关系,把推理分成必然性推理和或然性推理.前提为真时,结论必然为真的推理,叫必然性推理;前提为真时,结论或然为真的推理,叫或然性推理.

(2)根据推理中思维进行的方向性来分,有:

演绎推理:从一般到特殊的推理.

归纳推理:从特殊到一般的推理.

类比推理:从特殊到特殊或从一般到一般的推理.

演绎推理又称为论证推理,归纳推理与类比推理又称为合情推理.

(3)根据推理中前提的特点来分,有:

直接推理:以一个判断作为前提的推理.

间接推理:以两个或两个以上判断作为前提的推理.

关系推理:指建立起前提中对象及其性质间、对象与对象间多重关联关系的推理.

在探究性推理活动中,运用已有经验和知识,通过联想、归纳、猜想等思维活动,建立起解决问题的关系网络.关系推理是对对象较全面的整体的认识,不仅看到事物之间的纵向联系,也能看到事物的横向联系,因此具有立体化思维特征.关系推理具有如下主要特征:

结构性.关系推理教学设计重视几何课程内容的改造和重构,使教学问题具有更强的统摄性和相关性,能够综合各种信息,多层次、多侧面地建立起广泛的、多向度的关系网络,强化其内在的关系.

生成性.有效教学需要对课程内容进行预设性整合或重组,但如果预设性太强,会压抑学生创造性思维能力的发展.关系推理活动通常会创生新的关联关系,生成符合学生认知规律和特点的关系网络.

体验性.现代数学内容被不断地充实到中小学课程中来,传统几何课程内容必将进一步压缩,降低逻辑证明,强化直观和实验操作基础上的说理和简单推理,有利于学生与经验世界中发展起来的"非形式化"知识相连接,增进学生对推理活动的实践体验.

有效性.关系推理以"问题解决"为推理起点,以"探究发现"多种关联关系为推理过程.探究是指创造一种适宜的认知合作环境,让学生发现学科内容要素间关系的认知策略,学生在转化问题、选择策略、搭建关系、有效地表征等推理活动中,不仅获得了对学生发展具有持

久影响力的推理能力,同时也获得了比零散知识更具迁移力的结构化知识.①

(4)根据推理的繁简形式来分,有:

简单推理、直观推理以及复合推理.

复合推理:由两个或两个以上简单推理或直观推理组成的推理.

从推理发展的角度来看,直观推理是发展学生几何推理能力的基本形式,应当贯穿于几何课程全过程,除应重视几何直观识别、实验操作验证外,还需要重视超越形象识别、实验操作验证层面的联想判断,即所谓直观感知能力的发展;其次,学生的语言描述能力也在很大程度上影响几何推理能力发展,几何语言描述教学不能仅仅停留在文字、图形和符号语言间的相互转换层面上,还应重视逐步增强学生运用几何语言描述推理上;最后,促进学生几何推理能力发展不容忽视的是发展学生的几何关系推理能力.

在本书中,我们讨论推理的种类时,仍按推理中思维进行的方向性来分的几种.

4.3 归纳推理

由某类事物的部分对象具有某些特征,推出该类事物的全部对象都具有这些特征的推理,或者由个别事实概括出一般结论的推理,称为归纳推理(简称归纳).

归纳推理是由部分到整体、由特殊到一般的推理.统计学中的抽样推断、等差数列的通项公式的推导方法,都属于归纳推理.归纳推理可以发现新事实、获得新结论,但需注意的是,这些新事实、新结论的正确性是有待论证的.归纳推理还可以处理某些数学问题,这在我们平常的学习中是常见的.

例 11 观察下列各式:$5^5=3\ 125$,$5^6=15\ 625$,$5^7=78\ 125$,…,则$5^{2\ 019}$的末4位数字为(　　).

A. 3 125　　B. 5 625　　C. 0 625　　D. 8 125

解析 记$f(x)=5^x$,则$f(4)=625$,$f(5)=3\ 125$,$f(6)=15\ 625$,$f(7)=78\ 125$,$f(8)=390\ 625$,可知$5^n(n\in\mathbf{Z},n\geqslant 5)$的末4位数字呈周期性变化,且最小正周期为4,这个结论是可以论证的.又$2\ 019=4\times 504+3$,得

$$f(2\ 019)=\cdots 8\ 125$$

故选D.

例 12 设定义在$\mathbf{R}$上的函数$f(x)$满足$f(x)\cdot f(x+2)=12$,若$f(2)=2$,则$f(2\ 020)=$________.

解析 根据所给的关系式$f(x)\cdot f(x+2)=12$和$f(2)=2$,归纳出正偶数的函数值的变化规律,据此规律求$f(2\ 020)$的值.

因为$f(x)\cdot f(x+2)=12$,$f(2)=2$,所以$f(4)=\dfrac{12}{f(2)}=6$,$f(6)=\dfrac{12}{f(4)}=2$,$f(8)=\dfrac{12}{f(6)}=6$,$f(10)=\dfrac{12}{f(8)}=2$,…,由此可归纳出并证明

$$f(2n)=\begin{cases}2,n\text{ 是正奇数}\\6,n\text{ 是正偶数}\end{cases}$$

① 李红婷.几何关系推理教学设计思路[J].数学通报,2009(7):32-33.

所以$f(2\ 020)=f(2\times 1\ 010)=2$.

例 13　设函数$f(x)=\dfrac{x}{x+2}(x>0)$,观察

$$f_1(x)=f(x)=\frac{x}{x+2}$$

$$f_2(x)=f(f_1(x))=\frac{x}{3x+4}$$

$$f_3(x)=f(f_2(x))=\frac{x}{7x+8}$$

$$f_4(x)=f(f_3(x))=\frac{x}{15x+16}$$

$$\vdots$$

根据以上事实,由归纳推理可得:

当$n\in\mathbf{N}_+$且$n\geqslant 2$时,$f_n(x)=f(f_{n-1}(x))=$________.

解析　通过观察知,四个等式等号右边的分母为$x+2,3x+4,7x+8,15x+16$,即$(2-1)x+2,(2^2-1)x+2^2,(2^3-1)x+2^3,(2^4-1)x+2^4$,所以归纳出并证明$f_n(x)=f(f_{n-1}(x))$的分母为$(2^n-1)x+2^n$,故当$n\in\mathbf{N}_+$且$n\geqslant 2$时,$f_n(x)=f(f_{n-1}(x))=\dfrac{x}{(2^n-1)x+2^n}$.

例 14　观察下列等式:

①$\cos 2\alpha=2\cos^2\alpha-1$;

②$\cos 4\alpha=8\cos^4\alpha-8\cos^2\alpha+1$;

③$\cos 6\alpha=32\cos^6\alpha-48\cos^4\alpha+18\cos^2\alpha-1$;

④$\cos 8\alpha=128\cos^8\alpha-256\cos^6\alpha+160\cos^4\alpha-32\cos^2\alpha+1$;

⑤$\cos 10\alpha=m\cos^{10}\alpha-1\ 280\cos^8\alpha+1\ 120\cos^6\alpha+n\cos^4\alpha+p\cos^2\alpha-1$.

可以推测,$m-n+p=$________.

解析　因为$2=2^1,8=2^3,32=2^5,128=2^7$,所以$m=2^9=512$;观察右边$\cos^2\alpha$的系数中前四个式子符号正、负交错,故$p>0$,又其系数是左边倍角的1,2,3,4倍,故$p$是10的5倍,即$p=50$. 把$\alpha=0$代入⑤得$\cos 0=512\cos 0-1\ 280\cos 0+1\ 120\cos 0+n\cos 0+50\cos 0-1$,得$n=-400$,所以$m-n+p=962$.

例 15　平面上n条直线最多将平面分成多少个部分?

解析　如图4-1.

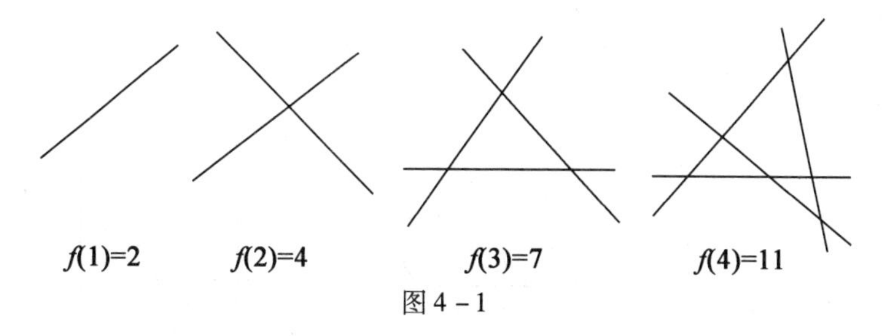

图4-1

规律

$$
\begin{aligned}
& f(2)-f(1)=2 \\
& f(3)-f(2)=3 \\
& f(4)-f(3)=4 \\
& \qquad \vdots \\
+\quad & f(n)-f(n-1)=n \\
\hline
& f(n)-f(1)=2+3+4+\cdots+n\ (n\geqslant 2\text{ 且 }n\in\mathbf{N}_+)
\end{aligned}
$$

则 $f(n)=\frac{1}{2}(n^2+n+2)$.

当 $n=1$ 时, $f(1)=2$, 故 $f(n)=\frac{1}{2}(n^2+n+2)\ (n\in\mathbf{N}_+)$.

例 16 平面上 n 个椭圆最多将平面分成多少个部分?

解析 如图 4-2.

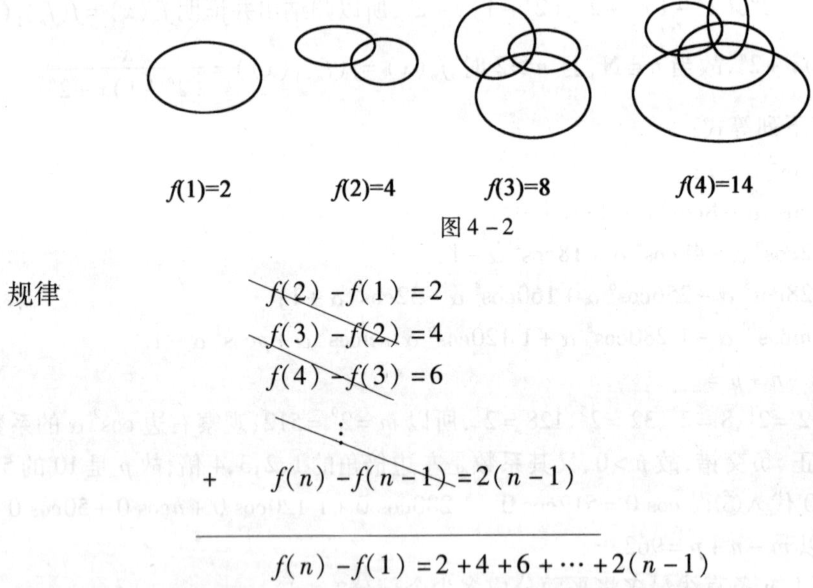

图 4-2

规律

$$
\begin{aligned}
& f(2)-f(1)=2 \\
& f(3)-f(2)=4 \\
& f(4)-f(3)=6 \\
& \qquad \vdots \\
+\quad & f(n)-f(n-1)=2(n-1) \\
\hline
& f(n)-f(1)=2+4+6+\cdots+2(n-1)
\end{aligned}
$$

则 $f(n)=n^2-n+2\ (n\geqslant 2\text{ 且 }n\in\mathbf{N}_+)$.

当 $n=1$ 时, $f(1)=2$, 故 $f(n)=n^2-n+2\ (n\in\mathbf{N}_+)$.

例 17 空间上 n 个平面最多将空间分成多少个部分?

解析 如图 4-3.

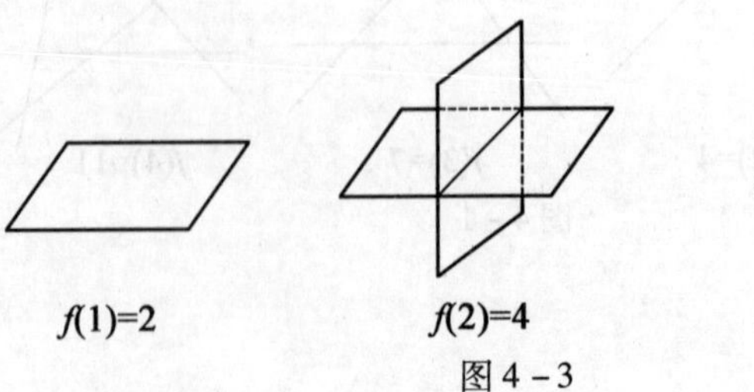

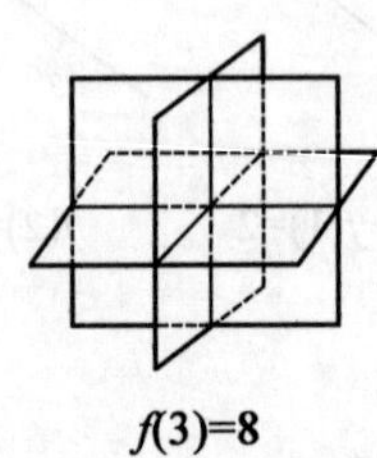

图 4-3

平面个数	线分面	面分空间
1	2	$f(1)=2$
2	4	$f(2)=4$
3	7	$f(3)=8$
4	11	$f(4)=15$
⋮	⋮	⋮
$n-1$	$\frac{1}{2}(n^2+n+2)$	$f(n-1)$
n	$\frac{1}{2}(n^2+n+2)$	$f(n)$

规律

$$f(n)-f(n-1)=\frac{1}{2}(n^2-n+2)$$

$$\vdots$$

$$f(4)-f(3)=7$$

$$f(3)-f(2)=4$$

$$+\qquad f(2)-f(1)=2$$

$$f(n)-f(1)=2+4+7+\cdots+\frac{1}{2}(n^2-n+2)$$

则

$$f(n)=f(1)+[\frac{1}{2}(1^2+2^2+3^2+\cdots+n^2)-\frac{1}{2}]-$$

$$[\frac{1}{2}(1+2+3+\cdots+n)-\frac{1}{2}]+(n-1)$$

$$=2+\frac{1}{2}\cdot\frac{1}{6}n(n+1)(2n+1)-\frac{1}{2}\cdot\frac{n(1+n)}{2}+(n-1)$$

$$=\frac{1}{6}n^3+\frac{5}{6}n+1\quad(n\geqslant 2\text{ 且 }n\in\mathbf{N}_+).$$

当 $n=1$ 时，$f(1)=2$，故 $f(n)=\frac{1}{6}n^3+\frac{5}{6}n+1(n\in\mathbf{N}_+)$.

例 18　空间中 n 个球将空间分成多少个部分?

解析　图略.

球的个数	面分空间	球分空间
1	2	$f(1)=2$
2	4	$f(2)=4$
3	8	$f(3)=8$
4	14	$f(4)=16$
⋮	⋮	⋮
$n-1$	n^2-3n+4	$f(n-1)$
n	n^2-n+2	$f(n)$

规律

$$
\begin{aligned}
f(n)-f(n-1) &= n^2-3n+4\\
&\vdots\\
f(4)-f(3) &= 8\\
+\quad f(3)-f(2) &= 4\\
\hline
f(n)-f(2) &= 4+8+\cdots+(n^2-3n+4)
\end{aligned}
$$

则

$$
\begin{aligned}
f(n) &= 4+4+8+\cdots+(n^2-3n+4)\\
&= 4+(3^2+4^2+\cdots+n^2)-3(3+4+\cdots+n)+4(n-2)\\
&= 4+\left[\frac{1}{6}n(n+1)(2n+1)-5\right]-3\left(\frac{n(n+1)}{2}-3\right)+4(n-2)\\
&= \frac{1}{3}(n^3-3n^2+8n)\quad (n\geqslant 3 \text{ 且 } n\in \mathbf{N}_+)
\end{aligned}
$$

当 $n=1$ 时，$f(1)=2$，当 $n=2$ 时，$f(2)=4$，故 $f(n)=\frac{1}{3}(n^3-3n^2+8n)(n\in \mathbf{N}_+)$.

例 19 古希腊人常用小石子在沙滩上摆成各种形状来研究数. 比如：

他们研究过图 4-4 中的 1,3,6,10,…，由于这些数能够表示成三角形，将其称为三角形数；类似地，称图 4-5 中的 1,4,9,16,…这样的数为正方形数. 下列数中既是三角形数又是正方形数的是（　　）.

A. 289　　B. 1 024　　C. 1 225　　D. 1 378

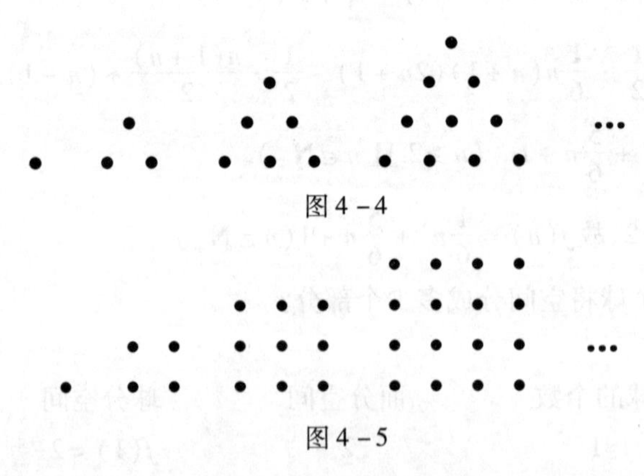

图 4-4

图 4-5

解析 通过观察图形得，三角形数的一般形式是 $1+2+3+\cdots+n=\frac{n(n+1)}{2}$，正方形数的一般形式是 m^2，从四个选项选一个同时满足两式的数，因 $1\ 225=35^2=\frac{49\times 50}{2}$，故答案应选 C.

例 20　观察下列等式：

$1=1$

$2+3+4=9$

$3+4+5+6+7=25$

$4+5+6+7+8+9+10=49$

⋮

照此规律，第 n 个等式为________.

解析　把已知等式与行数对应起来，则每一个等式左边的式子第一个数是行数 n，加数的个数是 $2n-1$；等式右边都是完全平方数

	行数	等号左边的项数
$1=1$	1	1
$2+3+4=9$	2	3
$3+4+5+6+7=25$	3	5
$4+5+6+7+8+9+10=49$	4	7
⋮	⋮	⋮

所以 $n+(n+1)+\cdots+[n+(2n-1)-1]=(2n-1)^2$，即

$$n+(n+1)+\cdots+(3n-2)=(2n-1)^2$$

例 21　对于 $n\in\mathbf{N}_+$，将 n 表示为 $n=a_0\times2^k+a_1\times2^{k-1}+a_2\times2^{k-2}+\cdots+a_{k-1}\times2^1+a_k\times2^0$，当 $i=0$ 时，$a_i=1$；当 $1\leqslant i\leqslant k$ 时，a_i 为 0 或 1. 记 $I(n)$ 为上述表示中 a_i 为 0 的个数(例如，$1=1\times2^0$，$4=1\times2^2+0\times2^1+0\times2^0$，故 $I(1)=0$，$I(4)=2$)，则：

(1) $I(12)=$________；

(2) $\sum\limits_{n=1}^{127}2^{I(n)}=$________.

解析　(1)因 $12=1\times2^3+1\times2^2+0\times2^1+0\times2^0$，故 $I(12)=2$；

(2)在二进制的 $k(k\geqslant2)$ 位数中，没有 0 的有 1 个，有 1 个 0 的有 C_{k-1}^1 个，有 2 个 0 的有 C_{k-1}^2 个，……，有 m 个 0 的有 C_{k-1}^m 个，……，有 $k-1$ 个 0 的有 $C_{k-1}^{k-1}=1$ 个. 故对所有二进制为 k 位数的数 n，在所求式中的 $2^{I(n)}$ 的和为

$$1\cdot2^0+C_{k-1}^1\cdot2^1+C_{k-1}^2\cdot2^2+\cdots+C_{k-1}^{k-1}\cdot2^{k-1}=3^{k-1}$$

又 $127=2^7-1$ 恰为二进制的最大 7 位数，所以 $\sum\limits_{n=1}^{127}2^{I(n)}=2^0+\sum\limits_{k=2}^{7}3^{k-1}=1\ 093$.

例 22　对于集合 $N=\{1,2,3,\cdots,n\}$ 及其他的每一个非空子集，定义一个“交替和”如下：按照递减的次序重新排列该子集，然后从最大数开始交替地减、加后得的数. 例如，集合 $\{1,2,4,6,9\}$ 的交替和是 $9-6+4-2+1=6$，集合 $\{5\}$ 的交替和为 5. 当集合 N 中的 $n=2$ 时，集合 $N=\{1,2\}$ 的所有非空子集为 $\{1\}$，$\{2\}$，$\{1,2\}$，则它的“交替和”的总和 $S_2=1+2+(2-1)=4$，请你尝试对 $n=3$，$n=4$ 的情况，计算它的“交替和”的总和 S_3，S_4，并根据其结果猜测集合 $N=\{1,2,3,\cdots,n\}$ 的每一个非空子集的“交替和”的总和 $S_n=$________.

解析　先根据“交替和”的定义和示例求出 S_3，S_4，然后根据 S_1，S_2，S_3，S_4 的值归纳出 S_n 的值.

当 $n=3$ 时,集合 $N=\{1,2,3\}$,它的所有非空子集为 $\{1\},\{2\},\{3\},\{1,2\},\{1,3\},\{2,3\},\{1,2,3\}$,所以 $S_3=1+2+3+(2-1)+(3-1)+(3-2)+(3-2+1)=12$;当 $n=4$ 时,集合 $N=\{1,2,3,4\}$,它的所有非空子集为 $\{1\},\{2\},\{3\},\{4\},\{1,2\},\{1,3\},\{1,4\},\{2,3\},\{2,4\},\{3,4\},\{1,2,3\},\{1,2,4\},\{1,3,4\},\{2,3,4\},\{1,2,3,4\}$,同理可得 $S_4=32$. 由 $S_1=1=1\times1,S_2=4=2\times2,S_3=12=3\times2^2,S_4=32=4\times2^3$,可猜测出 $S_n=n\times2^{n-1}$.

例 23 自然状态下的鱼类是一种可再生的资源,为持续利用这一资源,需从宏观上考察其再生能力及捕捞强度对鱼群总量的影响. 用 x_n 表示某鱼群在第 n 年年初的总量,$n\in\mathbf{N}_+$,且 $x_1>0$. 不考虑其他因素,设在第 n 年内鱼群的繁殖量及捕捞量都与 x_n 成正比,死亡量与 x_n^2 成正比,这些比例系数依次为正常数 a,b,c.

(1)求 x_{n+1} 与 x_n 的关系式;

(2)猜测:当且仅当 x_1,a,b,c 满足什么条件时,每年年初鱼群的总量保持不变?(不要求证明)

(3)设 $a=2,c=1$,为保证对任意 $x_1\in(0,2)$,都有 $x_n>0,n\in\mathbf{N}_+$,则捕捞强度 b 的最大允许值是多少?证明你的结论.

解析 (1)从第 n 年初到第 $n+1$ 年初,鱼群的繁殖量为 ax_n,捕捞量为 bx_n,死亡量为 cx_n^2,因此

$$x_{n+1}-x_n=ax_n-bx_n-cx_n^2\quad(n\in\mathbf{N}_+)\qquad(*)$$

即

$$x_{n+1}=x_n(a-b+1-cx_n)\quad(n\in\mathbf{N}_+)\qquad(**)$$

(2)若每年年初鱼群总量保持不变,则 x_n 恒等于 $x_1,n\in\mathbf{N}_+$,从而由式$(*)$得 $x_n(a-b-cx_n)$ 恒等于 $0,n\in\mathbf{N}_+$,所以 $a-b-cx_1=0$,即 $x_1=\dfrac{a-b}{c}$.

因为 $x_1>0$,所以 $a>b$.

猜测:当且仅当 $a>b$,且 $x_1=\dfrac{a-b}{c}$ 时,每年年初鱼群的总量保持不变.

(3)若 b 的值使得 $x_n>0,n\in\mathbf{N}_+$.

由 $x_{n+1}=x_n(3-b-x_n),n\in\mathbf{N}_+$,知 $0<x_n<3-b,n\in\mathbf{N}_+$. 特别地,有 $0<x_1<3-b$,即 $0<b<3-x_1$. 而 $x_1\in(0,2)$,所以 $b\in(0,1]$.

由此猜测 b 的最大允许值是 1.

下证:当 $x_1\in(0,2),b=1$ 时,都有 $x_n\in(0,2),n\in\mathbf{N}_+$.

①当 $n=1$ 时,结论显然成立.

②假设当 $n=k$ 时结论成立,即 $x_k\in(0,2)$,则当 $n=k+1$ 时,$x_{k+1}=x_k(2-x_k)>0$. 又因为 $x_{k+1}=x_k(2-x_k)=-(x_k-1)^2+1\leqslant1<2$,所以 $x_{k+1}\in(0,2)$,故当 $n=k+1$ 时结论也成立.

由①②可知,对于任意的 $n\in\mathbf{N}_+$,都有 $x_n\in(0,2)$.

综上所述,为保证对任意 $x_1\in(0,2)$,都有 $x_n>0,n\in\mathbf{N}_+$,则捕捞强度 b 的最大允许值是 1.

4.4　类比推理

由两类对象具有某些类似特征和其中一类对象的某些已知特征，推出另一类对象也具有这些特征的推理称为类比推理(简称类比).

由于客观物质世界中的事物不是孤立的，而是相互联系和制约的，造成事物的系统结构之间具有类似性，于是人们可以根据事物的某些属性相同或类似推测其他的属性也相同或类似，这就是类比推理的哲学依据. 但是由于事物之间除了共性，还有区别于其他事物的自身的规定性，于是事物的系统结构之间就有差异性. 由类比推理得到的结论有可能正好是两类事物之间的类似性之所在，也可能是差异性之所在，因此类比推理的结论有可能是正确的，也可能是错误的，需要进一步判断.

类比推理是数学学习与研究中的重要手段，它可以帮助猜测问题的结论，推测问题的解法. 例如，实数与复数、实数与向量在运算法则与运算性质方面类比；两个实数的大小关系与两个集合的包含关系类比；平面几何与立体几何类比；圆、椭圆、双曲线、抛物线之间的类比等.

为提高类比推理得出正确结论的可靠性，需对类比推理模式中影响结论可靠性的要素进行分析.

影响类比推理结论可靠性的因素有：

(1)两类对象的相同或类似属性 $a,b,c,\cdots$ 与 $a',b',c',\cdots$ 越本质，类推得出的结论，可靠性通常越大.

在数学上，数学对象的本质属性，是指确定这个数学对象的基本概念(如数学定义)，符合的基本规律(如公理、定理、法则等). 数学对象是由其本质属性(基本概念、公理等)决定的，因为本质属性决定非本质属性，所以由数学对象的基本概念与基本的公理、定理、法则等，推得其他的属性，即根据两类对象之间相同或类似的本质属性去类推，类比推出的结论通常可靠性大. 这就是说，为了提高我们类推结论的可靠性，要尽可能根据两类数学对象之间相似的本质属性去类推，避免根据两类事物表面的或者偶然的相同或类似属性去类推.

(2)对象甲的属性 $a,b,c,\cdots$ 与属性 d 之间的相关程度越高，那么由相同或相似属性 $a',b',c',\cdots$ 类推得出的结论(对象乙具有属性 d')通常越可靠.

在数学上，数学对象的属性通常不是孤立的，而是相互联系的. 由于数学自身的特点，这种联系通常表现为逻辑推演关系. 如果两类类比对象的属性 $a,b,c,\cdots$ 与 $a',b',c',\cdots$ 分别对应并且 $a,b,c,\cdots\Rightarrow d$，则类似地有 $a',b',c',\cdots\Rightarrow d'$，而且推理方法及过程通常也类似. 显然，这样类推得到的结论可靠性大. 我们可以根据这一点，不仅类推结论，而且类推解决问题的方法.

(3)对象甲的属性 $a,b,c,\cdots$ 与对象乙的属性 $a',b',c',\cdots$ 相似程度越高，通常类推得出的结论(对象乙具有属性 d')可靠性越大，并且属性 d' 与属性 d 也越相似.

在数学上，数学对象属性的相似性程度是指，描述两类数学对象的数学属性所涉及的数学概念以及这些概念之间的结构关系相互对应的程度. 两类数学对象相互对应的程度越大，则相似性程度就越高，类推所得结论可靠性通常也就越大.

(4)两类对象的相同或相似属性 $a,b,c,\cdots$ 与 $a',b',c',\cdots$ 数量越多，类推所得结论的可靠性越大.

在数学上,两类对象的相同或相似属性越多,意味着有可能支撑两类数学对象相似的基本概念和公理、定理等,数量多,相似度高,因而两类数学对象的相同或相似属性所占的比例就大,类比得出正确结论的概率就大.因此,类比推理时,应尽可能在发现两类对象之间较多相同或相似属性的基础上去类推.

4.4.1 类比推理方法的应用

例 24 观察等式

$$C_5^1+C_5^5=2^3-2$$

$$C_9^1+C_9^5+C_9^9=2^7+2^3$$

$$C_{13}^1+C_{13}^5+C_{13}^9+C_{13}^{13}=2^{11}-2^5$$

$$C_{17}^1+C_{17}^5+C_{17}^9+C_{17}^{13}+C_{17}^{17}=2^{15}+2^7$$

由以上等式推测到一个一般的结论:

对于 $n\in\mathbf{N}_+$, $C_{4n+1}^1+C_{4n+1}^5+C_{4n+1}^9+\cdots+C_{4n+1}^{4n+1}=$________.

解析 这是一种需类比推理方法破解的问题,结论由两项构成,第二项前有 $(-1)^n$,两项指数分别为 2^{4n-1}, 2^{2n-1},因此对于 $n\in\mathbf{N}_+$,有

$$C_{4n+1}^1+C_{4n+1}^5+C_{4n+1}^9+\cdots+C_{4n+1}^{4n+1}=2^{4n-1}+(-1)^n2^{2n-1}$$

例 25 设 $f(x)=\dfrac{1}{2^x+\sqrt{2}}$,利用课本中推导等差数列前 n 项和公式的方法,可求得 $f(-5)+f(-4)+\cdots+f(0)+\cdots+f(5)+f(6)$ 的值为________.

解析 本题用的是"方法类比".等比数列前 n 项和公式的推导方法是倒序相加,亦即首尾相加,经类比不难想到

$$\begin{aligned}&f(-5)+f(-4)+\cdots+f(0)+\cdots+f(5)+f(6)\\&=[f(-5)+f(6)]+[f(-4)+f(5)]+\cdots+[f(0)+f(1)]\end{aligned}$$

而当 $x_1+x_2=1$ 时,有

$$f(x_1)+f(x_2)=\frac{1}{2^{x_1}+\sqrt{2}}+\frac{1}{2^{x_2}+\sqrt{2}}=\frac{2\sqrt{2}+2^{x_1}+2^{x_2}}{\sqrt{2}(2^{x_1}+2^{x_2})+2^{x_1+x_2}+2}=\frac{\sqrt{2}}{2}$$

故所求答案为 $6\times\dfrac{\sqrt{2}}{2}=3\sqrt{2}$.

例 26 在同一平面内,若 P,A,B 三点共线,则对于平面上任意一点 O,有 $\overrightarrow{OP}=\lambda\overrightarrow{OA}+\mu\overrightarrow{OB}$,且 $\lambda+\mu=1$.对这个命题证明如下.证明:因 P,A,B 三点共线,则 $\overrightarrow{AP}=t\overrightarrow{AB}$,即 $\overrightarrow{OP}-\overrightarrow{OA}=t(\overrightarrow{OB}-\overrightarrow{OA})$,整理得 $\overrightarrow{OP}=(1-t)\overrightarrow{OA}+t\overrightarrow{OB}=\lambda\overrightarrow{OA}+\mu\overrightarrow{OB}$,故 $\lambda+\mu=1$.请把上述结论和证明过程类比到空间向量.

解析 把平面的命题类比到空间,一般是平面上的线与面对应空间的面与体,根据这个类比规律进行类比.

类比到空间向量所得结论:在空间中,若 P,A,B,C 四点共面,则对于空间中任意一点 O,有 $\overrightarrow{OP}=x\overrightarrow{OA}+y\overrightarrow{OB}+z\overrightarrow{OC}$,且 $x+y+z=1$.

事实上,因 P,A,B,C 四点共面,则$\overrightarrow{AP}=\lambda\overrightarrow{AB}+\mu\overrightarrow{AC}$,即

$$\overrightarrow{OP}-\overrightarrow{OA}=\lambda(\overrightarrow{OB}-\overrightarrow{OA})+\mu(\overrightarrow{OC}-\overrightarrow{OA})$$

整理得

$$\overrightarrow{OP}=(1-\lambda-\mu)\overrightarrow{OA}+\lambda\overrightarrow{OB}+\mu\overrightarrow{OC}$$

又$(1-\lambda-\mu)+\lambda+\mu=1$,令 $x=1-\lambda-\mu,y=\lambda,z=u$,得 $x+y+z=1$.

例 27　如图 4-6,在圆中有结论:"AB 是圆 O 的直径,直线 AC,BD 是圆 O 过 A,B 的切线,P 是圆 O 上任意一点,CD 是过点 P 的切线,则有 $PO^2=PC\cdot PD$."把此结论类比到椭圆,有:AB 是椭圆的长轴,直线 AC,BD 是椭圆过 A,B 的切线,P 是椭圆上任意一点,CD 是过点 P 的切线,则有________.

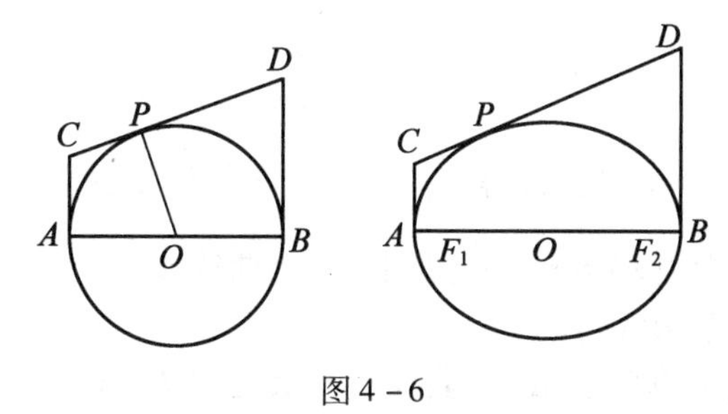

图 4-6

解析　考虑把椭圆"挤压"成圆,从这个过程的逆过程中获得类比结论.

现在把椭圆"挤压"成圆,在这个过程中,两个焦点将不断靠近椭圆中心,最后它们重合于椭圆中心. 把这个过程逆回去,则 PO 就等同 PF_1,PF_2,结论 $PO^2=PC\cdot PD$ 也就相应变成 $PF_1\cdot PF_2=PC\cdot PD$,这就是类比后的结论.

例 28　在平面几何里,有勾股定理:"设$\triangle ABC$ 的两边 AB,AC 互相垂直,则 $AB^2+AC^2=BC^2$."拓展到空间,类比平面几何的勾股定理,研究三棱锥的侧面面积与底面面积间的关系,可以得出的正确结论是:"设三棱锥 $A-BCD$ 的三个侧面 ABC,ACD,ADB 两两相互垂直,则________."

解析　与$\triangle ABC$ 相对应的,是三棱锥 $A-BCD$;与 Rt$\triangle ABC$ 的两条边交成 1 个直角相对应的,是三棱锥 $A-BCD$ 的三个侧面 ABC,ACD,ADB 在一个顶点处构成 3 个直二面角;与 Rt$\triangle ABC$的直角边 AB,AC 的长度相对应的,是三棱锥 $A-BCD$ 的三个侧面 ABC,ACD,ADB 的面积 $S_{\triangle ABC},S_{\triangle ACD},S_{\triangle ADB}$;与 Rt$\triangle ABC$ 的斜边 BC 的长度相对应的,是三棱锥 $A-BCD$ 的底面 BCD 的面积 $S_{\triangle BCD}$;类比平面几何的勾股定理 $AB^2+AC^2=BC^2$,在三棱锥 $A-BCD$ 中,有 $S_{\triangle ABC}^2+S_{\triangle ACD}^2+S_{\triangle ADB}^2=S_{\triangle BCD}^2$.

4.4.2　类比推理思想的应用

类比推理思想比类比推理方法更广阔、更宽泛.

例 29　设 F_1,F_2 分别为椭圆 $C:\frac{x^2}{a^2}+\frac{y^2}{b^2}=1(a>b>0)$的左、右两个焦点,已知椭圆具有性质:若 M,N 是椭圆 C 上关于原点对称的两个点,点 P 是椭圆上任意一点,当直线 PM,PN 的斜率都存在,并记为 k_{PM},k_{PN}时,那么 k_{PM}与 k_{PN}之积是与点 P 位置无关的值. 试对双曲线

$C:\frac{x^2}{a^2}-\frac{y^2}{b^2}=1$,写出具有的类似的性质,并加以证明.

解析 类似的性质是:若 M,N 是双曲线 C 上关于原点对称的两个点,点 P 是双曲线上任意一点,当直线 PM,PN 的斜率都存在,并记为 k_{PM},k_{PN}时,那么 k_{PM}与 k_{PN}之积是与点 P 位置无关的值.

事实上,设点 M 的坐标为(m,n),则点 N 的坐标为$(-m,-n)$,其中$\frac{m^2}{a^2}-\frac{n^2}{b^2}=1$.

又设点 P 的坐标为(x,y),则

$$k_{PM}=\frac{y-n}{x-m},k_{PN}=\frac{y+n}{x+m}$$

得

$$k_{PM}\cdot k_{PN}=\frac{y-n}{x-m}\cdot\frac{y+n}{x+m}=\frac{y^2-n^2}{x^2-m^2}$$

将 $y^2=\frac{b^2}{a^2}x^2-b^2,n^2=\frac{b^2}{a^2}m^2-b^2$ 代入,得 $k_{PM}\cdot k_{PN}=\frac{b^2}{a^2}$为定值,故类比猜想成立.

例 30 (Ⅰ)已知函数$f(x)=x^3-x$,其图像记为曲线 C.

(ⅰ)求函数$f(x)$的单调区间;

(ⅱ)证明:若对于任意非零实数 x_1,曲线 C 与其在点 $P_1(x_1,f(x_1))$处的切线交于另一点 $P_2(x_2,f(x_2))$,曲线 C 与其在点 P_2 处的切线交于另一点 $P_3(x_3,f(x_3))$,线段 P_1P_2,P_2P_3 与曲线 C 所围成封闭图形的面积分别记为 S_1,S_2,则$\frac{S_1}{S_2}$为定值.

(Ⅱ)对于一般的三次函数 $g(x)=ax^3+bx^2+cx+d(a\neq0)$,请给出类似于(Ⅰ)中(ⅱ)的正确命题,并予以证明.

解析 (Ⅰ)中(ⅰ)(ⅱ)略.

(Ⅱ)记函数 $g(x)=ax^3+bx^2+cx+d(a\neq0)$的图像为曲线 C',类似于(Ⅰ)中(ⅱ)的正确命题为:若对于任意不等于$-\frac{b}{3a}$的实数 x_1,曲线 C'与其在点 $P_1(x_1,g(x_1))$处的切线交于另一点 $P_2(x_2,g(x_2))$,曲线 C'与其在点 P_2 处的切线交于另一点 $P_3(x_3,g(x_3))$,线段 P_1P_2,P_2P_3 与曲线 C'所围成封闭图形的面积分别记为 S_1,S_2,则$\frac{S_1}{S_2}$为定值.

事实上(法 1),因为平移变换不改变面积的大小,故可将曲线 $y=g(x)$ 的对称中心$(-\frac{b}{3a},g(-\frac{b}{3a}))$平移至坐标原点,因而不妨设 $g(x)=ax^3+hx$,且 $x_1\neq0$.

类似于(Ⅰ)中(ⅱ)的计算可得 $S_1=\frac{27}{4}ax_1^4,S_2=\frac{27\times16}{4}ax_1^4\neq0$. 故$\frac{S_1}{S_2}=\frac{1}{16}$.

事实上(法 2),由 $g(x)=ax^3+bx^2+cx+d(a\neq0)$得 $g'(x)=3ax^2+2bx+c$,所以曲线 C'在点$(x_1,g(x_1))$处的切线方程为

$$y=(3ax_1^2+2bx_1+c)x-2ax_1^3-bx_1^2+d$$

由

$$\begin{cases}y=ax^3+bx^2+cx+d\\y=(3ax_1^2+2bx_1+c)x-2ax_1^3-bx_1^2+d\end{cases}$$

得

$$(x-x_1)^2[a(x+2x_1)+b]=0$$

则 $x=x_1$ 或 $x=-\frac{b}{a}-2x_1$，即 $x_2=-\frac{b}{a}-2x_1$，故

$$S_1=\left|\int_{x_2}^{x_1}[ax^3+bx^2-(3ax_1^2+2bx_1)x+2ax_1^3+bx_1^2]\mathrm{d}x\right|=\frac{(3ax_1+b)^4}{12a^3}$$

用 x_2 代替 x_1，重复上述计算过程，可得 $x_3=-\frac{b}{a}-2x_2$ 和 $S_2=\frac{(3ax_2+b)^4}{12a^3}$. 又 $x_2=-\frac{b}{a}-2x_1$ 且 $x_1\neq-\frac{b}{3a}$，所以

$$S_2=\frac{(3ax_2+b)^4}{12a^3}=\frac{(-6ax_1-2b)^4}{12a^3}=\frac{16(3ax_1+b)^4}{12a^3}\neq0$$

故 $\frac{S_1}{S_2}=\frac{1}{16}$.

注　此题为类比研究题，在设问形式上创新，联系高等数学背景，揭示数学的发生、发展过程.

例 31　对于圆的切线有一个比较熟悉的性质：如图 4－7，是圆 O 外一点，过点 P 作圆的两条切线，切点分别为 A,B，直线 OP 与圆 O 交于点 D，与 AB 相交于点 C，则 C 为线段 AB 的中点，且 $OD^2=OC\cdot OP$.

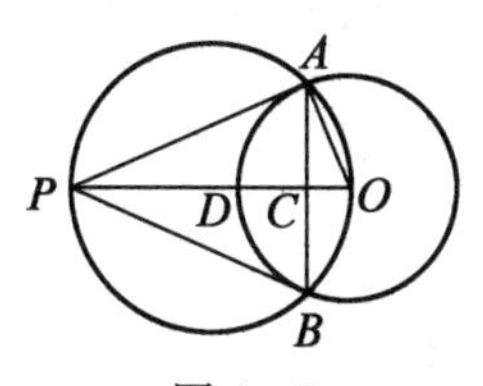

图 4－7

圆锥曲线是否有类似的性质呢？对于椭圆有下述结论：

结论　如图 4－8，P 是椭圆外一点，点 O 为椭圆中心，过点 P 作椭圆的两条切线，切点分别为 A,B，直线 OP 与 AB 相交于点 C，射线 OP 与椭圆的一个交点为 D，则：

①$OD^2=OC\cdot OP$；

②C 为线段 AB 的中点.

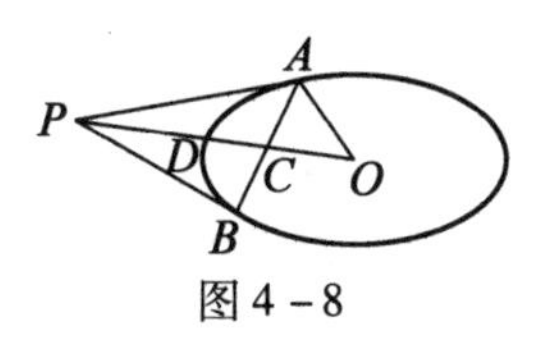

图 4－8

证明　当点 P 在坐标轴上时，结论显然成立. 下面仅考虑点 P 不在坐标轴上的情形.

①设椭圆方程为 $\frac{x^2}{a^2}+\frac{y^2}{b^2}=1(a>b>0)$，点 $P(x_0,y_0)$，则直线 AB 的方程为 $\frac{xx_0}{a^2}+\frac{yy_0}{b^2}=1$，直线 OP 的方程为 $y=\frac{y_0}{x_0}x$.

由$\begin{cases}\dfrac{xx_0}{a^2}+\dfrac{yy_0}{b^2}=1\\ y=\dfrac{y_0}{x_0}x\end{cases}$得$\begin{cases}x_C=\dfrac{a^2b^2}{x_0^2b^2+y_0^2a^2}x_0\\ y_C=\dfrac{a^2b^2}{x_0^2b^2+y_0^2a^2}y_0\end{cases}$.

由$\begin{cases}\dfrac{x^2}{a^2}+\dfrac{y^2}{b^2}=1\\ y=\dfrac{y_0}{x_0}x\end{cases}$得 $x_D^2=\dfrac{a^2b^2}{x_0^2b^2+y_0^2a^2}x_0^2$.

所以

$$OD^2=[1+(\frac{y_0}{x_0})^2]x_D^2=\frac{a^2b^2(x_0^2+y_0^2)}{x_0^2b^2+y_0^2a^2}$$

$$OC\cdot OP=\sqrt{1+(\frac{y_0}{x_0})^2}\,|x_C|\cdot\sqrt{x_0^2+y_0^2}=\frac{a^2b^2(x_0^2+y_0^2)}{x_0^2b^2+y_0^2a^2}$$

因此 $OD^2=OC\cdot OP$.

②由$\begin{cases}\dfrac{xx_0}{a^2}+\dfrac{yy_0}{b^2}=1\\ \dfrac{x^2}{a^2}+\dfrac{y^2}{b^2}=1\end{cases}$得

$$(x_0^2b^2+y_0^2a^2)x^2-2x_0a^2b^2x+a^4b^2-y_0^2a^4=0$$

所以$\dfrac{x_1+x_2}{2}=\dfrac{a^2b^2}{x_0^2b^2+y_0^2a^2}x_0=x_C$,即 C 为线段 AB 的中点.

上述结论对于双曲线也成立,证明从略.

注 此题亦为类比研究问题,揭示数学的发展过程.

4.4.3 类比推理的常见类型

1. 简化类比

即通过将原命题类比到比原命题简单的类比命题,由类比命题解决思路和方法的启发,寻求原命题的解决思路与方法. 比如可先将多元问题类比为少元问题,高次问题类比到低次问题,普遍问题类比为特殊问题等.

例 32 解方程组

$$\begin{cases}x+y+z=3\\ x^2+y^2+z^2=3\\ x^3+y^3+z^3=3\end{cases}$$

解析 具有奇次对称的方程(组)可先减字母个数,降低次数以简化题目,试求解题思路,退中求进.

从退$\begin{cases}x+y=3\\ x^2+y^2=3\end{cases}\Rightarrow xy$ 之值$\Rightarrow$求出 x,y 类比到进

$$\begin{cases}x+y+z=3\\ x^2+y^2+z^2=3\Rightarrow xy+yz+zx=\dfrac{3^2-3}{2}=3\\ x^3+y^3+z^3=3\end{cases}$$

$$\Rightarrow (x+y+z)^3-(x^3+y^3+z^3)=3(x+y)(y+z)(z+x)$$
$$\Rightarrow (x+y)(y+z)(z+x)=8$$
$$\Rightarrow xyz=1$$

故 x,y,z 是方程 $t^3-3t^2+3t-1=0$ 的根,因此 $t=1$.

2. 结构类比

某些待解决的问题没有现成的类比物,但可通过观察,凭借结构上的相似性等寻找类比问题,然后通过适当代换将原问题转化为类比问题来解决.

例 33　证明 $\frac{a-b}{1+ab},\frac{b-c}{1+bc},\frac{c-a}{1+ac}$ 三式之和等于它们之积.

解析　此题初想有些难入手,但从结构上类比到三角恒等式就好证了.

类比

$$\alpha+\beta+\gamma=\pi \Rightarrow \tan\alpha+\tan\beta+\tan\gamma=\tan\alpha\cdot\tan\beta\cdot\tan\gamma$$

设 $a=\tan\alpha,b=\tan\beta,c=\tan\gamma$,则有

$$\frac{a-b}{1+ab}=\tan(\alpha-\beta),\frac{b-c}{1+bc}=\tan(\beta-\gamma),\frac{c-a}{1+ac}=\tan(\gamma-\alpha)$$

因 $\tan[(\alpha-\beta)+(\beta-\gamma)+(\gamma-\alpha)]=\tan 0$,则

$$(\alpha-\beta)+(\beta-\gamma)+(\gamma-\alpha)=k\pi \quad (k\in\mathbf{Z})$$

从而

$$\tan(\alpha-\beta)+\tan(\beta-\gamma)+\tan(\gamma-\alpha)=\tan(\alpha-\beta)\cdot\tan(\beta-\gamma)\cdot\tan(\gamma-\alpha)$$

得

$$\frac{a-b}{1+ab}+\frac{b-c}{1+bc}+\frac{c-a}{1+ac}=\frac{a-b}{1+ab}\cdot\frac{b-c}{1+bc}\cdot\frac{c-a}{1+ac}$$

3. 降维类比

将三维空间的对象降到二维(或一维)空间中的对象,此种类比方法即为降维类比.平面上的一个三角形可与空间的一个四面体类比,如 Rt$\triangle ABC$ 中两直角边长分别为 a,b,斜边上高为 h,则 $\frac{1}{a^2}+\frac{1}{b^2}=\frac{1}{h^2}$;而在四面体 $S-ABC$ 中,SA,SB,SC 两两互相垂直,$SA=a,SB=b,SC=c$,顶点 S 到底面 ABC 的距离为 h,则有 $\frac{1}{a^2}+\frac{1}{b^2}+\frac{1}{c^2}=\frac{1}{h^2}$. 直角三角形与直角"三棱锥"类比、直角边与侧棱类比、斜边与底面类比、斜边上的高与顶点到底面距离类比,于是,就可以类比出结论.

例 34　由图 4-9 有关系 $\frac{S_{\triangle PA'B'}}{S_{\triangle PAB}}=\frac{PA'\cdot PB'}{PA\cdot PB}$,则由图 4-10 有关系 $\frac{V_{P-A'B'C'}}{V_{P-ABC}}=$________.

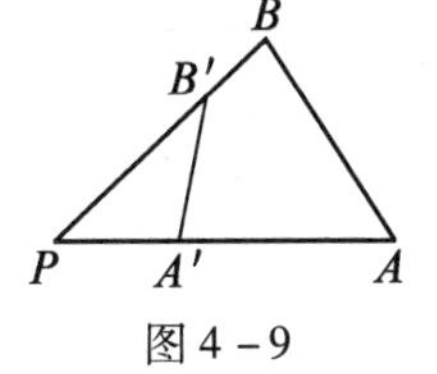

图 4-9

解析　本题以空间图形为载体,通过比较、分析、判断、类比,考查了推理论证能力. 利用

图 4－9 的结论$\frac{S_{\triangle PA'B'}}{S_{\triangle PAB}}=\frac{PA'\cdot PB'}{PA\cdot PB}$，通过将线段 PA'，PA 的长度分别与$\triangle PA'C'$，$\triangle PAC$ 的面积类比，将$\triangle PA'B'$，$\triangle PAB$ 的面积分别与三棱锥 $B'-PA'C'$，$B-PAC$ 的体积类比，将平面上的结论推广至空间，就可以得到图 4－10 的结论为$\frac{V_{P-A'B'C'}}{V_{P-ABC}}=\frac{PA'\cdot PB'\cdot PC'}{PA\cdot PB\cdot PC}$.

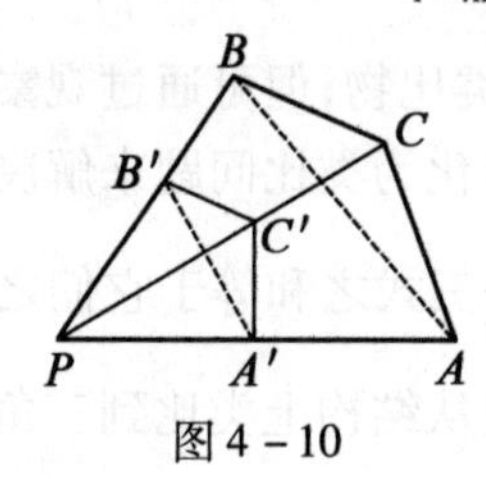

图 4－10

4. 推广类比

推广，我们将在第六章中详细讨论，类比推广将在 6.2.2 节专题讨论. 在这里看两个平面几何问题的推广类比.

例 35　三角形斯库特定理的推广类比.

斯库特定理　在$\triangle ABC$ 中，若 AA_1 平分$\angle BAC$ 交 BC 于点 A_1，则

$$AA_1=\sqrt{AB\cdot AC-BA_1\cdot A_1C}$$

事实上，如图 4－11，斯库特定理是斯特瓦尔特定理：$AA_1^2=AB^2\cdot\frac{A_1C}{BC}+AC^2\cdot\frac{BA_1}{BC}-BA_1\cdot A_1C$ 的特殊情形. 由 AA_1 平分$\angle BAC$，有$\frac{BA_1}{A_1C}=\frac{AB}{AC}$. 此式代入前一式，即得

$$AA_1^2=AB\cdot AC-BA_1\cdot A_1C$$

即得结论.

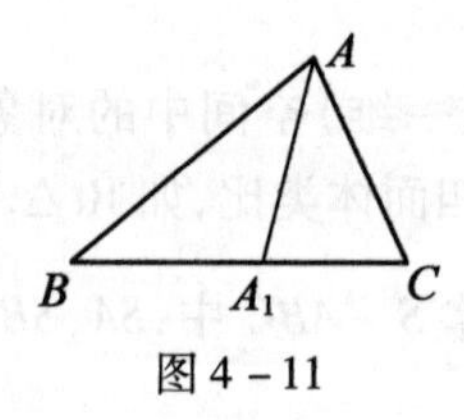

图 4－11

下面推广类比，有：

命题 1　如图 4－12，在$\triangle ABC$ 中，若 AA_1，AA_2 为其等角线（即$\angle BAA_1=\angle A_2AC$）交 BC 于点 A_1，A_2，则 $AA_1\cdot AA_2=AB\cdot AC-\sqrt{BA_1\cdot BA_2\cdot A_1C\cdot A_2C}$.

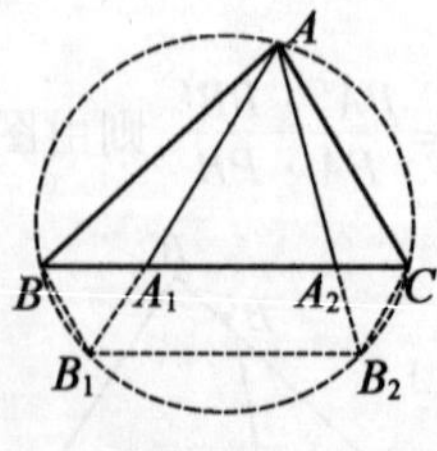

图 4－12

证明　作$\triangle ABC$ 的外接圆，交 AA_1，AA_2 的延长线分别于点 B_1，B_2，联结 BB_1，B_2C，B_1B_2. 由$\angle BAA_1=\angle A_2AC$，有$\overset{\frown}{BB_1}=\overset{\frown}{B_2C}$，亦有 $BC/\!/B_1B_2$，于是

$$\frac{AA_1}{A_1B_1}=\frac{AA_2}{A_2B_2} \quad ①$$

由$\triangle ABB_1 \backsim \triangle AA_2C$,有

$$AB \cdot AC = AB_1 \cdot AA_2$$

同理

$$AB \cdot AC = AB_2 \cdot AA_1$$

因$AB_1 = AA_1 + A_1B_1, AB_2 = AA_2 + A_2B_2$,则

$$AB \cdot AC = AA_1 \cdot AA_2 + AA_2 \cdot A_1B_1 \quad ②$$

$$AB \cdot AC = AA_1 \cdot AA_2 + AA_1 \cdot A_2B_2 \quad ③$$

注意到相交弦定理,有

$$BA_1 \cdot A_1C = AA_1 \cdot A_1B_1 \quad ④$$

$$BA_2 \cdot A_2C = AA_2 \cdot A_2B_2 \quad ⑤$$

由②③两式相乘即得

$$AB \cdot AC - AA_1 \cdot AA_2 = AA_2 \cdot A_1B_1$$

$$AB \cdot AC - AA_1 \cdot AA_2 = AA_1 \cdot A_2B_2$$

从而

$$(AB \cdot AC - AA_1 \cdot AA_2)^2 = AA_2 \cdot A_1B_1 \cdot AA_1 \cdot A_2B_2$$

由④⑤两式相乘,得

$$BA_1 \cdot A_1C \cdot BA_2 \cdot A_2C = AA_1 \cdot A_1B_1 \cdot AA_2 \cdot A_2B_2$$

再注意到式①,即得

$$AA_1 \cdot AA_2 = AB \cdot AC - \sqrt{BA_1 \cdot BA_2 \cdot A_1C \cdot A_2C}$$

显然,A_1与A_2重合时,命题1即为斯库特定理.

例36 三角形欧拉公式的推广类比.

欧拉公式 设$\triangle ABC$的内心为I,外心为O.设R,r分别是$\triangle ABC$的外接圆、内切圆半径,则$OI^2=R^2-2Rr$或$R^2-OI^2=2Rr$.

将圆的问题类比到圆锥曲线问题是一种推广类比.这样的例子我们已在本丛书中的《数学眼光透视》的2.7节、3.3节等以及《数学思想领悟》的3.2.4节、5.6.21节等介绍了不少.在这里,我们来介绍这个例子.

我们知道,圆本质上是椭圆的一种退化形式(椭圆的两个焦点重合而成圆心).试想,将上述命题中的“内切圆”推广到“内切椭圆”,是否仍有类似的几何恒等式成立?

约定椭圆的焦距长$2c$,长轴长$2a$,短轴长$2b$.类比欧拉公式,研究发现有如下命题①:

命题2 (广义欧拉公式)$\triangle ABC$的内切椭圆的焦点为D,E,短轴长为$2b$,$\triangle ABC$的外心为O,外接圆半径为R,则$\sqrt{R^2-OD^2} \cdot \sqrt{R^2-OE^2}=2Rb$.

为了证明结论,需要用到以下引理.

引理1 如图4-13,椭圆的焦点为D,E,AF切椭圆于点F,AG切椭圆于点G,则$\angle FAD=\angle EAG$.

---

① 李世臣,陆楷章.三角形欧拉公式的推广[J].数学通报,2015(1):52-55.

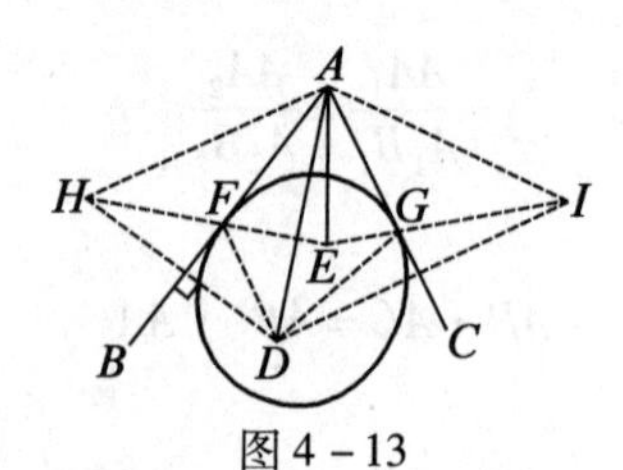

图 4－13

证明 如图 4－13，设焦点 D 关于 AF，AG 的对称点为 H，I，联结 HF，FE，HE，IE. 所以 $\angle AFH=\angle AFD$，$FH=FD$.

因为 AF 切椭圆于点 F，所以

$$\angle AFE+\angle AFD=180°, DF+FE=2a$$

从而 $\angle AFE+\angle AFH=180°$，$H$，$F$，$E$ 共线.

于是 $HE=HF+FE=DF+FE=2a$.

同理 I，G，E 共线，$IE=2a$，所以 $HE=IE$.

又 $AH=AD=AI$，$AE=AE$. 所以

$$\triangle AHE\cong\triangle AIE \quad (\text{SSS})$$

所以 $\angle HAE=\angle IAE$.

因为

$$\angle HAF=\angle FAD, \angle DAG=\angle GAI$$

所以

$$\angle FAD=\angle EAG$$

由证明过程易知引理 1 的逆命题也成立.

引理 1 的逆命题 如图 4－13，椭圆的焦点为 D，E，若 AF 与椭圆切于点 F，点 G 在椭圆上，且 $\angle FAD=\angle EAG$，则 AG 与椭圆切于点 G.

引理 2 如图 4－14，$\triangle ABC$ 的内切椭圆的焦点为 D，E，直线 AD，AE 与 $\triangle ABC$ 的外接圆交于点 J，K，则 $DJ\cdot EK=CK\cdot CJ$.

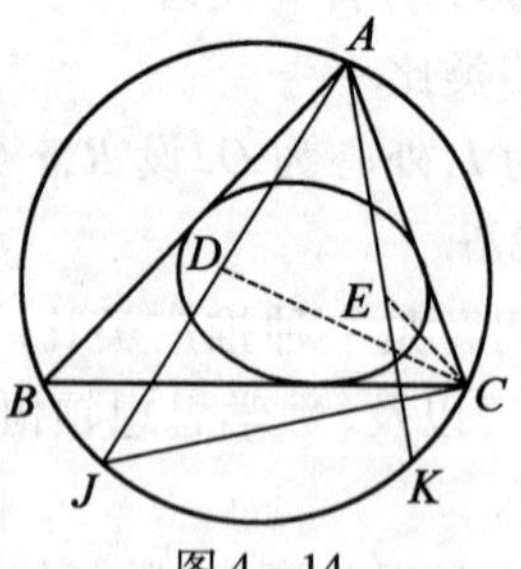

图 4－14

证明 联结 DC，EC. 由引理 1，得

$$\angle BAJ=\angle CAK, \angle ACE=\angle BCD$$

因为

$$\angle BAJ=\angle BCJ$$

所以

$$\angle JCD=\angle BCJ+\angle BCD=\angle BAJ+\angle ACE=\angle EAC+\angle ACE=\angle KEC$$

又 $\angle CJD=\angle EKC$，所以

$$\triangle CJD\backsim\triangle EKC$$

从而$\dfrac{DJ}{CK}=\dfrac{CJ}{EK}$，即 $DJ \cdot EK = CK \cdot CJ$.

引理 3　如图 4－15，点 P 在以 D,E 为焦点的椭圆上，椭圆的短轴长为 $2b(b>0)$，经过点 P 的切线为 l，$DM \perp l$ 于点 M，$EL \perp l$ 于点 L，则 $DM \cdot EL = b^2$.

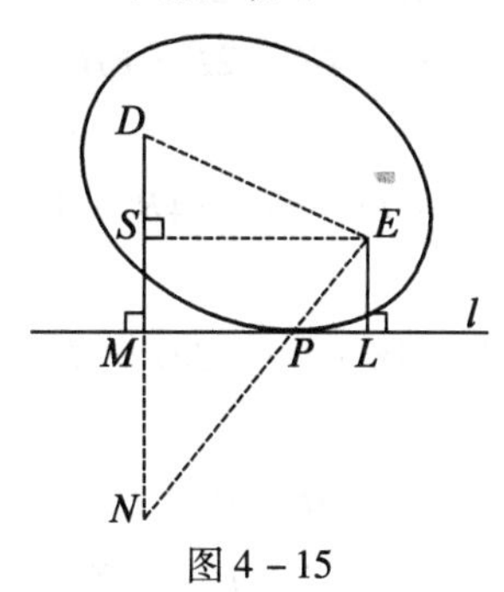

图 4－15

证明　设椭圆的长轴长为 $2a$，焦距 $DE=2c$，点 D 关于切线的对称点为 N. 由引理 1，则 N,P,E 三点共线，且 $NE=NP+PE=2a$.

作 $ES \perp DM$ 于点 S，则 $SM=EL$.

在$\triangle EDN$ 中

$$NE^2-DE^2=NS^2-DS^2=(DM+EL)^2-(DM-EL)^2=4DM \cdot EL$$

即$(2a)^2-(2c)^2=4DM \cdot EL$. 由于 $a^2-c^2=b^2$，所以 $DM \cdot EL=b^2$.

引理 4　如图 4－16，$\triangle ABC$ 的外接圆半径为 R，圆心为 O，点 D 在直线 AB 上，$DE \perp AC$ 于点 E，则 $AD \cdot BC = 2R \cdot DE$.

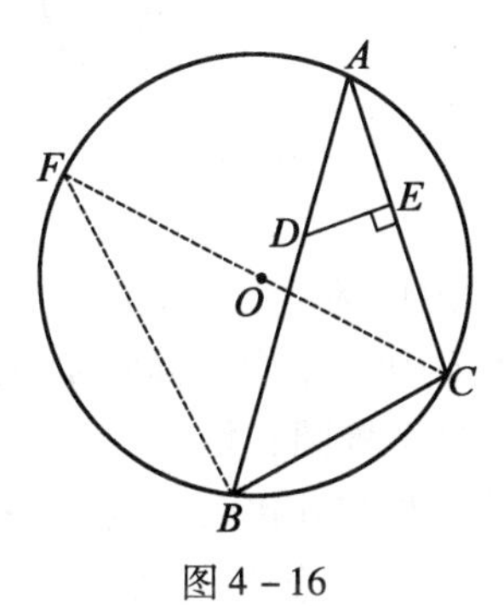

图 4－16

证明　作直径 CF，联结 BF，则$\angle CBF=90°$.

因为 $DE \perp AC$，所以$\angle DEA=90°$，从而$\angle CBF=\angle DEA$.

又$\angle A=\angle F$，所以$\triangle ADE \backsim \triangle FCB$. 于是$\dfrac{AD}{FC}=\dfrac{DE}{BC}$，即 $AD \cdot BC=2R \cdot DE$.

命题 2 的证明　如图 4－17，联结 AD，延长 AD 交外接圆于点 F，联结 AE，延长 AE 交外接圆于点 G，联结 FC,GC. 作 $DI \perp AC$ 于点 I，$EH \perp AC$ 于点 H.

由引理 1 得

$$\angle BAD=\angle CAE$$

由引理 2 得

$$FC \cdot GC=DF \cdot EG$$

由引理3得

$$DI \cdot EH = b^2$$

由引理4得

$$AD \cdot FC = 2R \cdot DI$$

$$AE \cdot GC = 2R \cdot EH$$

两式相乘

$$AD \cdot AE \cdot FC \cdot GC = 4R^2 \cdot DI \cdot EH$$

代换,得

$$AD \cdot AE \cdot DF \cdot EG = 4R^2 b^2$$

由圆幂定理,得

$$AD \cdot DF = R^2 - OD^2$$

$$AE \cdot EC = R^2 - OE^2$$

所以

$$(R^2 - OD^2)(R^2 - OE^2) = 4R^2 b^2$$

即$\sqrt{R^2 - OD^2} \cdot \sqrt{R^2 - OE^2} = 2Rb$. 证毕.

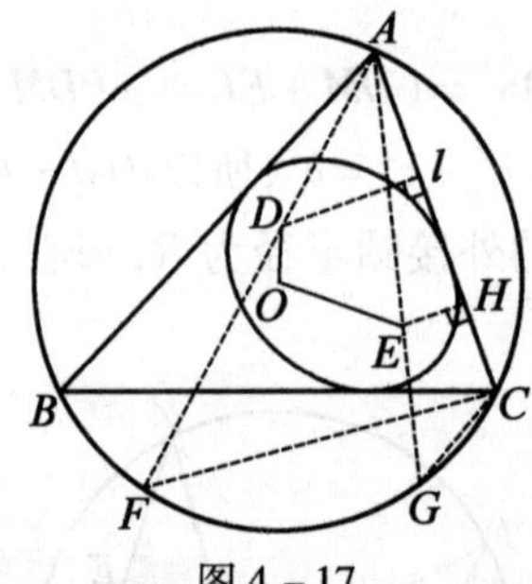

图4-17

利用以上结论可以推出三角形内切椭圆的以下性质:

性质1 已知$\triangle ABC$的外接圆O和一个内切椭圆Φ,点L是$\odot O$上任意一点,弦LM,LN分别与椭圆Φ相切,则弦MN也与这个椭圆相切.

证明 如图4-18,联结LD并延长交外接圆于点F,联结LE并延长交外接圆于点G. 联结DN,EN,FN,GN,OD,OE. 作$DH \perp LN$于点H,$EI \perp LN$于点I.

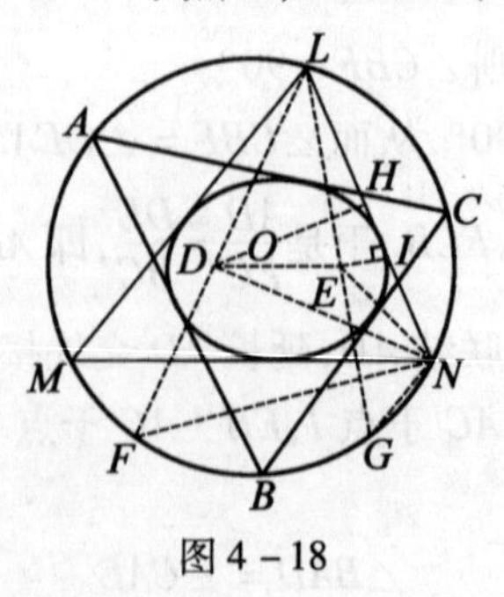

图4-18

由圆幂定理,得

$$LD \cdot DF = R^2 - OD^2$$

$$LE \cdot EG = R^2 - OE^2$$

两式相乘,得

$$LD \cdot DF \cdot LE \cdot EG = (R^2 - OD^2)(R^2 - OE^2)$$

由命题1,得

$$(R^2 - OD^2)(R^2 - OE^2) = 4R^2b^2$$

所以

$$LD \cdot DF \cdot LE \cdot EG = 4R^2b^2$$

由引理3,得

$$DH \cdot EI = b^2$$

所以

$$LD \cdot DF \cdot LE \cdot EG = 4R^2 \cdot DH \cdot EI$$

由引理4,得

$$2R \cdot DH = LD \cdot FN, 2R \cdot EI = LE \cdot GN$$

所以

$$LD \cdot DF \cdot LE \cdot EG = LD \cdot FN \cdot LE \cdot GN$$

即

$$\frac{DF}{GN} = \frac{FN}{EG}$$

因为

$$\angle DFN = \angle NGE$$

所以

$$\triangle DFN \backsim \triangle NGE$$

从而

$$\angle DNF = \angle NEG$$

于是

$$\angle DNM + \angle MNF = \angle LNE + \angle GLN$$

由引理1,得

$$\angle MLF = \angle GLN$$

所以

$$\angle MNF = \angle MLF = \angle GLN$$

从而

$$\angle DNM = \angle LNE$$

由引理1的逆命题知,MN是椭圆的切线.

性质1说明,在三角形的外接圆和内切椭圆之间有无数个三角形,即内接于圆又内切于椭圆.

引理5　P为$\triangle ABC$内任意一点,D,E,F分别在边BC,CA,AB上,且$\angle PDB = \angle PEC = \angle PFA = \theta$,则$S_{\triangle DEF} = \dfrac{R^2 - OP^2}{4R^2\sin^2\theta}S_{\triangle ABC}$.

证明　如图4-19,联结BP,并延长BP交圆O于点G,联结GC,PC,则

$$PB \cdot PG = R^2 - OP^2$$

因为

$$\angle PDB = \angle PEC = \angle PFA = \theta$$

所以 P,F,B,D 和 P,D,C,E 分别四点共圆,则

$$BP \cdot \sin B = DF \cdot \sin\theta, CP \cdot \sin C = DE \cdot \sin\theta$$

$$\begin{aligned}\angle PCG &= \angle PCE + \angle ACG = \angle PDE + \angle ABG\\ &= \angle PDE + \angle PDF = \angle EDF\end{aligned}$$

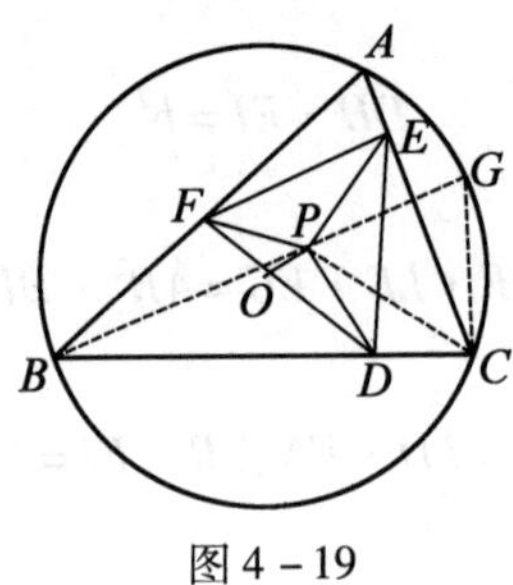

图 4-19

所以

$$\begin{aligned}S_{\triangle DEF} &= \frac{1}{2}DE \cdot DF\sin\angle EDF\\ &= \frac{\sin B\sin C}{2\sin^2\theta}BP \cdot CP\sin\angle PCG\\ &= \frac{\sin B\sin C}{2\sin^2\theta}BP \cdot PG\sin\angle PGC\\ &= \frac{\sin A\sin B\sin C}{2\sin^2\theta}BP \cdot PG\\ &= \frac{R^2 - OP^2}{4R^2\sin^2\theta}S_{\triangle ABC}\end{aligned}$$

性质 2 已知 $\triangle ABC$ 的内切椭圆的焦点为 D,E,短轴长为 $2b$,外接圆 O 半径为 R,F,G,H,I,J,K 分别在边 BC,CA,AB 上,且 $\angle DFB = \angle DIC = \angle DKA = \alpha$, $\angle EJA = \angle EGB = \angle EHC = \beta$,则

$$\frac{\sqrt{S_{\triangle FIK} \cdot S_{\triangle GHJ}}}{S_{\triangle ABC}} = \frac{b}{2R\sin\alpha\sin\beta}$$

证明 如图 4-20,由引理 5,得

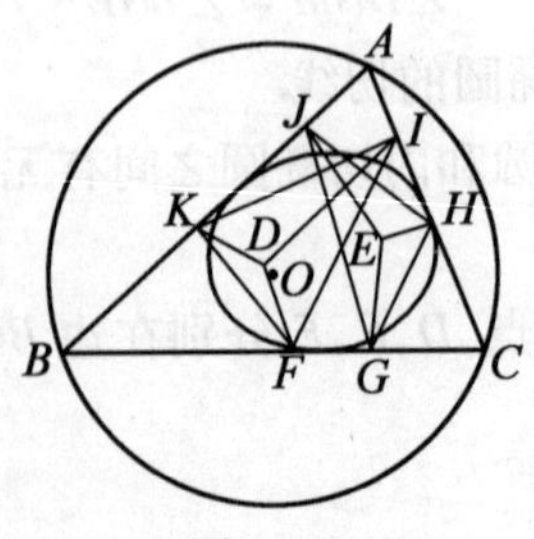

图 4-20

$$S_{\triangle FIK}=\frac{R^2-OD^2}{4R^2\sin^2\alpha}S_{\triangle ABC}$$

$$S_{\triangle GHJ}=\frac{R^2-OE^2}{4R^2\sin^2\beta}S_{\triangle ABC}$$

两式相乘,得

$$S_{\triangle FIK}\cdot S_{GHJ}=\frac{(R^2-OD^2)(R^2-OE^2)}{16R^4\sin^2\alpha\sin^2\beta}(S_{\triangle ABC})^2$$

由命题1,得

$$(R^2-OD^2)(R^2-OE^2)=4R^2b^2$$

代入上式,得

$$S_{\triangle FIK}\cdot S_{\triangle GHJ}=\frac{b^2}{4R^2\sin^2\alpha\sin^2\beta}(S_{\triangle ABC})^2$$

所以

$$\frac{\sqrt{S_{\triangle FIK}\cdot S_{\triangle GHJ}}}{S_{\triangle ABC}}=\frac{b}{2R\sin\alpha\sin\beta}$$

当 D,E 为三角形的一对正负布罗卡尔(Brocard)点时,设三角形布罗卡尔点的向量性质角为 ω,若 $\alpha=\beta=\omega$,则 $S_{\triangle FIK}=S_{\triangle GHJ}=S_{\triangle ABC}$,得 $b=2R\sin^2\omega$. 因为 $R\geqslant 2b$,所以 $\sin\omega\leqslant\frac{1}{2}$. 容易得出 $\omega\leqslant 30°$.

命题2和4个引理都是三角形内心性质的推广.

由于三角形的旁切圆与内切圆的一些性质具有对偶关系,联想到三角形的旁切椭圆(与三角形的一边相切,并与另两边的延长线相切)与内切椭圆是否具有类似的性质呢? 经探索得到命题3.

命题3　已知 $\triangle ABC$ 的外接圆半径为 R,圆心为 O,旁切椭圆的焦点为 D,E,短轴长为 $2b$,则

$$\sqrt{OD^2-R^2}\cdot\sqrt{OE^2-R^2}=2Rb$$

不妨设有一个与 $\triangle ABC$ 的 BC 边相切,并和 AB,AC 两边的延长线都相切的椭圆,该椭圆的焦点为 D,E,则 D,E 都在 $\triangle ABC$ 的外接圆外,由圆幂定理,得

$$AD\cdot DF=OD^2-R^2,AE\cdot EG=OE^2-R^2$$

容易证明引理1~引理4对于旁切椭圆仍然成立,所以

$$(OD^2-R^2)(OE^2-R^2)=AD\cdot AE\cdot DF\cdot EG=4R^2b^2$$

即

$$\sqrt{OD^2-R^2}\cdot\sqrt{OE^2-R^2}=2Rb$$

类比到双曲线又得命题4.

命题4　$\triangle ABC$ 的外接圆半径为 R,圆心为 O,双曲线的焦点为 D,E,虚轴长为 $2b$,$\triangle ABC$ 的三条边分别与双曲线相切,则

$$\sqrt{(OD^2-R^2)(R^2-OE^2)}=2Rb$$

当 $\triangle ABC$ 的三条边分别与以 D,E 为焦点的双曲线相切时,两个焦点必须有一个在内,而另一个在外,不妨设焦点 D 在 $\triangle ABC$ 的外接圆内,焦点 E 在 $\triangle ABC$ 的外接圆外,由圆幂定

理,得

$$AD \cdot DF = R^2 - OD^2, AE \cdot EG = OE^2 - R^2$$

容易证明引理1~引理4对于与三角形三条边所在直线都相切的双曲线仍然成立,所以

$$(R^2 - OD^2)(OE^2 - R^2) = AD \cdot AE \cdot DF \cdot EG = 4R^2b^2$$

即

$$\sqrt{(OD^2 - R^2)(R^2 - OE^2)} = 2Rb$$

对于抛物线有下面结论.

命题5 $\triangle ABC$ 的外接圆半径为 R,圆心为 O,抛物线的焦点为 F,三角形的三条边分别与抛物线相切,则 $OF = R$.

证明之前先介绍一个引理:

引理5 设 F 是抛物线的焦点,PA,PB 是抛物线的两条切线,A,B 为切点,则

$$\angle APF = \angle FBP, \angle BPF = \angle FAP$$

证明 如图4-21,设 l 是抛物线的准线,作 $AA' \perp l$ 于点 A',$BB' \perp l$ 于点 B',则 A',B' 各是焦点 F 关于切线 PA,PB 的对称点.

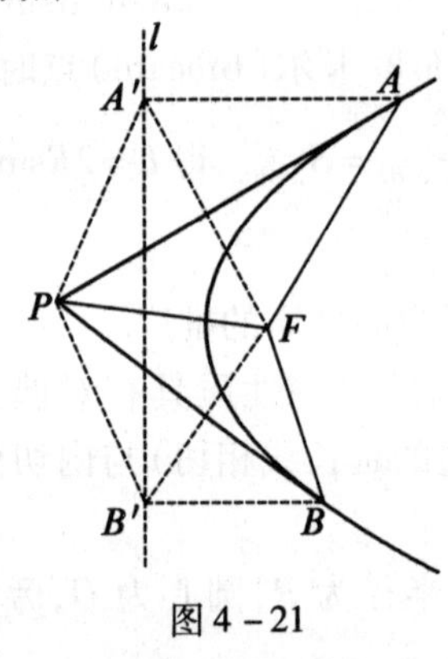

图4-21

所以

$$\angle FAP = \angle PAA' = \angle FA'B', \angle FBP = \angle PBB' = \angle FB'A', PA' = PF = PB'$$

从而点 A',B',F 在以 P 为圆心的圆上,于是

$$\angle FA'B' = \angle FPB, \angle FB'A' = \angle FPA$$

故 $\angle APF = \angle FBP$,$\angle BPF = \angle FAP$.

命题5的证明 如图4-22,设以 F 为焦点的抛物线与 BA,BC 边的延长线切于点 D,E,与边 AC 切于点 G,联结 FA,FB,FC,FD,FE,FG. 由引理5,得

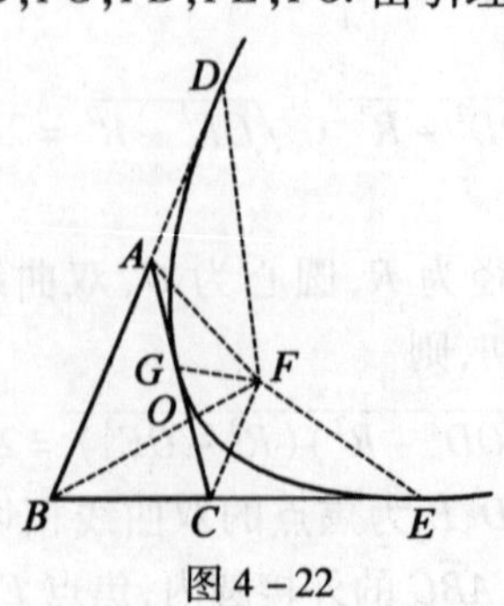

图4-22

$$\angle FBC=\angle FDB,\angle FAC=\angle FDB$$
$$\angle FBA=\angle FEB,\angle FCA=\angle FEB$$

所以

$$\angle FBC=\angle FAC,\angle FBA=\angle FCA$$

因此 A,B,C,F 四点共圆，即点 F 在 $\triangle ABC$ 的外接圆上，故 $OF=R$.

4.5　演绎推理

一般需要肯定一个结论就要通过演绎推理的方法证明其正确性，在数学的推理中，我们大量使用的就是这种演绎推理，而要否定一个结论，只要能举出一个反例就可. 演绎推理是推理证明的主要途径，而“三段论”是演绎推理的一种重要的推理形式.

例 37　设 V 是全体平面向量构成的集合，若映射 $f:V\to\mathbf{R}$ 满足：对任意向量 $\boldsymbol{a}=(x_1,y_1)\in V,\boldsymbol{b}=(x_2,y_2)\in V$，以及任意 $\lambda\in\mathbf{R}$，均有

$$f[\lambda\boldsymbol{a}+(1-\lambda)\boldsymbol{b}]=\lambda f(\boldsymbol{a})+(1-\lambda)f(\boldsymbol{b})$$

则称映射 f 具有性质 P.

先给出如下映射：

①$f_1:V\to\mathbf{R},f_1(\boldsymbol{m})=x-y,\boldsymbol{m}=(x,y)\in V$;

②$f_2:V\to\mathbf{R},f_2(\boldsymbol{m})=x^2+y,\boldsymbol{m}=(x,y)\in V$;

③$f_3:V\to\mathbf{R},f_3(\boldsymbol{m})=x+y+1,\boldsymbol{m}=(x,y)\in V$.

其中，具有性质 P 的映射的序号为________（写出所有具有性质 P 的映射的序号）.

解析　设 $\boldsymbol{a}=(x_1,y_1)\in V,\boldsymbol{b}=(x_2,y_2)\in V$，则

$$\begin{aligned}\lambda\boldsymbol{a}+(1-\lambda)\boldsymbol{b}&=\lambda(x_1,y_1)+(1-\lambda)(x_2,y_2)\\&=(\lambda x_1+(1-\lambda)x_2,\lambda y_1+(1-\lambda)y_2)\end{aligned}$$

对于①，有

$$\begin{aligned}\lambda[\lambda\boldsymbol{a}+(1-\lambda)\boldsymbol{b}]&=[\lambda x_1+(1-\lambda)x_2]-[\lambda y_1+(1-\lambda)y_2]\\&=\lambda(x_1-y_1)+(1-\lambda)(x_2-y_2)\end{aligned}$$
$$\lambda f(\boldsymbol{a})+(1-\lambda)f(\boldsymbol{b})=\lambda(x_1-y_1)+(1-\lambda)(x_2-y_2)$$

因此 $f[\lambda\boldsymbol{a}+(1-\lambda)\boldsymbol{b}]=\lambda f(\boldsymbol{a})+(1-\lambda)f(\boldsymbol{b})$ 成立，故①是具有性质 P 的映射.

对于②，有

$$\begin{aligned}f[\lambda\boldsymbol{a}+(1-\lambda)\boldsymbol{b}]&=[\lambda x_1+(1-\lambda)x_2]^2+[\lambda y_1+(1-\lambda)y_2]\\&=\lambda^2x_1^2+\lambda y_1+(1-\lambda)^2x_2^2+(1-\lambda)y_2+2\lambda(1-\lambda)x_1x_2\end{aligned}$$
$$\lambda f(\boldsymbol{a})+(1-\lambda)f(\boldsymbol{b})=\lambda(x_1^2+y_1)+(1-\lambda)(x_2^2-y_2)$$

显然，不是对任意 $\lambda\in\mathbf{R}$，$f[\lambda\boldsymbol{a}+(1-\lambda)\boldsymbol{b}]=\lambda f(\boldsymbol{a})+(1-\lambda)f(\boldsymbol{b})$ 成立，故②是不具有性质 P 的映射.

对于③，有

$$\begin{aligned}f[\lambda\boldsymbol{a}+(1-\lambda)\boldsymbol{b}]&=[\lambda x_1+(1-\lambda)x_2]+[\lambda y_1+(1-\lambda)y_2]+1\\&=\lambda(x_1+y_1)+(1-\lambda)(x_2+y_2)+1\end{aligned}$$
$$\begin{aligned}\lambda f(\boldsymbol{a})+(1-\lambda)f(\boldsymbol{b})&=\lambda(x_1+y_1+1)+(1-\lambda)(x_2+y_2+1)\\&=\lambda(x_1+y_1)+(1-\lambda)(x_2+y_2)+1\end{aligned}$$

因此$f[\lambda \boldsymbol{a}+(1-\lambda)\boldsymbol{b}]=\lambda f(\boldsymbol{a})+(1-\lambda)f(\boldsymbol{b})$成立，故③是具有性质 P 的映射.

因此，具有性质 P 的映射的序号为①③.

例 38 如图 4－23，设正方形 $ABCD$ 的边长为 a，在 CD 的延长线上取一点 E，以 CE 为直径作圆交 AD 的延长线于点 F，联结 FB 交圆于另一点 G. 如果 $GB=DF$，试求五边形 $ABCFE$ 的面积.

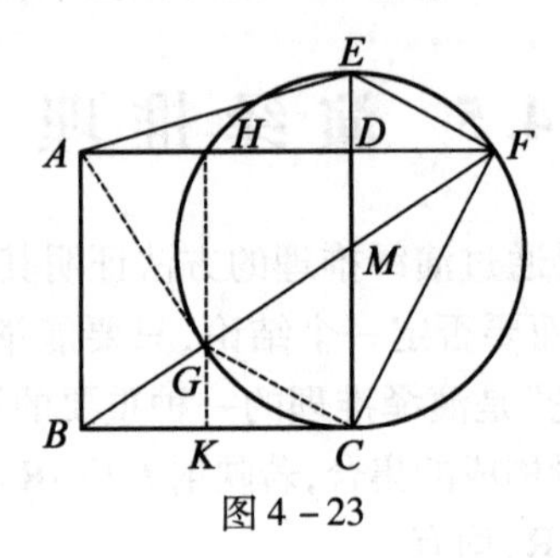

图 4－23

解析 由题设知，BC 和圆相切于 C，由切割线定理，得

$$BC^2=BG\cdot BF$$

在 Rt△BFA 中，联结 AG，由 $AB^2=BC^2=BG\cdot BF$，可知 $AG\perp BF$. 因

$$AB=AD,BG=DF$$

故

$$AG^2=AB^2-BG^2=AD^2-DF^2$$

设 AD 与圆的交点为 H，因 $CE\perp HF$，故 $HD=DF$.

在 Rt△AFG 中，联结并延长 HG 交 BC 于 K，因

$$\begin{aligned}AG^2&=(AD-DF)(AD+DF)\\&=(AD-HD)(AD+DF)\\&=AH\cdot AF\end{aligned}$$

故 $GH\perp AF$. 从而可知 GF 是圆的直径，GF 和 CE 的交点 M 即为圆心.

联结 GC，在 Rt△GCK 和 Rt△EFD 中，易知

$$GC=EF,\angle GCK=\angle ECF=\angle EFD$$

从而有 $GK=ED$，于是

$$S_{\triangle GBC}=S_{\triangle EAD}$$

又因 $S_{\triangle MGC}=S_{\triangle MEF}$，故

$$S_{四边形ABFE}=S_{正方形ABCD}=a^2$$

因 $S_{\triangle FBC}=\dfrac{1}{2}a^2$，故

$$S_{五边形ABCFE}=a^2+\frac{1}{2}a^2=\frac{3}{2}a^2$$

例 39 如图 4－24，已知点 P 是边长为 a 的正三角形 ABC 的外接圆$\overset{\frown}{BC}$上一点，M,N 为$\overset{\frown}{AB}$，$\overset{\frown}{AC}$的中点，弦 PM 与 AB 相交于点 E，弦 PN 与 AC 相交于点 F. 求△AEF 的周长的最小值.

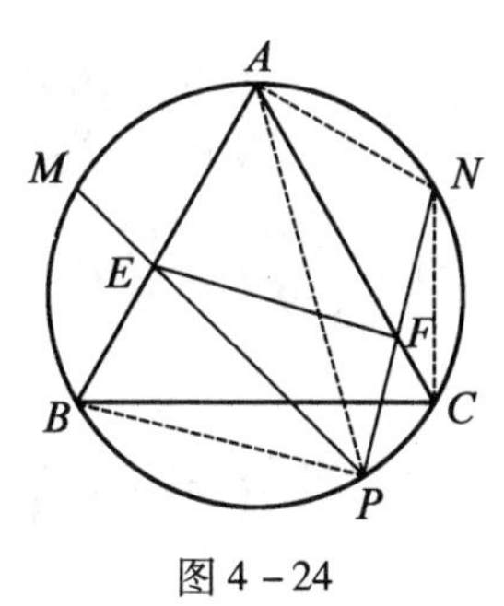

图 4-24

解析　联结 PA,PB,PC，由条件知

$$\angle ABC=\angle ACB=60°$$

$$AB=AC=a$$

$$\angle APB=\angle ACB,\angle APC=\angle ABC$$

由余弦定理有

$$AB^2=PA^2+PB^2-PA\cdot PB$$

$$AC^2=PA^2+PC^2-PA\cdot PC$$

所以 $PA=PB+PC$.

因为 $\angle APM=\angle BPM=30°$，所以

$$\frac{AE}{EB}=\frac{PA}{PB}\Rightarrow\frac{AE}{AB}=\frac{PA}{PA+PB}\Rightarrow\frac{a}{AE}=1+\frac{PB}{PA}$$

同理

$$\frac{a}{AF}=1+\frac{PC}{PA}$$

所以

$$\frac{a}{AE}+\frac{a}{AF}=2+\frac{PB+PC}{PA}=3$$

即 $\frac{AE+AF}{AE\cdot AF}=\frac{3}{a}$.

令 $x=AE\cdot AF\in\left[\frac{4}{9}a^2,\frac{1}{2}a^2\right)$，则 $AE+AF=\frac{3x}{a}$，$\triangle AEF$ 的周长

$$\begin{aligned}l&=AE+AF+EF\\&=AE+AF+\sqrt{AE^2+AF^2-AE\cdot AF}\\&=AE+AF+\sqrt{(AE+AF)^2-3AE\cdot AF}\\&=\frac{3x}{a}+\sqrt{\frac{9}{a^2}x^2-3x}\end{aligned}$$

令 $u=\frac{9}{a^2}x^2-3x$，又知此二次式图像开口向上，对称轴 $x=\frac{a^2}{6}$，所以 $u(x)$ 在 $\left[\frac{4}{9}a^2,\frac{1}{2}a^2\right)$ 上是增函数，$\sqrt{u}$ 也是增函数. 从而 $l(x)$ 在 $\left[\frac{4}{9}a^2,\frac{1}{2}a^2\right)$ 上也是增函数

$$l(x)\geqslant l\left[\frac{4}{9}a^2\right)$$

$$=\frac{3}{a}\cdot\frac{4a^2}{9}+\sqrt{\frac{9}{a^2}\cdot\frac{16a^4}{81}-3\cdot\frac{4}{9}a^2}$$

$$=\frac{4}{3}a+\sqrt{\frac{16}{9}a^2-\frac{12}{9}a^2}$$

$$=2a$$

因此$\triangle AEF$的周长的最小值为$2a$,当且仅当$AE=AF=\frac{2}{3}a$时,周长l取得最小值$2a$.

第五章　数学精神的显著标志——数学证明

5.1　证明与证明的分类

5.1.1　证明

用已知的假设、定义、公理及前此已知定理,按推理规则导出结论的推理过程,即判断命题为真的过程,叫作证明.

证明的结构:证明是由论题、论据、论证三部分组成.

(1)论题:指需要判定真实性的那个命题.

例如,如果等腰三角形底边上的垂线和两腰所在的直线相交,那么等腰三角形的顶点到这两个交点的距离相等.

如果用 A 表示命题的条件,B 表示命题的结论,那么论题的一般模式为

若 A 则 B

或记作 $A \Rightarrow B$,其中 $\Rightarrow$ 表示“从左边推出右边”读作“推出”.

(2)论据:指被用以作为推理依据的理由.

命题证明依据规则是定义、公理、前此定理(包括已证定理、推论、公式、性质、法则等),证明时要求“言出有据”.

关于论据,必须满足:①论据必须真实;②论据的真实性不能依赖论题的真实性.

(3)论证:就是证明全过程.

这个过程是指从论据推出论题的过程,它表明了论据与论题间的必然逻辑联系. 论证可由一串推理构成.

证明中的论题给出了要证明什么;证明中的论据给出用什么来证明的;证明中的论证给出是怎样证明的.

论题、论据、论证可看作证明中的三要素.

证明要求:论题真实,论据确凿,论证严密.

证明的表达方式:在证明的具体表述时基本上都采用“三段论”方式.

例如,大前提:等腰三角形顶角平分线(M)是底边上的高(P).

前提:$AH(S)$ 是等腰 $\triangle ABC$ 中顶角 A 的平分线(M).

结论:$AH(S)$ 是等腰 $\triangle ABC$ 中底边 BC 上的高(P).

在证明问题过程中三段论采用简化形式,可由前面事项 $\Rightarrow$ 后面事项,以简化书写格式.

5.1.2　证明的分类

1. 从证明体系构成上可分形式证明和非形式证明

严格地说证明可叙述如下:

证明从前提 $A_1, A_2, \cdots, A_n$ 可推出 B，当且仅当有一有穷公式（命题）序列 $E_1, E_2, \cdots, E_m$，其中每个 E_k 皆为下列之一：

（1）一公理或一已学（或前此）定理；

（2）一前提 A_i；

（3）由该序列的前一公式（命题）或两个公式（命题）根据推理规则得到的；

（4）最后公式（命题）E_m 为 B，则称 B 可由 $A_1, A_2, \cdots, A_n$ 推出或证明，称为可证公式（或定理）.

形式证明严格地说应在形式系统中给出. 应明确给出所使用的初始符号系列，形成公式的规则，公理及变形规则的形式系统中，由公式的有限序列构成，而这个序列的每个公式或是公理，或是这个序列的前面公式由变形规则得到的.

非形式证明是在非形式语言中给出，包括通常的数学证明. 在数学的公理系统中，要给出原始概念、导出概念、公理、由推理规则给出的定理. 在数学公理系统中，证明是由命题组成的有限序列，其每个命题或是公理，或是由这个序列里前面的命题按某种推理规则得到的.

2. 从所证命题可分为直接证明和间接证明

直接证明是从命题条件出发，根据已知的定义、公理、定理，直接推断结论的真实性.

间接证明是对不容易甚至不能够直接证明原命题的真实性的命题，根据等效关系间接证明原命题的真实性.

3. 从推理形式上分为演绎证明与归纳证明

演绎证明是用演绎推理形式进行的论证，归纳证明是用归纳推理形式进行的论证.

4. 从思维方向上分为顺推证明与逆推证明

从命题条件（含定义、公理、前此定理）出发，经过逐步的逻辑推理，最后给出要证结论，这种证明叫顺推证明，这种方法叫综合法（又叫由因导果）. 从待证结论出发，一步一步地探求结论成立的原因，最后达到命题的已知条件，这种证明叫逆推证明，这种方法叫分析法（又叫由果索因）.

5.1.3 两种间接证法

下面，介绍这两种间接证法，并说明该证法的逻辑基础.

1. 反证法

根据原命题的结论的否定是单一和不单一两种情况，可把反证法分为：

（1）归谬法：如果原命题的结论的否定是单一情况，只需把这一否定情况反驳，就达到证明原命题结论成立的目的，这种方法叫归谬法.

归谬法的逻辑基础：

设 Γ 是一个前提集合，它包括某一理论系统的公理、定义、前此定理等，只需证 $\Gamma \Rightarrow A$.

由 $\Gamma, \rightharpoondown A$ 出发，经过一系列推导可推出 $\rightharpoondown B$，其中 $B \in \Gamma$，显然有 $\Gamma \Rightarrow B$，因此有 $\Gamma, \rightharpoondown A \Rightarrow \rightharpoondown B, \Gamma, A \Rightarrow B$，由归谬原理可得 $\Gamma \Rightarrow A$.

（2）穷举法：如果命题的结论的否定不是单一情况，就必须把所有否定情况一一反驳，才达到证明原命题的结论成立的目的. 这种方法叫穷举法.

穷举法的逻辑基础：

$$\Gamma \Rightarrow A \to B_1\text{，只需证 }\Gamma, A \Rightarrow B_1$$

除了结论 B_1 外，再考虑其他所有可能性 $B_2, B_3, \cdots, B_n$，即 $\bigvee_{i=1}^{n} B_i$，属于前提集合（$\bigvee_{i=1}^{n} B_i \in \Gamma$）即是公理、定义、前此定理等. 然后证明，除 B_1 外，其他第一种可能性 $B_2, B_3, \cdots, B_n$ 都会出现矛盾，因此可得 $\neg B_2, \neg B_3, \cdots, \neg B_n$，因此有 $\bigwedge_{i=2}^{n} \neg B_i = \neg(\bigvee_{i=1}^{n} B_i)$. 由法则 $(B_1 \bigvee_{i=2}^{n} B_i) \wedge \neg \bigvee_{i=2}^{n} B_i \Rightarrow B_1$，于是有 $\Gamma, A \Rightarrow B_1$，由演绎定理可得 $\Gamma \Rightarrow A \to B_1$.

反证法的具体格式有如下五种：

①$A \Rightarrow B \equiv A \wedge \neg B \Rightarrow \neg A$，推出结果与已知条件矛盾.

②$A \Rightarrow B \equiv A \wedge \neg B \Rightarrow B$，推出结果是原命题的结论.

例 1　若任意正数 c 恒满足 $a \leqslant b + c$，则 $a \leqslant b$.

证明

$$\left.\begin{array}{l} a > b \Rightarrow \dfrac{a-b}{2} > 0 \\ a \leqslant b + c(c > 0) \end{array}\right\} \Rightarrow a \leqslant b + \frac{a-b}{2} \Rightarrow a \leqslant b$$

故原命题为真.

③$A \Rightarrow B \equiv A \wedge \neg B \Rightarrow (C \wedge \neg C)$，推出的结果与已知公理、定义、定理或结论相矛盾.

④$A \Rightarrow B \equiv \neg B \Rightarrow \neg A$，即证逆否命题真或称为对偶法.

若 $x = y$，则 $x^2 = y^2$，若 $x^2 \neq y^2$ 则 $x \neq y$.

⑤$A \wedge B \Rightarrow C \equiv A \wedge \neg C \Rightarrow \neg B$，称偏逆否命题. 推理的结果与原命题的部分条件矛盾.

2. 同一法

一般来说，当一个命题的条件和结论都唯一存在，它们所指的概念是同一概念，这个命题与它的某一逆命题等效，这个道理叫同一原则. 在同一原则下，用证明逆命题成立来证明原命题为真的一种方法，叫同一法.

同一法的逻辑基础为

$$A \Rightarrow B \equiv B \Rightarrow A$$

一般说来，原命题成立，它的逆命题未必成立，例如，"对顶角相等"成立，其逆命题"相等的角是对顶角"显然不成立. 但对某些命题，原命题和逆命题同时成立，例如"内错角相等，则两条直线平行"原命题与逆命题同时成立. 我们称原命题与逆命题是等效的，这就是说，某对象 S 具有性质 P，且具有性质 P 的对象就是 S. 在一个命题中的假设与结论对象都是唯一存在的，即两个互逆命题满足同一法则. 此时原命题与逆命题是等价的，即 $A \Rightarrow B \equiv B \Rightarrow A$.

例 2　若正方形内有一点和正方形一边的两端连线和该边的夹角都等于 15°，则这点和正方形的另两个顶点连线得一正三角形. 已知 E 是正方形 $ABCD$ 内部一点，并且 $\angle EAD = \angle EDA = 15°$. 求证：$\triangle EBC$ 是正三角形.

证明　以 BC 为一边在正方形 $ABCD$ 内部作正 $\triangle E'BC$（图略），联结 $E'A, E'D$，于是 $E'C = E'B = BC$.

由 $\angle ABE' = \angle ABC - \angle E'BC = 90° - 60° = 30°$，有 $\angle BAE' = \frac{1}{2}(180° - 30°) = 75°$，即 $\angle E'AD = 15°$. 又因为 $\angle EAD = 15°$，则 AE' 与 AE 重合.　①

同理可证 DE' 与 DE 重合.　②

由①与②可知两条直线相交，其交点只有一个，则 E' 与 E 重合. 故 $\triangle E'AC$ 与 $\triangle EBC$ 完全重合.

所以 $\triangle EBC$ 也是正三角形(所作图形和所证图形是一个图形).

注 由上例，可以看到同一法证平面几何问题的步骤是：

(1)作出符合命题结论的图形；

(2)证明所作图形符合已知条件；

(3)根据唯一性，确定所作的图形与已知图形相吻合；

(4)断定原命题的真实性.

例3 若梯形两底的和等于一腰，则这腰同两底所夹的两角的平分线必过对腰的中点.

已知在梯形 $ABCD$ 中，$AD/\!/BC$，$AB=AD+BC$，E 为 CD 的中点，如图 5－1. 求证：$\angle BAD$ 的平分线与 $\angle ABC$ 的平分线都通过 CD 的中点 E.

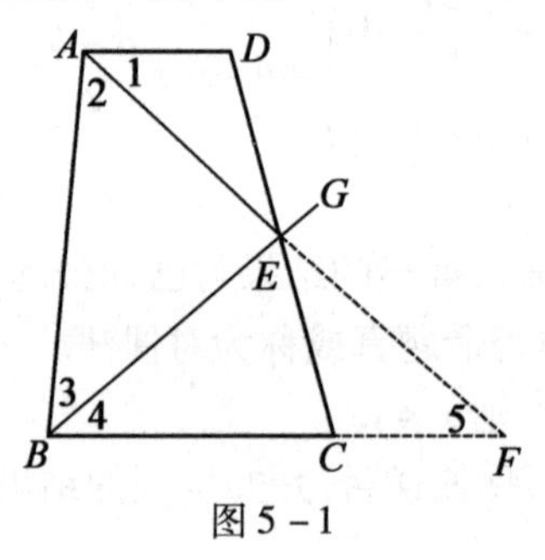

图 5－1

分析 由于线段中点是唯一的，而一个角的平分线也是唯一的. 从而本题符合同一原理，故可用同一法证.

证法1 联结 AE 并延长与 BC 的延长线交于 F，则容易证明 $\triangle AED\cong\triangle FCE$. 所以 $AD=CF$. 于是

$$BF=BC+CF=BC+AD=AB$$

从而 $\angle 2=\angle 5$，而 $\angle 1=\angle 5$，所以 $\angle 1=\angle 2$. 这就是说，AE 是 $\angle BAD$ 的平分线.

同理，$\angle 3=\angle 4$，即 BE 是 $\angle ABC$ 的平分线.

由于一条线段的中点是唯一的，一个角的平分线也是唯一的，所以 $\angle DAB$ 和 $\angle ABC$ 的平分线都过 CD 的中点 E. 故原命题获证.

证法2 设 $\angle BAD$ 与 $\angle ABC$ 的平分线 AG 与 BG 相交于 G，又设 AB 的中点为 F，联结 EF，则 EF 为梯形 $ABCD$ 的中位线(图略)，即有

$$EF=\frac{1}{2}(AD+BC)$$

因为 $AB=AD+BC$，所以 $EF=\frac{1}{2}AB=AF=FB$，从而 $\angle FAE=\angle FEA$，而由 $EF/\!/AD$ 有 $\angle DAE=\angle FEA$.

从而 $\angle FAE=\angle DAE$，即 AE 是 $\angle DAB$ 的平分线. 而 AG 是 $\angle DAB$ 的平分线，所以 AE 与 AG 重合.

同理，BE 与 BG 重合，而两条直线的交点只有一个，所以 E 和 G 重合，即 AG，BG 都过点 E.

为了运用同一法证明后面的圆锥曲线问题,我们先介绍几个引理:

引理 1　若点 A,B 在直线 l 的同侧,设点 P 是直线 l 上到 A,B 两点距离之和最小的点,当且仅当点 P 是点 A 关于直线 l 的对称点 A' 与点 B 连线 $A'B$ 和直线 l 的交点. 如图 5-2(a).

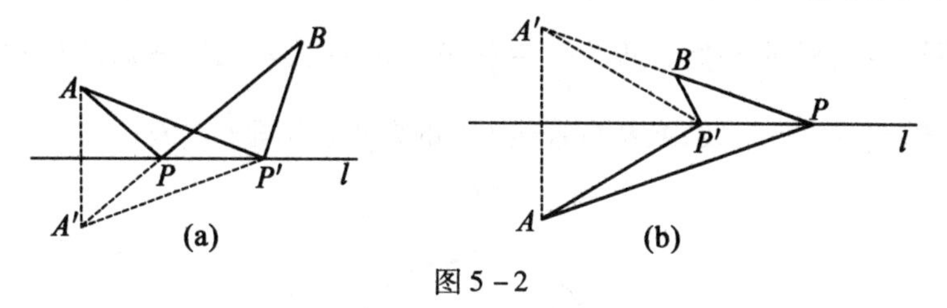

图 5-2

证明　在直线 l 上任取一个不同于点 P 的点 P',则

$$PA+PB=PA'+PB=A'B$$

$$P'A+P'B=P'A'+P'B$$

根据三角形两边之和大于第三边,有 $A'B<P'A'+P'B$,即 $PA+PB<P'A+P'B$,得证.

引理 2　若点 A,B 在直线 l 的两侧,且点 A,B 到直线 l 的距离不相等,设点 P 是直线 l 上到点 A,B 距离之差最大的点,即 $|PA-PB|$ 最大,当且仅当点 P 是点 A 关于直线 l 的对称点 A' 与点 B 连线 $A'B$ 的延长线和直线 l 的交点. 如图 5-2(b).

证明　在直线 l 上任取一个不同于点 P 的点 P',则

$$|PA-PB|=|PA'-PB|=A'B$$

$$|P'A-P'B|=|P'A'-P'B|$$

根据三角形两边之差小于第三边,有 $A'B>|P'A'-P'B|$,即 $|PA-PB|>|P'A-P'B|$,得证.

引理 3　设椭圆方程为 $\frac{x^2}{a^2}+\frac{y^2}{b^2}=1(a>b)$, F_1,F_2 分别是其左、右焦点,若点 D 在椭圆外,则 $DF_1+DF_2>2a$. 如图 5-3(a).

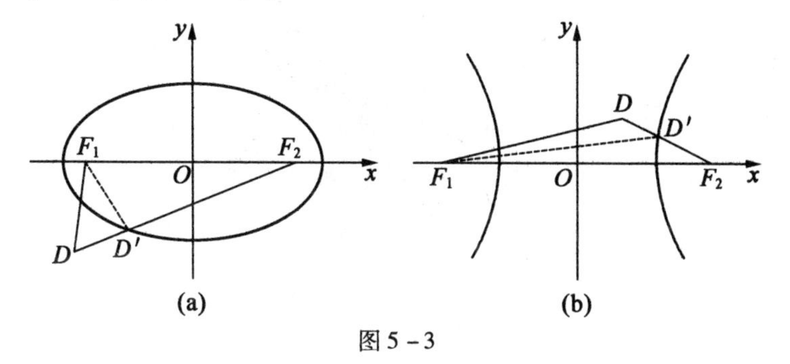

图 5-3

证明　联结 DF_2 交椭圆于点 D',则 $D'F_1+D'F_2=2a$,根据三角形两边之和大于第三边,有 $DF_1+DD'>D'F_1$,所以 $DF_1+DD'+D'F_2>D'F_1+D'F_2$,即 $DF_1+DF_2>2a$.(其实若点 D 在椭圆内,则有 $DF_1+DF_2<2a$,证明方法类似.)

引理 4　设双曲线方程为 $\frac{x^2}{a^2}-\frac{y^2}{b^2}=1$, F_1,F_2 分别是其左、右焦点,点 D 是双曲线外一点(左右两支中间部分),则 $|DF_1-DF_2|<2a$. 如图 5-3(b).

证明　联结 DF_2 交双曲线于点 D',当 $DF_1\geqslant DF_2$,根据三角形两边之和大于第三边,有

$DF_1 < DD' + D'F_1$，所以

$$DF_1 - DF_2 < DD' + D'F_1 - DF_2 = D'F_1 - D'F_2 = 2a$$

当 $DF_1 < DF_2$ 时同理可证.

例 4 如图 5-4，椭圆 Γ 的方程为 $\frac{x^2}{a^2} + \frac{y^2}{b^2} = 1(a > b)$，$F_1, F_2$ 分别是其左、右焦点，l 是过椭圆上一点 $D(x_0, y_0)$ 的切线，A, B 是直线 l 上的两点（不同于点 D）.

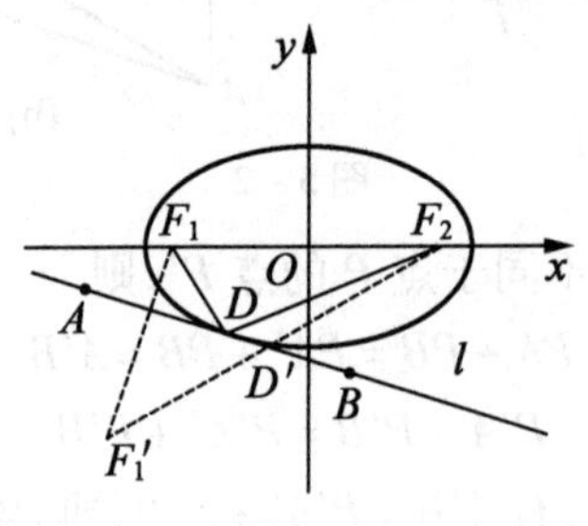

图 5-4

求证：$\angle F_1DA = \angle F_2DB$（入射角等于反射角）.

证明 作 F_1 关于切线 l 的对称点 F'_1，联结 F'_1F_2 交 l 于点 D'，要证 $\angle F_1DA = \angle F_2DB$，只需证明点 D' 和点 D 重合，由引理 1 知，点 D' 是直线 l 上使得 $D'F_1 + D'F_2$ 值最小的唯一点，并且由引理 3 知，点 D 也是直线 l 上使得 $DF_1 + DF_2$ 值最小的唯一点，所以点 D' 和点 D 重合，则 $\angle F_1DA = \angle F'_1DA = \angle F_2DB$.

例 5 已知如图 5-5，双曲线 Γ 的方程为 $\frac{x^2}{a^2} - \frac{y^2}{b^2} = 1$，$F_1, F_2$ 分别是其左、右焦点，l 是过双曲线上一点 $D(x_0, y_0)$ 的切线，A, B 是直线 l 上的两点（不同于点 D），联结 F_1D 并延长，在延长线上取点 C. 证明：$\angle F_2DB = \angle CDA$（入射角等于反射角）.

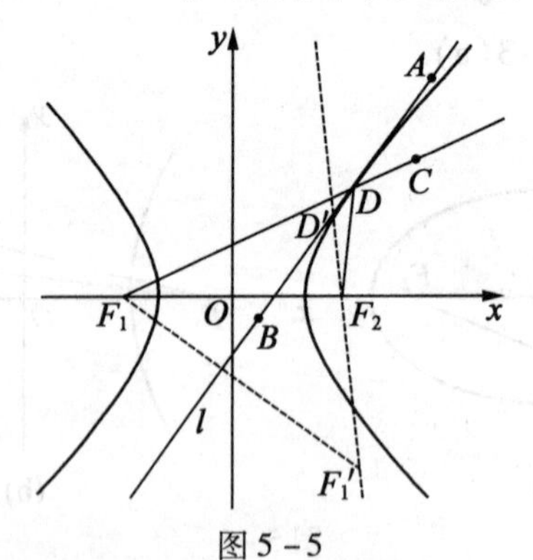

图 5-5

证明 作 F_1 关于切线 l 的对称点 F'_1，联结 F'_1F_2 交 l 于点 D'，要证 $\angle F_2DB = \angle CDA$，只需证明点 D' 和点 D 重合，由引理 2 知，点 D' 是直线 l 上使得 $|D'F_1 - D'F_2|$ 值最大的唯一点（显然点 F_1 和点 F_2 到直线 l 的距离不相等），并且由引理 4 知，点 D 也是直线 l 上使得 $|DF_1 - DF_2|$ 值最大的唯一点，所以点 D' 和点 D 重合，则 $\angle F_2DB = \angle F_1DB = \angle CDA$.

例 6 已知，如图 5-6，抛物线 Γ 的方程为 $y = \frac{1}{2p}x^2$，$F(0, \frac{p}{2})$ 为其焦点，l 是抛物线上一点 $D(x_0, y_0)$ 的切线，A, B 是直线 l 上的两点（不同于点 D），直线 DC 平行于 y 轴. 求证：

$\angle FDA=\angle CDB$（入射角等于反射角）.

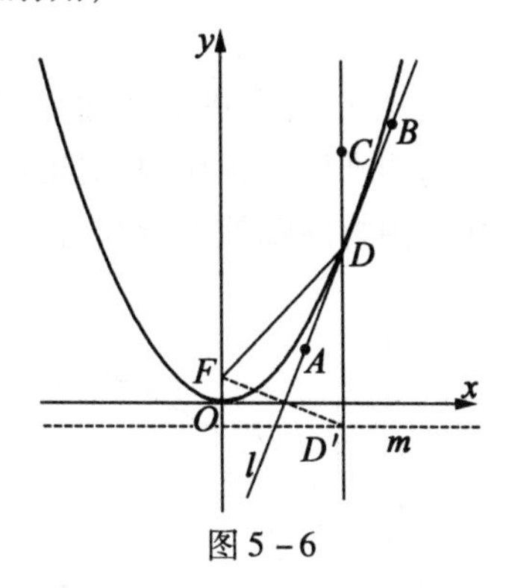

图 5 -6

证明　作抛物线的准线 $m:y=-\frac{p}{2}$，延长 CD 交 m 于点 $D'(x_0,-\frac{p}{2})$，则 $DF=DD'$. 当 $x_0\neq 0$ 时，直线 l 的斜率 $k_l=\frac{x_0}{p}$，直线 FD' 的斜率 $k_{FD'}=\frac{-\frac{p}{2}-\frac{p}{2}}{x_0}=-\frac{p}{x_0}$，两条直线斜率的乘积为 -1，所以直线 l 垂直平分线段 FD'，则 $\angle FDA=\angle D'DA=\angle CDB$；当 $x_0=0$ 时结论显然成立. 综上所述，结论成立.

例 7　已知椭圆 $\Gamma:\frac{x^2}{25}+\frac{y^2}{9}=1$，$F_1$，$F_2$ 分别是其左、右焦点，点 $Q(2,1)$，P 是 Γ 上的动点，求 $|PF_1|+|PQ|$ 的最小值.

解析　容易验证点 Q 在椭圆内部，注意到光所走的路线是最短的，那么从点 F_1 发出的光经过反射后必经过 F_2，当反射光线 P_1F_2 经过点 Q 时，如图 5 -7(a)，$|P_1F_1|+|P_1Q|$ 最小.

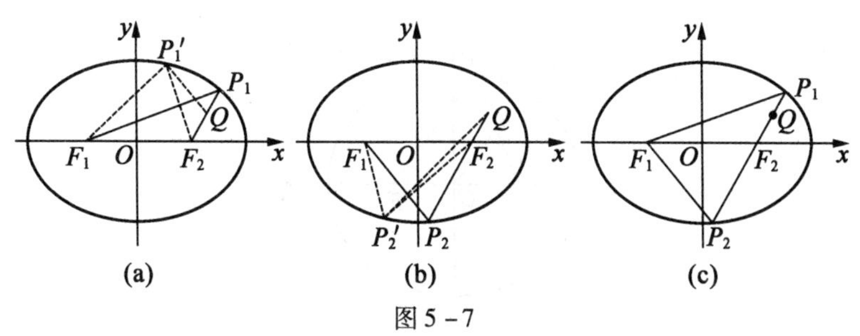

图 5 -7

事实上，$P_1F_1+P_1Q=P_1F_1+P_1F_2-QF_2=P'_1F_1+P'_1F_2-QF_2$，因为 $QF_2>P'_1F_2-P'_1Q$，所以 $P'_1F_1+P'_1F_2-QF_2<P'_1F_1+P'_1F_2-(P'_1F_2-P'_1Q)=P'_1F_1+P'_1Q$，结论成立.

于是，联结 F_2Q 并延长交椭圆于点 P，$|PF_1|+|PQ|=10-|QF_2|=10-\sqrt{5}$.

注　①直线 F_2Q 与椭圆有两个交点，其实下面的交点对应于 $|PF_1|+|PQ|$ 的最大值，如图 5 -7(b).

②类似地，可求得如下问题：

已知双曲线 $\Gamma:x^2-\frac{y^2}{3}=1$，$F_1$，$F_2$ 分别是其左、右焦点，如图 5 -7(c)，点 $Q(4,\frac{9}{2})$，P 是 Γ 上的动点，求 $|PF_2|+|PQ|$ 的最小值 $\frac{15}{2}$.

例 8 已知抛物线 $\Gamma: y^2=4x$，F 是其焦点，点 $Q(2,1)$，P 是 Γ 上的动点，求 $|PF|+|PQ|$ 的最小值.

解析 如图 5－8，利用抛物线上的点到焦点和准线的距离相等，我们很容易得出 $|PF|+|PQ|$ 的最小值是点 Q 到抛物线准线的距离. 其实也可看成是从点 F 发出的光，经点 P 反射后经过点 Q（即点 P 是过 Q 作抛物线轴的平行线与抛物线的交点），从而求得 $|PF|+|PQ|$ 最小值为 $2-(-1)=3$.

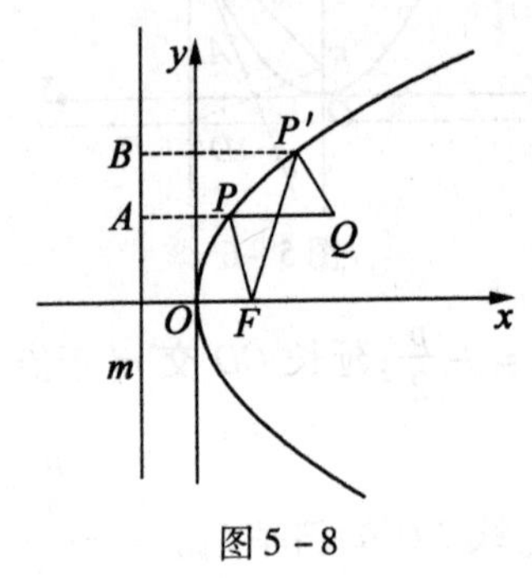

图 5－8

例 9 已知 l 是过椭圆 $\Gamma: \frac{x^2}{16}+\frac{y^2}{12}=1$ 上一动点 P 的椭圆 Γ 的切线，过 Γ 的左焦点 F_1 作 l 的垂线，求垂足 Q 的轨迹方程.

解析 如图 5－9，由例 4 我们知道，若作 F_1 关于切线 l 的对称点 F'_1，那么 F'_1F_2 经过点 P，则 OQ 是 $\triangle F_1F'_1F_2$ 的中位线，因为 $F'_1F_2=PF_1+PF_2=8$，所以 $OQ=4$，即点 Q 的轨迹是以 O 为圆心，4 为半径的圆，即点 Q 的轨迹方程为 $x^2+y^2=16$.

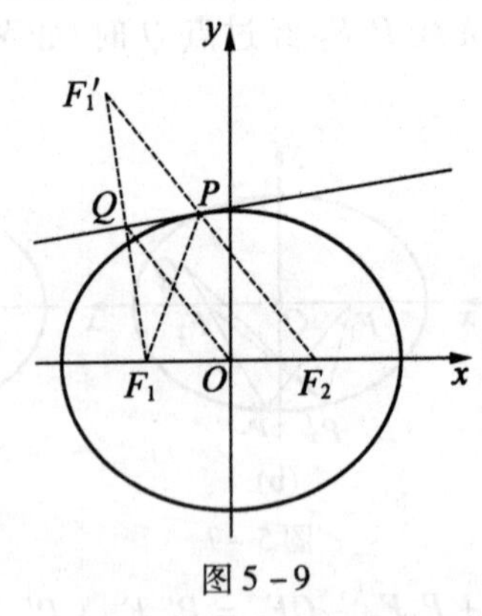

图 5－9

例 10 如图 5－10，椭圆 Γ 的方程为 $\frac{x^2}{a^2}+\frac{y^2}{b^2}=1(a>b)$，$F_1$，$F_2$ 分别是其左、右焦点，以 F_1 为圆心，$2a$ 长为半径作圆，在圆 F_1 上任取一点 M，联结 MF_2，直线 l 垂直平分 MF_2，l 与 MF_1 交点为 D.

求证：点 D 在椭圆上，并且直线 l 为椭圆 Γ 过点 D 的切线.

证明 （1）设 l 垂直平分 MF_2 的垂足为 Q. 因为 l 为 MF_2 的垂直平分线，所以 $DF_1+DF_2=DF_1+DM=2a$，所以点 D 在椭圆上.

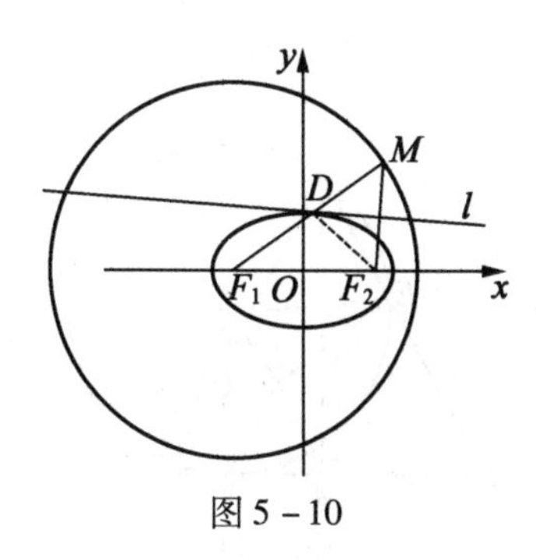

图 5－10

(2)设 l' 是过点 D 的切线,交线段 MF_2 于点 Q',则根据椭圆光学性质的证明(即例 4),我们知道,F_2 关于 l' 的对称点必在直线 F_1D 上,则 $\angle MDQ' = \angle F_2DQ'$,即 l' 平分 $\angle MDF_2$,因为 $\angle MDF_2$ 的角平分线有且仅有一条,所以 l' 与 l 是同一条直线. 因此 l 为椭圆 Γ 过点 D 的切线.

注　①对第二问的证明我们采用同一法,并且因为 l' 为切线,所以必与线段 MF_2 有交点.

实际上该证明告诉我们一个作椭圆上任意一点 D 的切线的做法,步骤如下:以 F_1 为圆心,$2a$ 长为半径作圆,连接 F_1D 并延长交圆 F_1 于点 M,联结 MF_2,作 MF_2 的垂直平分线 l,则 l 即为椭圆上过点 D 的切线.

②类似地我们可处理如下问题:

双曲线方程为 $\frac{x^2}{a^2} - \frac{y^2}{b^2} = 1$,$F_1$,$F_2$ 分别是其左、右焦点,以 F_1 为圆心,$2a$ 长为半径作圆,在圆 F_1 上任取一点 M,联结 MF_2,直线 l 垂直平分 MF_2,l 与直线 MF_1 的交点为 D.

求证:点 D 在双曲线上,并且直线 l 为双曲线过点 D 的切线.

注　以上内容参见了郁维中老师的文章《同一法证明圆锥曲线光学性质及应用举例》,数学通报,2011(6):46-49.

5.2　证明的形式

数学证明不同于科学证明,这种证明是一种特殊形式的推理,反映证明的推理过程时又称为论证推理. 论证推理通常是指由一些真实的命题来确定另一命题真实性的思维形式. 传统几何是从少量几条公理出发,经过论证推理,得到一系列定理和性质,而建立起来的演绎体系. 数学证明有演绎、归纳、综合等几种形式.

5.2.1　演绎证明

在 4.5 节中我们给出的几道例题就是演绎证明. 演绎证明既可以用于几何问题的证明,也可以用于代数问题的证明. 在这里,我们再给出 5 道几何的证明,2 道代数问题证明的例子.

例 11　如图 5－11,在等边 $\triangle ABC$ 中,M 为边 BC 的中点,过点 A 且与 BC 相切于点 N 的圆 O 与边 AB,AC 分别交于点 E,F,P 为线段 EF 的中点,求证:$PM = PN$.

证明　如图 5－11,联结 AM,ON,分别交 EF 于点 X,Y,设 AM 与圆 O 交于点 G. 则 G 为

$\overset{\frown}{EF}$的中点.

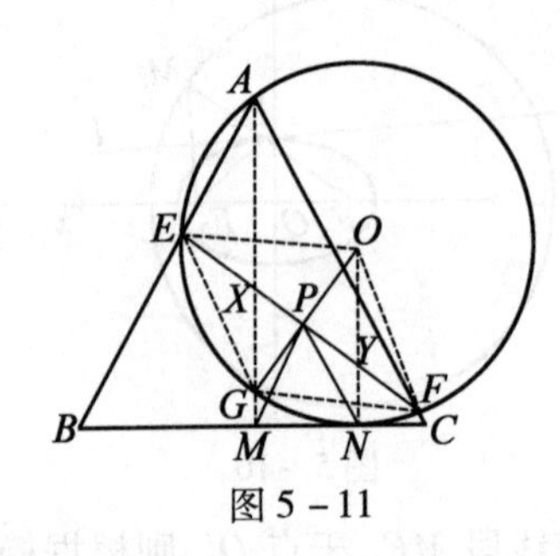

图 5-11

联结 OE, OF, GE, GF, OP, GP,则 $OE=OF, GE=GF$,从而 $OP\perp EF, GP\perp EF$,故 O,P,G 三点共线.

因为 $\angle EOF=2\angle EAF=120°$,所以四边形 $OEGF$ 为菱形,从而 $PX=PY$,即 P 为 XY 的中点,亦即 P 在 MN 的中垂线上,故 $PM=PN$.

例 12 已知在$\triangle ABC$ 中,$\angle BAC=90°$,点 D_1 在 CA 的延长线上,点 D_2 在 AC 的延长线上,且 $AD_1=CD_2$. 过点 A 作直线 $AF_1\perp BD_1$ 于 F_1,与 BC 的延长线交于点 E_1,过点 A 作 $AF_2\perp BD_2$ 于 F_2,交 BC 于 E_2. 求证:$\dfrac{CE_2}{E_2B}-\dfrac{CE_1}{E_1B}=\dfrac{AC^2}{AB^2}$.

证明 如图 5-12,过点 C 作 CG_1, CG_2 分别平行于 AE_1, AE_2,与直线 AB 相交于点 G_1, G_2,则有 $\angle ACG_1=\angle F_1AD_1$, $\angle ACG_2=\angle E_2AC$.

因为 $\angle BAC=\angle BAD_1=90°$, $AF_1\perp BD_1$,所以

$$\angle AD_1B+\angle F_1AD_1=90°$$
$$\angle AD_1B+\angle ABD_1=90°$$

从而

$$\angle F_1AD_1=\angle ABD_1, \angle ABD_1=\angle ACG_1$$

于是 $\mathrm{Rt}\triangle ABD_1\backsim \mathrm{Rt}\triangle ACG_1$,则$\dfrac{AB}{AC}=\dfrac{AD_1}{AG_1}$,即

$$AG_1=\frac{AC\cdot AD_1}{AB} \quad ①$$

同理可证

$$AG_2=\frac{AC\cdot AD_2}{AB} \quad ②$$

因为 $CG_1/\!/AE_1$,所以

$$\frac{CE_1}{E_1B}=\frac{AG_1}{AB} \quad ③$$

同理可证

$$\frac{CE_2}{E_2B}=\frac{AG_2}{AB} \quad ④$$

由④-③得

$$\frac{CE_2}{E_2B}-\frac{CE_1}{E_1B}=\frac{AG_2-AG_1}{AB} \quad ⑤$$

把①②代入⑤得

$$\frac{CE_2}{E_2B}-\frac{CE_1}{E_1B}=\frac{AC(AD_2-AD_1)}{AB^2}$$

因为 $AD_1=CD_2$，所以

$$AD_2-AD_1=AD_2-CD_2=AC$$

故$\frac{CE_2}{E_2B}-\frac{CE_1}{E_1B}=\frac{AC^2}{AB^2}$.

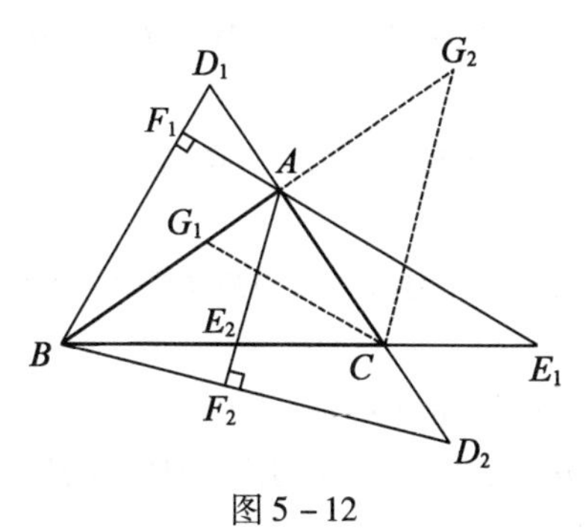

图 5－12

例 13　已知△ABC 的两条角平分线 BE，CD 的延长线交△ABC 的外接圆于 G，F，BE 与 CD 相交于点 M，且 $DF=EG$. 求证：$AB=AC$.

证明　如图 5－13，联结 BF，CG.

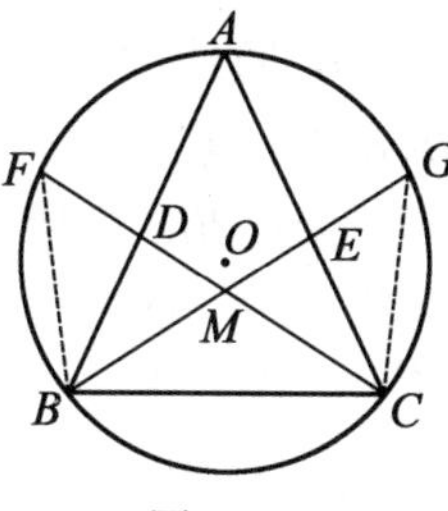

图 5－13

因为 BG，CF 是△ABC 的角平分线，所以

$$\angle ABG=\angle CBG=\frac{1}{2}\angle ABC$$

$$\angle ACF=\angle BCF=\frac{1}{2}\angle ACB$$

因为$\overset{\frown}{AG}=\overset{\frown}{AF}$，所以$\angle ABG=\angle ACG$，于是$\angle GBC=\angle ACG$.

因为$\angle BGC=\angle BGC$，所以$\triangle CGE\backsim\triangle BGC$. 从而$\frac{GE}{GC}=\frac{GC}{GB}$，即 $GC^2=GE\cdot GB$.

同理，得 $BF^2=FD\cdot FC$.

因为 $FD=GE$，所以 $GC^2\cdot FC=BF^2\cdot GB$.

因为$\angle GMC=\angle GCM$，$\angle FBM=\angle FMB$，所以 $GM=GC$，$BF=MF$. 从而

$$GM^2\cdot FC=MF^2\cdot GB$$

因为 $FC=FM+MC$，$GB=BM+GM$，所以 $GM^2(MF+MC)=MF^2(BM+GM)$. 从而

$$GM^2\cdot MF+GM^2\cdot MC=MF^2\cdot BM+MF^2\cdot GM$$

即有

$$(GM^2 \cdot MF - MF^2 \cdot GM) + (GM^2 \cdot MC - MF^2 \cdot BM) = 0$$

因 $MF \cdot MC = BM \cdot GM$(相交弦定理),则 $MC = \dfrac{BM \cdot GM}{MF}$,即

$$(GM^2 \cdot MF - MF^2 \cdot GM) + (GM^2 \cdot \frac{BM \cdot GM}{MF} - MF^2 \cdot BM) = 0$$

亦即

$$(GM^2 \cdot MF^2 - MF^3 \cdot GM) + (GM^3 \cdot BM - MF^3 \cdot BM) = 0$$

于是

$$GM \cdot MF^2(GM - MF) + BM(GM^3 - MF^3) = 0$$

所以

$$GM \cdot MF^2(GM - MF) + BM(GM - MF)(GM^2 + GM \cdot MF + MF^2) = 0$$

故

$$(GM - MF)(GM \cdot MF^2 + BM \cdot GM^2 + BM \cdot GM \cdot MF + BM \cdot MF^2) = 0$$

因为 $GM \cdot MF^2 + BM \cdot GM^2 + BM \cdot GM \cdot MF + BM \cdot MF > 0$,所以 $GM - MF = 0$,故 $GM = MF$.

因为 $MF \cdot MC = GM \cdot MB$,所以 $MC = MB$,即有 $\angle MCB = \angle MBC$. 从而 $\angle ABC = \angle ACB$. 故 $AB = AC$.

例 14 设 D,P,Q 分别在 $\triangle ABC$ 的边 AB,AC,BC 上,作 $PS /\!/ CD$ 交 AB 于点 S,作 $QT /\!/ CD$ 交 AB 于点 T,直线 AQ 与 BP 交于点 H,直线 PT 与 QS 交于点 K,直线 AQ 与 PS 交于点 M,直线 PB 与 QT 交于点 N,则:(1)H,K,D 三点共线;(2)直线 AN,CD,BM 共点.

证明 如图 5-14. (1)对 $\triangle CAQ$ 及截线 PHB 应用梅涅劳斯定理,有

$$\frac{CP}{PA} \cdot \frac{AH}{HQ} \cdot \frac{QB}{BC} = 1$$

即

$$\frac{AH}{HQ} = \frac{PA}{CP} \cdot \frac{BC}{QB}$$

由 $PS /\!/ CD /\!/ QT$,有 $\triangle KPS \backsim \triangle KTQ$,$\triangle APS \backsim \triangle ACD$,$\triangle BQT \backsim \triangle BCD$. 于是

$$\begin{aligned}
&\frac{AH}{HQ} \cdot \frac{QK}{KS} \cdot \frac{SD}{DA} \\
&= \left(\frac{PA}{CP} \cdot \frac{BC}{QB}\right) \cdot \frac{QT}{PS} \cdot \frac{CP}{CA} \\
&= \frac{BC}{QB} \cdot \frac{PA}{CA} \cdot \frac{QT}{PS} \\
&= \frac{CD}{QT} \cdot \frac{PS}{CD} \cdot \frac{QT}{PS} = 1
\end{aligned}$$

对 $\triangle QAS$ 应用梅涅劳斯定理的逆定理,知 H,K,D 三点共线.

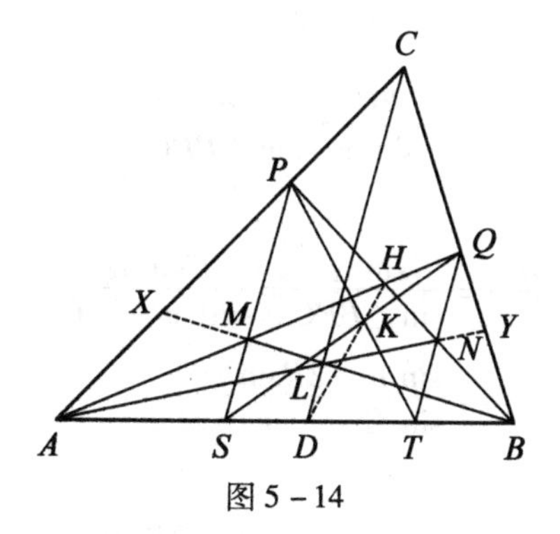

图 5-14

(2)延长 BM 交 AC 于点 X,延长 AN 交 BC 于点 Y.

对 $\triangle CPB$ 及截线 ANY 应用梅涅劳斯定理,有

$$\frac{CA}{AP}\cdot\frac{PN}{NB}\cdot\frac{BY}{YC}=1$$

即

$$\frac{BY}{YC}=\frac{AP}{CA}\cdot\frac{NB}{PN}=\frac{PS}{CD}\cdot\frac{BT}{ST} \qquad ①$$

对 $\triangle CAQ$ 及截线 XMB 应用梅涅劳斯定理,有

$$\frac{CX}{XA}\cdot\frac{AM}{MQ}\cdot\frac{QB}{BC}=1$$

即

$$\frac{CX}{XA}=\frac{MQ}{AM}\cdot\frac{BC}{QB}=\frac{ST}{AS}\cdot\frac{CD}{QT} \qquad ②$$

由①和②有

$$\begin{aligned}\frac{CX}{XA}\cdot\frac{BY}{YC}&=\frac{ST}{AS}\cdot\frac{CD}{QT}\cdot\frac{PS}{CD}\cdot\frac{BT}{ST}\\&=\frac{PS}{AS}\cdot\frac{BT}{QT}=\frac{CD}{AD}\cdot\frac{DB}{CD}=\frac{DB}{AD}\end{aligned}$$

即$\frac{AD}{DB}\cdot\frac{BY}{YC}\cdot\frac{CX}{XA}=1$.

对 $\triangle ABC$ 应用塞瓦定理的逆定理,知直线 AN,CD,BM 共点.

例 15　如图 5-15,已知 $\triangle ABC$ 中 $\angle A,\angle B,\angle C$ 的对边分别为 a,b,c,P 是 $\triangle ABC$ 内一点,若 $\angle PAB=\angle PBC=\angle PCA$,求证:$\frac{PA^2}{b^2}+\frac{PB^2}{c^2}+\frac{PC^2}{a^2}=1$.

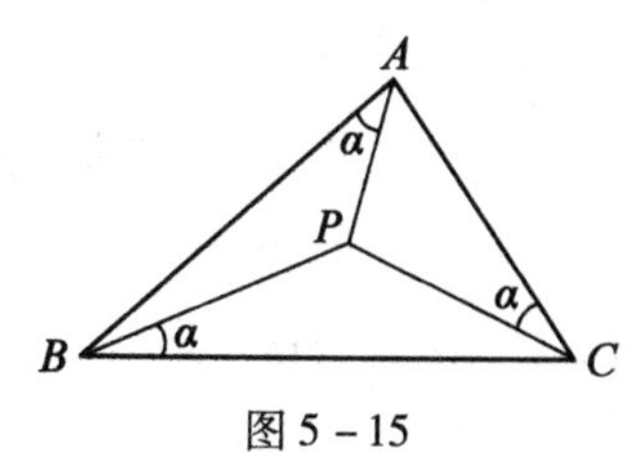

图 5-15

证明　记 $\angle PAB=\angle PBC=\angle PCA=\alpha$,设 $\triangle ABC$ 的外接圆半径为 R,因为在 $\triangle PBC$ 中有

$$\angle BPC=\pi-\alpha-\angle PCB=\pi-\angle C$$

由正弦定理得

$$\frac{PC}{\sin\alpha}=\frac{a}{\sin\angle BPC}$$

所以

$$\frac{PC}{a}=\frac{\sin\alpha}{\sin\angle BPC}=\frac{\sin\alpha}{\sin(\pi-\angle C)}$$
$$=\frac{\sin\alpha}{\sin C}=\frac{2R\sin\alpha}{c}$$

同理可得

$$\frac{PA}{b}=\frac{2R\sin\alpha}{a},\frac{PB}{c}=\frac{2R\sin\alpha}{b}$$

所以

$$\frac{PA^2}{b^2}+\frac{PB^2}{c^2}+\frac{PC^2}{a^2}$$
$$=\left(\frac{1}{a^2}+\frac{1}{b^2}+\frac{1}{c^2}\right)\cdot 4R^2\sin^2\alpha$$
$$=\frac{(b^2c^2+c^2a^2+a^2b^2)\cdot 4R^2\sin^2\alpha}{a^2b^2c^2}$$

因为 $S_{\triangle ABC}=S_{\triangle PAB}+S_{\triangle PBC}+S_{\triangle PCA}$,所以

$$\frac{1}{2}(PA\cdot c+PB\cdot a+PC\cdot b)\sin\alpha=\frac{abc}{4R}$$

从而

$$\left(\frac{bc}{a}+\frac{ac}{b}+\frac{ab}{c}\right)R\sin^2\alpha=\frac{abc}{4R}$$

于是

$$\sin^2\alpha=\frac{a^2b^2c^2}{4R^2(b^2c^2+c^2a^2+a^2b^2)}$$

故$\frac{PA^2}{b^2}+\frac{PB^2}{c^2}+\frac{PC^2}{a^2}=1$.

例 16 设 $a,b,c\in\mathbf{R}_+$,且 $2a^2+2b^2+2c^2+abc=32$,求证:$4<a+b+c\leqslant 6$.

证明 如图 5-16,设 C,D 是直径 $AB=4$ 的半圆上的两点,设 $AD=a,DC=b,CB=c$.

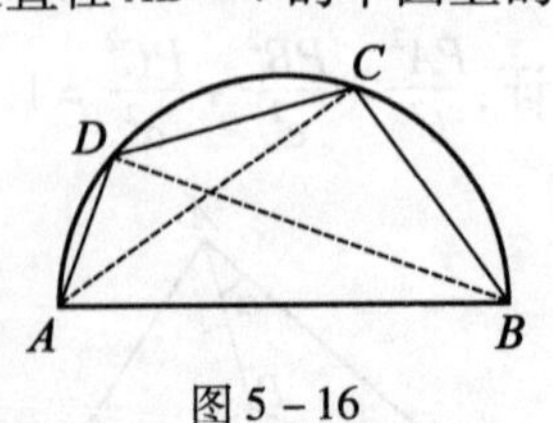

图 5-16

联结 AC 与 BD,则 $BD=\sqrt{16-a^2}$,$AC=\sqrt{16-c^2}$.

由托勒密定理得

$$AC\cdot BD=AD\cdot BC+AB\cdot DC$$

即

$$\sqrt{16-c^2}\times\sqrt{16-a^2}=ac+4b$$

化简得 $2a^2+2b^2+2c^2+abc=32$,满足题目条件.

因此,问题即为在此几何条件下求出 $a+b+c$ 的范围.

设 $\angle BAD=\alpha$, $\angle ABC=\beta$, $\alpha,\beta\in\left(0,\frac{\pi}{2}\right)$,且 $\alpha+\beta\in\left(\frac{\pi}{2},\pi\right)$,则

$$a=4\cos\alpha, c=4\cos\beta, BD=4\sin\alpha, AC=4\sin\beta$$

由 $AC\cdot BD=AD\cdot BC+AB\cdot DC$,得

$$16\sin\alpha\sin\beta=16\cos\alpha\cos\beta+4b$$

$$b=-4\cos(\alpha+\beta)$$

则折线 $ADCB$ 的长

$$\begin{aligned}a+b+c&=4\cos\alpha+4\cos\beta+4\cos(\alpha+\beta)\\&=4\left[2\cos\frac{\alpha+\beta}{2}\cos\frac{\alpha+\beta}{2}-\left(2\cos^2\frac{\alpha+\beta}{2}-1\right)\right]\\&\leqslant 8\left(-\cos^2\frac{\alpha+\beta}{2}+\cos\frac{\alpha+\beta}{2}+\frac{1}{2}\right)\\&=8\left[-\left(\cos\frac{\alpha+\beta}{2}-\frac{1}{2}\right)^2+\frac{3}{4}\right]\\&\leqslant 8\times\frac{3}{4}=6\end{aligned}$$

即 $a+b+c\leqslant 6$. 当且仅当 $\cos\frac{\alpha-\beta}{2}=1$ 且 $\cos\frac{\alpha+\beta}{2}=\frac{1}{2}$,即 $\alpha=\beta=\frac{\pi}{3}\left(\alpha,\beta\in\left(0,\frac{\pi}{2}\right)\right)$时,亦即$a=b=c=2$ 时取等号.

显然 $AD+DC+CB>AB=4$,即 $a+b+c>4$,所以 $4<a+b+c\leqslant 6$.

例 17　已知 n 是正整数,求证:$\sqrt{1+\sqrt{2+\sqrt{3+\sqrt{\cdots\sqrt{n}}}}}<3$.

证明　令 $a_k=\sqrt{k+\sqrt{(k+1)+\sqrt{(k+2)+\sqrt{\cdots\sqrt{n}}}}}$ $(k=1,2,\cdots,n)$,则

$$\sqrt{1+\sqrt{2+\sqrt{3+\sqrt{\cdots\sqrt{n}}}}}=a_1, a_k^2=k+a_{k+1}(k=1,2,\cdots,n-1), a_n^2=n$$

于是

$$\begin{aligned}&\sqrt{1+\sqrt{2+\sqrt{3+\sqrt{\cdots\sqrt{n}}}}}=a_1\leqslant\frac{1+a_1^2}{2}\\&=\frac{2}{2}+\frac{a_2}{2}\leqslant\frac{2}{2}+\frac{1}{2}\cdot\frac{1+a_2^2}{2}=\frac{2}{2}+\frac{3}{4}+\frac{a_3}{4}\\&\leqslant\frac{2}{2}+\frac{3}{4}+\frac{1}{4}\cdot\frac{1+a_3^2}{2}=\frac{2}{2}+\frac{3}{4}+\frac{4}{8}+\frac{a_4}{8}\\&\leqslant\cdots\leqslant\frac{2}{2}+\frac{3}{4}+\frac{4}{8}+\cdots+\frac{n}{2^{n-1}}+\frac{a_n}{2^{n-1}}\\&\leqslant\frac{2}{2}+\frac{3}{4}+\frac{4}{8}+\cdots+\frac{n}{2^{n-1}}+\frac{1}{2^{n-1}}\cdot\frac{1+a_n^2}{2}\\&=\frac{2}{2}+\frac{3}{4}+\frac{4}{8}+\cdots+\frac{n}{2^{n-1}}+\frac{n+1}{2^n}\end{aligned}$$

令

$$S_n=\frac{2}{2}+\frac{3}{4}+\frac{4}{8}+\cdots+\frac{n}{2^{n-1}}+\frac{n+1}{2^n}$$

则

$$\frac{1}{2}S_n=\frac{2}{4}+\frac{3}{8}+\frac{4}{16}+\cdots+\frac{n}{2^n}+\frac{n+1}{2^{n+1}}$$

以上两式相减,可得

$$\frac{1}{2}S_n=1+\frac{1}{4}+\frac{1}{8}+\cdots+\frac{1}{2^n}-\frac{n+1}{2^{n+1}}$$

$$=\frac{1}{2}+1-\frac{1}{2^n}-\frac{n+1}{2^{n+1}}=\frac{3}{2}-\frac{n+3}{2^{n+1}}$$

从而 $S_n=3-\frac{n+3}{2^n}<3$.

综上,$a_n=\sqrt{1+\sqrt{2+\sqrt{3+\sqrt{\cdots\sqrt{n}}}}}<3$.

5.2.2 归纳证明

归纳证明的例子,我们在4.3节中给出了不少,那里的例子侧重于特殊到一般. 归纳证明也可以应用于部分到整体的论证中,即问题论证中常需分成几个部分讨论. 这样的问题既有几何问题,也有代数问题. 在各部分论证中也采用了演绎证明.

例18 如图5-17,已知两个正方形 $ABCD$,$EFGH$,且满足 AB 分别交 EF,FG 于 O,V,BC 分别交 FG,GH 于 Q,U,CD 分别交 GH,HE 于 R,S,DA 分别交 HE,EF 于 P,T,则

$$S_{\triangle AOE}+S_{\triangle APE}+S_{\triangle CQG}+S_{\triangle CRG}=S_{\triangle BOF}+S_{\triangle BQF}+S_{\triangle DRH}+S_{\triangle DPH}$$

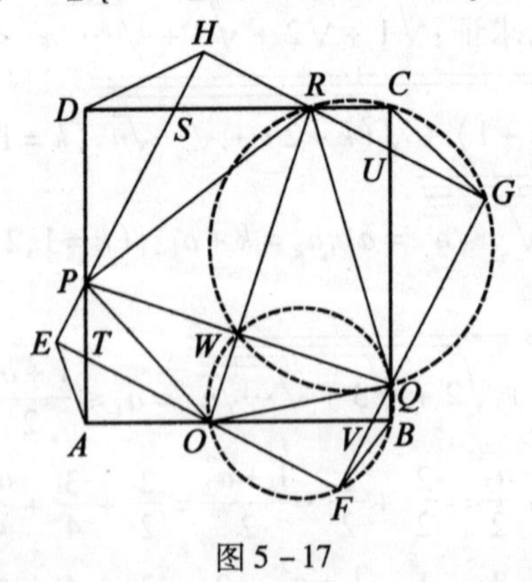

图5-17

证明 注意到欲证式中的各个三角形的面积式在图中的表示形式,有

$$S_{\triangle AOE}=\frac{OE\cdot S_{\triangle AOT}}{OT},S_{\triangle APE}=\frac{AP\cdot S_{\triangle EPT}}{PT}$$

$$S_{\triangle CQG}=\frac{CQ\cdot S_{\triangle GQU}}{QU},S_{\triangle CRG}=\frac{RG\cdot S_{\triangle CRU}}{RU}$$

$$S_{\triangle BQF}=\frac{FQ\cdot S_{\triangle BQV}}{QV},S_{BOF}=\frac{OB\cdot S_{\triangle FOV}}{OV}$$

$$S_{\triangle DRH}=\frac{DR\cdot S_{\triangle HSR}}{SR},S_{\triangle DPH}=\frac{PH\cdot S_{\triangle DPS}}{PS}$$

又因为$\triangle AOT\backsim\triangle EPT\backsim\triangle GQU\backsim\triangle CRU\backsim\triangle FOV\backsim\triangle BQV\backsim\triangle HSR\backsim\triangle DPS$,所以

$$S_{\triangle AOT}=\frac{OT^2\cdot S_{\triangle EPT}}{PT^2}$$

$$S_{\triangle GQU}=\frac{QU^2\cdot S_{\triangle EPT}}{PT^2},S_{\triangle CRU}=\frac{RU^2\cdot S_{\triangle EPT}}{PT^2}$$

$$S_{\triangle FOV}=\frac{OV^2\cdot S_{\triangle EPT}}{PT^2},S_{\triangle BQV}=\frac{QV^2\cdot S_{\triangle EPT}}{PT^2}$$

$$S_{\triangle HSR}=\frac{SR^2\cdot S_{\triangle EPT}}{PT^2},S_{\triangle DPS}=\frac{PS^2\cdot S_{\triangle EPT}}{PT^2}$$

将上面式子进行两次代换后,有

$$\begin{aligned}&S_{\triangle AOE}+S_{\triangle APE}+S_{\triangle CQG}+S_{\triangle CRG}\\&=S_{\triangle BOF}+S_{\triangle BQF}+S_{\triangle DRH}+S_{\triangle DPH}\\&\Leftrightarrow OE\cdot OT+AP\cdot PT+CQ\cdot QU+RG\cdot RU\\&=OB\cdot OV+FQ\cdot QV+DR\cdot SR+PH\cdot PS\\&\Leftrightarrow ET\cdot OT+OT^2+AT\cdot PT+PT^2+CU\cdot UQ+QU^2+GU\cdot RU+RU^2\\&=BV\cdot OV+OV^2+FV\cdot QV+QV^2+DS\cdot SR+SR^2+HS\cdot PS+PS^2\qquad(*)\end{aligned}$$

因为A,E,P,O四点共圆,所以

$ET\cdot OT+OT^2+AT\cdot PT+PT^2=(AT+PT)^2-AT^2-PT^2+OA^2+AT^2+PT^2=PO^2$

同理

$$CU\cdot UQ+QU^2+GU\cdot RU+RU^2=RQ^2$$

$$BV\cdot OV+OV^2+FV\cdot QV+QV^2+DS\cdot SR+SR^2+HS\cdot PS+PS^2=PR^2+OQ^2$$

故式$(*)\Leftrightarrow PO^2+RQ^2=PR^2+OQ^2$.

分别过四点R,C,G,Q和四点Q,B,F,O作两圆交于点W,显然RQ,OQ分别为两圆的直径,因此$RO\perp WQ$.

同理$RO\perp PW$,所以$RO\perp PQ$,故

$$PQ^2+RQ^2=PW^2+OW^2+RW^2+QW^2=PR^2+OQ^2$$

因此$S_{\triangle AOE}+S_{\triangle APE}+S_{\triangle CQG}+S_{\triangle CRG}=S_{\triangle BOF}+S_{\triangle BQF}+S_{\triangle DRH}+S_{\triangle DPH}$.

例 19 设圆O_1是半圆O的内切圆,圆O_1切半圆O的直径AB于点T,又与AB的垂线CD相切,直线CD交AB于点D,交半圆于点C,则存在一个圆O_2与AB切于点T,同时与AC相切,又与以BC为直径的圆外切.

证明 如图 5-18,不失一般性,不妨设$AT\geqslant TB,AD>DB$.

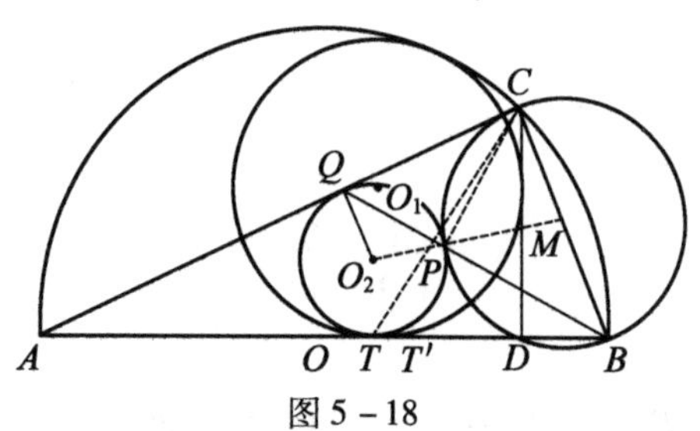

图 5-18

一方面,设圆 O_1 的半径为 r_1,即 $O_1T=r_1$.

令 $AT=x$,$TB=y$,则 $x\geqslant y$,此时

$$OA=OB=\frac{1}{2}(x+y),OT=\frac{1}{2}(x-y)$$

由勾股定理 $OO_1^2=OT^2+O_1T^2$,即

$$\left[\frac{1}{2}(x+y)-r_1\right]^2=\left[\frac{1}{2}(x-y)\right]^2+r_1^2$$

求得 $r_1=\dfrac{xy}{x+y}$.

再令 $AD=a$,$DB=b$,则 $x=a-r_1$,$y=b+r_1$.

由 $r_1=\dfrac{xy}{x+y}=\dfrac{(a-r_1)(b+r_1)}{a+b}$,有 $r_1^2+2br_1-ab=0$,即 $r_1=\sqrt{b(a+b)}-b$,亦即有

$$BT=BD+DT=\sqrt{b(a+b)}=\sqrt{BD\cdot AB}$$

注意到直角三角形的射影定理,有 $BC^2=AB\cdot DB$. 故 $BT=BC$.

另一方面,设圆 O_2 与 AC 切于点 Q,与以 BC 为直径的圆外切于点 P,与 AB 切于点 T',下证 T' 与 T 重合.

设 BC 的中点为 M,则 O_2,P,M 三点共线,联结 O_2Q,则知 $O_2Q/\!/MC$.

由 $\angle PQC=\dfrac{1}{2}\angle PO_2Q$,$\angle PCQ=\dfrac{1}{2}\angle PMC$,知

$$\angle PQC+\angle PCQ=\frac{1}{2}(\angle PO_2Q+\angle PMC)=90^\circ$$

又 $\angle CPB=90^\circ$,从而知 Q,P,B 三点共线.

由 $\mathrm{Rt}\triangle QCP\backsim\mathrm{Rt}\triangle CBP$,有

$$\frac{CP}{CQ}=\frac{BP}{BC} \qquad ①$$

设圆 M,圆 O_2 的半径分别为 r_0,r_2,则由 $\triangle O_2QP\backsim\triangle MBP$,有 $\dfrac{QP}{BP}=\dfrac{O_2P}{MP}=\dfrac{r_2}{r_0}$,即有 $\dfrac{BQ}{BP}=\dfrac{r_2+r_0}{r_0}$.

注意到切割线定理,有

$$BT'^2=BP\cdot BQ=BP^2\cdot\frac{r_2+r_0}{r_0}$$

从而 $\dfrac{BP}{BT'}=\sqrt{\dfrac{r_0}{r_2+r_0}}$.

同理 $\dfrac{CP}{CQ}=\sqrt{\dfrac{r_0}{r_2+r_0}}$,于是

$$\frac{CP}{CQ}=\frac{BP}{BT'} \qquad ②$$

由①和②知 $BT'=BC$.

综合上述两个方面,有 $BT'=BT$. 故 T' 与 T 重合,命题证毕.

例 20　在锐角$\triangle ABC$中,求证

$$\frac{1}{\sin 2A}+\frac{1}{\sin 2B}+\frac{1}{\sin 2C}\geqslant\frac{2}{\tan A}+\frac{2}{\tan B}+\frac{2}{\tan C}\geqslant\frac{1}{\sin A}+\frac{1}{\sin B}+\frac{1}{\sin C}$$

证明　先证链中第一个不等式.

令$x=\tan A,y=\tan B,z=\tan C$,则有$x,y,z>0$且$x+y+z=xyz$,那么由万能公式可得

$$\frac{1}{\sin 2A}+\frac{1}{\sin 2B}+\frac{1}{\sin 2C}\geqslant\frac{2}{\tan A}+\frac{2}{\tan B}+\frac{2}{\tan C}$$

$$\Leftrightarrow\frac{1+x^2}{2x}+\frac{1+y^2}{2y}+\frac{1+z^2}{2z}\geqslant\frac{2}{x}+\frac{2}{y}+\frac{2}{z}$$

$$\Leftrightarrow x+y+z\geqslant 3\left(\frac{1}{x}+\frac{1}{y}+\frac{1}{z}\right)$$

$$\Leftrightarrow x+y+z\geqslant\frac{3(xy+yz+zx)}{xyz}$$

$$\Leftrightarrow(x+y+z)^2\geqslant 3(xy+yz+zx)$$

$$\Leftrightarrow\frac{1}{2}[(x-y)^2+(y-z)^2+(z-x)^2]\geqslant 0$$

故链中第一个不等式成立. 当且仅当$x=y=z$,即$\triangle ABC$为正三角形时不等式取等号.

再证链中第二个不等式.

令$x_1=\tan\frac{A}{2},y_1=\tan\frac{B}{2},z_1=\mathrm{tam}\frac{C}{2}$,则有$x_1,y_1,z_1>0$且$x_1y_1+y_1z_1+z_1x_1=1$,那么由万能公式可得

$$\frac{2}{\tan A}+\frac{2}{\tan B}+\frac{2}{\tan C}\geqslant\frac{1}{\sin A}+\frac{1}{\sin B}+\frac{1}{\sin C}$$

$$\Leftrightarrow\frac{1-x_1^2}{x_1}+\frac{1-y_1^2}{y_1}+\frac{1-z_1^2}{z_1}\geqslant\frac{1+x_1^2}{2x_1}+\frac{1+y_1^2}{2y_1}+\frac{1+z_1^2}{2z_1}$$

$$\Leftrightarrow\frac{1}{x_1}+\frac{1}{y_1}+\frac{1}{z_1}\geqslant 3(x_1+y_1+z_1)$$

$$\Leftrightarrow(x_1y_1+y_1z_1+z_1x_1)\left(\frac{1}{x_1}+\frac{1}{y_1}+\frac{1}{z_1}\right)\geqslant 3(x_1+y_1+z_1)$$

$$\Leftrightarrow\frac{y_1z_1}{x_1}+\frac{z_1x_1}{y_1}+\frac{x_1y_1}{z_1}\geqslant x_1+y_1+z_1$$

$$\Leftrightarrow\frac{1}{2}\left[\left(\sqrt{\frac{y_1z_1}{x_1}}-\sqrt{\frac{z_1x_1}{y_1}}\right)^2+\left(\sqrt{\frac{z_1x_1}{y_1}}-\sqrt{\frac{x_1y_1}{z_1}}\right)^2+\left(\sqrt{\frac{x_1y_1}{z_1}}-\sqrt{\frac{y_1z_1}{x_1}}\right)^2\right]\geqslant 0$$

故链中第二个不等式成立. 当且仅当$x_1=y_1=z_1$,即$\triangle ABC$为正三角形时不等式取等号.

至此不等式链获证.

例 21　已知$\{a_n\}$是等比数列,$n\in\mathbf{N}$,且n为奇数,求证

$$(a_1+a_3+\cdots+a_n)^2-(a_2+a_4+\cdots+a_{n-1})^2=a_1^2+a_2^2+\cdots+a_n^2$$

解　(1)当$\{a_n\}$的公比q满足:$|q|=1$时,此时因为$a_1=a_3=\cdots=a_n,a_2=a_4=\cdots=a_{n-1}=\pm a_1$,所以

$$\text{左边}=\left(\frac{n+1}{2}a_1\right)^2-\left(\pm\frac{n-1}{2}a_1\right)^2=\left[\left(\frac{n+1}{2}\right)^2-\left(\frac{n-1}{2}\right)^2\right]a_1^2=na_1^2=\text{右边}$$

(2)当$|q|\neq 1$时,则

$$\begin{aligned}右边&=\frac{a_1^2(1-q^{2n})}{1-q^2}=\frac{a_1(1+q^n)}{1+q}\cdot\frac{a_1(1-q^n)}{1-q}\\&=\frac{a_1[1-(-q)^n]}{1-(-q)}\cdot\frac{a_1(1-q^n)}{1-q}\\&=(a_1-a_2+a_3-\cdots+a_n)(a_1+a_2+a_3+\cdots+a_n)\\&=[(a_1+a_3+\cdots+a_n)-(a_2+a_4+\cdots+a_{n-1})]\cdot\\&\quad[(a_1+a_3+\cdots+a_n)+(a_2+a_4+\cdots+a_{n-1})]\\&=(a_1+a_3+\cdots+a_n)^2-(a_2+a_4+\cdots+a_{n-1})^2\\&=左边\end{aligned}$$

综上即证.

例 22 已知$a,b,c>0$,且$abc=1$,求证

$$a^3+b^3+c^3+3\geqslant 2(a^2+b^2+c^2).$$

证明 (1)当$a+b+c>ab+bc+ca$时,因为$abc=1$,所以$a+b+c\geqslant 3\sqrt[3]{abc}=3$.用$\sum$表示循环和,则

$$\begin{aligned}\sum a^3+3-2\sum a^2&=[\sum a^3+\sum a^2(b+c)]-2\sum a^2-[\sum a^2(b+c)+\sum abc]+6\\&=\sum a^2(a+b+c)-2\sum a^2-\sum a(ab+ac+bc)+6\\&=\sum a^2(\sum a-2)-\sum a\sum ab+6\\&=[(\sum a)^2-2\sum ab](\sum a-2)-\sum a\sum ab+6\\&>[(\sum a)^2-2\sum a](\sum a-2)-(\sum a)^2+6\\&=(\sum a)^3-5(\sum a)^2+4\sum a+6\\&=(\sum a-3)[(\sum a-3)(\sum a+1)+1]\geqslant 0\end{aligned}$$

不等式成立.

(2)当$a+b+c\leqslant ab+bc+ca$时,不失一般性,可设a,b,c中的最小者为c,原不等式等价于

$$\sum a^3\sum ab+3\sum ab-2\sum a^2\sum ab\geqslant 0 \quad ①$$

$$\begin{aligned}式①左边&\geqslant\sum a^3\sum a+3\sum a-2\sum a^2[a(b+c)+bc]\\&=\sum a^3[a+(b+c)]+3\sum a-2\sum a^3(b+c)-2\sum a^2bc\\&=\sum a^4+\sum a^3(b+c)+3\sum a^2bc-2\sum a^3(b+c)-2\sum a^2bc\\&=\sum a^4+\sum a^2bc-\sum a^3(b+c)\\&=\sum a^2(a^2+bc-ab-ac)\\&=\sum a^2(a-b)(a-c)\\&=(a-b)^2[a(a-c)+b(b-c)+ab]+c^2(c-a)(c-b)\geqslant 0\end{aligned}$$

式①成立.

综合(1)与(2)知,原不等式成立.

5.2.3　综合证明

数学证明中采用较多的是综合证明，它将演绎、归纳证明以及寻找充分条件等综合在一起. 其实在前一节的归纳证明中也体现着综合证明.

例 23　在 $\triangle ABC$ 中，$AD\perp BC$ 于 D，$DE\perp AB$ 于 E，$DF\perp AC$ 于 F，联结 EF 并延长交 $\triangle ABC$ 的外接圆于 A'，求证：$\sin\angle BAC=\frac{A'B}{AB}-\frac{A'C}{AC}$.

证明　如图 5-19，联结 AA'，在 $\mathrm{Rt}\triangle ABD$ 和 $\mathrm{Rt}\triangle ACD$ 中，由题设知

$$AE\cdot AB=AD^2=AF\cdot AC$$

从而$\frac{AE}{AF}=\frac{AC}{AB}$. 又 $\angle EAF=\angle CAB$，故

$$\triangle AEF\backsim\triangle ACB,\angle AEF=\angle ACB$$

在 $\triangle AEA'$ 和 $\triangle AA'B$ 中

$$\angle AEA'=\angle ACB=\angle AA'B,\angle EAA'=\angle A'AB$$

故

$$\triangle AEA'\backsim\triangle AA'B,\frac{AE}{AA'}=\frac{AA'}{AB}$$

从而 $AA'^2=AE\cdot AB=AD^2$，$AA'=AD$.

在圆内接四边形 $ABCA'$ 中，根据托勒密定理得

$$AA'\cdot BC+AB\cdot A'C=AC\cdot A'B$$

特别地，当 $\angle ACB=90°$ 时，A' 和 C 两点重合，易知这个等式仍然成立. 于是

$$AD\cdot BC=AA'\cdot BC=AC\cdot A'B-AB\cdot A'C$$

因 $AD\cdot BC=2S_{\triangle ABC}=AB\cdot AC\sin\angle BAC$，故

$$AB\cdot AC\sin\angle BAC=AC\cdot A'B-AB\cdot A'C$$

即 $\sin\angle BAC=\frac{A'B}{AB}-\frac{A'C}{AC}$.

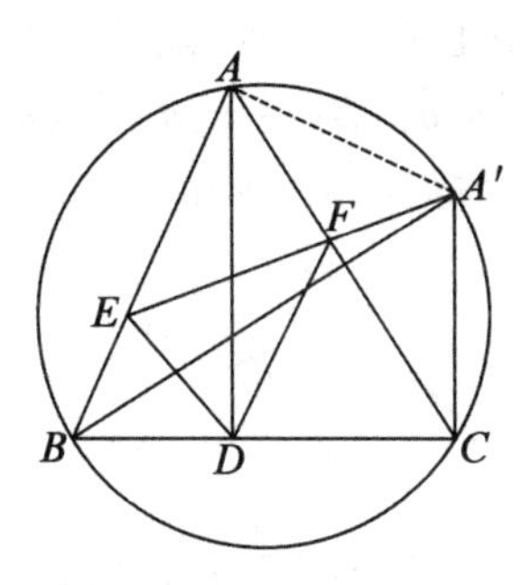

图 5-19

例 24　已知 D 是 $\triangle ABC$ 边 BC 上的点，设 I,I_1,I_2 分别是 $\triangle ABC$，$\triangle ADB$，$\triangle ADC$ 的内心. 若 I 在 BC 上的射影为 H，求证：I_1,I_2,H,D 四点共圆.

证明　如图 5-20 所示. 作 $I_1E\perp BD$ 于 E，作 $I_2F\perp DC$ 于 F，联结 DI_1,DI_2,HI_1,HI_2，令 $\triangle ABC$，$\triangle ADB$，$\triangle ADC$ 的半周长分别为 p,p_1,p_2. 由切线长定理易得

$$BE=p_1-AD,BH=p-AC$$

$$AD = p_1 + p_2 - p, DF = p_2 - AC$$

于是

$$\begin{aligned} EH &= BH - BE = p - AC - (p_1 - AD) \\ &= p - AC - p_1 + p_1 + p_2 - p \\ &= p_2 - AC \\ &= DF \end{aligned}$$

所以 $ED = HF$.

又易得 $\angle I_1DI_2 = 90°$,则易知 $\text{Rt}\triangle I_1ED \backsim \text{Rt}\triangle DFI_2$,于是 $\frac{I_1E}{ED} = \frac{DF}{FI_2}$. 所以 $\frac{I_1E}{HF} = \frac{EH}{FI_2}$,且 $\angle I_1EH = \angle HFI_2 = 90°$,则

$$\text{Rt}\triangle I_1EH \backsim \text{Rt}\triangle HFI_2$$

所以 $\angle I_1HE + \angle I_2HF = 90°$. 于是

$$\angle I_1HI_2 = 90° = \angle I_1DI_2$$

故 I_1, I_2, H, D 四点共圆.

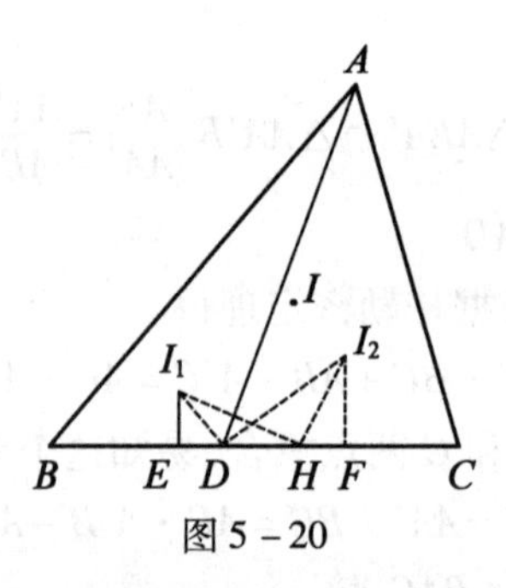

图 5－20

例 25 在$\triangle ABC$中,AD, BE分别为其边上的高,H为垂心,角A, B, C所对三边为a, b, c,α为角A, B, C中最大的角,$[\cos\alpha]$表示不大于$\cos\alpha$的最大整数. R为$\triangle ABC$的外接圆的半径,则在任意$\triangle ABC$中都有关系式$a^2 + b^2 + c^2 = 8R^2 + 2(-1)^{[\cos\alpha]} AH \cdot HD$成立.

证明 如图 5－21,以外接圆圆心O为原点,以平行于边BC的直线为x轴,建立平面直角坐标系. 利用对称性可设坐标$A(p, q)$,$B(-m, n)$,$C(m, n)$,则点D坐标为(p, n). 利用AD, BE的直线方程可求出点H的坐标为$(p, q+2n)$.

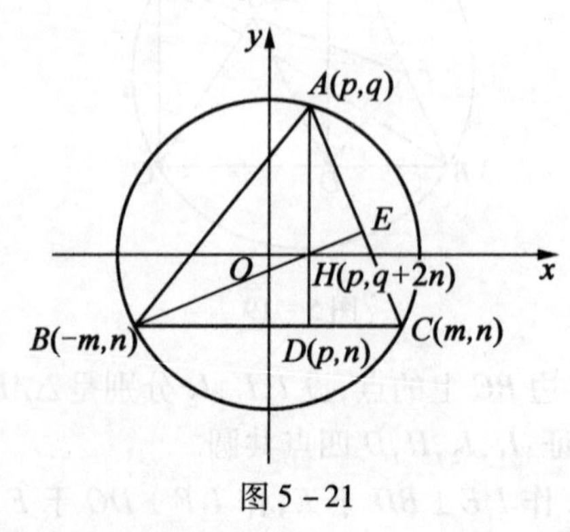

图 5－21

因为 $p^2 + q^2 = R^2$, $m^2 + n^2 = R^2$,所以

$$a^2 + b^2 + c^2 = 4m^2 + [(p-m)^2 + (q-n)^2] + [(p+m)^2 + (q-n)^2]$$

$$=4m^2+2p^2+2q^2+2m^2+2n^2-4qn$$
$$=4R^2+4m^2-4qn$$
$$=8R^2-4n^2-4qn$$

当三角形中最大角 $\alpha<90°$ 时,垂心 H 在三角形内部. 由图 5-21 知,这时

$$|AH|=q-(q+2n)=-2n$$
$$|HD|=(q+2n)-n=q+n$$

故 $|AH|\cdot|HD|=-2nq-n^2$.

这时有

$$a^2+b^2+c^2=8R^2+2|AH|\cdot|HD| \quad ①$$

当 $\alpha=90°$ 时,H 在三角形的直角顶点上,这时若 A 为 α,则 $|AH|=0$,亦即 $n=0$;若 A 不为 α,则 $|HD|=0$(H,D 重合),亦即 $q+n=0$,这时有

$$a^2+b^2+c^2=8R^2 \quad ②$$

当 $\alpha>90°$ 时,垂心 H 在三角形外,参考图 5-21,因为 $|AH|=|-2n|$,$|HD|=|q+n|$,这时 $-2n$ 与 $q+n$ 异号,故 $|AH|\cdot|HD|=2nq+2n^2$,所以有

$$a^2+b^2+c^2=8R^2-2|AH|\cdot|HD| \quad ③$$

综上所述,式①②③可用下面一个式子概括

$$a^2+b^2+c^2=8R^2+2(-1)^{[\cos\alpha]}|AH|\cdot|HD|$$

命题证毕.

例 26　在 $\triangle ABC$ 中,$AB=2$,$AC=nBC$($n\in\mathbf{N}_+$,$n\geqslant2$),$\triangle ABC$ 面积的最大值为 a_n,求证

$$\frac{a_2}{2}+\frac{a_3}{3}+\frac{a_4}{4}+\cdots+\frac{a_n}{n}<\frac{3}{2}$$

证明　设 $BC=t$,则 $\begin{cases}2+t>nt\\t+nt>2\end{cases}$,所以 $\frac{2}{n+1}<t<\frac{2}{n-1}$.

记 $p=\frac{1}{2}(2+t+nt)=\frac{n+1}{2}t+1$,由海伦(Heron)公式得

$$S=\sqrt{p(p-a)(p-b)(p-c)}$$
$$=\sqrt{(\frac{n+1}{2}t+1)(\frac{n+1}{2}t-1)(\frac{n-1}{2}t+1)(\frac{1-n}{2}t+1)}$$
$$=\frac{1}{4}\sqrt{-(n-1)^2(n+1)^2t^4+8(n^2+1)t^2-16}$$
$$=\frac{1}{4}\sqrt{-(n-1)^2(n+1)^2(t^2-\frac{4(n^2+1)}{(n^2-1)^2})^2+\frac{64n^2}{(n^2-1)^2}}$$

当 $t=\frac{4(n^2+1)}{(n^2-1)^2}$ 时,$\triangle ABC$ 面积 S 的最大值为 $\frac{2n}{n^2-1}$,即 $a_n=\frac{2n}{n^2-1}$. 所以

$$\frac{a_n}{n}=\frac{2}{n^2-1}=\frac{1}{n-1}-\frac{1}{n+1}$$

故 $\frac{a_2}{2}+\frac{a_3}{3}+\cdots+\frac{a_n}{n}=\frac{3}{2}-\frac{1}{n}-\frac{1}{n+1}<\frac{3}{2}$.

例 27　已知 $\frac{\sin(2x+y)}{\sin 2x}=\frac{\sin(x+2y)}{\sin 2y}$,其中 x,y 都是锐角,且 $0<x+y<\frac{\pi}{2}$,求证:$x=y$.

证明 不妨构作$\triangle ABC$，设$\triangle ABC$的两条角平分线为BD,CE，如图5－22，设$\angle ABC=2x,\angle ACB=2y$，则$x,y$都是锐角，且$0<x+y<\frac{\pi}{2}$.

由正弦定理可得

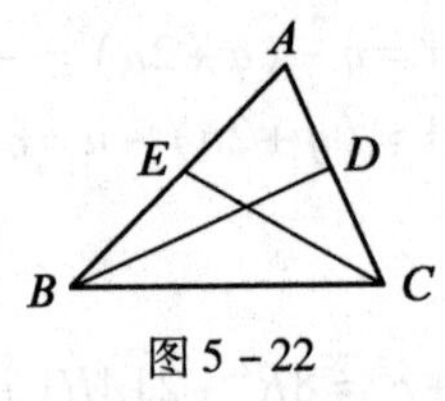

图5－22

$$\frac{CE}{\sin 2x}=\frac{BC}{\sin(2x+y)}$$
$$\frac{BD}{\sin 2y}=\frac{BC}{\sin(x+2y)}$$

所以

$$\frac{BC}{CE}=\frac{\sin(2x+y)}{\sin 2x},$$
$$\frac{BC}{BD}=\frac{\sin(x+2y)}{\sin 2y}$$

又已知$\frac{\sin(2x+y)}{\sin 2x}=\frac{\sin(x+2y)}{\sin 2y}$，所以$\frac{BC}{CE}=\frac{BC}{BD}$. 从而$BD=CE$.

根据Steiner-Lehmus定理，可得$AB=AC$. 所以有$\angle ABC=\angle ACB$，因此$x=y$.

例28 设$a,b,c\geqslant 0$，且$a^2+b^2+c^2\leqslant 3$，求证：$\frac{1}{4-a}+\frac{1}{4-b}+\frac{1}{4-c}\leqslant 1$.

证明 所证不等式等价于

$$(4-b)(4-c)+(4-c)(4-a)+(4-a)(4-b)\leqslant(4-a)(4-b)(4-c)$$

等价于

$$48-8(a+b+c)+(ab+bc+ca)$$
$$\leqslant 64-16(a+b+c)+4(ab+bc+ca)-abc$$

等价于

$$abc+8(a+b+c)\leqslant 16+3(ab+bc+ca) \qquad (*)$$

因为$3\sqrt[3]{(abc)^2}\leqslant a^2+b^2+c^2\leqslant 3$，所以$0\leqslant abc\leqslant 1$，得

$$abc\leqslant(abc)^{\frac{2}{3}}=(ab\cdot bc\cdot ca)^{\frac{1}{3}}\leqslant\frac{1}{3}(ab+bc+ca)$$

于是，要证明式$(*)$，只要证明

$$\frac{1}{3}(ab+bc+ca)+8(a+b+c)<16+3(ab+bc+ca)$$

等价于

$$8(a+b+c)\leqslant 16+\frac{8}{3}(ab+bc+ca)$$

等价于

$$8(a+b+c)\leqslant 16+\frac{4}{3}[(a+b+c)^2-(a^2+b^2+c^2)]$$

等价于

$$6(a+b+c)\leqslant 12+(a+b+c)^2-(a^2+b^2+c^2)$$

等价于

$$0\leqslant (a+b+c-3)^2+[3-(a^2+b^2+c^2)]$$

成立,获证.

例 29 若正实数 $x_i(i=1,2,\cdots,n)$ 满足 $\prod_{i=1}^{n}x_i=1,p\geqslant 0$,证明

$$\prod_{i=1}^{n}(x_i+\sqrt{p}+\sqrt{p+1}-1)\geqslant(\sqrt{p}+\sqrt{p+1})^n$$

证明 当 $p=0$ 时不等式显然成立,下面证明 $p>0$ 的情形.

考察函数

$$f(x)=x+\sqrt{p+1}+\sqrt{p}-1-(\sqrt{p+1}+\sqrt{p})x^{\sqrt{p+1}-\sqrt{p}}\quad (x>0)$$

则

$$f'(x)=1-(\sqrt{p+1}+\sqrt{p})(\sqrt{p+1}-\sqrt{p})x^{\sqrt{p+1}-\sqrt{p}-1}=1-x^{\sqrt{p+1}-\sqrt{p}-1}$$

因为 $\sqrt{p+1}-\sqrt{p}-1=\dfrac{1}{\sqrt{p+1}+\sqrt{p}}-1<0$,所以,当 $0<x<1$ 时 $f'(x)<0$,当 $x>1$ 时 $f'(x)>0$.

因此,函数 $f(x)$ 的最小值为 $f(1)=0$.

从而不等式 $x+\sqrt{p+1}+\sqrt{p}-1-(\sqrt{p+1}+\sqrt{p})x^{\sqrt{p+1}-\sqrt{p}}\geqslant 0$ 对 $x<0$ 恒成立. 于是,有不等式

$$x_i+\sqrt{p+1}+\sqrt{p}-1\geqslant(\sqrt{p+1}+\sqrt{p})x_i^{\sqrt{p+1}-\sqrt{p}}\quad (i=1,2,\cdots,n)$$

将这 n 个不等式相乘并注意到条件 $\prod_{i=1}^{n}x_i=1$,即得不等式

$$\prod_{i=1}^{n}(x_i+\sqrt{p}+\sqrt{p+1}-1)\geqslant(\sqrt{p}+\sqrt{p+1})^n$$

例 30 已知 $a,b,c\in\mathbf{R}_+$,且满足 $\dfrac{a^2}{1+a^2}+\dfrac{b^2}{1+b^2}+\dfrac{c^2}{1+c^2}=1$,求证:$abc\leqslant\dfrac{\sqrt{2}}{4}$.

证明 令 $x=\dfrac{a^2}{1+a^2},y=\dfrac{b^2}{1+b^2},z=\dfrac{c^2}{1+c^2}$,显然有 $0<x,y,z<1$,且 $x+y+z=1$. 于是有

$$a^2=\frac{x}{1-x},b^2=\frac{y}{1-y},c^2=\frac{z}{1-z}$$

$$a^2b^2c^2=\frac{xyz}{(1-x)(1-y)(1-z)}$$

所以原问题转化为证明

$$\frac{xyz}{(1-x)(1-y)(1-z)}\leqslant\frac{1}{8}$$

因为 $x+y+z=1$,有 $\dfrac{1}{x}+\dfrac{1}{y}+\dfrac{1}{z}\geqslant 9$,则

$$9\left(\frac{1}{x}+\frac{1}{y}+\frac{1}{z}-1\right)\geqslant 8\left(\frac{1}{x}+\frac{1}{y}+\frac{1}{z}\right)$$

因为

$$(xyz)^{\frac{1}{3}}\geqslant\frac{3}{\frac{1}{x}+\frac{1}{y}+\frac{1}{z}}\geqslant\frac{3}{\frac{9}{8}\left(\frac{1}{x}+\frac{1}{y}+\frac{1}{z}-1\right)}=\frac{8}{3\left(\frac{1}{x}+\frac{1}{y}+\frac{1}{z}-1\right)}$$

所以

$$(xyz)^{-\frac{1}{3}}\leqslant\frac{3}{8}\left(\frac{1}{x}+\frac{1}{y}+\frac{1}{z}-1\right)$$

又由

$$\begin{aligned}\frac{1}{8}(1-x)(1-y)(1-z)-\frac{1}{3}(xyz)^{\frac{2}{3}}&=\frac{1}{8}(xy+yz+xz-xyz)-\frac{1}{3}(xyz)^{\frac{2}{3}}\\&=\frac{1}{8}xyz\left[\frac{1}{x}+\frac{1}{y}+\frac{1}{z}-1-\frac{8}{3}(xyz)^{-\frac{1}{3}}\right]\geqslant 0\end{aligned}$$

所以

$$(1-x)(1-y)(1-z)\geqslant\frac{8}{3}(xyz)^{\frac{2}{3}}$$

又因为$(xyz)^{\frac{1}{3}}\leqslant\frac{1}{3}(x+y+z)=\frac{1}{3}$,所以

$$\frac{xyz}{(1-x)(1-y)(1-z)}\leqslant\frac{xyz}{\frac{8}{3}(xyz)^{\frac{2}{3}}}=\frac{3}{8}(xyz)^{\frac{1}{3}}\leqslant\frac{1}{8}$$

(其中等号当 $a=b=c$ 时取到).

例 31 已知数列 $\{x_n\}$ 满足 $x_1=0,x_2=1,x_3=2$,当 $n\in\mathbf{N}_+$ 时,令 $x_{3n+1}=\frac{x_{3n-2}+x_{3n-1}}{2}$, $x_{3n+2}=\frac{x_{3n-2}+x_{3n}}{2}$, $x_{3n+3}=\frac{x_{3n-1}+x_{3n}}{2}$. 试问数列 $\{x_n\}$ 是否有极限,如果有,请求 $\lim\limits_{n\to\infty}x_n$;如果没有极限,请说明理由.

解 (ⅰ)首先,证明 $x_{3n+1}+x_{3n+2}+x_{3n+3}=3,n\in\mathbf{N}$.

由已知,$x_1+x_2+x_3=3$. 因为

$$\begin{aligned}x_{3(k+1)+1}+x_{3(k+1)+2}+x_{3(k+1)+3}&=\frac{x_{3k+1}+x_{3k+2}}{2}+\frac{x_{3k+1}+x_{3k+3}}{2}+\frac{x_{3k+2}+x_{3k+3}}{2}\\&=x_{3k+1}+x_{3k+2}+x_{3k+3}\end{aligned}$$

所以数列 $\{x_{3n+1}+x_{3n+2}+x_{3n+3}\}(n\in\mathbf{N})$ 是常数数列,即 $x_{3n+1}+x_{3n+2}+x_{3n+3}=3,n\in\mathbf{N}$.

(ⅱ)其次,用数学归纳法证明 $x_{3n+2}=1,n\in\mathbf{N}$.

1° 由已知,$x_2=1$;

2° 假设 $x_{3k+2}=1,k\in\mathbf{N}$,则 $x_{3k+1}+x_{3k+3}=2$,则 $x_{3(k+1)+2}=\frac{x_{3k+1}+x_{3k+3}}{2}=1$.

由数学归纳法知,$x_{3n+2}=1,n\in\mathbf{N}$.

(ⅲ)再次,求数列 $\{x_{3n+1}\}$ 与 $\{x_{3n+3}\}$ 的通项公式. 由 $x_{3(n+1)+1}=\frac{x_{3n+1}+x_{3n+2}}{2}=\frac{1}{2}x_{3n+1}+$

$\frac{1}{2}$及 $x_2=1$,可以求得 $x_{3n+1}=1-\left(\frac{1}{2}\right)^n$,进而 $x_{3n+3}=1+\left(\frac{1}{2}\right)^n$,$n\in\mathbf{N}$.

(ⅳ)最后,求$\lim\limits_{n\to\infty}x_n$.

因为$\lim\limits_{n\to\infty}x_{3n+1}=\lim\limits_{n\to\infty}\left[1-\left(\frac{1}{2}\right)^n\right]=1$, $\lim\limits_{n\to\infty}x_{3n+3}=\lim\limits_{n\to\infty}\left[1+\left(\frac{1}{2}\right)^n\right]=1$, 又 $\lim\limits_{n\to\infty}x_{3n+2}=\lim\limits_{n\to\infty}1=1$.

综上,$\lim\limits_{n\to\infty}x_n=1$,即数列$\{x_n\}$存在极限,其极限值为 1.

例 32　n 是大于 1 的整数,记 $r_n=(n-1)!+1$,$s_n=(n-2)!-1$,试求 r_n 与 s_n 的最大公约数(r_n,s_n).

解　易得 $r_n+s_n=ns_n+n$.　①

设$(r_n,s_n)=d$,则 $d|r_n$,$d|s_n$,由此及①即得 $d|n$.　②

(ⅰ)n 是素数. 根据威尔逊(Wilson)定理知,$n|r_n$ 和它的推论 $n|s_n$,即得 $n|(r_n,s_n)$,即 $n|d$. 结合②就推出 $d=n$.

(ⅱ)n 是合数. 由②对 d 进行讨论:当 $d=n$,则有 $n|(n-1)!+1$,由此及 $n>1$ 即知 n 是素数(威尔逊定理的逆),此为不可能! 当 $1<d<n$,则 $d|(n-1)!$,由此及 $d|(n-1)!+1$ 推出 $d|1$,这与 $d>1$ 矛盾! 从而必有 $d=1$. 由(ⅰ)(ⅱ)得

$$(r_n,s_n)=\begin{cases}n,n\text{ 是素数}\\1,n\text{ 是合数}\end{cases}\quad ③$$

5.3　证明的技术

一般来说,“技”是指某方面的能力,“术”是指某种学问或手段. 把数学解题中的一些技巧上升到技术层面来认识,可以发现司空见惯的平凡技巧背后,隐藏着深刻的数学本质属性. 技巧成为技术是具有规律的技巧才有可能. 因而,技术是有条件限制的,有规则的,适可而止的,也是有适用范围的.

在解题过程中,常常涉及一定的解题技术,证明题也是如此. 常言道:熟能生巧. 要想掌握解题、证题技术,还是要加强对基础知识、基本方法的掌握,基本技能的训练,做适量的典型习题. 技术虽不像一般方法那样,有比较固定的步骤和模式,但也不能说没有规律可循. 我们在解题过程中,若注意分析题目特征,又有扎实的基本功,技术便会油然而生.

由于习题类型多种多样,解题技术也是五花八门的,在这里,我们不可能一一提供给大家,而只是选一些具有代表性的习题,以例题形式,从几个方面介绍一些证明技术.

5.3.1　发掘出特征,灵巧由此生——提炼技术

发掘数学问题中所隐含的数量特征、结构特征,是我们获得解题途径的重要技术. 因为这些特征往往潜伏着重要的解题契机.

例 33　任给七个实数 $x_k(k=1,2,\cdots,7)$,证明:必有两个实数 x_i,x_j 适合不等式

$$0\leqslant\frac{x_i-x_j}{1+x_ix_j}<\frac{1}{\sqrt{3}}$$

解析　若任给的七个实数中有某两数相等,则命题显然成立. 今设这七个实数两两互

异,由于这七个实数分布在$(-\infty,+\infty)$上范围太广,难以直接估值.但注意到式子$\frac{x_i-x_j}{1+x_ix_j}$的结构特征,与两角差的正切公式$\tan(\alpha_i-\alpha_j)=\frac{\tan\alpha_i-\tan\alpha_j}{1+\tan\alpha_i\tan\alpha_j}$极为相似,不妨令$x=\tan\alpha$,且它是由集$\left(-\frac{\pi}{2},\frac{\pi}{2}\right)$到集$(-\infty,+\infty)$上的一一映射.因此,原命题变成要证明两个实数$\alpha_i,\alpha_j\in\left(-\frac{\pi}{2},\frac{\pi}{2}\right)$,使$0<\tan(\alpha_i-\alpha_j)=\frac{\tan\alpha_i-\tan\alpha_j}{1+\tan\alpha_i\tan\alpha_j}<\frac{1}{\sqrt{3}}$.此时,又可将$\left(-\frac{\pi}{2},\frac{\pi}{2}\right)$分成长度相等的六个小区间,再由抽屉原则即可证得此命题,从而证得原命题(证略).

例34 在一平面内给定100个点,其中没有三点位于一条直线上,作以这些点为顶点的所有可能的三角形.试证:这些三角形最多70%是锐角三角形.

解析 由于没有三点位于一条直线上,因此100个点共可作$C_{100}^3=161\ 700$个三角形,要证明这些三角形中70%是锐角三角形,谈何容易,得发掘内涵特征,从几种简单情形摸索规律.若分别以$r(n)$和$s(n)$记这n个点构成的锐角三角形的个数和三角形的总数,则$n=3$时,$r(3)\leqslant 1$,$s(3)=1$,$r(3):s(3)\leqslant 100\%$.在$n=4$时,$s(4)=C_4^3=4$.如果四个点可以构成一个凸四边形,由于这四个顶角和为360°,则至多有三个是锐角构成三个锐角三角形;如果某一点位于另外三点构成的三角形内部,此时至多构成两个锐角三角形,所以$r(4)\leqslant 3$,$r(4):s(4)\leqslant 75\%$.在$n=5$时,若按前面的讨论,也比较复杂,也不利于推广,因此要尽量去找它与$n=4$的联系.

现设平面上给定了五个点$A_1,A_2,\cdots,A_5$,它们任意三点不共线.任意去掉一点,就变成$n=4$的情形.用$R_n(A_i)$表示去掉A_i后余下$n-1$个点所构成的锐角三角形总数,则

$$r(5)=\frac{R_5(A_1)+R_5(A_2)+\cdots+R_5(A_5)}{5-3}\leqslant\frac{15}{2}=7.5$$

其中分母$5-3$是因为对每个三角形而言,如果去掉的顶点不是它的三个顶点,那么它都要出现一次,即每个三角形重复了$5-3$次,又$r(n)$为正整数,故$r(5)\leqslant 7$,又$s(5)=10$,从而有$r(5):s(5)\leqslant 70\%$.

一般地,若对$n=k$,已知$r(k):s(k)\leqslant 70\%$,则

$$\begin{aligned}r(k+1)&=\frac{1}{(k+1)-3}[R_{k+1}(A_1)+R_{k+1}(A_2)+\cdots+R_{k+1}(A_{k+1})]\\&=\frac{(k+1)\cdot r(k)}{k-2}\leqslant\frac{k+1}{k-2}\cdot 70\%\cdot s(k)\\&=\frac{k+1}{k-2}\cdot C_k^3\cdot 70\%\end{aligned}$$

又$s(k+1)=C_{k+1}^3$,故$r(k+1):s(k+1)\leqslant 70\%$.从而只要$n\geqslant 5$,便有$r(n):s(n)\leqslant 70\%$.

例35 如图5-23,四边形$ABCD$为圆O的内接四边形,对边BC,AD延长后交于点F,AB,DC延长后交于点E.$\triangle ECF$的外接圆与圆O的另一个交点为H,AH与EF交于点M,MC与圆O交于点G.证明:(1)M为EF的中点;(2)A,G,E,F四点共圆.

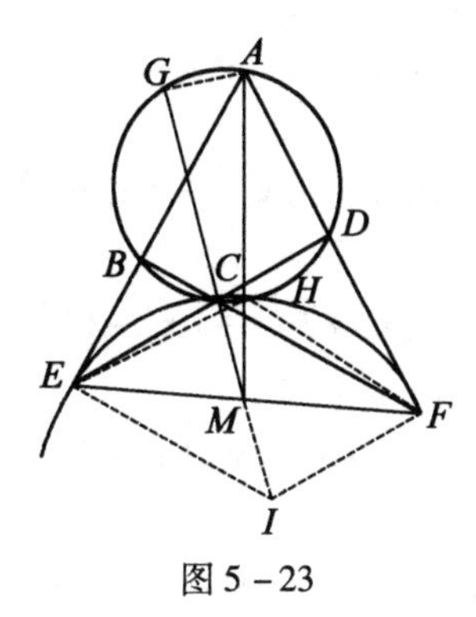

图 5－23

证明　注意到两圆的圆内接四边形中的相等角这个特性，则：

(1)如图 5－23，联结 EH,CH,FH，则 $\angle FAM=\angle DAH=\angle DCH$.

由 E,C,H,F 四点共圆知，$\angle DCH=\angle HFM$，则 $\angle FAM=\angle HFM$.

又 $\angle HMF=\angle FMA$，则 $\triangle HMF\backsim\triangle FMA$，从而，$MF^2=MH\cdot MA$.

同理，$ME^2=MH\cdot MA$.

故 $MF^2=ME^2$，即 $MF=ME$，因此，M 为 EF 的中点.

(2)联结 GA，延长 CM 至点 I，使 $MC=MI$.

易知四边形 $CEIF$ 为平行四边形，则 $\angle EIF=\angle ECF=\angle BCD=180^\circ-\angle EAF$，从而 A,E,I,F 四点共圆.

因为 $\angle GAE=\angle GAB=\angle GCB=\angle FCI=\angle EIC=\angle EIG$，所以 A,G,E,I 四点共圆，故 A,G,E,I,F 五点共圆. 从而 A,G,E,F 四点共圆.

5.3.2　着眼于概念，入手于定义——揭示技术

概念和定义本身也是证明的论据之一，许多数学问题的证明技术就在于抓住概念，活用定义.

例 36　若 $\sin 15x=f(\sin x)$，求证：$\cos 15x=-f(\cos x)$.

解析　由函数概念可知，关系式 $f(\sin x)=\sin 15x$ 表明，当变元为 $\sin x$ 形式时，其相应的数值是将 x 换成 $15x$ 即可. 故证题应从将 $\cos x$ 改写为正弦函数入手. 由 $\cos x=\sin(\frac{\pi}{2}-x)$，有

$$f(\cos x)=f[\sin(\frac{\pi}{2}-x)]=\sin 15(\frac{\pi}{2}-x)$$

$$=\sin(\frac{3\pi}{2}-15x)=-\cos 15x$$

即证.

例 37　若数列 $\{x_n\}$ 满足 $x_1=1,x_{n+1}>x_n$，且 $4x_nx_{n+1}=(x_n+x_{n+1}-1)^2(n\in\mathbf{N})$，证明：$x_n=n^2$.

解析　将递推式展开，整理得

$$x_{n+1}^2-2(x_n+1)x_{n+1}+(x_n-1)^2=0 \qquad ①$$

亦有

$$x_n^2-2(x_{n+1}+1)x_n+(x_{n+1}-1)^2=0$$

即

$$x_{n-1}^2-2(x_n+1)x_{n-1}+(x_n-1)^2=0 \qquad ②$$

由①②知 x_{n+1},x_{n-1}是方程

$$x^2-2(x_n+1)x+(x_n-1)^2=0$$

的两个根，由韦达定理得

$$x_{n+1}+x_{n-1}=2(x_n+1)$$

即

$$x_{n+1}-x_n=(x_n-x_{n-1})+2$$

这表明$\{x_{n+1}-x_n\}$是以2为公差的等差数列，其首项易求得为$x_2-x_1=3$(因$x_{n+1}>x_n$)，因此有$x_{n+1}-x_n=2n+1$，故可得$x_n=n^2$.

上例由于活用方程根的定义及等差数列的定义而使其解法新颖，简洁明快.

5.3.3 夹逼证相等，妙式插不等——夹逼技术

例38 已知实数x,y,z满足$x=6-y,z^2=xy-9$，证明：$x=y$.

证明 由已知有$x+y=6,xy=9+z^2$，即知x,y是方程$u^2-6u+(z^2+9)=0$的两根.

又因x,y为实数，其判别式$\Delta=36-4(z^2-9)\geqslant 0$，解得$z^2\leqslant 0$，但$z^2\geqslant 0$，所以夹逼得$z^2=0$. 从而$\Delta=0$，故关于$u$的二次方程有等根，即$x=y$.

例39 设$x_i\geqslant 0(i=1,2,\cdots,n)$，$a=\min\{x_1,x_2,\cdots,x_n\}$. 试证

$$\sum_{i=1}^{n}\frac{1+x_i}{1+x_{i+1}}\leqslant n+\frac{1}{(1+a)^2}\sum_{i=1}^{n}(x_i-a)^2 \quad (\text{其中 } x_{n+1}=x_1)$$

证明

$$\begin{aligned}\sum_{i=1}^{n}\frac{1+x_i}{1+x_{i+1}}-n&=\sum_{i=1}^{n}\left(\frac{1+x_i}{1+x_{i+1}}-1\right)\\&=\sum_{i=1}^{n}\frac{x_i-x_{i+1}}{1+x_{i+1}}=\sum_{i=1}^{n}\frac{x_i-a}{1+x_{i+1}}-\sum_{i=1}^{n}\frac{x_{i+1}-a}{1+x_{i+1}}\\&=\sum_{i=1}^{n}\frac{x_i-a}{1+x_{i+1}}-\sum_{i=1}^{n}\frac{x_i-a}{1+x_i}=\sum_{i=1}^{n}\frac{(x_i-a)(x_i-x_{i+1})}{(1+x_i)(1+x_{i+1})}\\&\leqslant\sum_{i=1}^{n}\frac{(x_i-a)^2}{(1+x_i)(1+x_{i+1})}\leqslant\sum_{i=1}^{n}\frac{(x_i-a)^2}{(1+a)^2}\end{aligned}$$

此例综合运用了移项、插值、错位相减等技巧，使证明简洁、流畅，一气呵成.

例40 设$f(x)$是定义在$\mathbf{R}$上的函数，对在意$x\in\mathbf{R}$，满足$f(x+4)-f(x)\leqslant 2x+3$，$f(x+20)-f(x)\geqslant 10x+95$. 求证：$f(x+4)-f(x)=2x+3$.

解析 $f(x+4)-f(x)\leqslant 2x+3\Leftrightarrow$?

要使$2x+3=[a(x+4)^2+b(x+4)]-(ax^2+bx)$，必须$a=\frac{1}{4},b=-\frac{1}{4}$，于是

$$\begin{aligned}&f(x+4)-f(x)\leqslant 2x+3\\\Leftrightarrow&f(x+4)-\left[\frac{1}{4}(x+4)^2-\frac{1}{4}(x+4)\right]\leqslant f(x)-\left(\frac{1}{4}x^2-\frac{1}{4}x\right)\end{aligned}$$

同理

$$f(x+20)-f(x)\geqslant 10x+95$$

$$\Leftrightarrow f(x+20)-\left[\frac{1}{4}(x+20)^2-\frac{1}{4}(x+20)\right]\geqslant f(x)-\left(\frac{1}{4}x^2-\frac{1}{4}x\right)$$

令 $g(x)=f(x)-\left(\frac{1}{4}x^2-\frac{1}{4}x\right)$. 则 $g(x+4)\leqslant g(x)$, $g(x+20)\geqslant g(x)$. 因此

$$g(x)\leqslant g(x+20)\leqslant g(x+16)\leqslant\cdots\leqslant g(x+4)\leqslant g(x)$$

所以

$$g(x)=g(x+4)=g(x+8)=\cdots=g(x+20)$$

由 $g(x+4)=g(x)$，知

$$f(x+4)-\left[\frac{1}{4}(x+4)^2-\frac{1}{4}(x+4)\right]=g(x)-\left(\frac{1}{4}x^2-\frac{1}{4}x\right)$$

即 $f(x+4)-f(x)=2x+3$.

5.3.4　参数灵活用，主元思绪清——主元技术

我们常说的参数，有常量参数、点参数、线段参数、角参数、面积参数、斜率参数、待定参数等. 这里介绍常量参数的巧妙运用.

例 41　若 $9\cos B+3\sin A+\tan C=0$, $\sin^2 A-4\cos B\cdot\tan C=0$，求证：$\tan C=9\cos B$.

证明　令 $3=a$，于是得到关于 a 的二次方程

$$a^2\cos B+a\sin A+\tan C=0$$

由 $\sin^2 A-4\cos B\cdot\tan C=0$，知判别式 $\Delta=0$，从而上述方程有两个相等实根，则

$$a=-\frac{1}{2}\frac{\sin A}{\cos B}=3$$

即 $\sin A=-6\cos B$，亦即

$$9\cos B+3(-6\cos B)+\tan C=0$$

亦即 $\tan C=9\cos B$.

例 42　证明：方程组

$$\begin{cases}2x^3-x^2y-\sqrt{2}x^2+2\sqrt{2}x-2xy+y^2-2=0\\3x^3+3x^2y-3\sqrt{3}x^2-\sqrt{3}x-\sqrt{3}y+3=0\end{cases}$$

有 7 组解.

证明　令 $\sqrt{2}=a$, $\sqrt{3}=b$，则方程组化为

$$\begin{cases}2x^3-x^2y-ax^2+2ax-2xy+y^2-a^2=0\\3x^3+3x^2y-3bx^2-bx-by+b^2=0\end{cases}$$

视 a,b 为参变数，按降幂排列得

$$\begin{cases}a^2+(x^2-2x)a-(2x-y)(x^2-y)=0\\b^2-(3x^2+x+y)b+3x^2(x+y)=0\end{cases}$$

从而得到四个方程组

$$\begin{cases}2x-y=\sqrt{2}\\x+y=\sqrt{3}\end{cases},\begin{cases}2x-y=\sqrt{2}\\3x^2=\sqrt{3}\end{cases}$$

$$\begin{cases}x^{2}-y=-\sqrt{2}\\x+y=\sqrt{3}\end{cases},\begin{cases}x^{2}-y=-\sqrt{2}\\3x^{2}=\sqrt{3}\end{cases}$$

于是可求得原方程组的 7 组解(从略),由此即证.

例 43 设 $a>0,a\neq1$,试证:满足方程

$$\log_{a}(x-ak)=\log_{a^{2}}(x^{2}-a^{2})$$

有解的 k 的取值范围为 $k<-1$ 或 $0<k<1$.

证明 由对数性质有

$$\begin{cases}x-ak>0 & ①\\x^{2}-a^{2}>0 & ②\\(x-ak)^{2}=x^{2}-a^{2} & ③\end{cases}$$

由③有

$$2akx=a^{2}(1+k^{2}) \quad ④$$

若以 x 为主元. 注意 $0<a\neq1$,讨论 k. 当 $k=0$ 时,式④无解;当 $k\neq0$ 时,$x=\frac{a(1+k^{2})}{2k}$. 代入①得

$$\frac{1}{2k}a(1+k)(1-k)>0$$

由于 $a>0$,从而

$$k<-1 \text{ 或 } 0<k<1$$

若以 a 为主元. 则④有

$$a=\frac{2kx}{1+k^{2}} \quad ⑤$$

因 $a>0$,故由⑤知 $kx>0$,即 x 与 k 同号,将⑤代入①得

$$\frac{x(1-k^{2})}{1+k^{2}}>0$$

当 $x>0$ 时 $k>0$,解得 $0<k<1$;

当 $x<0$ 时 $k<0$,解得 $k<-1$.

若以 k 为主元. 方程④变形为

$$a^{2}k^{2}-2axk+a^{2}=0$$

其判别式 $\Delta=4a^{2}(x^{2}-a^{2})>0$,则 k 总有两个相异实根 $k=\frac{1}{a}(x\pm\sqrt{x^{2}a^{2}})$.

由①有 $x>ak$,即 $k<\frac{x}{a}$,故 $k=\frac{1}{a}(x-\sqrt{x^{2}-a^{2}})$,问题变成:当 $a>0$ 且 $a\neq1$,$x^{2}>a^{2}$ 时,证明结论成立,此时分 $x>a$ 和 $x<-a$ 即证.

5.3.5 借用加凑配,拆、消又赋、换——整合技术

例 44 设 $x,y,z\in\mathbf{R}_{+}$,且 $x+y+z=1$. 求证

$$\frac{x^{4}}{y(1-y^{2})}+\frac{y^{4}}{z(1-z^{2})}+\frac{z^{4}}{x(1-x^{2})}\geqslant\frac{1}{3}$$

证明　首先注意到$\frac{x^4}{y(1-y^2)}$的特点,先借用三式$\frac{1}{8}y,\frac{3}{64}(1-y^2),\frac{1}{24}$,并利用平均值不等式,有

$$\frac{x^4}{y(1-y^2)}+\frac{1}{8}y+\frac{3}{64}(1-y^2)+\frac{1}{24}\geqslant\frac{1}{2}x$$

同理

$$\frac{y^4}{z(1-z^2)}+\frac{1}{8}z+\frac{3}{64}(1-z^2)+\frac{1}{24}\geqslant\frac{1}{2}y$$

$$\frac{z^4}{x(1-x^2)}+\frac{1}{8}x+\frac{3}{64}(1-x^2)+\frac{1}{24}\geqslant\frac{1}{2}z$$

以上三式相加,并注意 $x+y+z=1$,得

$$\frac{x^4}{y(1-y^2)}+\frac{y^4}{z(1-z^2)}+\frac{z^4}{x(1-x^2)}\geqslant\frac{3}{64}(x^2+y^2+z^2)+\frac{7}{64}$$

$$\sqrt{\frac{x^2+y^2+z^2}{3}}\geqslant\frac{x+y+z}{3}$$

有

$$x^2+y^2+z^2\geqslant\frac{1}{3}$$

从而原不等式获证.

某些公式、基本不等式的凑配变式的灵活运用也是证明的一种重要技巧.

例如,基本不等式 $a^2+b^2\geqslant 2ab(a,b\in\mathbf{R}$,当且仅当 $a=b$ 时取等号)就有如下几种凑配变式.

变式一:$\frac{a^2}{b^2}\geqslant 2a-b(a\in\mathbf{R},b\in\mathbf{R}_+)$.

变式二:$\frac{a-b}{b}\geqslant\frac{a-b}{a}(ab>0)$.

变式三:$a^2+b^2\geqslant\frac{1}{2}(a+b)^2(a\in\mathbf{R},b\in\mathbf{R})$.

利用变式一,可证不等式

$$\frac{x_1^2}{x_2}+\frac{x_2^2}{x_3}+\cdots+\frac{x_n^2}{x_1}\geqslant x_1+x_2+\cdots+x_n\quad(x_1,x_2,\cdots,x_n\in\mathbf{R}_+)$$

$$\text{左边}\geqslant(2x_1-x_2)+(2x_2-x_3)+\cdots+(2x_n-x_1)=x_1+x_2+\cdots+x_n$$

原式得证.

利用变式二,可证不等式$\sum\limits_{k=1}^{n}\frac{a_n}{k^2}\geqslant\sum\limits_{k=1}^{n}\frac{1}{k}$,其中 $a_1,a_2,\cdots,a_n$ 为两两不同的正整数.

依条件有

$$\sum_{k=1}^{n}\frac{1}{k}\geqslant\sum_{k=1}^{n}\frac{1}{a_k}$$

$$\text{左边}-\text{右边}=\sum_{k=1}^{n}\frac{1}{k}\ \frac{a_k-k}{k}\geqslant\sum_{k=1}^{n}\frac{1}{k}\cdot\frac{a_k-k}{a_k}=\sum_{k=1}^{n}\frac{1}{k}-\sum_{k=1}^{n}\frac{1}{a_k}\geqslant 0$$

原式得证.

利用变式三,可求解方程

$$\begin{cases}x+y+z=3\\x^2+y^2+z^2=3\\x^5+y^5+z^5=3\end{cases}$$

的所有实根或复根.

由不等式$(\frac{x+y}{2})^2\leqslant\frac{1}{2}(x^2+y^2)$. 将$x+y=3-z,x^2+y^2=3-z^2$代入有

$$(\frac{3-z}{2})^2\leqslant\frac{1}{2}(3-z)^2\Rightarrow(z-1)^2\leqslant0\Rightarrow x=y=z=1$$

下面的几例,表明了乘1、拆1、凑1、换1、赋值1的证明技巧.

例45 已知$p,q\in\mathbf{R}_+,p^3+q^3=2$,求证:$p+q\leqslant2$.

证明 由

$$\begin{aligned}p+q&=p\cdot1\cdot1+q\cdot1\cdot1\\&\leqslant\frac{1}{3}(p^3+1^3+1^3)+\frac{1}{3}(q^3+1^3+1^3)\\&=\frac{1}{3}(p^3+q^3+4)=2\end{aligned}$$

即证.

例46 已知$a,b,c\in\mathbf{R}_+$,且$a+b+c=1$,求证

$$(a+\frac{1}{a})(b+\frac{1}{b})(c+\frac{1}{c})\geqslant\frac{1\ 000}{27}$$

证明 把"1"折成9个$\frac{1}{9}$的和,则有

$$a+\frac{1}{a}=a+\underbrace{\frac{1}{9a}+\frac{1}{9a}+\cdots+\frac{1}{9a}}_{9个}\geqslant10\sqrt[10]{\frac{1}{9^9a^8}}$$

同理

$$b+\frac{1}{b}\geqslant10\sqrt[10]{\frac{1}{9^9b^8}},c+\frac{1}{c}\geqslant10\sqrt[10]{\frac{1}{9^9c^8}}$$

注意到$\frac{1}{3}=\frac{1}{3}(a+b+c)\geqslant\sqrt[3]{abc}$,即$\left(\frac{1}{abc}\right)^8\geqslant3^{24}$. 从而

$$\left(a+\frac{1}{a}\right)\left(b+\frac{1}{b}\right)\left(c+\frac{1}{c}\right)\geqslant1\ 000\sqrt[10]{\frac{1}{729^9}\left(\frac{1}{abc}\right)^8}\geqslant\frac{1\ 000}{27}$$

例47 设$n\in\mathbf{N}$且$n>2$,求证

$$1+\frac{1}{2}+\frac{1}{3}+\cdots+\frac{1}{n}<n-(n-1)\cdot n^{-\frac{1}{n-1}}$$

证明 原不等式即为

$$\frac{n-(1+\frac{1}{2}+\cdots+\frac{1}{n})}{n-1}>n^{-\frac{1}{n-1}}$$

为证此不等式,将它左边分子中的 n 分成 n 个 1 之和,则

$$\frac{n-\left(1+\frac{1}{2}+\cdots+\frac{1}{n}\right)}{n-1}$$

$$=\frac{(1-1)+\left(1-\frac{1}{2}\right)+\cdots+\left(1-\frac{1}{n}\right)}{n-1}$$

$$=\frac{\frac{1}{2}+\frac{2}{3}+\cdots+\frac{n-1}{n}}{n-1}$$

$$\geqslant\sqrt[n-1]{\frac{1}{2}\cdot\frac{2}{3}\cdot\cdots\cdot\frac{n-1}{n}}=n^{-\frac{1}{n-1}}$$

例 48　设 $x_1,x_2,x_3\in\mathbf{R}_+$,求证

$$\left(\frac{x_1}{x_2}\right)^3+\left(\frac{x_2}{x_3}\right)^3+\left(\frac{x_3}{x_1}\right)^3\geqslant\frac{x_2}{x_1}+\frac{x_3}{x_2}+\frac{x_1}{x_3}$$

证明　设 $\frac{x_1}{x_2}=a,\frac{x_2}{x_3}=b,\frac{x_3}{x_1}=c$,则 $abc=1$,原不等式等价于

$$a^3+b^3+c^3\geqslant\frac{1}{a}+\frac{1}{b}+\frac{1}{c}$$

而

$$\begin{aligned}a^3+b^3+c^3&=\frac{1}{3}(a^3+b^3+c^3)+\frac{1}{3}(a^3+b^3+1)+\frac{1}{3}(b^3+c^3+1)+\frac{1}{3}(c^3+a^3+1)-1\\&\geqslant abc+(ab+bc+ca)-1\\&=ab+bc+ca=\frac{1}{a}+\frac{1}{b}+\frac{1}{c}\end{aligned}$$

即证.

例 49　将正方形 $ABCD$ 分割成 n^2 个相等的小方格($n\in\mathbf{N}$),把相对的顶点 A,C 染成红色,把 B,D 染成蓝色,其他交点任意染成红、蓝两色中的一种颜色,证明:恰有三个顶点同色的小方格的数目必是偶数.

证明　对颜色赋值,红色赋值 1,蓝色赋值 -1,又将小方格编号,记为 $1,2,\cdots,n^2$. 设第 i 个小方格四个顶点处数字的乘积为 A_i,若该方格有三个顶点同色,则 $A_i=-1$,否则 $A_i=1$.

现考虑乘积 $A_1\cdot A_2\cdot\cdots\cdot A_{n^2}$,对正方形内部的交点,各点相应的数重复出现 4 次;正方形各边上的不是端点的交点相应的数各出现 2 次;A,B,C,D 四点相应的数的乘积为 $1\cdot1\cdot(-1)\cdot(-1)=1$,因此,$A_1,A_2,\cdots,A_{n^2}$ 中 -1 的个数必为偶数,即恰有三个顶点同色的小方格必是偶数个.

5.4　证明的意义

关于数学证明意义,我国有许多学者对其做了深入的研究. 王申怀先生在总结了一些数学家们对数学证明的看法后认为,数学证明的教育价值在于:“通过证明的教与学,使学生理解相关的数学知识;通过证明,训练和培养学生的思维能力(包括逻辑的和非逻辑的思

维)以及数学交流能力;通过证明,帮助学生寻找新旧知识之间的内在联系,使学生获得的知识系统化;通过证明,使学生更牢固地掌握已学到的知识,并尽可能让学生自己去发现新知识."①张乃达先生在王申怀观点的基础上,从文化学的视角指出了数学证明的教育价值主要在于培养学生的理性精神.他指出:"数学证明规范是理性探索精神的产物;数学证明是理性精神的启蒙教育;数学证明是理性探索活动中的重要环节."②罗增儒先生通过解题分析的方式指出了数学证明有三个主要作用:核实、理解和发现.并指出:"证明是数学的特征,我们的数学教学要全面关注数学证明的三个作用."③王瑾、贺贤孝先生专门论述了数学证明具有数学发现的作用,通过例子说明:"正如数学家罗素所说的,'证明的作用在于引起怀疑'.只有对证明过程深入探索和研究,才能暴露命题的缺陷,从而对命题进行修正,获得新的发现.综上所述,要培养学生的创造性和独立思考的能力,提高他们的数学素质,不但要注意应用波利亚提出的合情推理,也要注意数学演绎的作用.如果没有长期的训练与深厚的数学根基,使用数学的归纳与类比,常常只能抓住事物的表面联系,数学的演绎才能抓住数量间的本质联系,才能有效地提高学生的数学素养."④萧文强先生根据历史上的数学文献对如何看待数学证明做了专项研究,他认为:"既然数学证明的主要功用不在于核实命题,那么它的主要功用在于什么?它的更大用途在于使人通过它去理解命题."③对于数学证明的发现作用,他指出:"证明还有另一项功用,就是导致发现,其实这也是理解了问题后的收获."由此可见,他很重视数学证明的理解作用."……总的来说,最理想的境界,是能严密地证明从直观中来的猜想,也能直观地理解一个形式的证明."⑤他用大量的篇幅举了许多有关通过数学证明促进理解的例子.

上述观念表明了数字证明在数学教育中的重要意义.如果我们从数学精神的角度来看的话,则有其熏陶教育的价值,数学证明是数学精神领悟的手段之一.

5.4.1 数学证明——理性精神的熏陶教育

这首先可以从爱因斯坦学习平面几何的感受体会一下数学证明的启蒙教育.

爱因斯坦说:"在12岁时,我经历了另一种性质完全不同的惊奇,就是在一个学年的开始时,当我得到一本关于欧几里得平面几何的小书时所经历的,这本书里有许多断言,比如,三角形的三条高交于一点,它们本身虽然不是显而易见的,但是可以很可靠地加以证明,以至于任何怀疑似乎都不可能,这种明晰性和可靠性给我造成了一种难以想象的印象……如果我能依据一些其有效性且在我看来是毋庸置疑的命题来加以证明,那么我就完全心满意足了……对于第一次经验得到它的人来说,在纯粹思维中竟能达到如此可靠而又纯粹的程度,就像希腊人在几何学中第一次告诉我们的那样,是足够令人惊讶的了."爱因斯坦说,正是这种"逻辑体系的奇迹,推理的这种可赞叹的胜利,使人们的理智获得了为取得以后的成就所必需的信心".

---

① 王申怀.数学证明的教育价值[J].课程·教材·教法,2000(5):24-26.

② 张乃达.数学证明和理性精神[J].中学数学,2003(2):1-4.

③ 罗增儒.数学证明的作用[J].中学数学教学参考,2001(5):25-27.

④ 王瑾,贺贤孝.数学证明与数学发现[J].数学通报,2000(10):3-5.

⑤ 萧文强.数学证明[M].南京:江苏教育出版社,1989.

爱因斯坦的感受，体现了欧氏几何所蕴涵的文化价值. 平面几何的教育价值，不仅仅表现为几何知识的价值和思维训练的价值. 平面几何的教育价值最集中地表现为促使平面几何的公理化的知识结构得以形成的探索精神之中. 因此，应该把培养学生的求真意识当成平面几何教学的首要任务. 具体地说，在几何教学中对推理能力的要求可以因人而定，可高可低，但是却必须使每一个学生无一例外地感受到数学文化中的理性精神，感受到这种精神的巨大力量，进而激发起他们探索真理的强烈愿望，从而以各种各样的形式投身到探索活动中去.

数学家、哲学家罗素也提到过他学习欧氏几何的经历. 他说："我在 11 岁的时候，开始学习欧几里得几何，并请我的哥哥教我. 这是我一生中的大事，他使我像初恋一样入迷. 我当时没有想到世界上还会有这样迷人的东西. "

上面的叙述清楚地表明，不论是爱因斯坦还是罗素，在几何的学习中，使他们终生难忘的恰恰是几何的演绎体系；使他们受到震撼的也正是逻辑的魅力和力量. 正是欧氏几何中的数学证明，使爱因斯坦树立了对人类理智的信心！使几何成了少年罗素的"初恋情人"！可以说，他们正是从欧几里得几何中接受了理性精神的启蒙. 这充分地证明了演绎证明所具有的教育价值.

1607 年中国的数学家徐光启和意大利的传教士利玛窦翻译了《几何原本》的前六卷. 徐光启对几何证明和推理深有体会，对数学理性精神有很深入的了解，可从他对《几何原本》的序所讲的一些话，以及他写的一些文章中看出来. 现在只举两个例子，一个是，他说《几何原本》里所讲的推理方法是一步一步的，"于前后更置之不可得"，这是什么意思呢？就是说，这一步一步的，就是从 1 到 2，从 2 到 3，从 3 到 4，你不能颠倒过来，这当然是一种理性精神. 另一个是，他有个叫作"三似三实"的说法："似至晦，实至明，似至繁，实至简，似至难，实至易. "任何一个对于初中几何学有些了解的人，都懂得这几句话的意思. 看上去是非常复杂的、是非常隐晦的、是非常难的，可是你如果懂了这个逻辑的精神以后，就完全不是这回事，其实是很简单、明了、容易的. 比起用一个归纳法，用一个没有逻辑顺序的思维方式要来得容易，因为它是一步一步的.

几何问题中，虽有证明题、计算题、轨迹题、作图题等，由于几何计算少不了几何推理，且许多计算题其实就是证明题；又轨迹问题要从完备性和纯粹性两方面给出证明；作图题要说明作得合理，必须给出证明. 由此可见，证明是几何的核心. 平面几何内容对培养学生的数学推理、数学证明能力有着不可替代的地位和作用. 我国的一些著名数学家、数学教育家有过许多精辟的证述. ①②

吴文俊院士指出："几何在中学教育有着重要位置. 几何直觉与逻辑推理的联系是基本的训练，不应忽视. "

王元院士在部分省市教育学院数学专业继续教育研讨会上的报告中指出："几何的学习不是说学习这些知识有什么用，而是针对它的逻辑推导能力和严密的证明，而这一点对一个人成为一个科学家，甚至成为社会上素质很好的一个公民都是非常重要的，而这个能力若能在中学里得到训练，会终身受益无穷. "

---

① 俞求是. 空间与图形教学目标和教材编制的初步研究[J]. 数学教学通讯，2002(4)：15.

② 李大潜. 在上海市中小学教学改革研讨会的发言[J]. 数学教学，2003(1)：6-10.

李大潜院士在上海市中小学数学教育改革研讨会上指出:“培养逻辑推理能力这一重要的数学素质,最有效的手段是学习平面几何,学习平面几何自然要学一些定理,但主要是训练思维,为此必须要学习严格的证明和推理.”“对几何的学习及训练要引起足够的重视,现在学生的几何观念差,逻辑推理的能力也比较薄弱,是和对几何这门课程的学习及训练不到位有关的.如果不强调几何观念及方法的训练,将几何学习简单地归结为对图形与测量这类实用性知识的了解上,岂不是倒退到因尼罗河泛滥而重新丈量土地的时代去了吗?”[②]

张景中院士在一次访谈中论及几何教学时指出:“我认为几何是培养人的逻辑思维能力,陶冶人的情操,培养人良好性格特征的一门很好的课程.几何虽然是一门古老的科学,但至今仍然有旺盛的生命力.中学阶段的几何教育,对于学生形成科学的思维方法与世界观具有不可替代的作用.为什么当前西方国家普遍感到计算机人才缺乏,尤其是编程员缺乏,其中一个原因是他们把中学课程里的几何内容删减得太多,造成学生的逻辑思维能力以及对数学的兴趣大大降低.”

陈重穆、宋乃庆教授等撰文指出:“平面几何对学生能同时进行逻辑思维与形象思维训练,使左、右脑均衡发展,最能发展学生智能,提高学生思维素质.此外,平面几何在国内外有其深厚的文化品质,对学生文化素质的培养也有重要影响,平面几何这种贴近初中学生思维实际,对素质教育能起多方面作用的品质,是其他任何学科难以企及的.”

这些数学大师、数学大家们从自己的切身体验中给我们指明了几何证明——理性精神的熏陶的重要性,这也是我们每一个工作多年的数学教育工作者的体验.

5.4.2 数学证明——理性精神的领悟手段

1.数学证明,引发视角转换,领悟求美精神

数学证明本身的奇特、微妙以及证明时人们的创造性思维,从而呈现数学的美.

视角转换,有时也称为切换,有时又称为透视.

对于一个对象,换一种角度看待它,或转换一种场景来分析它,我们称为切换.透视指切换视角看问题,可入木三分,明察秋毫,不被某些现象所遮挡.这两者均可以让人看问题感觉焕然一新,不仅使我们的认识深刻,还可以获得新的认识,有新的收获.

例 50 凸四边形 $ABCD$ 内接于圆 O,对角线 AC 与 BD 相交于点 P,$\triangle ABP$,$\triangle CDP$ 的外接圆相交于点 P 和另一点 Q,且 O,P,Q 三点两两不重合,则 $\angle OQP=90°$.

证明 如图 5-24,设 O_1,O_2 分别为 $\triangle ABP$ 和 $\triangle PCD$ 的外心,联结 O_2P 并延长交 AB 于点 H,联结 O_2D.于是

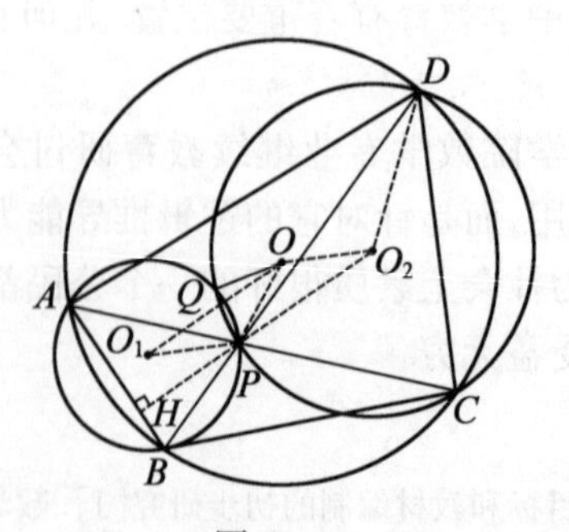

图 5-24

$$\angle BPH=\angle O_2PD=90^\circ-\frac{1}{2}\angle DO_2P=90^\circ-\angle DCP=90^\circ-\angle ABD.$$

从而$\angle PHB=90^\circ$,即$O_2P\perp AB$. 又$OO_1\perp AB$,则$OO_1 /\!/ O_2P$.

同理,$OO_2 /\!/ O_1P$.

于是,四边形O_1PO_2O为平行四边形.

设E为OP的中点,F为PQ的中点,则$EF /\!/ OQ$,且E在O_1O_2上,所以$O_1O_2 /\!/ OQ$. 注意到O_1O_2是PQ的中垂线,从而$PQ\perp OQ$. 故$\angle OQP=90^\circ$.

对于这个问题,若运用透视的眼光看待其证明可以把凸四边形的"凸"字去掉,则有:

结论1　四边形$ABCD$内接于圆O,对角线所在直线AC与BD相交于点P,$\triangle ABP$与$\triangle CDP$的外接圆相交于P和另一点Q,且O,P,Q三点两两不重合,则$\angle OQP=90^\circ$.

证明　内接于圆的四边形可以是凸四边形,也可以是折四边形.

如图5-25,5-26,联结BO,BQ,CO,CQ,在射线PQ上取点K.

对于凸四边形$ABCD$内接于圆O的情形,可按前面例50的证法来证. 下面给出另证:如图5-25,由$\angle BQC=\angle BQK+\angle KQC=\angle BAC+\angle BDC=2\angle BAC=\angle BOC$,即知$B,C,O,Q$四点共圆.

于是,$\angle OQK=\angle OQC+\angle KQC=\angle OBC+\dfrac{1}{2}\angle BOC=90^\circ$.

故$\angle OQP=180^\circ-\angle OQK=90^\circ$.

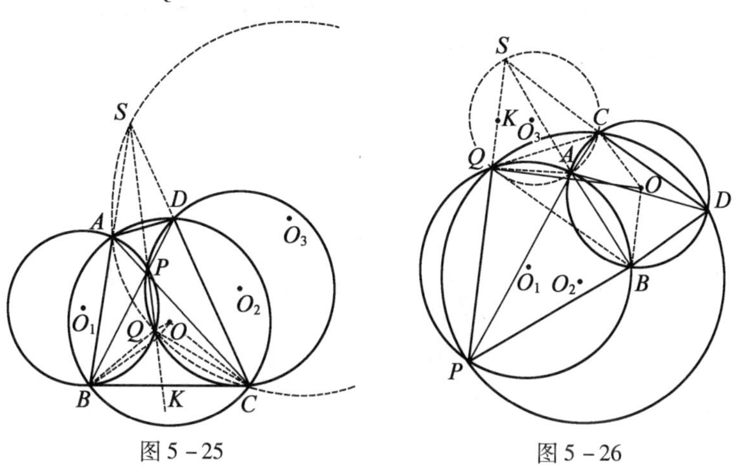

图5-25　　　　图5-26

对于折四边形$ABCD$内接于圆O的情形,如图5-26. 由$\angle BQC=\angle BQK-\angle KQC=(180^\circ-\angle BQP)-\angle KQC=180^\circ-\angle BAP-\angle BDC=180^\circ-2\angle BDC=180^\circ-\angle BOC$,即知$Q,B,O,C$四点共圆. 于是

$$\begin{aligned}\angle OQK&=\angle BQK-\angle OQB=(180^\circ-\angle BDC)-\angle OCB\\&=180^\circ-\left(\frac{1}{2}\angle BOC+\angle OCB\right)=180^\circ-90^\circ=90^\circ\end{aligned}$$

故$\angle OQP=180^\circ-\angle OQK=90^\circ$.

对上述证明再切换视角看,结论1又变为下述图形的命题:

结论2　已知$\triangle PCD$,以O为圆心的圆经过顶点C,D,且与边PC,PD或其延长线分别交于点A,B. 若$\triangle PAB$与$\triangle PCD$的外接圆交于另一点Q,则$\angle OQP=90^\circ$.

结论 2 也分为图 5－25,5－26 两种情形,其中图 5－26 的情形即为第 26 届国际中学生数学奥林匹克题.

如上的结论 1 与结论 2 虽然结论表述不一样,但其本质是相同的. 如果再切换视角看其图形及证明,记$\triangle ABP$,$\triangle PCD$的外心分别为O_1,O_2,则又有下列的三个结论:

结论 3　两圆O_1与O_2相交于P,Q两点,AC,BD是过点P的两条割线段,分别交圆O_1,圆O_2于点A,B,C,D. 若A,B,C,D四点共圆于圆O,则$OQ\perp PQ$.

又注意到例 50 中O,P,Q两两不重合,知直线AB与CD必相交,由根心定理,知直线AB,CD,PQ三线共点,设该点为S,则有:

结论 4　设Q为完全四边形$SABPCD$(图 5－25)或$DCSAPB$(图 5－26)的密克尔点,若A,B,C,D四点共圆于圆O,则点Q在对角线SP所在的直线上,且$OQ\perp PQ$.

再注意到$\angle AQS=\angle ABP=\angle ACS$(或$180°-\angle ACS$),知$S$,$Q$,$A$,$C$四点共圆. 记该圆为圆$O_3$,则有:

结论 5　两圆O_1与O_3相交于A,Q两点,过点Q的割线段PS分别交圆O_1,圆O_3于点P,S,直线AP交圆O_3于点C,直线AS交圆O_1于点B. (1)设O为$\triangle ABC$的外心,则$OQ\perp PQ$;(2)设直线PB与SC交于点D,则A,B,C,D及D,P,Q,C分别四点共圆.

上述这些结论,不仅使我们对例 50 认识更加深刻,而且丰富了我们的图形认知,开阔了我们的眼界,也领悟到了数学证明的求美精神.

例 51　如图 5－27,圆O与$\angle SNT$的两边分别切于S,T,且M是圆O内异于圆心O的一点,则M,S,N,T四点共圆的充要条件是$OM\perp MN$.

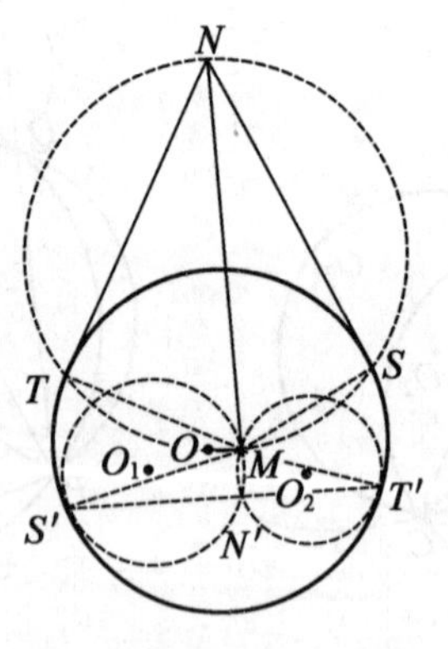

图 5－27

证明　由$OT\perp TN$,$OS\perp SN$,知O,S,N,T四点共圆. 于是,M,S,N,T四点共圆$\Leftrightarrow M$,O,T,N四点共圆$\Leftrightarrow\angle NMO=\angle NTO\Leftrightarrow OM\perp MN$.

如果,切换视角,用反演变换来看待这个证明,则得到一个新的结论:

设点M对圆O的幂为k,做反演变换$I(M,k)$,则圆O是基圆. 设点X的反点为X',则直线NS的反形为过点M,N'且与圆O内切于点S'的圆O_1,直线NT的反形为过点M,N'且与圆O内切于点T'的圆O_2,直线MN不变.

因M与圆心O不重合,所以圆O_1与圆O_2不相等,而M,S,N,T四点共圆当且仅当S',N',T'三点共线.

于是得命题(即 1997 年的全国高中联赛题):

已知两个半径不等的圆 O_1 与圆 O_2 相交于 M,N 两点，且圆 O_1，圆 O_2 分别与圆 O 内切于点 S,T. 求证：$OM\perp MN$ 的充要条件是 S,N,T 三点共线.

由上述例题及其证明的视角转换，同样也开阔了我们的眼界，又一次受到数学精神的熏陶，同时也领悟到了数学证明的求美精神.

2. 演绎证明，导致数学发现，领悟求善精神

数学证明，可以为数学的发现、发展服务，从而展现数学的善.

非欧几何作为与欧氏几何相对立的几何公理体系，它的产生是从试证欧几里得第五公设开始的，其间经历了两千年的漫长岁月.

非欧几何学是由演绎推理证明得到数学新发现的典型例子，非欧几何的公理体系完全脱离了欧氏几何空间的束缚，远远超出了人们的经验认识，是根本无法用观察、实验、归纳等手段所能达到的. 这充分说明，数学家们的创造工作一方面依赖于观察、归纳、类比等手段，另一方面是在对演绎推理与证明的深刻理解和分析中去发现新的数学事实，开拓新的数学领域，不仅数学家们如此，作为普通的数学爱好者，在对数学问题的关注中，也常常依靠数学证明来扩展对数学领域的认知.

对命题的证明研究（包括命题拓广及评判等）也是数学中一个领域的认知深化.

数学命题的拓广是指对原有数学命题的条件或结论进行改进，引出一个蕴涵原有命题的新命题. 数学命题拓广的一种方式就是对原有命题的演绎证明进行“去粗取精，去伪存真，由此及彼，由表及里”的思维加工，使我们抓住证明的关键与实质，以致受到启发，获得新的数学发现. ①

例 52　（《数学通报》1995 年 8 月号问题 969）若正实数 a,b,c 满足 $a+b+c=1$，则有

$$\sqrt{1-3a^2}+\sqrt{1-3b^2}+\sqrt{1-3c^2}\leqslant\sqrt{6} \tag{①}$$

通常我们对这类特殊命题是将 3 个数拓广到 n 个数，于是拓广命题的题设应是：

“若正实数 $a_1,a_2,\cdots,a_n$ 满足 $a_1+a_2+\cdots+a_n=1$.”

但结论应是什么呢？这里涉及两个关键问题：（Ⅰ）不等式左边各根式中的字母系数“3”拓广后是什么？（Ⅱ）各平方根式中的“3”与不等式右边 $\sqrt{6}$ 中的“6”是何关系？对于（Ⅰ），也许人们自然地联想到，“3”可能是所给正实数的个数. 若这样，拓广后的平方根式中各字母的系数应取 n；但对于问题（Ⅱ），仅靠归纳、类比等方式都难以回答. 要解决这个疑问，获得原命题的拓广，我们来探讨式①的证明，由于题中平方根式具有明显的几何意义，故采用数形结合法加以证明.

证明　如图 5－28 所示，作 $\mathrm{Rt}\triangle AD_1E_1$，$\mathrm{Rt}\triangle D_1D_2E_2$，$\mathrm{Rt}\triangle D_2BE_3$，使各斜边 AD_1，D_1D_2，D_2B 都为 1，直角边 $AE_1=\sqrt{3}a$，$D_1E_2=\sqrt{3}b$，$D_2E_3=\sqrt{3}c$，再将有关线段延长，设 AE_1 与 BE_3 的延长线交于 C，联结 AB，在 $\mathrm{Rt}\triangle ABC$ 中，有

$$\begin{aligned}AC&=AE_1+D_1E_2+D_2E_3=\sqrt{3}a+\sqrt{3}b+\sqrt{3}c\\&=\sqrt{3}(a+b+c)=\sqrt{3}\\BC&=D_1E_1+D_2E_2+BE_3\\&=\sqrt{1-3a^2}+\sqrt{1-3b^2}+\sqrt{1-3c^2}\end{aligned}$$

① 王瑾，贺贤孝. 数学证明与数学发现[J]. 数学通报，2000(10)：3-5.

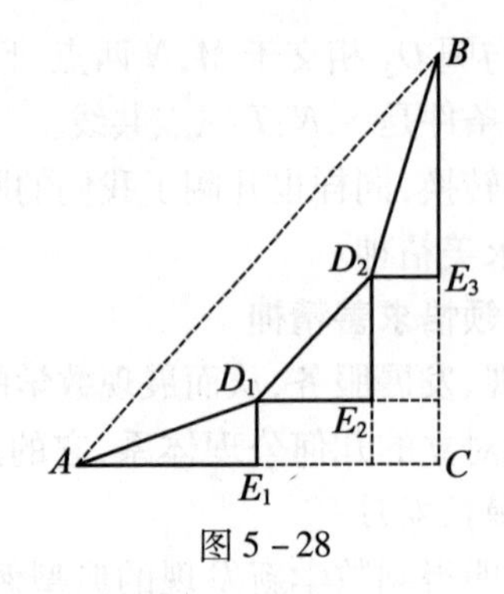

图 5－28

又由 $AB \leqslant AD_1 + D_1D_2 + D_2B = 3$，得

$$BC = \sqrt{AB^2 - AC^2} \leqslant 3^3 - (\sqrt{3})^2 = \sqrt{6}$$

即$\sqrt{1-3a^2} + \sqrt{1-3b^2} + \sqrt{1-3c^2} \leqslant \sqrt{6}$.

命题得证.

从上述证明中，可以发现平方根式中的字母系数“3”与正实数的个数无关，而是可以任意选取的，故拓广命题的题设为：

“若正实数 $a_1, a_2, \cdots, a_n$ 满足 $a_1 + a_2 + \cdots + a_n = 1$，且 k 是任意正实数.”

于是扩大了我们原来拓广的题设. 而要想解答疑问（Ⅱ），还得仿照上面的证明，在新的推证中去寻求答案.

在新的题设条件下，可推证如下：

如图 5－29 所示，作 Rt$\triangle AD_1E_1$，Rt$\triangle D_1D_2E_2$，$\cdots$，Rt$\triangle D_{n-1}BE_n$ 使得各斜边 AD_1，D_1D_2，$\cdots$，$D_{n-1}B$ 都为 1.

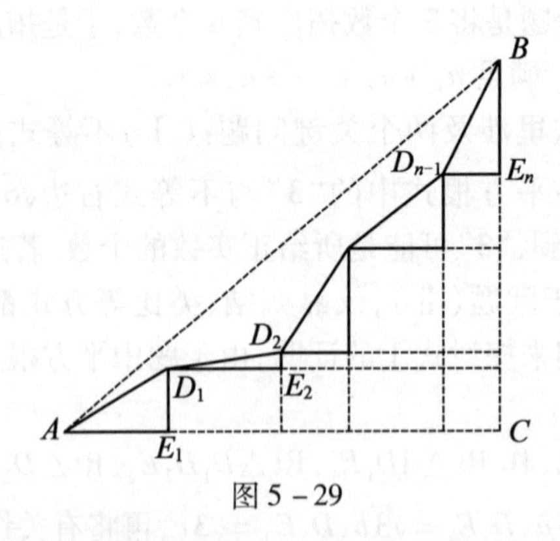

图 5－29

直角边 AE_1，D_1E_2，$\cdots$，$D_{n-1}E_n$ 分别为$\sqrt{k}a_1$，$\sqrt{k}a_2$，$\cdots$，$\sqrt{k}a_n$，并将有关线段延长，设 AE_1 与 BE_n 的延长线交于 C，联结 AB，则在 Rt$\triangle ABC$ 中，有

$$\begin{aligned} AC &= AE_1 + D_1E_2 + \cdots + D_{n-1}E_n \\ &= \sqrt{k}a_1 + \sqrt{k}a_2 + \cdots + \sqrt{k}a_n \\ &= \sqrt{k}(a_1 + a_2 + \cdots + a_n) = \sqrt{k} \end{aligned}$$

$$\begin{aligned} BC &= D_1E_1 + D_2E_2 + \cdots + BE_n \\ &= \sqrt{1-ka_1^2} + \sqrt{1-ka_2^2} + \cdots + \sqrt{1-ka_n^2} \end{aligned}$$

因 $AB \leqslant AD_1 + D_1D_2 + \cdots + D_{n-1}B = n$，则

$$\begin{aligned} BC &= \sqrt{AB^2 - AC^2} \leqslant \sqrt{n^2 - (\sqrt{k})^2} \\ &= \sqrt{n^2 - k} \end{aligned}$$

故 $\sqrt{1-ka_1^2} + \sqrt{1-ka_2^2} + \cdots + \sqrt{1-ka_n^2} \leqslant \sqrt{n^2-k}$.

由上述证明不难看出，要使结论成立必须有 $0 < k \leqslant n^2$ 且 $a_i \leqslant \frac{1}{\sqrt{k}}(i=1,2,\cdots,n)$. 从而得出新命题：

若正实数 $a_1, a_2, \cdots, a_n$ 满足 $a_1 + a_2 + \cdots + a_n = 1$，$k$ 满足 $k \leqslant n^2$，且 $a_1 \leqslant \frac{1}{\sqrt{k}}, a_2 \leqslant \frac{1}{\sqrt{k}}, \cdots, a_n \leqslant \frac{1}{\sqrt{k}}$，则有

$$\sqrt{1-ka_1^2} + \sqrt{1-ka_2^2} + \cdots + \sqrt{1-ka_n^2} \leqslant \sqrt{n^2-k}$$

于是我们才弄清楚，原命题结论中的“6”是“3”经过“3^2-3”这一运算得出的. 这一点如果仅凭借类比、归纳是根本无法探知的，而且用类比、归纳得出的拓广命题与我们的结论大相径庭.

这一实例充分说明：通过数学证明研究某些数学事实，可以把看起来似乎没有任何牵连的条件联系起来，甚至发现一些原来意料不到的结论，这些结论是很难靠归纳、类比、联想等方式得出的，即使能由这些方式推导出一些新命题，拓广的范围也可能十分狭窄. 而严密的演绎证明有利于我们对原命题中量的关系进行深层次挖掘，帮助我们获得更具有普遍性的结论.

例 53　设 $x, y, z, \lambda, \mu > 0$，$3\lambda - \mu > 0$ 且 $x + y + z = 1$，求证

$$f(x,y,z) = \frac{x}{\lambda - \mu x} + \frac{y}{\lambda - \mu y} + \frac{z}{\lambda - \mu z} \geqslant \frac{3}{3\lambda - \mu} \quad ①$$

这是 1990 年第 8 期《数学通报》刊载的一道征解题，该杂志在第 9 期给出以下证明：

令 $a = \lambda - \mu x, b = \lambda - \mu y, c = \lambda - \mu z$，则

$$\begin{aligned} f(x,y,z) &= g(a,b,c) \\ &= \frac{\lambda - a}{\mu a} + \frac{\lambda - b}{\mu b} + \frac{\lambda - c}{\mu c} \\ &= \frac{\lambda}{\mu}\left(\frac{1-\frac{a}{\lambda}}{a} + \frac{1-\frac{b}{\lambda}}{b} + \frac{1-\frac{c}{\lambda}}{c}\right) \\ &= \frac{\lambda}{\mu}\left(\frac{1}{a} + \frac{1}{b} + \frac{1}{c} - \frac{3}{\lambda}\right) \\ &= \frac{\lambda}{\mu}\left(\frac{1}{a} + \frac{1}{b} + \frac{1}{c}\right) - \frac{3}{\mu} \quad ② \end{aligned}$$

因 $a + b + c = 3\lambda - \mu(x + y + z) = 3\lambda - \mu$，则

$$\begin{aligned} \text{原式} &= \frac{\lambda}{\mu(3\lambda - \mu)}\left(\frac{1}{a} + \frac{1}{b} + \frac{1}{c}\right)(a + b + c) - \frac{3}{\mu} \\ &\geqslant \frac{9\lambda}{\mu(3\lambda - \mu)} - \frac{3}{\mu} = \frac{3}{3\lambda - \mu} \end{aligned}$$

初看这一证明过程，巧妙地运用了换元法，比较简洁，似乎无懈可击. 但只要我们仔细分析会发现，其中一段推理使用了

$$(a+b+c)\left(\frac{1}{a}+\frac{1}{b}+\frac{1}{c}\right)\geqslant 9 \tag{③}$$

这是应用柯西不等式

$$(a_1^2+a_2^2+\cdots+a_n^2)(b_1^2+b_2^2+\cdots+b_n^2)\geqslant(a_1b_1+a_2b_2+\cdots+a_nb_n)^2$$

的结果. 式③应是在 $a>0,b>0,c>0$ 的约束下才能成立的，而题设中并没有这样的条件，也不能由已知推出这些条件，这必然使我们对命题本身的正确性产生怀疑. 如取 $\lambda=1,\mu=3$，$x=\frac{3}{4},y=z=\frac{1}{8}$ 符合题设要求，式①右边 $\frac{3}{3\lambda-\mu}=3$，而式②左边 $f\left(\frac{3}{4},\frac{1}{8},\frac{1}{8}\right)=-\frac{7}{6}$，则式①是不成立的. 这说明题设中所给的条件是有缺陷的，也使我们不禁产生好奇，命题何时成立呢？这时用观察、归纳、类比是不可能找到"症结"所在的，只能重新探索证明，式②之前的证明是符合逻辑的，不存在错误，故从式②开始分析.

要证

$$\frac{\lambda}{\mu}\left(\frac{1}{a}+\frac{1}{b}+\frac{1}{c}\right)-\frac{3}{\mu}\geqslant\frac{3}{3\lambda-\mu}$$

等价于证

$$\frac{\lambda}{\mu}\left(\frac{1}{a}+\frac{1}{b}+\frac{1}{c}\right)\geqslant\frac{9\lambda}{\mu(3\lambda-\mu)} \tag{④}$$

当 $\lambda\mu(3\lambda-\mu)>0$ 时，在式④两边同乘以 $\frac{\mu(3\lambda-\mu)}{\lambda}$，可得到

$$(3\lambda-\mu)\left(\frac{1}{a}+\frac{1}{b}+\frac{1}{c}\right)\geqslant 9 \tag{⑤}$$

由 $a+b+c=3\lambda-\mu$，知式⑤又等价于

$$(a+b+c)\left(\frac{1}{a}+\frac{1}{b}+\frac{1}{c}\right)\geqslant 9$$

展开，整理得

$$\left(\frac{b}{a}+\frac{a}{b}\right)+\left(\frac{c}{b}+\frac{b}{c}\right)+\left(\frac{a}{c}+\frac{c}{a}\right)\geqslant 6 \tag{⑥}$$

当且仅当 a,b,c 同号时，才有

$$\frac{b}{a}+\frac{a}{b}\geqslant 2,\frac{c}{b}+\frac{b}{c}\geqslant 2,\frac{a}{c}+\frac{c}{a}\geqslant 2$$

从而式⑥成立.

于是原命题修改为：

设 x,y,z,λ,μ 为实数，$x+y+z=1$，且 $\lambda\mu(3\lambda-\mu)>0,\lambda-\mu x,\lambda-\mu y,\lambda-\mu z$ 同号，则

$$f(x,y,z)=\frac{x}{\lambda-\mu x}+\frac{y}{\lambda-\mu y}+\frac{z}{\lambda-\mu z}\geqslant\frac{3}{3\lambda-\mu}$$

由上例可知，只有对证明过程深入探索和研究，才能暴露命题的缺陷，从而对命题进行修正，获得新的发现.

3. 数学证明，获得真理的方法或手段，领悟求真精神

数学证明，反映了数学内容的本质和规律，从而体现数学的真.

数学证明,是确认一个命题真实性的唯一途径. 一系列的真实性数学命题构成了数学真理体系.

例 54 如图 5-30,点 D,E,F 分别为 $\triangle ABC$ 的旁心,$\triangle ABF,\triangle BCD,\triangle CAE$ 的内切圆与 $\triangle ABC$ 三边的切点分别为 Z,X,Y,则 AX,BY,CZ 共点.

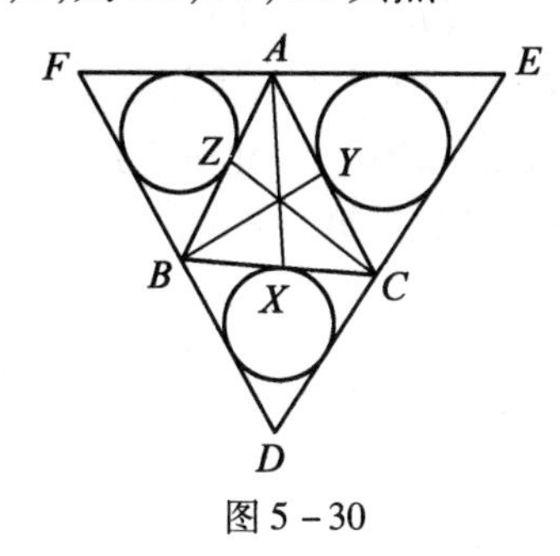

图 5-30

证明 设 $BC=a,CA=b,AB=c,p=\frac{1}{2}(a+b+c)$,且 $\triangle ABC$ 的外接圆半径为 R,$\triangle ABF$,$\triangle BCD,\triangle CAE$ 的半周长分别为 p_C,p_A,p_B. 由旁心的定义,有

$$\angle CBD=90°-\frac{B}{2},\angle BCD=90°-\frac{C}{2},\angle BDC=90°-\frac{A}{2}$$

在 $\triangle BCD$ 中,$BC=a=2R\sin A$,由正弦定理,有

$$\frac{BC}{\sin\angle BDC}=\frac{BD}{\sin\angle BCD}=\frac{CD}{\sin\angle CBD}$$

即

$$\frac{2R}{\sin(90°-\frac{A}{2})}=\frac{BD}{\sin(90°-\frac{C}{2})}=\frac{CD}{\sin(90°-\frac{B}{2})}$$

所以

$$CD=4R\sin\frac{A}{2}\cos\frac{B}{2},BD=4R\sin\frac{A}{2}\cos\frac{C}{2}$$

所以

$$p_A=\frac{1}{2}(BC+CD+BD)=2R\sin\frac{A}{2}(\cos\frac{A}{2}+\cos\frac{B}{2}+\cos\frac{C}{2})$$

由内切圆的性质有

$$BX=p_A-CD=2R\sin\frac{A}{2}(\cos\frac{A}{2}-\cos\frac{B}{2}+\cos\frac{C}{2})$$

同理

$$XC=2R\sin\frac{A}{2}(\cos\frac{A}{2}+\cos\frac{B}{2}-\cos\frac{C}{2})$$

$$AZ=2R\sin\frac{C}{2}(-\cos\frac{A}{2}+\cos\frac{B}{2}+\cos\frac{C}{2})$$

$$ZB=2R\sin\frac{C}{2}(\cos\frac{A}{2}-\cos\frac{B}{2}+\cos\frac{C}{2})$$

$$CY=2R\sin\frac{B}{2}(\cos\frac{A}{2}+\cos\frac{B}{2}-\cos\frac{C}{2})$$

$$YA=2R\sin\frac{B}{2}\left(-\cos\frac{A}{2}+\cos\frac{B}{2}+\cos\frac{C}{2}\right)$$

由以上六式立即得出

$$\frac{AZ}{ZB}\cdot\frac{BX}{XC}\cdot\frac{CY}{YA}=1$$

因此,由塞瓦定理的逆定理知 AX,BY,CZ 三线共点.

注 此例为《数学通报》数学问题 2161 号. 此例表述的结论即为著名的纳格尔(Nagel)点定理. 该点即为纳格尔点,在我国又称为第一界心.

例 55 设 n 为正整数,证明

$$\frac{1}{1C_n^1}+\frac{3}{2C_n^2}+\frac{5}{3C_n^3}+\cdots+\frac{2n-1}{nC_n^n}\geqslant\frac{n^2}{2^{n-1}}$$

证明 由组合数的性质,有

$$kC_n^k=nC_{n-1}^{k-1}\quad(k\in\{1,2,3,\cdots,n\})$$

得

$$\begin{aligned}
&1(1C_n^1)+3(2C_n^2)+5(3C_n^3)+\cdots+(2n-1)(nC_n^n)\\
=&1(nC_{n-1}^0)+3(nC_{n-1}^1)+5(nC_{n-1}^2)+\cdots+(2n-1)(nC_{n-1}^{n-1})\\
=&n[1C_{n-1}^0+3C_{n-1}^1+5C_{n-1}^2+\cdots+(2n-1)C_{n-1}^{n-1}]\\
=&n\{1C_{n-1}^0+(1+1\times2)C_{n-1}^1+(1+2\times2)C_{n-1}^2+\cdots+[1+(n-1)\times2]C_{n-1}^{n-1}\}\\
=&n\{(C_{n-1}^0+C_{n-1}^1+C_{n-1}^2+\cdots+C_{n-1}^{n-1})+2[1C_{n-1}^1+2C_{n-1}^2+\cdots+(n-1)C_{n-1}^{n-1}]\}\\
=&n\{2^{n-1}+2[(n-1)C_{n-2}^0+(n-1)C_{n-2}^1+\cdots+(n-1)C_{n-2}^{n-2}]\}\\
=&n\{2^{n-1}+2(n-1)[C_{n-2}^0+C_{n-2}^1+\cdots+C_{n-2}^{n-2}]\}\\
=&n[2^{n-1}+2(n-1)\times2^{n-2}]\\
=&n2^{n-2}[2+2(n-1)]\\
=&n2^{n-2}(2n)\\
=&n^2 2^{n-1}
\end{aligned}$$

又由等差数列的求和公式,得

$$1+3+5+\cdots+(2n-1)=\frac{[1+(2n-1)]n}{2}=n^2$$

所以由柯西不等式,得

$$\begin{aligned}
&\frac{1^2}{1(1C_n^1)}+\frac{3^2}{3(2C_n^2)}+\frac{5^2}{5(3C_n^3)}+\cdots+\frac{(2n-1)^2}{(2n-1)(nC_n^n)}\\
\geqslant&\frac{[1+3+5+\cdots+(2n-1)]^2}{1(1C_n^1)+3(2C_n^2)+5(3C_n^3)+\cdots+(2n-1)(nC_n^n)}\\
=&\frac{(n^2)^2}{n^2 2^{n-1}}=\frac{n^2}{2^{n-1}}
\end{aligned}$$

即

$$\frac{1}{1C_n^1}+\frac{3}{2C_n^2}+\frac{5}{3C_n^3}+\cdots+\frac{2n-1}{nC_n^n}\geqslant\frac{n^2}{2^{n-1}}$$

当 $n=1,2$ 时,上面不等式中的等号成立.

注 此例为《数学通报》数学问题 2173 号.

数学证明的结论，有相当多的是规律性的定值问题. 探讨定值问题中的一些生成背景、探索方法，是有趣的，因为这是理智性的探讨.

(1)关注定值证明，探讨问题背景.

定值问题往往表现出图形的重要特征，蕴涵着已知量和未知量的相互关系. 通过证明探讨定值问题的生成背景，同时也是对证明策略的确定. ①

例 56　如图 5－31，$\triangle ABC$ 中，$\angle A>90°$，$AB>AC$. 高线 BE，CF 交于 H，O 为 $\triangle ABC$ 的外心，且 $AO=AH$. $\angle BAC$ 的平分线 AD 所在的直线交 BE，CF 的延长线于 M，N. 求证：$HM=HN$.

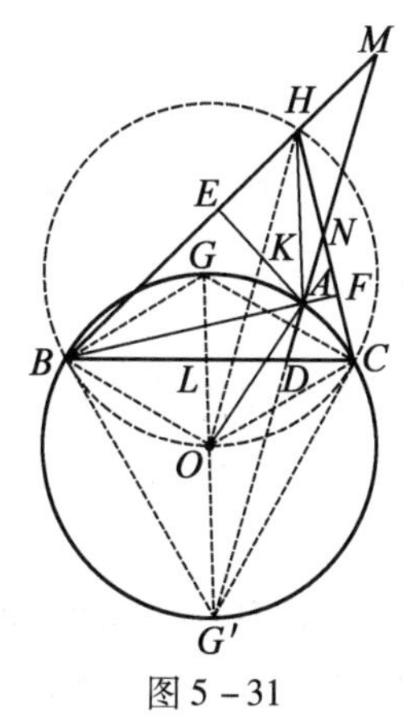

图 5－31

证明　因为 $AB>AC$，$\angle ABC<\angle ACB$，$\angle ACB+\frac{1}{2}\angle BAC>\angle ABC+\frac{1}{2}\angle BAC$，即

$$\angle ACB+\angle CAD>\angle ABC+\angle BAD$$

所以，$\angle ADC<\angle ADB$，$\angle CDA<90°$，所以点 N 在 HF 上，点 M 在 BH 的延长线上.

延长 AD 交圆 O 于 G'，$\overset{\frown}{BG'}=\overset{\frown}{CG'}$，联结 BG'，CG'，$G'O$，并延长 $G'O$ 交 BC 于 L，交$\overset{\frown}{BAC}$于 G，$GO\perp BC$，垂足即为 L，$OL=\frac{1}{2}AH$(三角形一顶点到垂心的距离等于外心到对边距离的 2 倍)，所以

$$OL=\frac{1}{2}OA=\frac{1}{2}OB=\frac{1}{2}OC$$

$$\angle OBC=\angle OCB=30°，\angle BOC=120°$$

$$\angle BG'C=\frac{1}{2}\angle BOC=60°，\angle BAC=180°-\angle BG'C=120°$$

又点 A 为 $\triangle HBC$ 的垂心，则

$$\angle BAC=\angle BHC+2(90°-\angle BHC)$$

$$\angle BHC=60°，\angle BHC+\angle BOC=180°$$

所以 H，B，O，C 四点共圆. 又 $BO=OC$，$\overset{\frown}{BO}=\overset{\frown}{OC}$，联结 HO，则

$$\angle BHO=\angle CHO=\frac{1}{2}\angle BHC=30°$$

① 符必轲. 证明与联想[J]. 数学通报，2009(3)：43-45.

设 HO 交 AE 于 K,则

$$\angle EKH = 90^\circ - \angle EHK = 90^\circ - 30^\circ = 60^\circ$$

$$\angle EAM = \angle CAD = \frac{1}{2}\angle BAC = 60^\circ$$

所以 $\angle EKH = \angle EAM$,$KH /\!/ AM$,$\angle M = \angle BHK = \angle KHN = \angle HNM$,因此 $HM = HN$.

由上述证明得到的结论知,在 $\triangle HMN$ 中,由 $HM = HN$,有 $\angle HMN = \angle HNM$,于是我们进一步发现:

命题1 $\triangle ABC$ 中,$\angle BAC$ 的平分线所在的直线与 AB,AC 边上的高线(或高线的延长线)的两个交角等于同一个定值.

证明 (ⅰ)当 $AB = AC$,且 $\angle BAC \neq 90^\circ$ 时,$\angle BAC$ 的平分线所在的直线与边 AB,AC 上的高线交于同一点(垂心),此时由于角平分线与两高线的交角恰是直角三角形中的一个锐角,所以它们等于 $90^\circ - \frac{1}{2}\angle BAC$. 当 $\angle BAC = 90^\circ$ 时,$\angle BAC$ 的平分线与边 AB,AC 上的高线交于顶点 A,所得的两个交角即是角平分线平分 $\angle BAC$ 所得的两角,即 $\frac{1}{2}\angle BAC = 90^\circ - \frac{1}{2}\angle BAC$.

(ⅱ)当 $AB \neq AC$,且 $\angle BAC \neq 90^\circ$ 时,取任一 $\triangle ABC$ 如图 5-32,BE,CF 是高线,H 是垂心,$\angle BAC$ 的平分线 AD 交 BE,CF 于 M,N. 在 Rt$\triangle AME$ 和 Rt$\triangle ANF$ 中,容易证得 $\angle AME = \angle ANF = 90^\circ - \frac{1}{2}\angle BAC$. 综合(ⅰ)(ⅱ)命题得证.

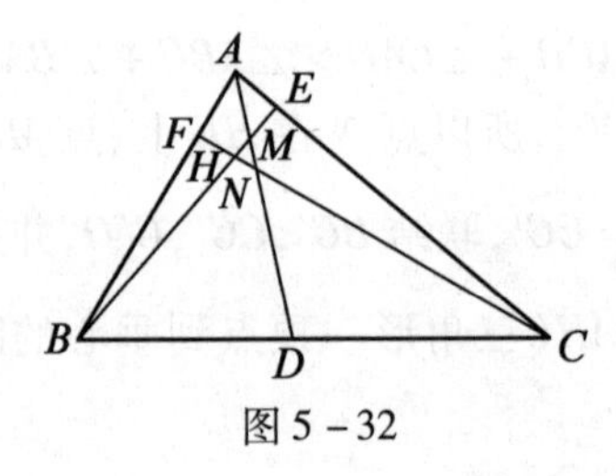

图 5-32

不难看出,例 56 正是在命题 1 的背景下生成的. 因此,例 56 中需证明 $HM = HN$,则 $AO = AH$ 这一条是多余的. 但是如果再利用 $AO = AH$ 这一条件,则可以得到新的命题:

命题2 $\triangle ABC$ 中,$AB \neq AC$,且 $\angle BAC \neq 90^\circ$,高线 BE,CF 交于 H,O 为 $\triangle ABC$ 的外心,$AO = AH$. 又 $\angle BAC$ 的平分线所在的直线交 BE,CF(或其延长线)于 M,N,则 $\angle AME = \angle ANF = \frac{1}{4}\angle BAC$ 或 $\angle AME = \angle ANF = \angle BAC$.

证明 因 $AB \neq AC$,$\angle BAC \neq 90^\circ$,首先当 $\angle BAC > 90^\circ$ 时,则点 O,H 位于边 BC 的两侧,如图 5-31,作 $\triangle ABC$ 的外接圆 O,且作半径 $OG \perp BC$,L 是垂足,L 是 BC 的中点. 由 $AO = AH = OC = OG$,H 是垂心,则垂心到顶点的距离等于外心到对边距离的 2 倍(三角形垂心的性质),所以

$$OL = \frac{1}{2}AH = \frac{1}{2}OC = \frac{1}{2}OG$$

易知 $\angle OCL = 30^\circ$,$\angle COL = 60^\circ$,从而 $\angle BOC = 120^\circ$. 又 BC,OG 相互垂直平分,$BOCG$ 是菱形,

$\angle BGC=\angle BOC=120°$. 再由 B,G,C,A 四点共圆，$\angle BAC=\angle BGC=120°$，故由命题得

$$\angle AME=\angle ANF=90°-\frac{1}{2}\angle BAC=30°=\frac{1}{4}\angle BAC$$

其次，当 $\angle BAC<90°$ 时，则点 H,O 位于边 BC 的同侧. 由 $AO=AH$，则 B,C,O,H 四点共圆，仿照前证，可证得 $\angle BAC=60°$，再由命题 1 得

$$\angle AME=\angle ANF=90°-\frac{1}{2}\angle BAC=60°=\angle BAC$$

证毕.

我们从上面的证明发现，当 $\angle BAC<90°$，且 $AB\neq AC$ 时，命题 2 还可以进一步生成下面的命题：

命题 3　锐角 $\triangle ABC,I,H,O$ 分别是内心、垂心和外心，且 $AO=AH$，$\angle BAC$ 的平分线交 BC 于 P，则 $BH=OI$ 的充要条件是 $AB+BP=AC$(定值).

这正是笔者提供的《数学通报》2004 年 9 月号 1511 题的变式，至此，我们便把这几个问题联系起来了，为我们解决这类问题提供了新的策略. 此外，我们还将得到下面的命题：

命题 4　$\triangle ABC$ 中，$AB\neq AC$，$\angle BAC\neq 90°$，O,H 分别是三角形的外心与垂心. $AO=AH$ 的充要条件是 O,H,B,C 四点共圆，而且过 O,H,B,C 的圆与 $\triangle ABC$ 的外接圆是互过圆心的两个等圆.

(2)分析证明过程，获得新的性质.

定值问题的证明过程是一个从未知向已知探索的过程，反思这一过程，可以深入地发现图形的几何性质，增加命题的探究性.

例 57　(第 32 届俄罗斯数学奥林匹克试题)$\triangle ABC$ 的角平分线 BB_1 和 CC_1 交于点 I，直线 B_1C_1 交 $\triangle ABC$ 的外接圆于点 M,N. 证明：$\triangle MIN$ 的外接圆半径为 $\triangle ABC$ 外接圆半径的 2 倍(定值).

证明　取 $\triangle ABC$ 的旁心 I_1,I_2，连接 AI_1,AI_2,B_1I_1,C_1I_2. 设 B_1I_1,C_1I_2 交 $\triangle ABC$ 的外接圆于 E,F. 联结 AI,AE,EF(图略). 易知 I_1,E 在 $\angle ABC$ 的平分线上，I_2,F 在 $\angle ACB$ 的平分线上. 因 AI_1 是 $\angle BAC$ 的外角平分线，则 $\angle IAI_1=90°$. 又 I 是内心，$EI=EA=EC$(三角形内心性质)，$\angle EAI=\angle EIA=\frac{1}{2}(\angle BAC+\angle ABC)$，所以 $\angle EAI_1=\frac{1}{2}\angle ACB=\angle EI_1A$，所以 A,I,C,I_1 四点共圆. 同理 A,I,B,I_2 四点共圆. E,F 分别是圆心，EF 是 $\triangle II_1I_2$ 的中位线. 容易证明 $\triangle II_1I_2$ 的外接圆半径是 $\triangle EFI$ 的外接圆半径的 2 倍，并且容易证得 $\triangle IEF\cong\triangle AEF$，$\triangle AEF$ 的外接圆半径等于 $\triangle IEF$ 的外接圆半径，所以 $\triangle II_1I_2$ 的外接圆半径等于 $\triangle AEF$ 的外接圆半径的 2 倍，即等于 $\triangle ABC$ 的外接圆半径的 2 倍. 再由相交弦定理：$IB_1\cdot B_1I_1=AB_1\cdot B_1C=MB_1\cdot B_1N$，所以 I,M,I_1,N 四点共圆. 又 $IC_1\cdot C_1I_2=AC_1\cdot C_1B=NC_1\cdot C_1M$，所以 I,N,I_2,M 四点共圆，即 I_1,I_2 在 $\triangle MIN$ 的外接圆上，故 I,M,I_1,I_2,N 五点共圆. 所以 $\triangle MIN$ 的外接圆半径等于 $\triangle ABC$ 外接圆半径的 2 倍(定值).

看看例 57 的证明过程，我们容易得到三角形性质如下：

结论 1　三角形任一内角所对的旁心、内心和这个角对边的两个端点共圆. 该圆的圆心恰好是这个角的平分线与三角形外接圆的交点.

这正是三角形内心性质的另一推广. 利用这一性质，可以借助三角形的外接圆同时作三

角形的内心和相应的旁心.

结论 2 三角形任意两内角平分线与外接圆的两个交点的连线,垂直平分内心到三角形另一顶点的连线.

结论 3 任一三角形都是连接三个旁心所成旁心三角形的垂足三角形;三角形的三个顶点是其旁心三角形三条高线的垂足,三角形的内心是其旁心三角形的垂足.

结论 4 任一三角形的外接圆都是其旁心三角形的九点圆.

(3)*反思证明思路,丰富结论内涵.*

定值问题一般蕴涵着灵活的数学思想和巧妙的数学方法,灵巧证明定值问题,或者证明后反思其思路不仅能够优化证题策略,而且还能得到命题的其他结论甚至一般推广.

例 58 (第 46 届 IMO 试题)给定凸四边形 $ABCD$,$BC=AD$,且 BC 不平行于 AD. 设点 E 和 F 分别在边 BC 和 AD 的内部,满足 $BE=DF$. 直线 AC 和 BD 相交于点 P,直线 BD 和 EF 相交于点 Q,直线 EF 和 AC 相交于点 R. 证明:当点 E 和 F 变动时,$\triangle PQR$ 的外接圆经过除点 P 以外的另一个定点.

证明 如图 5-33,作$\triangle APD$ 和$\triangle BPC$ 的外接圆,显然,两圆不在点 P 外相切(或交于点 P). 否则,过 P 作两圆的公切线,容易证明$\angle PCB=\angle PAD$,即 BC 平行于 AD,与设题矛盾. 于是设两圆还交于除 P 外的另一点 O,联结 $AO,BO,CO,DO,EO,RO,QO,FO,PO$,并延长 OP 交 CD 于 H. 由 A,O,P,D 和 B,O,P,C 分别共圆,得

$$\angle ODP=\angle OAP,\angle ADO=\angle APO,\angle BPO=\angle BCO,\angle OBP=\angle OCP$$

由圆内接四边形性质. 知

$$\angle OBC=\angle HPC=\angle OPA=\angle ADO$$

同理$\angle DAO=\angle BCO$. 又 $AD=BC$,所以$\triangle DAO\cong\triangle BCO$,$OB=OD$,$OA=OC$,$\triangle AOC$ 和$\triangle BOD$ 是等腰三角形,且$\triangle AOC\backsim\triangle BOD$,又由 $BE=DF$,容易证明$\triangle DOF\cong\triangle BOE$,$OE=OF$,$\angle DOF=\angle BOE$,$\triangle EOF$ 等腰,则

$$\angle BOD=\angle BOE+\angle EOD=\angle DOF+\angle EOD=\angle EOF$$

进而$\triangle EOF\backsim\triangle AOC\backsim\triangle BOD$,所以

$$\angle OFQ=\angle ODB=\angle ODQ=\angle OBQ=\angle OEQ=\angle OCR=\angle OER$$

从而 O,B,E,Q 与 O,F,D,Q 和 O,E,C,R 分别共圆,所以

$$\angle OQB=\angle OEB=\angle ORC=\angle ORP$$

故 P,Q,O,R 四点共圆. 因此点 O 即为$\triangle PQR$ 外接圆所过的定点.

反思该题的证明思路,可以丰富该试题的结论的内涵.

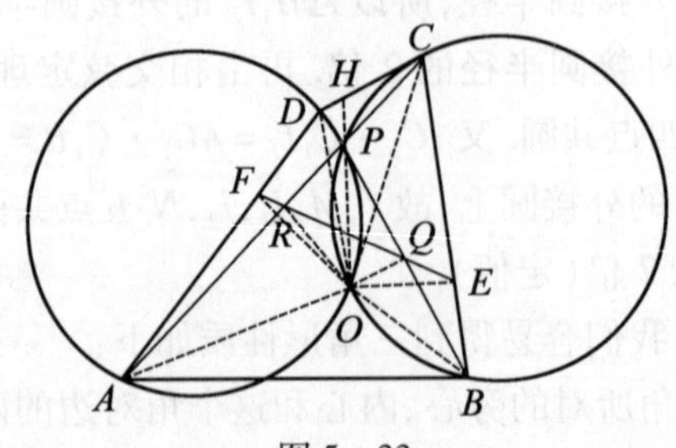

图 5-33

在上面试题的题设条件下,则有:

①$\triangle APD$，$\triangle BPC$，$\triangle PQR$ 的外接圆交于除点 P 以外的另一点；

②线段 AC，BD，EF 的中垂线共点；

③$\triangle PAD$，$\triangle BPC$，$\triangle PQR$ 的外接圆和线段 AC，BD，EF 的中垂线同时共点；

④$\triangle APD$，$\triangle BPC$ 的外接圆半径等长.

该题最早的解答中，是以 AC，BD 的中垂线交点作为 $\triangle PQR$ 外接圆所经过的定点. 但是，从已知和未知的关系和从未知向已知的探究方向看，我们认为，以 $\triangle APD$ 和 $\triangle BPC$ 的外接圆交于除点 P 以外的另一点来作为 $\triangle PQR$ 所经过的定点（即延长 AD，BC 交于点 S，O 为完全四边形 $SDAPBC$ 的密克尔点）显得更为本质.

第六章　数学精神的灯塔指引——数学推广

学习与研究数学的经验表明:数学推广是一种重要的创造性活动. 何谓推广呢? 简言之,推广就是从给定的一类对象的研究过渡到更广一类对象的研究. 例如,从三角形内角和的研究过渡到多边形的内角和研究,从二元均值不等式的研究过渡到多元均值不等式的研究,从二维单形(即三角形)过渡到 n 维单形的研究等都是推广.

6.1　数学推广的意义

6.1.1　数学推广是闪现着创造性火花的研究方法

推广是数学研究中极其重要的手段之一,数学自身的发展在很大程度上依赖于推广. 数学家总是在已有知识的基础上,向未知的领域扩展,从实际的概念及问题中推广出各种各样的新概念、新问题. 运用推广研究数学获得成功的事例在数学发展史上比比皆是. 天文学家和数学家开普勒在获得了计算球的体积方法后,把这种方法推广,很快就求得了多达 92 种旋转体的体积. 数学家欧拉发现的多面体的面、顶、棱数公式 $F+V-E=2$ 也是由归纳、推广而得到的. 数学爱好者哥德巴赫通过观察几个特例后,运用推广的方法,归纳得到了哥德巴赫猜想.

例如,观察下列各式

$$1=1$$

$$1-4=-(1+2)$$

$$1-4+9=1+2+3$$

$$1-4+9-16=-(1+2+3+4)$$

可以猜想

$$1^2-2^2+\cdots+(-1)^{n-1}n^2=(-1)^{n-1}(1+2+\cdots+n)$$

又如,由下列三角恒等式

$$\frac{\sin\alpha+\sin 3\alpha}{\cos\alpha+\cos 3\alpha}=\tan 2\alpha;$$

$$\frac{\sin\alpha+\sin 3\alpha+\sin 5\alpha}{\cos\alpha+\cos 3\alpha+\cos 5\alpha}=\tan 3\alpha;$$

$$\frac{\sin\alpha+\sin 3\alpha+\sin 5\alpha+\sin 7\alpha}{\cos\alpha+\cos 3\alpha+\cos 5\alpha+\cos 7\alpha}=\tan 4\alpha;$$

可以猜想

$$\frac{\sin\alpha+\sin 3\alpha+\cdots+\sin(2n+1)\alpha}{\cos\alpha+\cos 3\alpha+\cdots+\cos(2n+1)\alpha}=\tan(n+1)\alpha$$

又例如,对如下不等式命题进行推广①:

命题 1　若 a,b,c 为满足 $a+b+c=1$ 的正数,则 $\frac{2-a}{2+a}+\frac{2-b}{2+b}+\frac{2-c}{2+c}\geqslant\frac{15}{7}$.

可以通过用"添加数字"的方法(即左端每项加上 1 又减去 1 后运用柯西不等式或权方和不等式)给出此命题的证明方法,并可将其推广给出其一对优美的姊妹不等式,即以下命题:

命题 2　若 $a_i(i=1,2,3,\cdots,n)$ 为正数,且 $a_1+a_2+\cdots+a_n=1$,t 为不小于 1 的数,则

$$\frac{t-a_1}{t+a_1}+\frac{t-a_2}{t+a_2}+\cdots+\frac{t-a_n}{t+a_n}\geqslant\frac{n(nt-1)}{nt+1}$$

$$\frac{t+a_1}{t-a_1}+\frac{t+a_2}{t-a_2}+\cdots+\frac{t+a_n}{t-a_n}\geqslant\frac{n(nt+1)}{nt-1}$$

下面,进一步将其推广为:

推广　若 $a_i(i=1,2,3,\cdots,n)$ 为正数,且 $a_1+a_2+\cdots+a_n=1$,t 为不小于 1 的数,$0<\lambda\leqslant 1$,则

(Ⅰ)
$$\frac{t-a_1}{t+\lambda a_1}+\frac{t-a_2}{t+\lambda a_2}+\cdots+\frac{t-a_n}{t+\lambda a_n}\geqslant\frac{n(nt-1)}{nt+\lambda}$$

(Ⅱ)
$$\frac{t+a_1}{t-\lambda a_1}+\frac{t+a_2}{t-\lambda a_2}+\cdots+\frac{t+a_n}{t-\lambda a_n}\geqslant\frac{n(nt+1)}{nt-\lambda}$$

事实上,命题 1、命题 2 以及推广都可以用柯西或权方和不等式来证明,而且证明过程非常简洁. 下面就利用柯西或权方和不等式给出以上推广的一个简洁证明.

(Ⅰ)的证明　由于

$$\frac{t-a_1}{t+\lambda a_1}+\frac{t-a_2}{t+\lambda a_2}+\cdots+\frac{t-a_n}{t+\lambda a_n}$$

$$\Leftrightarrow\frac{(t-a_1)^2}{t^2-ta_1+t\lambda a_1-\lambda a_1^2}+\frac{(t-a_2)^2}{t^2-ta_2+t\lambda a_2-\lambda a_2^2}+\cdots+\frac{(t-a_n)^2}{t^2-ta_n+t\lambda a_n-\lambda a_n^2}$$

由柯西或权方和不等式得

$$\frac{t-a_1}{t+\lambda a_1}+\frac{t-a_2}{t+\lambda a_2}+\cdots+\frac{t-a_n}{t+\lambda a_n}$$

$$\geqslant\frac{(nt-1)^2}{nt^2-t(a_1+a_2+\cdots+a_n)+t\lambda(a_1+a_2+\cdots+a_n)-\lambda(a_1^2+a_2^2+\cdots+a_n^2)}$$

$$=\frac{(nt-1)^2}{nt^2-t+t\lambda-\lambda(a_1^2+a_2^2+\cdots+a_n^2)}\geqslant\frac{(nt-1)^2}{nt^2-t+t\lambda-\frac{\lambda}{n}}=\frac{n(nt-1)}{nt+\lambda}$$

即

$$\frac{t-a_1}{t+\lambda a_1}+\frac{t-a_2}{t+\lambda a_2}+\cdots+\frac{t-a_n}{t+\lambda a_n}\geqslant\frac{n(nt-1)}{nt+\lambda}$$

① 王增强. 一个不等式的再推广与证明[J]. 中学数学研究,2013(5):15-16.

(Ⅱ)的证明 由于

$$\frac{t+a_1}{t-\lambda a_1}+\frac{t+a_2}{t-\lambda a_2}+\cdots+\frac{t+a_n}{t-\lambda a_n}$$

$$\Leftrightarrow\frac{(t+a_1)^2}{t^2+ta_1-t\lambda a_1-\lambda a_1^2}+\frac{(t+a_2)^2}{t^2+ta_2-t\lambda a_2-\lambda a_2^2}+\cdots+\frac{(t+a_n)^2}{t^2+ta_n-t\lambda a_n-\lambda a_n^2}$$

由柯西或权方和不等式得

$$\frac{t+a_1}{t-\lambda a_1}+\frac{t+a_2}{t-\lambda a_2}+\cdots+\frac{t+a_n}{t-\lambda a_n}$$

$$\geqslant\frac{(nt+1)^2}{nt^2+t(a_1+a_2+\cdots+a_n)-t\lambda(a_1+a_2+\cdots+a_n)-\lambda(a_1^2+a_2^2+\cdots+a_n^2)}$$

$$=\frac{(nt+1)^2}{nt^2+t-t\lambda-\lambda(a_1^2+a_2^2+\cdots+a_n^2)}\geqslant\frac{(nt+1)^2}{nt^2+t-t\lambda-\frac{\lambda}{n}}=\frac{n(nt+1)}{nt-\lambda}$$

即

$$\frac{t+a_1}{t-\lambda a_1}+\frac{t+a_2}{t-\lambda a_2}+\cdots+\frac{t+a_n}{t-\lambda a_n}\geqslant\frac{n(nt+1)}{nt-\lambda}$$

注 上述推广的证明首先是采用每项分式同乘以分子,变形成分子为平方式,其实也可以用添加数1再减去1变形,使分子变为$2t=(\sqrt{2t})^2$. 这样不仅由命题1得到了推广不等式,证明方法照样也适用. 这在许多推广问题中常运用.

综上,我们可以看到,在进行数学推广研究中,需要观察与实验,需要归纳与猜想,也就需要直觉与灵感,因此,数学推广本身闪现着创造性火花.

6.1.2 数学推广是一种全面、主动、积极的学习方式

数学推广除了是研究数学的重要方法外,也是学习数学的一种有效方式. 推广作为一种学习方式,它的显著特点是全面、主动、积极.

1. 推广有益于更全面地理解和认识数学知识

例如,平面几何中的定理:"如果一条直线垂直于两平行线中的一条,那么它也垂直于另一条直线."在立体几何中也成立. 三角形两边之和大于第三边推广到空间就得到三面角中两个面角之和大于第三个面角. 又如实数集扩充到复数集后,实数的某些概念和性质保留或发展了,而有一些却消失了. 三角不等式$|a|-|b|\leqslant|a\pm b|\leqslant|a|+|b|(a,b\in\mathbf{R})$推广到复数集保留并且发展了,但是绝对值的性质:$|x|^2=x^2(x\in\mathbf{R})$对虚数而言就不再具备了. 总之,推广能使学习者对定理、公式、性质的认识进入一个新的层次,从而在数学知识的运用上更加自如.

数学概念,也可以推广,例如,对"平行"进行推广,可以引入"逆平行"的概念.

定义1 与$\triangle ABC$外接圆在顶点C处的切线l平行的直线$A'B'$称为AB的逆平行线.

如图6-1,实际上,$\triangle ABC$在顶点C处的外接圆切线是顶点C所对的边的逆平行线. 若$A'B'$逆平行于AB且交CA,CB分别为点A',B',则$\triangle A'B'C$逆向相似于$\triangle ABC$. 显然A,B,B',A'四点是共圆的. 又当点C为优弧$\overset{\frown}{AB}$的中点时,点C处的切线l与AB平行,$A'B'\parallel AB$,此时,$\triangle A'B'C$顺向相似于$\triangle ABC$. 这样,对于某顶点处的三角形的外接圆的切线与该顶点所对

的边的关系可以用平行或逆平行来看待了. 从这个角度来说,将“平行”推广到了“逆平行”. 这样的圆内接四边形的对边是逆平行的.

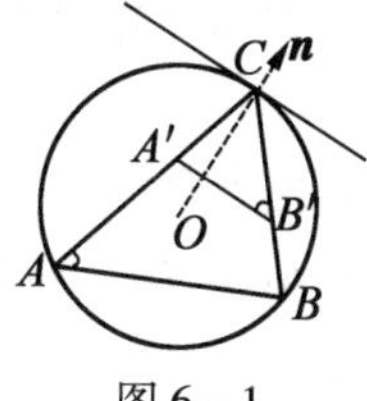

图 6－1

运用“逆平行”的概念处理问题,可起到出奇制胜的功效. ①

例 1　从点 P 发出的三条射线与一条直线分别交于 A,B,C(图 6－2),设 PA,PB,PC 长分别为 a,b,c,记$\triangle PAB,\triangle PBC,\triangle PCA$ 的外接圆半径依次为 r_c,r_a,r_b,求证:$ar_a=br_b=cr_c$.

解析　设$\angle APC=\alpha,\angle BPC=\beta$,在 PA 所在射线上任取一点 A',作$\angle PA'B'=\angle B$ 交 PB 于 B',作$\angle PA'C'=\angle PCA$ 交 PC 于 C',则 $A'B'$与 AB 逆平行,$A'C'$与 AC 逆平行. 此时由 A,B,B',A'及 A,C,C',A'分别四点共圆,推知 C,B,B',C'四点共圆. 从而知 $C'B'$与 CB 逆平行. 此时即可求得$\triangle A'B'C'$三内角,再对此三角形运用正弦定理即证得结论. 下面,我们运用计算的方法推导这个结论.

如图 6－2,不妨设有 k 使得 $PA'=bck$,则由$\triangle PA'B'\backsim\triangle PBA,\triangle PA'C'\backsim\triangle PCA$ 得

$$PB'=ack,PC'=abk$$

即$\frac{PB'}{PC'}=\frac{c}{b}=\frac{PC}{PB}$,$\triangle PB'C'\backsim\triangle PCB$. 因此

$$B'C'=\frac{BC}{PB}\cdot PC'=BC\cdot ak$$

同理

$$A'B'=AB\cdot ck,A'C'=AC\cdot bk$$

又$\angle B'A'C'=\angle PCA-\angle B=\beta,\angle A'B'C'=\angle PCB-\angle A=\alpha,\angle A'C'B'=\angle A+\angle B=\pi-(\alpha+\beta)$,因此,在$\triangle A'B'C'$中由正弦定理得

$$\frac{BC\cdot ak}{\sin\beta}=\frac{AC\cdot bk}{\sin\alpha}=\frac{AB\cdot ck}{\sin(\alpha+\beta)}$$

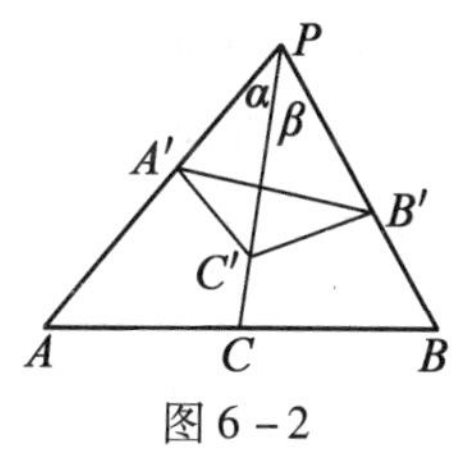

图 6－2

即 $r_aa=r_bb=r_cc$.

注　此例中的点 C'即为$\triangle PAB$ 的密克尔点.

例 2　设$\triangle ABC$ 三边长为 a,b,c,D 为$\triangle ABC$ 内部一点,且 $DA=a',DB=b',DC=c'$; $\angle DAB=\alpha_2,\angle DAC=\alpha_3,\angle DBA=\beta_1,\angle DBC=\beta_3,\angle DCA=\gamma_1,\angle DCB=\gamma_2$,求证

① 叶挺彪. 逆平行的应用[J]. 中学数学教学. 2012(6):36-37.

$$\frac{\sin(\beta_1+\gamma_1)}{aa'}=\frac{\sin(\alpha_2+\gamma_2)}{bb'}=\frac{\sin(\alpha_3+\beta_3)}{cc'}$$

证明 在 DA 所在射线上任取一点 A'，作 $\angle DA'B'=\angle DBA=\beta_1$ 交 DB 于 B'. 作 $\angle DA'C'=\angle DCA=\gamma_1$ 交 DC 于 C'.

如图 6-3 所示. 不妨设 $DA'=b'c'k$. 由 $\triangle DA'B'\backsim\triangle DBA$，$\triangle DA'C'\backsim\triangle DCA$ 得

$$DB'=a'c'k, DC'=a'b'k$$

则 $\frac{DB'}{DC'}=\frac{c'}{b'}=\frac{DC}{DB}$，$\triangle DB'C'\backsim\triangle DCB$. 因此

$$B'C'=\frac{BC}{DB}\cdot DC'=\frac{a}{b'}\cdot a'b'k=aa'k$$

同理

$$A'B'=cc'k, A'C'=bb'k$$

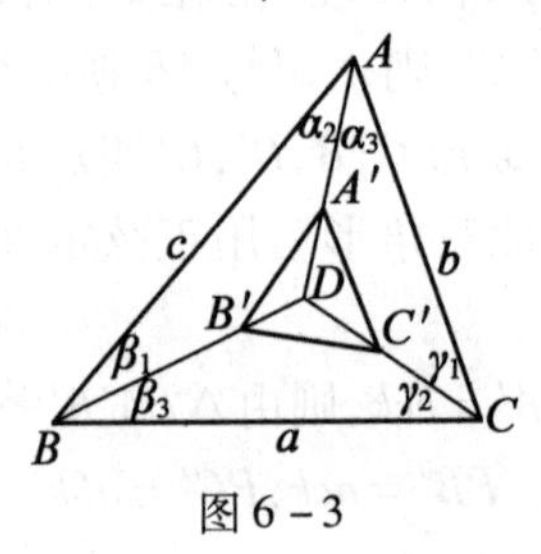

图 6-3

又 $\triangle A'B'C'$ 的三个内角为 $\angle A'=\beta_1+\gamma_1$，$\angle B'=\alpha_2+\gamma_2$，$\angle C'=\alpha_3+\beta_3$，故由正弦定理可得结论.

定义 2 与四面体 $D-ABC$ 外接球在点 D 处的切面 α 平行的面称为平面 α 的逆平行平面.

设 α 的逆平行平面截四面体 $D-ABC$ 交三棱依次为 A'，B'，C'，如图 6-4，显然 $\triangle A'B'C$ 三边依次逆平行于 $\triangle ABC$ 三边.

事实上，若侧面 DAB 交切面于直线 l，则 l 是 $\triangle DAB$ 外接圆的切线，而 $A'B'/\!/l$，于是 $A'B'$ 逆平行于 AB.

例 3 设四面体 $D-ABC$ 底面 $\triangle ABC$ 三边分别为 a_1，b_1，c_1，与之相对的侧棱分别为 a_2，b_2，c_2，则以 a_1a_2，b_1b_2，c_1c_2 为边能构成一个三角形.

证明 在图 6-4 中，设底面 $\triangle ABC$ 的逆平行面 $\triangle A'B'C'$ 三边为 a_1'，b_1'，c_1'，则 $a'_1:b'_1:c'_1=a_1a_2:b_1b_2:c_1c_2$. 由此即知结论成立.

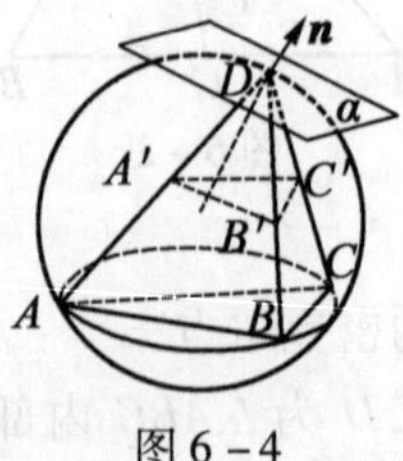

图 6-4

事实上，不妨设 $DA'=b_2c_2k$（k 为比例常数），则由 $\triangle DA'B'\backsim\triangle DBA$ 得

$$\frac{A'B'}{AB}=\frac{DA'}{DB}$$

所以 $c'_1=c_1c_2k$.

同理 $a'_1=a_1a_2k$，$b'_1=b_1b_2k$. 故结论获证.

注　利用此例中的 $\triangle A'B'C'$ 三边关系，为学习四面体的有关新规律提供了一种途径. 此时也得到一个有用的副产品：

例4　若以 a_1,b_1,c_1 为三边，以 a_2,b_2,c_2 为其对棱有四面体存在，则以 a_1a_2,b_1b_2,c_1c_2 为三边，以 b_2c_2,a_2c_2,a_2b_2，为其对棱的四面体也存在.

利用此命题可将与四面体边长有关的关系式通过这个命题转化为四面体的一些新的关系式，从而达到学习有关规律的一种途径.

2. 推广有益于知识的串联

例如，指数式 a^n 当 n 为正整数时，表示 n 个 a 连乘；当 n 为零、负整数、分数时，其意义发生了变化，但运算性质仍然保持. 又如勾股定理与余弦定理出现在平面几何教材中的不同章节，把余弦定理看作勾股定理的推广后，不仅新旧知识取得了联系，而且有助于学习者掌握知识的结构.

勾股定理：在 $\mathrm{Rt}\triangle ABC$ 中，$AB=c$. $AC=b$，$BC=a$，$\angle ACB=90°$，则 $c^2=a^2+b^2$.

余弦定理：在 $\triangle ABC$ 中，$AB=c$，$AC=b$，$BC=a$，则 $c^2=a^2+b^2-2ab\cos C$，其中 $\angle C=\angle ACB$.

广勾股定理：在 $\mathrm{Rt}\triangle ABC$ 中，$\angle ACB=90°$，点 D 为直角边 BC 所在直线上一点，则 $AB^2=DA^2+DB^2\mp 2DC\cdot DB$.

显然，广勾股定理是勾股定理的推广，且广勾股定理与余弦定理是等价的，是余弦定理的一种变形式.

如图 6－5，由余弦定理，有

$$AB^2=DA^2+DB^2-2DA\cdot DB\cdot\cos\angle ADB$$

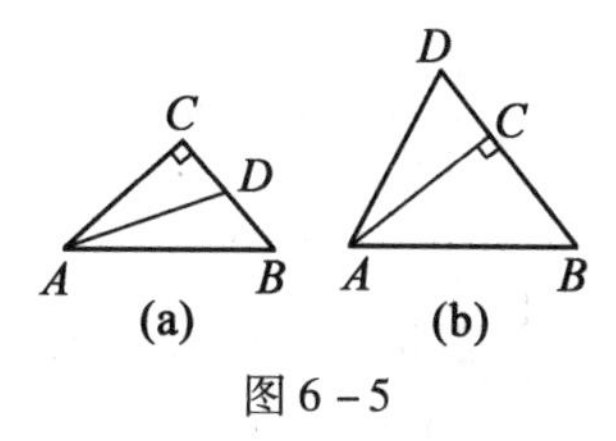

图 6－5

这和广勾股定理比较，即知

$$-2DA\cdot\cos\angle ADB=\pm 2DC$$

有些时候，应用广勾股定理比应用余弦定理处理问题要方便一些.

例5　设 M 为 $\triangle ABC$ 的边 AB 的中点，求证

$$MC^2=\frac{1}{2}(AC^2+BC^2)-\frac{1}{4}AB^2\quad\text{（三角形中线长公式）}$$

证明　如图 6－6，作 $CD\perp AB$ 于点 D.

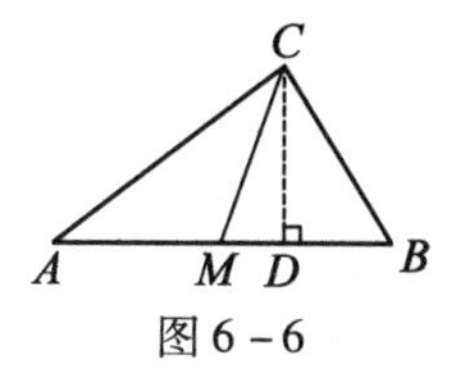

图 6－6

分别对 Rt△ADC 和 Rt△CDB 应用广勾股定理,有

$$AC^2=MC^2+MA^2+2MA\cdot MD=MC^2+\frac{1}{4}AB^2+AB\cdot MD$$

$$BC^2=MC^2+MB^2-2MB\cdot MD=MC^2+\frac{1}{4}AB^2-AB\cdot MD$$

由上述两式相加,即有 $MC^2=\frac{1}{2}(AC^2+BC^2)-\frac{1}{4}AB^2$.

3. 推广有益于学习者主动地进取,提高独立全面地获取知识的能力

例如,已知 P 为圆 $x^2+y^2=4$ 上一动点,又 Q 的坐标为 $(4,0)$,试求线段 PQ 中点 M 的轨迹方程.

一般来说,学生用常规方法容易解决. 若变更条件,将点 M 看作线段 PQ 的某个定比分点,它的轨迹如何? 进一步得到定点 Q 不在坐标轴上,而在圆外、圆上、圆内,那么它们的轨迹又如何呢? 问题还可以深入,比如,已知曲线不是圆,而是其他二次曲线,情况又如何呢? 推广常使命题系列化地出现,从而使学习者在推广过程中探求知识的本领与日俱增.

6.1.3 数学推广是呈现数学美的一种途径

用推广将一个数学命题扩充、引申,从而得到众多的新结论,这样一来,数学理论扩展到了更大的范围. 这正充分呈现了数学美:普遍性、和谐性、统一性和奇异性.

例 6 将二元均值不等式推广.

设 $a,b>0$,则

$$\frac{a+b}{2}\geqslant\sqrt{ab} \qquad ①$$

把两个正数 a,b 推广到 n 个正数 $a_1,a_2,\cdots,a_n$,则

$$\frac{1}{n}\sum_{i=1}^{n}a_i\geqslant\left(\prod_{i=1}^{n}a_i\right)^{\frac{1}{n}} \qquad ②$$

上式两边取对数,有

$$\ln\left(\frac{1}{n}\sum_{i=1}^{n}a_i\right)\geqslant\frac{1}{n}\sum_{i=1}^{n}\ln a_i \quad (a_i>0,i=1,2,\cdots,n) \qquad ③$$

若令 $\ln x=f(x)$,则得著名的琴生(Jensen)不等式

$$f\left(\frac{1}{n}\sum_{i=1}^{n}a_i\right)\geqslant\frac{1}{n}\sum_{i=1}^{n}f(a_i) \quad (a_i>0,i=1,2,\cdots,n) \qquad ④$$

当然,由①到②,由③到④都要加以严格证明. 但由上述推广,正是追求普遍性所获得的结论. 琴生不等式是不等式③的高度统一,这就揭示出琴生不等式表达形式的简单与完美. 从不等式②出发,得到推广的④. 这里包含着"质"的变化,这个结论给人以耳目一新的感觉,这正是奇异性的显示.

例 7 一个命题的推广.

命题:a,b 均为正数的充要条件是 $a+b>0$ 且 $ab>0$.

命题的必要性显然,充分性证明的自然想法是:因 $ab>0$,则 a,b 同为正数或同为负数,如果 a,b 同为负数,则 $a+b<0$,这与条件 $a+b>0$ 矛盾. 故 a,b 同为正数.

按照这个证明思路,很难将这一命题推广到三个数 a,b,c 的情形. 而如果仅从形式上加

以推广,可能会得到这样的结论:a,b,c 均为正数的充要条件是 $a+b+c>0$ 且 $abc>0$. 很明显,这一推广命题是错误的,因为“$a+b+c>0$ 且 $abc>0$”是“a,b,c 均为正数”的必要而非充分条件,一个简单的反例是:$a=3,b=c=-1$.

那么,本例命题的推广结果又是什么呢?

让我们进一步探索原命题充分性的其他证明方法,由于条件“$a+b>0$ 且 $ab>0$”中的两个式子 $a+b,ab$ 与一元二次方程的根与系数关系式中的两根和与两根积形式完全一致,而二次方程与二次函数之间又有密切关系,从而想到构造一个一元二次函数

$$f(x)=(x-a)(x-b)=x^2-(a+b)x+ab$$

因 $a+b>0,ab>0$,则当 $x\leqslant 0$ 时,$f(x)>0$. 由此,若 $f(x)\leqslant 0$,则必有 $x>0$,由 $f(x)$ 的表达式,知 $f(a)=f(b)=0$,故 $a>0,b>0$.

这一证明方法给予我们极大的启示,对于 a,b,c 三个数,我们可以构造一个一元三次函数

$$f(x)=(x-a)(x-b)(x-c)=x^3-(a+b+c)x^2+(ab+bc+ca)x-abc$$

仿照上面思路,如果“$a+b+c>0,ab+bc+ca>0$ 且 $abc>0$”,那么当 $x\leqslant 0$ 时,应有 $f(x)<0$,由此,若 $f(x)\geqslant 0$,则应有 $x>0$,又由于 $f(a)=f(b)=f(c)=0$,故 $a>0,b>0,c>0$.

这样,我们得到了例 7 中命题的一个推广:“a,b,c 均为正数的充要条件是 $a+b+c>0$, $ab+bc+ca>0$ 且 $abc>0$.”

进一步,通过构造函数

$$\begin{aligned}f(x)&=(x-a_1)(x-a_2)\cdots(x-a_n)\\&=x^n-(a_1+a_2+\cdots+a_n)x^{n-1}+(a_1a_2+a_1a_3+\cdots+a_{n-1}a_n)x^{n-2}-\cdots+\\&\quad(-1)^na_1a_2\cdots a_n\end{aligned}$$

就可以将命题推广到一般情形:$a_i(i=1,2,\cdots,n)$ 均为正数的充要条件是 $a_1+a_2+\cdots+a_n>0,a_1a_2+a_1a_3+\cdots+a_{n-1}a_n>0,\cdots,a_1a_2\cdots a_n>0$.

从上述推广中,我们看到了要选择恰当的求解方法. 这就呈现了奇异美. 推广的结论也保持了统一美、和谐美.

6.2　数学推广的方法

6.2.1　归纳推广

给出一系列具有某种规律的等式,当然每一个等式构成一个命题,它们组成一个命题组,要求根据所给命题组所具有的规律,运用数学方法进行推广,得出一个能代表命题组中每一个命题的命题,它实际上是命题组的通式.

这方面的例子,我们已在 4.3 节归纳推理中有所介绍,在此再看下例:

例 8　通过观察下列等式,归纳推广出一个一般性的结论,并证明结论的真假:

$$\sin^2 15°+\sin^2 75°+\sin^2 135°=\frac{3}{2}$$

$$\sin^2 30°+\sin^2 90°+\sin^2 150°=\frac{3}{2}$$

$$\sin^2 45°+\sin^2 105°+\sin^2 165°=\frac{3}{2}$$

$$\sin^2 60° + \sin^2 120° + \sin^2 180° = \frac{3}{2}$$

解 归纳推广得

$$\sin^2(\alpha - 60°) + \sin^2\alpha + \sin^2(\alpha + 60°) = \frac{3}{2}$$

证明 左边 $= (\sin\alpha\cos 60° - \cos\alpha\sin 60°)^2 + \sin^2\alpha + (\sin\alpha\cos 60° + \cos\alpha\sin 60°)^2$

$$= \frac{3}{2}(\sin^2\alpha + \cos^2\alpha) = \frac{3}{2} = \text{右边}$$

类似于上例,可有:

(1)观察下列等式

$$1 = 1^3$$
$$3 + 5 = 2^3$$
$$7 + 9 + 11 = 3^3$$
$$13 + 15 + 17 + 19 = 4^3$$
$$\vdots$$

归纳推广得(证略)

$$(n^2 - n + 1) + (n^2 - n + 3) + \cdots + (n^2 + n - 1) = n^3$$

(2)观察下列等式

$$4^2 = 16$$
$$34^2 = 1\ 156$$
$$334^2 = 111\ 556$$
$$3\ 334^2 = 11\ 115\ 556$$
$$\vdots$$

归纳推广得(证略)

$$\underbrace{33\cdots3}_{n\text{个}3}4^2 = \underbrace{11\cdots1}_{n+1\text{个}1}\underbrace{55\cdots5}_{n\text{个}5}6$$

6.2.2 类比推广

运用类比推理将命题推广,我们在4.5节也介绍了一些实例,这是再看几个例子.

例9 如图6-7,PA,PB为圆O的两条切线,切点分别为A,B,过点P的直线交圆O于C,D两点,交弦AB于点Q,求证:$PQ^2 = PC \cdot PD - QC \cdot QD$.

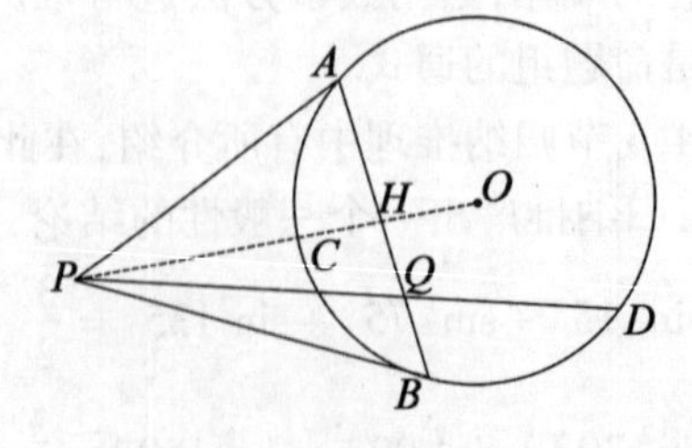

图6-7

证明 如图6-7,联结PO交AB于点H,则$OP \perp AB$,且$HA = HB$.

由勾股定理,有

$$\begin{aligned} PQ^2 &= PH^2 + QH^2 = PA^2 - AH^2 + QH^2 \\ &= PA^2 + (QH + AH)(QH - AH) = PA^2 + QA \cdot (-QB) \\ &= PA^2 - QA \cdot QB = PC \cdot PD - QC \cdot QD \end{aligned}$$

对于上述圆的命题,可类比推广到圆锥曲线上去,则有:①

推广 1 如图 6 - 8(a),PA,PB 为椭圆的两条切线,切点分别为 A,B,过点 P 的直线交椭圆于 C,D 两点,交弦 AB 于点 Q,则 $PQ^2 = PC \cdot PD - QC \cdot QD$.

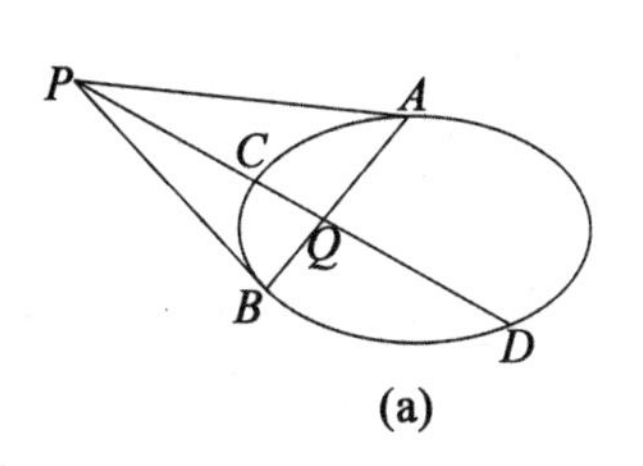

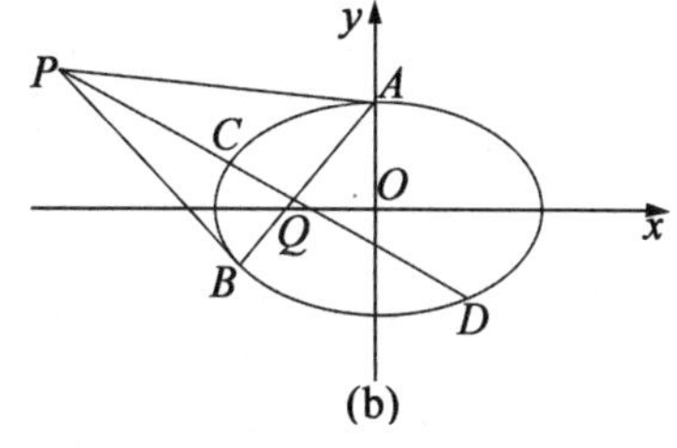

图 6 - 8

证明 欲证 $PQ^2 = PC \cdot PD - QC \cdot QD$,只需证

$$PQ^2 = PC \cdot PD - (PQ - PC) \cdot (PD - PQ)$$

化简整理,即证

$$PQ \cdot (PC + PD) = 2PC \cdot PD$$

分别以椭圆的长、短轴所在直线为 x 轴,y 轴建立如图 6 - 8(b)所示的平面直角坐标系.不妨设 $P(x_0, y_0)$,椭圆方程为 $\frac{x^2}{a^2} + \frac{y^2}{b^2} = 1$,又设直线 PCD 的参数方程为

$$\begin{cases} x = x_0 + t\cos\alpha \\ y = y_0 + t\sin\alpha \end{cases}$$

将直线 PCD 的参数方程代入椭圆方程 $\frac{x^2}{a^2} + \frac{y^2}{b^2} = 1$,化简整理得

$$(a^2\sin^2\alpha + b^2\cos^2\alpha)t^2 + 2(a^2y_0\sin\alpha + b^2x_0\cos\alpha)t + a^2y_0^2 + b^2x_0^2 - a^2b^0 = 0$$

则

$$t_C + t_D = \frac{-2(a^2y_0\sin\alpha + b^2x_0\cos\alpha)}{a^2\sin^2\alpha + b^2\cos^2\alpha}$$

$$t_Ct_D = \frac{a^2y_0^2 + b^2x_0^2 - a^2b^2}{a^2\sin^2\alpha + b^2\cos^2\alpha}$$

又设 $A(x_1, y_1)$,$B(x_2, y_2)$,则切线 PA,PB 的方程分别为

$$\frac{x_1x}{a^2} + \frac{y_1y}{b^2} = 1, \frac{x_2x}{a^2} + \frac{y_2y}{b^2} = 1$$

将 $P(x_0, y_0)$ 代入得

$$\frac{x_1x_0}{a^2} + \frac{y_1y_0}{b^2} = 1, \frac{x_2x_0}{a^2} + \frac{y_2y_0}{b^2} = 1$$

从而直线 $\frac{x_0x}{a^2} + \frac{y_0y}{b^2} = 1$ 经过 $A(x_1, y_1)$,$B(x_2, y_2)$,故直线 AB 的方程即为

---

① 张俊. 圆的一个命题在圆锥曲线中的推广[J]. 数学通讯,2011(4):18-19.

$$\frac{x_0x}{a^2}+\frac{y_0y}{b^2}=1$$

与直线 PCD 的参数方程

$$\begin{cases}x=x_0+t\cos\alpha\\y=y_0+t\sin\alpha\end{cases}$$

联立可得

$$t_Q=-\frac{a^2y_0^2+b^2x_0^2-a^2b^2}{a^2y_0\sin\alpha+b^2x_0\cos\alpha}$$

从而有

$$\begin{aligned}t_Q(t_C+t_D)&=-\frac{a^2y_0^2+b^2x_0^2-a^2b^2}{a^2y_0\sin\alpha+b^2x_0\cos\alpha}\cdot\frac{-2(a^2y_0\sin\alpha+b^2x_0\cos\alpha)}{a^2\sin^2\alpha+b^2\cos^2\alpha}\\&=\frac{2(a^2y_0^2+b^2x_0^2-a^2b^2)}{a^2\sin^2\alpha+b^2\cos^2\alpha}=2t_Ct_D\end{aligned}$$

即 $PQ\cdot(PC+PD)=2PC\cdot PD$,亦即 $PQ^2=PC\cdot PD-QC\cdot QD$.

值得指出的是,采用完全相同的方法,我们不仅可以给出原题目的解析证明,而且还可以获得有关双曲线和抛物线的如下定理:

推广2 PA,PB 为双曲线的两条切线,切点分别为 A,B,过点 P 的直线交双曲线于两点 C,D,交弦 AB 于点 Q,则 $PQ^2=PC\cdot PD-QC\cdot QD$.

证明略.

推广3 如图6-9,PA,PB 为抛物线的两条切线,切点分别为 A,B,过点 P 的直线交抛物线于 C,D 两点,交弦 AB 于点 Q,则 $PQ^2=PC\cdot PD-QC\cdot QD$.

证明 如图6-9,仿推广1,欲证 $PQ^2=PC\cdot PD-QC\cdot QD$,即证 $PQ\cdot(PC+PD)=2PC\cdot PD$.

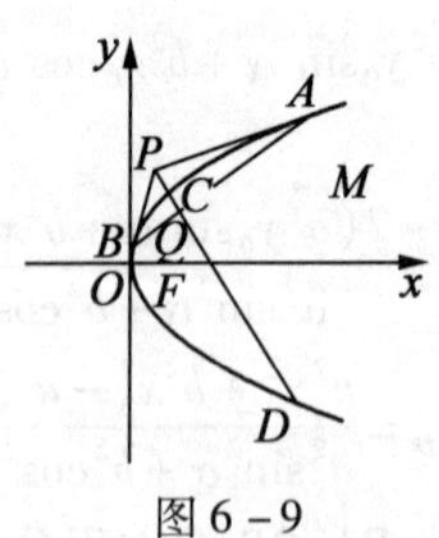

图6-9

以抛物线的对称轴所在直线为 x 轴,顶点为原点建立如图6-9所示的平面直角坐标系. 不妨设 $P(x_0,y_0)$,抛物线方程为 $y^2=2px$,又设直线 PCD 的参数方程为

$$\begin{cases}x=x_0+t\cos\alpha\\y=y_0+t\sin\alpha\end{cases}$$

将直线 PCD 的参数方程代入抛物线方程 $y^2=2px$,化简整理得

$$t^2\sin^2\alpha+2(y_0\sin\alpha-p\cos\alpha)t+y_0^2-2px_0=0$$

则

$$t_C+t_D=\frac{-2(y_0\sin\alpha-p\cos\alpha)}{\sin^2\alpha},t_Ct_D=\frac{y_0^2-2px_0}{\sin^2\alpha}$$

又设 $A(x_1, y_1)$, $B(x_2, y_2)$，则切线 PA, PB 的方程分别为

$$y_1 y = p(x_1 + x), y_2 y = p(x_2 + x)$$

将 $P(x_0, y_0)$ 代入得

$$y_1 y_0 = p(x_1 + x_0), y_2 y_0 = p(x_2 + x_0)$$

从而直线 $y_0 y = p(x_0 + x)$ 经过 $A(x_1, y_1)$, $B(x_2, y_2)$，故直线 AB 的方程即为 $y_0 y = p(x_0 + x)$，与直线 PCD 的参数方程 $\begin{cases} x = x_0 + t\cos\alpha \\ y = y_0 + t\sin\alpha \end{cases}$ 联立，可得

$$t_Q = \frac{y_0^2 - 2px_0}{p\cos\alpha - y_0\sin\alpha}$$

从而有

$$t_Q(t_C + t_D) = \frac{y_0^2 - px_0}{p\cos\alpha - y_0\sin\alpha} \cdot \frac{-2(y_0\sin\alpha - p\cos\alpha)}{\sin^2\alpha} = \frac{2(y_0^2 - 2px_0)}{\sin^2\alpha} = 2t_C t_D$$

即 $PQ \cdot (PC + PD) = 2PC \cdot PD$，亦即 $PQ^2 = PC \cdot PD - QC \cdot QD$.

综合推广 1,2,3，我们可得：

推广 4 PA, PB 为圆锥曲线的两条切线，切点分别为 A, B，过点 P 的直线交圆锥曲线于两点 C, D，交弦 AB 于点 Q，则 $PQ^2 = PC \cdot PD - QC \cdot QD$.

例 10 如图 6－10，设圆 O 的两条互相垂直的直径为 AB, CD, E 在 $\overset{\frown}{BD}$ 上，AE 交 CD 于 K, CE 交 AB 于 L，求证：$\left(\frac{EK}{AK}\right)^2 + \left(\frac{EL}{CL}\right)^2 = 1$.

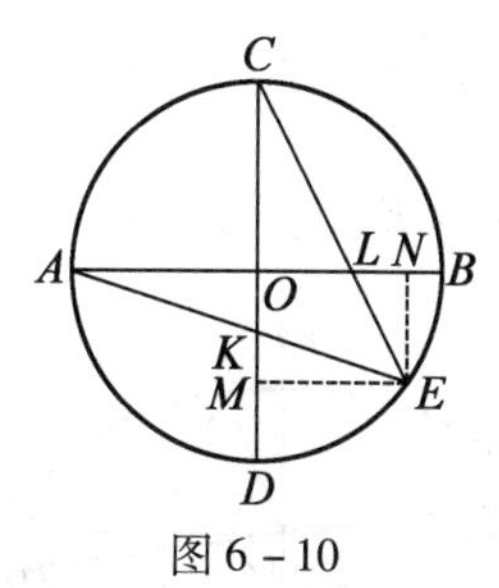

图 6－10

证明 如图 6－10，过点 E 作 $EM \perp CD$ 于点 M，作 $EN \perp AB$ 于点 N，则

$$\frac{EK}{AK} = \frac{EM}{OA}, \frac{EL}{CL} = \frac{EN}{OC}$$

于是

$$\left(\frac{EK}{AK}\right)^2 + \left(\frac{EL}{CL}\right)^2 = \left(\frac{EM}{OA}\right)^2 + \left(\frac{EN}{OC}\right)^2 = \frac{EM^2 + EN^2}{OE^2} = 1$$

对于上述圆的命题，也可类比推广到椭圆中去，且点 E 不必局限于 $\overset{\frown}{BD}$ 上. ①

推广 1 已知椭圆 $\frac{x^2}{a^2} + \frac{y^2}{b^2} = 1(a > b > 0)$ 长轴上的顶点为 A, B，短轴上的顶点为 C, D, E 为椭圆上异于 A, C 的任意一点，AE 交直线 CD 于 K, CE 交直线 AB 于 L（图 6－11），则

① 于志华. 数学问题 2095 的简证及推广[J]. 数学通报，2013(9)：60-61.

$\left(\frac{EK}{AK}\right)^2+\left(\frac{EL}{CL}\right)^2=1.$

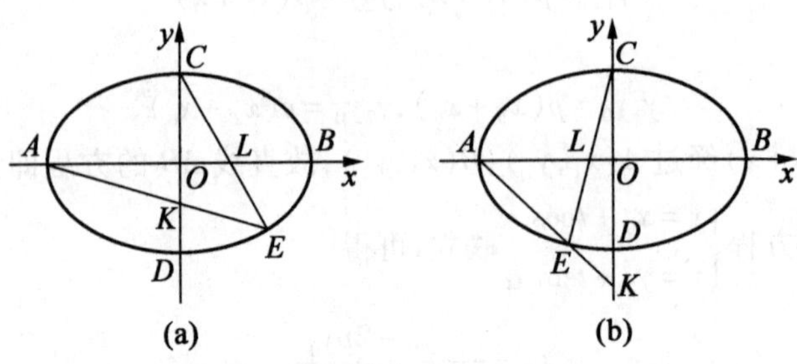

图 6－11

证明 设 $E(x_0,y_0)$，则 $\frac{EK}{AK}=\frac{|x_0|}{a}$，$\frac{EL}{CL}=\frac{|y_0|}{b}$，于是 $\left(\frac{EK}{AK}\right)^2+\left(\frac{EL}{CL}\right)^2=\frac{x_0^2}{a^2}+\frac{y_0^2}{b^2}=1.$

进一步思考，推广 1 是在默认原题中圆的两条互相垂直的直径正巧位于坐标轴上时，通过伸缩变换，推广所得. 那么当圆心位于坐标原点，而两条互相垂直的直径不再位于坐标轴上时，情况又会如何呢？

为了便于说明，我们先引入相关定义：

定义 联结椭圆上任意两点的线段叫作弦，过椭圆中心的弦叫作直径. 平行于直径 CD 的弦的中点的轨迹 AB 和直径 CD 叫作互为共轭直径. 类似地可定义双曲线的直径、共轭直径.

将椭圆变为单位圆的伸缩变换称为均匀伸缩变换，在均匀伸缩变换下，椭圆的一对共轭直径变为单位圆的一对相互垂直的直径，反之亦然，在此启发下，我们得到：

推广 2 若 AB，CD 是椭圆 $\frac{x^2}{a^2}+\frac{y^2}{b^2}=1(a>b>0)$ 的一对共轭直径，点 E 是椭圆上异于 A，C 的任意一点，AE 交直线 CD 于 K，CE 交直线 AB 于 L（图 6－12），则 $\left(\frac{EK}{AK}\right)^2+\left(\frac{EL}{CL}\right)^2=1.$

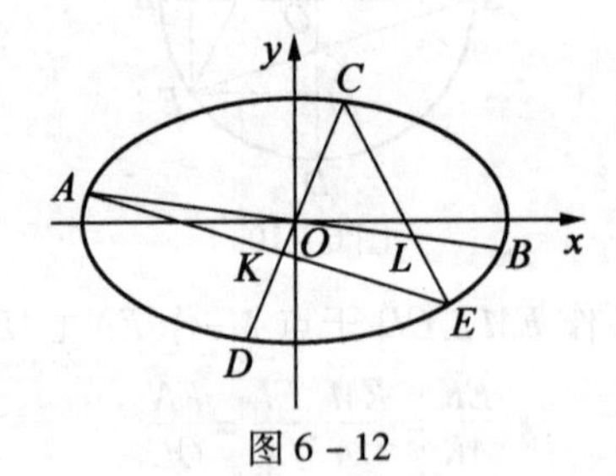

图 6－12

在伸缩变换的观点下，上述推广自然还是成立的，下面给出一个初等的证明. 为此，先看一条引理.

引理 已知 AB，CD 是椭圆 $\frac{x^2}{b^2}+\frac{y^2}{b^2}=1(a>b>0)$ 的一对共轭直径，若椭圆上的点 E 满 $\overrightarrow{OE}=\lambda\overrightarrow{OB}+\mu\overrightarrow{OD}$，则 $\lambda^2+\mu^2=1$.

事实上，设点 B，D 的坐标分别为 (x_1,y_1)，(x_2,y_2)，则

$$\overrightarrow{OE}=\lambda\overrightarrow{OB}+\mu\overrightarrow{OD}=(\lambda x_1+\mu x_2,\lambda y_1+\mu y_2)$$

即点 E 的坐标为 $(\lambda x_1+\mu x_2,\lambda y_1+\mu y_2)$. 代入椭圆方程 $\frac{x^2}{a^2}+\frac{y^2}{b^2}=1$，得

$$\frac{(\lambda x_1+\mu x_2)^2}{a^2}+\frac{(\lambda y_1+\mu y_2)^2}{b^2}=1$$

整理,得

$$\lambda^2\left(\frac{x_1^2}{a^2}+\frac{y_1^2}{b^2}\right)+\mu^2\left(\frac{x_2^2}{a^2}+\frac{y_2^2}{b^2}\right)+2\lambda\mu\left(\frac{x_1x_2}{a^2}+\frac{y_1y_2}{b^2}\right)=1 \qquad ⊛$$

当点 B,D 不为椭圆顶点时,注意到,椭圆$\frac{x^2}{a^2}+\frac{y^2}{b^2}=1$ 的共轭直径的斜率的乘积为 $-\frac{b^2}{a^2}$,即 $k_{OB}\cdot k_{OD}=-\frac{b^2}{a^2}$,故$\frac{y_1}{x_1}\cdot\frac{y_2}{x_2}=-\frac{b^2}{a^2}$,从而$\frac{x_1x_2}{a^2}+\frac{y_1y_2}{b^2}=0$.

当点 B,D 为椭圆的顶点时,不妨设 B 为右顶点$(a,0)$,D 为下顶点$(0,-b)$,则$\frac{x_1x_2}{a^2}+\frac{y_1y_2}{b^2}=0$ 亦成立.

又 B,D 在椭圆上,故式⊛化简得 $\lambda^2+\mu^2=1$. 引理得证.

下面给出推广 2 的证明.

证明　如图 6-13,过点 E 作 $EM/\!/AB$ 交直线 CD 于点 M,作 $EN/\!/CD$ 交直线 AB 于点 N,设$\overrightarrow{ON}=\lambda\overrightarrow{OB}$,$\overrightarrow{OM}=\mu\overrightarrow{OD}$,则$\overrightarrow{OE}=\overrightarrow{ON}+\overrightarrow{OM}=\lambda\overrightarrow{OB}+\mu\overrightarrow{OD}$.

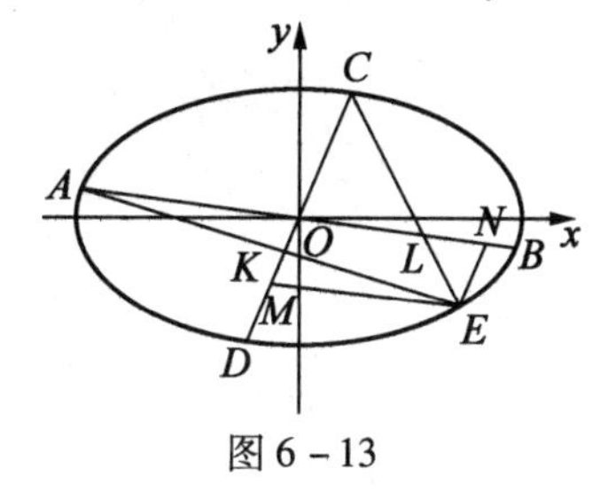

图 6-13

由引理,得 $\lambda^2+\mu^2=1$. 又因

$$\frac{EK}{AK}=\frac{EM}{OA}=\frac{ON}{OB}=|\lambda|,\frac{EL}{CL}=\frac{EN}{OC}=\frac{OM}{OD}=|\mu|$$

所以$\left(\frac{EK}{AK}\right)^2+\left(\frac{EL}{CL}\right)^2=|\lambda|^2+|\mu|^2=1$.

推广 2 得证.

类比到双曲线的情形,我们有如下结论:

推广 3　已知双曲线$\frac{x^2}{a^2}-\frac{y^2}{b^2}=1(a>0,b>0)$实轴上的顶点为 A,B,虚轴上的顶点为 C,D,E 为双曲线上异于 A,C 的任意一点,AE 交直线 CD 于 K,CE 交直线 AB 于 L,则$\left(\frac{EK}{AK}\right)^2-\left(\frac{EL}{CL}\right)^2=1$.

推广 4　若 AB,CD 是双曲线$\frac{x^2}{a^2}-\frac{y^2}{b^2}=1(a>0,b>0)$的一对共轭直径,点 E 是双曲线上异于 A,C 的任意点,AE 交直线 CD 于 K,CE 交直线 AB 于 L(图 6-14),则$\left(\frac{EK}{AK}\right)^2-\left(\frac{EL}{CL}\right)^2=1$.

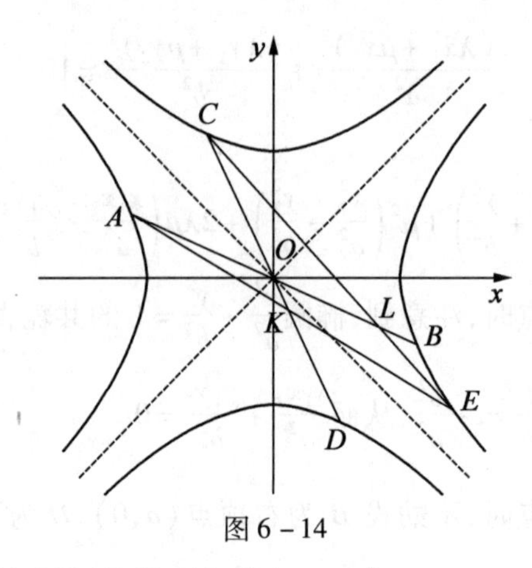

图 6－14

以上推广 3、推广 4 的证明与椭圆的情形相类似(证略).

例 11 如图 6－15,圆 O 是 $\triangle ABC$ 的内切圆,D,E,M 是切点,联结 MO 并延长交 DE 及圆 O 分别于点 K,F,联结 AF,AK 并延长分别交 BC 于点 N,L. 求证:L 是 MN 的中点.

证明 如图 6－15,过点 K 作平行于 BC 的直线分别交 AB、AC 于点 R,S,联结 OD,OE,OR,OS. 由于 $\angle OKS=\angle OES=90°$,则 O,K,S,E 四点共圆,有 $\angle OEK=\angle OSK$.

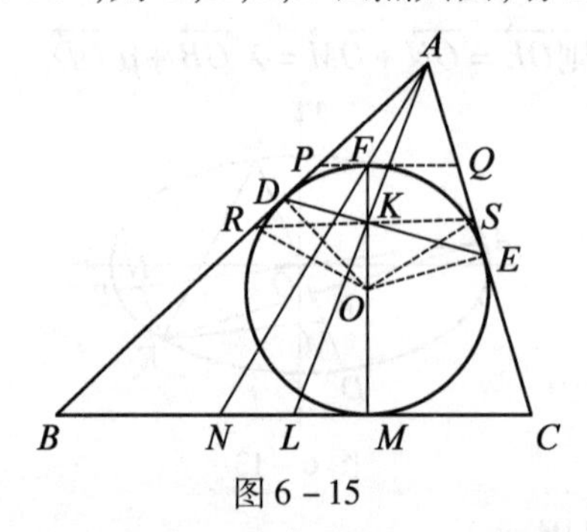

图 6－15

同理 $\angle ODK=\angle ORK$.

又 $\angle OKD=\angle OEK$,则 $\triangle ORS$ 是等腰三角形,OK 为其底边 RS 上的高,K 为底边 RS 的中点,即 $RK=KS$.

由 $RS/\!/BC$,知 $\frac{RK}{BL}=\frac{AK}{AL}=\frac{KS}{LC}$,所以 $BL=LC$,即 L 为 BC 的中点,$\triangle APQ$ 与 $\triangle ABC$ 位似. 而 F 为 $\triangle APQ$ 的旁切圆切点,即知 N 为 $\triangle ABC$ 的旁切圆切点,从而 $BN=l-c=CM$(其中 $c=AB$,l 为 $\triangle ABC$ 半周长).

故 L 为 MN 的中点.

此时,易观察到当圆 O 是 $\triangle ABC$ 的旁切圆时,结论也成立. 其次,根据圆可以压缩变换为椭圆,由仿射变换的性质可得点 L 分线段 MN 的比值不变,即 L 为 MN 的中点. 对于双曲线,只需证明三角形三边所在直线与双曲线相切时,结论成立即可. 于是,可将上述圆的命题类比推广到圆锥曲线中. ①

推广 1 已知有心圆锥曲线 Γ 的中心为 O,$\triangle ABC$ 的三边 AB,AC,BC 所在直线与曲线

---

① 张留杰,周明芝. 数学 2098 问题在圆锥曲线中的推广[J]. 数学通报,2013(11):49-50.

$\varGamma$ 都相切,切点分别为 D,E,M,直线 MO 与直线 DE、曲线 $\varGamma$ 分别交于点 K,F,直线 AK,AF 分别交直线 BC 于点 L,N,则点 L 是线段 MN 的中点.

证明　设圆锥曲线 $\varGamma$ 的方程为 $mx^2+ny^2=1(mn\neq 0)$,$A(x_0,y_0)$,$D(x_1,y_1)$,$E(x_2,y_2)$,$M(s,t)$. 根据曲线的中心对称性,得 $F(-s,-t)$.

由题意,可得直线 $MO:tx-sy=0$,切线 $AB:mx_1x+ny_1y=1$,切线 $AC:mx_2x+ny_2y=1$.

由 $mx_1x_0+ny_1y_0=1$,$mx_2x_0+ny_2y_0=1$,得切点弦 DE 所在直线方程为 $mx_0x+ny_0y=1$.

由 $\begin{cases}tx-sy=0\\ mx_0x+ny_0y=1\end{cases}$,解得

$$\begin{cases}x=\dfrac{s}{msx_0+nty_0}\\ y=\dfrac{t}{msx_0+nty_0}\end{cases}$$

令 $msx_0+nty_0=\alpha$,所以 $K\left(\dfrac{s}{\alpha},\dfrac{t}{\alpha}\right)$. 则直线 $AK:(t-y_0\alpha)(x-x_0)-(s-x_0\alpha)(y-y_0)=0$

整理得

$$(t-y_0\alpha)x-(s-x_0\alpha)y=tx_0-sy_0 \quad ①$$

又切线 BC 的方程为

$$msx+nty=1 \quad ②$$

所以①$\times nt+$②$\times(s-x_0\alpha)$,得

$$(ms^2+nt^2-msx_0\alpha-nty_0\alpha)x=s-s_0\alpha+nt^2x_0-ntsy_0 \quad ③$$

因为点 M 在曲线上,所以 $ms^2+nt^2=1$,从而式③可化简为

$$\begin{aligned}(1-\alpha^2)x&=s-x_0\alpha+x_0(1-ms^2)-ntsy_0\\&=s-x_0\alpha+x_0-s\alpha\\&=(s+x_0)(1-\alpha)\end{aligned}$$

所以点 L 的横坐标为 $x_L=\dfrac{s+x_0}{1+\alpha}$.

又直线 AF 的方程为

$$(y_0+t)(x-x_0)-(x_0+s)(y-y_0)=0$$

整理得

$$(y_0+t)x-(x_0+s)y=tx_0-sy_0 \quad ④$$

所以②$\times(x_0+s)+$④$\times nt$,得

$$(1+\alpha)x=x_0+s+nt^2x_0-ntsy_0=2x_0+s(1-\alpha)$$

故点 N 的横坐标为 $x_N=\dfrac{2x_0+s(1-\alpha)}{1+\alpha}$.

又 $x_M=s$,所以

$$x_N+x_M=\frac{2x_0+s(1-\alpha)}{1+\alpha}+s=\frac{2(x_0+s)}{1+\alpha}=2x_L$$

得 $x_L=\dfrac{x_M+x_N}{2}$.

因为点 M,L,N 都在切线 BC 上，所以 $y_L=\frac{y_M+y_N}{2}$，即点 L 是线段 MN 的中点.

当 $m>0,n>0$ 且 $m\neq n$ 时，曲线 Γ 为椭圆，如图 6-16.

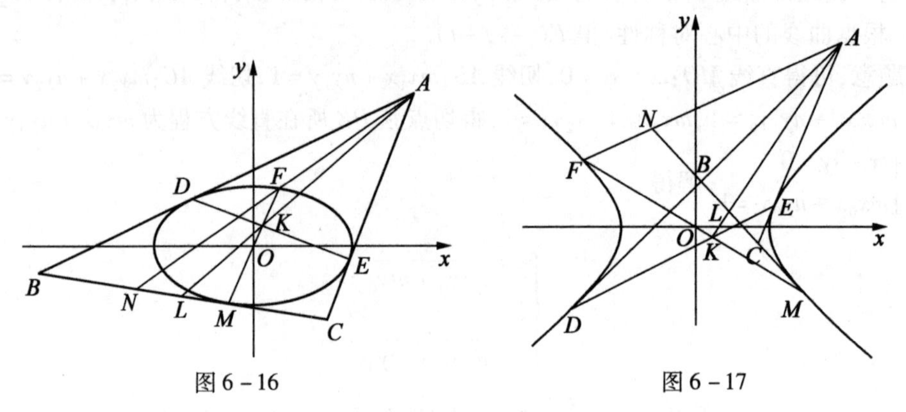

图 6-16　　图 6-17

当 $mn<0$ 时，曲线 Γ 为双曲线，如图 6-17.

特别的，当 $m=n>0$ 时，曲线 Γ 为圆.

故推广 1 对一切有心圆锥曲线均成立.

注　解析法解决直线与二次曲线的综合问题，一般思路清晰，运算量较大，但是，在该问题的证明过程中，灵活运用了有心圆锥曲线的统一方程 $mx^2+ny^2=1(mn\neq0)$ 及其切线方程 $mx_0x+ny_0y=1$，使证明过程得以优化，将所证问题逐步转化为“求两条直线的交点”问题，结论得出自然，凸显了解析法的魅力.

把图 6-16 和图 6-17 对应到图 6-18 所示情形，我们把有心圆锥曲线 Γ 的中心对应为无穷远点（F 也随之对应为无穷远点），此时，有心圆锥曲线对应为无心圆锥曲线（抛物线），直线 MK,AN 变为与 x 轴平行的直线，于是可得到下面的推广 2.

推广 2　如图 6-18，已知抛物线 $\Gamma:y^2=2px(p>0)$，$\triangle ABC$ 的三边 AB,AC,BC 所在直线分别与抛物线切于点 D,E,M，过点 M 作 x 轴的平行线交直线 DE 于 K，联结 AK 交 BC 于点 L，过点 A 作 x 轴的平行线交 BC 于点 N，则 L 是线段 MN 的中点.

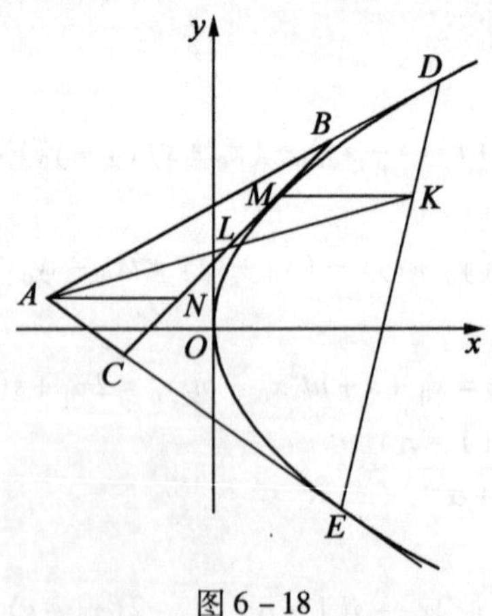

图 6-18

证明　设 $A(x_0,y_0)$，$M(s,t)$，不难得出切点弦 DE 所在直线的方程为 $y_0y=p(x+x_0)$，由 $MK/\!/x$ 轴，得 $y_K=y_M=t$，所以可得 $K\left(\frac{ty_0-px_0}{p},t\right)$.

设 $ty_0-px_0=\beta$，则 $K\left(\frac{\beta}{p},t\right)$，所以直线 $AK:p(y_0-t)(x-x_0)-(px_0-\beta)(y-y_0)=0$，整理得

$$(px_0-\beta)y-p(y_0-t)x=ptx_0-\beta y_0 \quad ①$$

又切线 $BC:ty=p(x+s)$，即

$$ty-px=ps \quad ②$$

①−②×(y_0-t)，得

$$\begin{aligned}(t^2-2\beta)y&=ptx_0-\beta y_0-psy_0+pst\\&=t(ty_0-\beta)-\beta y_0-psy_0+pst\\&=t^2y_0-\beta t-\beta y_0-psy_0+pst \quad ③\end{aligned}$$

因为 $t^2=2ps$，所以式③可化简为

$$\begin{aligned}2(ps-\beta)y&=psy_0+pst-\beta t-\beta y_0\\&=(ps-\beta)(y_0+t)\end{aligned}$$

所以点 L 的纵坐标 $y_L=\frac{y_0+t}{2}$.

又由已知，得 $y_N=y_0, y_M=t$，所以 $y_L=\frac{y_M+y_N}{2}$.

因为点 M,L,N 都在切线 BC 上，所以

$$x_L=\frac{x_M+x_N}{2}$$

故点 L 是线段 MN 的中点.

例 12　由三角形的余弦定理

$$a^2=b^2+c^2-2bc\cdot\cos A$$
$$b^2=a^2+c^2-2ac\cdot\cos B$$
$$c^2=a^2+b^2-2ab\cdot\cos C$$

且有

$$a^2+b^2+c^2-2bc\cdot\cos A-2ac\cdot\cos B-2ab\cdot\cos C=0$$

此结论用矩阵表示为

$$[a\ b\ c]\begin{bmatrix}1&-\cos A&-\cos B\\-\cos A&1&-\cos C\\-\cos B&-\cos C&1\end{bmatrix}\begin{bmatrix}a\\b\\c\end{bmatrix}=0$$

将上述结论类比到 n 维空间中的单形，设 n 维单形为 $\sum_{p(n+1)}=\{P_0,P_1,\cdots,P_n\}$，$|f_i|(i=0,1,\cdots,n)$ 为顶点 $P_i(i=0,1,\cdots,n)$ 所对界面的 $n-1$ 维体积，$\langle i,j\rangle(0\leqslant i<j\leqslant n)$ 表示界面 f_i 与 f_j 所夹的内二面角，则 $\sum_{p(n+1)}$ 中的余弦定理可表示为

$$|f_i|^2=\sum_{\substack{k=1\\k\neq i}}^{n}|f_k|^2-2\sum_{\substack{0\leqslant j<k\leqslant n\\j,k\neq i}}|f_j|\cdot|f_k|\cdot\cos\langle j,k\rangle$$

其中 $i=0,1,\cdots,n$，且有

$$\sum_{i=1}^{n}|f_i|^2-2\sum_{0\leqslant i<j\leqslant n}|f_i|\cdot|f_j|\cdot\cos\langle i,j\rangle=0$$

此结论用矩阵表示为

$$[\,|f_0|\,|f_1|\cdots|f_n|\,]\cdot\begin{bmatrix}1 & -\cos\langle 0,1\rangle & \cdots & -\cos\langle 0,n\rangle\\ -\cos\langle 1,0\rangle & 1 & \cdots & -\cos\langle 1,n\rangle\\ \vdots & \vdots & & \vdots\\ -\cos\langle n,0\rangle & -\cos\langle n,1\rangle & \cdots & 1\end{bmatrix}\cdot\begin{bmatrix}|f_0|\\ |f_1|\\ \vdots\\ |f_n|\end{bmatrix}=0$$

上述结论的证明可参见作者另著《从高维 Pythagoras 定理谈起——单形论漫谈》,哈尔滨工业大学出版社出版,2016 年.

6.2.3 放宽推广

将原问题的条件放宽,或将原问题的条件与结论同时放宽考虑,均可以推广原问题. 但推广结论正确与否需要证明.

一个命题由条件和结论两部分组成. 把一个已知命题的条件由特殊推广到一般,或者同时把条件和结论进行适当推广,如果所得新命题为真命题,我们就把新命题称为推广命题,简称推广题. 原来的已知命题则称为原命题.

在有必要和可能对一个已知命题进行推广时,我们总是先找出这个命题的条件或结论中的某个关键因素,然后把它作为类概念,推广到与它最邻近的种概念.

例 13 原命题:凸四边形(非平行四边形)四边的平方和大于两对角线的平方和.

我们把原命题的条件推广到四边形集合,于是得到:

推广命题 1 凹四边形四边的平方和大于两对角线的平方和.(证略. 下均同)

推广命题 2 折四边形四边的平方和大于两对角线的平方和.

推广命题 3 空间四边形四边的平方和大于两对角线的平方和.

例 14 在$\triangle ABC$中,有$\tan A+\tan B+\tan C=\tan A\cdot\tan B\cdot\tan C$. 此例中的条件是$A+B+C=\pi$.

如果将π的系数从 1 推广到n(n为正整数),则有:

推广命题 设$A+B+C=n\pi$,则$\tan A+\tan B+\tan C=\tan A\cdot\tan B\cdot\tan C$.

例 15 原命题:若$a_1,a_2\in\{x:0<x<1\}$,则有

$$(1-a_1)(1-a_2)>1-(a_1+a_2)$$

把$\{x:0<x<1\}$内的元素由两个(a_1,a_2)推广到n个$(a_1,a_2,\cdots,a_n)$,得到:

推广命题 若$a_i\in\{x:0<x<1\}(i=1,2,\cdots,n)$,则有

$$\prod_{i=1}^{n}(1-a_i)>1-\sum_{i=1}^{n}a_i$$

例 16 原命题:过抛物线的焦点的弦的中点的轨迹仍为抛物线.

原命题的条件和结论包含一个相同的概念——抛物线,把它作为类概念,推广到它的最邻近的种概念——圆锥曲线,得到:

推广命题 过圆锥曲线焦点的弦的中点的轨迹是同类型的圆锥曲线.

例 17 原命题:同圆的诸内接三角形中,以正三角形(三边对圆心张等角)面积最大.

这里,原命题的条件和结论涉及两个概念——圆和三角形,分别把它们推广到椭圆形圆锥曲线和多边形,得到:

推广命题 同一椭圆形圆锥曲线的诸内接n边形中,以对曲线中心张等角的n边形面

积最大.

6.2.4　引申推广

引申可以扩大视野,深化知识,提高能力.

例 18　指数函数 $y=a^x(a>1)$ 具有性质:

(1)对任意实数 $m,n,a^{m+n}=a^m\cdot a^n$ 恒成立,且当 $m\neq n$ 时,$a^m\neq a^n$;

(2)当 $x=0$ 时,$a^x=1$,当 $x>0$ 时,$a^x>1$;

(3)$y=a^x(a>1)$是增函数.

其中由(1)(2)可推证(3),即设 $x_2>x_1$,则

$$a^{x_2}-a^{x_1}=a^{x_1}(a^{x_2-x_1}-1)>0$$

引申推广　对于任意定义在 $\mathbf{R}$ 上的实函数 $f(x)$,当满足 $x>0$ 时 $f(x)>1$,并对任意实数 m,n 有 $f(m+n)=f(m)\cdot f(n)$,且在 $m\neq n$ 时 $f(m)\neq f(n)$,那么 $f(x)$ 是 $\mathbf{R}$ 上的增函数,且有 $f(0)=1$.

证明　设 $x_1,x_2\in\mathbf{R}$ 且 $x_2>x_1$,则

$$f(x_2)=f(x_2-x_1+x_1)=f(x_2-x_1)\cdot f(x_1)>f(x_1)$$

故 $f(x)$ 是 $\mathbf{R}$ 上的增函数. 在 $f(m+n)=f(m)\cdot f(n)$ 中,令 $m=n=0$ 代入得 $f(0)=f^2(0)$,故 $f(0)=0$ 或 $f(0)=1$,但当 $f(0)=0$ 时,对任意非零实数 x,由上面条件可得 $f(x)=f(x+0)=f(x)\cdot f(0)=0$,这与 $m\neq 0$ 时,$f(m)\neq f(0)$ 相矛盾,故 $f(0)=1$.

例 19　已知复平面上 $\triangle AOB$ 中,O 为原点,$|OA|=r_1,|OB|=r_2$,记 A,B 所对应的复数的辐角为 α 和 $-\alpha$,当 α 在 $\left(0,\frac{\pi}{4}\right]$ 上变化时,求 $\triangle AOB$ 的重心 G 对应的复数的模的最小值.

解　在复平面 xOy 中,$\angle AOx=\alpha,\angle xOB=-\alpha$. 因 $|OA|=r_1,|OB|=r_2$,A,B 两点对应的复数为

$$z_A=r_1\cos\alpha+\mathrm{i}r_1\sin\alpha,z_B=r_2\cos\alpha-\mathrm{i}r_2\sin\alpha$$

故 $\triangle AOB$ 的重心 G 对应的复数为

$$z_G=\frac{r_1\cos\alpha+r_2\cos\alpha}{3}+\mathrm{i}\,\frac{r_1\sin\alpha-r_2\sin\alpha}{3}$$

并且

$$\begin{aligned}|z_G|&=\frac{1}{3}\sqrt{(r_1+r_2)^2\cos^2\alpha+(r_1-r_2)^2\sin^2\alpha}\\&=\frac{1}{3}\sqrt{r_1^2+r_2^2+2r_1r_2\cos 2\alpha}\end{aligned}$$

又因 $2\alpha\in\left(0,\frac{\pi}{2}\right]$,故 $|z_G|_{\min}=\frac{1}{3}\sqrt{r_1^2+r_2^2}$.

引申推广 1　当 α 在 $\left(0,\frac{\pi}{2}\right)$ 内变化时,重心 G 的位置是怎样变化的? 又如 α 为常数且 $\triangle AOB$ 的面积为定值时,随着 r_1,r_2 的变化,$|OG|$ 的变化范围是什么?

引申推广 2　已知复平面上 $\triangle AOB$ 中,$|OA|=r_1,|OB|=r_2$,试求 $\triangle AOB$ 的重心 G 的轨迹方程.

解　以 $\angle AOB$ 的平分线所在直线为实轴建立直角坐标系.

当 $r_1=r_2$ 时，$y=0\left(0<x<\dfrac{2r_1}{3}\right)$；

当 $r_1\neq r_2$ 时，$\dfrac{9x^2}{(r_1+r_2)^2}+\dfrac{9y^2}{(r_1-r_2)^2}=1(x>0)$.

引申推广 3 已知复平面上 $\triangle AOB$ 中，A,B 对应的复数辐角为 α 与 $-\alpha$（O 为原点），且 $\triangle AOB$ 的面积为定值 S，求 $\triangle AOB$ 的重心 G 所对应复数的模的最小值（1985 年高考理科试题）.

引申推广 4 已知复平面上 $\triangle AOB$ 中，O 为原点，A,B 对应的复数辐角分别为 $\dfrac{\pi}{3}$ 与 $-\dfrac{\pi}{3}$，当 $\triangle AOB$ 的重心 G 对应复数的模的最小值为 6 时，试求 $\triangle AOB$ 的面积 S.（答：$S=81\sqrt{3}$）

引申推广 5 已知复平面上 $\triangle AOB$ 中，O 为原点，A,B 对应的复数辐角分别为 α 和 $-\alpha$，$\triangle AOB$ 的重心对应复数的模的最小值为 r，当 $\alpha\in\left[\dfrac{\pi}{6},\dfrac{\pi}{3}\right]$ 时，试求 $\triangle AOB$ 的面积 S 的取值范围.

$\left(答：S\in\left[\dfrac{3\sqrt{3}r^2}{4},\dfrac{9\sqrt{3}r^2}{4}\right]\right)$

6.3 数学推广的类型

数学推广有如下四种主要类型.

6.3.1 由数字型向字母型推广

不少数学命题由数字与运算符号构成，在挖掘命题中的隐含条件，找出数量间的关系和规律之后，用字母代替这些数字，往往可以得到意境更深的命题.

例 20 $C_n^1+2C_n^2+3C_n^3+\cdots+nC_n^n=n\cdot 2^{n-1}$.

此命题等式左边组合数的系数依次是自然数列的前 n 项，我们容易想到. 把这些系数推广到一般等差数列或等比数列的前 n 项，则有：

推广命题 1 设等差数列 $\{a_n\}$ 的首项为 a_1，公差为 d，则

$$a_1C_n^1+a_2C_n^2+a_3C_n^3+\cdots+a_nC_n^n=[2a_1+(n-2)d]2^{n-1}-a_1+d \quad （证略）$$

推广命题 2 设等比数列 $\{a_n\}$ 的首项为 a_1，公比为 q，则

$$a_1C_n^1+a_2C_n^2+a_3C_n^3+\cdots+a_nC_n^n=\frac{a_1}{q}[(1+q)^n-1] \quad （证略）$$

例 21 已知 $a,b>0$，且 $a+b=1$，求证：$\dfrac{a}{a^3+b^4}+\dfrac{b}{a^4+b^3}\leqslant\dfrac{16}{3}$.

证明 因 $a,b>0$，且 $a+b=1$，由均值不等式. 有

$$a^3+\left(\frac{1}{2}\right)^3+\left(\frac{1}{2}\right)^3\geqslant 3\sqrt[3]{a^3\cdot\left(\frac{1}{2}\right)^3\cdot\left(\frac{1}{2}\right)^3}=\frac{3}{4}a$$

即

$$a^3\geqslant\frac{3}{4}a-\frac{1}{4}$$

$$b^4+(\frac{1}{2})^4+(\frac{1}{2})^4+(\frac{1}{2})^4\geqslant4\sqrt[4]{b^4\cdot(\frac{1}{2})^{12}}=\frac{1}{2}b$$

即

$$b^4\geqslant\frac{1}{2}b-\frac{3}{16}$$

于是

$$a^3+b^4\geqslant\frac{3}{4}a+\frac{1}{2}b-\frac{7}{16}=\frac{1}{2}(a+b)+\frac{a}{4}-\frac{7}{16}=\frac{a}{4}+\frac{1}{16}$$

同理

$$a^4+b^3\geqslant\frac{1}{2}a+\frac{3}{4}b-\frac{7}{16}=\frac{b}{4}+\frac{1}{16}$$

注意到$(a+\frac{1}{4}+b+\frac{1}{4})(\frac{1}{a+\frac{1}{4}}+\frac{1}{b+\frac{1}{4}})\geqslant4$,有

$$\frac{1}{a+\frac{1}{4}}+\frac{1}{b+\frac{1}{4}}\geqslant\frac{4}{a+b+\frac{1}{2}}=\frac{8}{3}$$

故

$$\frac{a}{a^3+b^4}+\frac{b}{a^4+b^3}\leqslant\frac{4a}{a+\frac{1}{4}}+\frac{4b}{b+\frac{1}{4}}=8-\left(\frac{1}{a+\frac{1}{4}}+\frac{1}{b+\frac{1}{4}}\right)\leqslant\frac{16}{3}$$

下面探讨这个不等式的推广①:

推广　若$a,b>0$,且$a+b=1$,则

$$\frac{a}{a^m+b^n}+\frac{b}{a^n+b^m}\leqslant\frac{2^{m+n}}{2^m+2^n}\qquad①$$

其中m,n为正整数,且满足

$$n2^{m-n}\leqslant m\leqslant(n+1)2^{m-n}+1\qquad②$$

不等式①在$a=b=\frac{1}{2}$时取等号.

证明　首先注意到

$$\frac{1}{2}=\frac{2}{2^2}>\frac{3}{2^3}>\cdots>\frac{k}{2^k}>\cdots\qquad③$$

这意味着在②的第一个条件下$n\geqslant m$.

由均值不等式得

$$a^m+\frac{1}{2^m}+\cdots+\frac{1}{2^m}\geqslant m\sqrt[m]{a^m\left(\frac{1}{2^m}\right)^{m-1}}=\frac{ma}{2^{m-1}}$$

---

① 保佳.一个不等式的推广[J].数学通报.2008(11):51.

$$b^n+\frac{1}{2^n}+\cdots+\frac{1}{2^n}\geqslant n\sqrt[n]{b^n\left(\frac{1}{2^n}\right)^{n-1}}=\frac{nb}{2^{n-1}}$$

两式相加,且因 $a+b=1$,有

$$a^m+b^n\geqslant\frac{ma}{2^{m-1}}-\frac{m-1}{2^m}+\frac{nb}{2^{n-1}}-\frac{n-1}{2^n}=aA+B \qquad ④$$

其中

$$A=\frac{m}{2^{m-1}}-\frac{n}{2^{n-1}},B=\frac{n+1}{2^n}-\frac{m-1}{2^m}$$

由②,得 $A\geqslant0,B\geqslant0$,且 A,B 不同时为零. 类似地

$$a^n+b^m\geqslant bA+B \qquad ⑤$$

从④⑤,我们有

$$\frac{a}{a^m+b^n}+\frac{b}{a^n+b^m}\leqslant\frac{a}{aA+B}+\frac{b}{bA+B}=\frac{2abA+B}{(aA+B)(bA+B)}$$

应用 $4ab\leqslant(a+b)^2=1=a+b$,得到

$$2abA^2+2(a+b)AB+2B^2\geqslant2abA^2+(1+4ab)AB+2B^2$$

即

$$2(aA+B)(bA+B)\geqslant(2abA+B)(A+2B)$$

所以

$$\frac{a}{a^m+b^n}+\frac{b}{a^n+b^m}\leqslant\frac{2}{A+2B}=\frac{2^{m+n}}{2^m+2^n}$$

不等式①得证.

下面,我们讨论②成立的充要条件. 显然,$n=m$ 或 $m=1,n\geqslant2$ 是②的解. 现在假设②成立,且 $n>m\geqslant2$. 一方面,由②的右式

$$(m-1)2^{n-m}\leqslant n+1,(m-1)(2^{n-m}-1)\leqslant n-m+2$$

应用③得

$$m-1\leqslant\frac{n-m-1}{2^{n-m}-1}+\frac{3}{2^{n-m}-1}\leqslant\frac{n-m-1}{2^{n-m-1}}+3\leqslant\frac{1}{2}+3,2\leqslant m\leqslant4 \qquad ⑥$$

另一方面,由②的右式

$$\frac{n+1}{2^{n+1}}\geqslant\frac{m-1}{2^{m-1}}\cdot\frac{1}{4}>\frac{m+4}{2^{m+4}}$$

再应用③又得

$$n+1<m+4,m+1\leqslant n\leqslant m+2 \qquad ⑦$$

联立⑥和⑦,解出 $m=2,n=3;m=2,n=4;m=3,n=4$. 经验证当 $n>m\geqslant2$ 时,②的解只有这三组. 至此,我们得到了②的全部解:

m	3	2	2	1	n
n	4	4	3	n	n

显然,它包括了例 21 的情形 $m=3$ 和 $n=4$.

注 从此例可以看出,推广命题的推证方法也是原问题证明方法的迁移.

例 22 已知 a,b,c 为满足 $a+b+c=1$ 的正数,求证:

(1) $\sqrt{1+\frac{bc}{a}}+\sqrt{1+\frac{ca}{b}}+\sqrt{1+\frac{ab}{c}}\geqslant 2\sqrt{3}$;

(2) $\sqrt{1+\frac{a}{bc}}+\sqrt{1+\frac{b}{ca}}+\sqrt{1+\frac{c}{ab}}\geqslant 6$.

证明　(1)设 $S=\sqrt{1+\frac{bc}{a}}+\sqrt{1+\frac{ca}{b}}+\sqrt{1+\frac{ab}{c}}>0$,令

$$\sqrt{1+\frac{bc}{a}}=\frac{Sa_1}{a_1+a_2+a_3},\sqrt{1+\frac{ca}{b}}=\frac{Sa_2}{a_1+a_2+a_3},\sqrt{1+\frac{ab}{c}}=\frac{Sa_3}{a_1+a_2+a_3}$$

其中 $a_i>0(i=1,2,3)$,则

$$\begin{aligned}\frac{S^2(a_1^2+a_2^2+a_3^2)}{(a_1+a_2+a_3)^2}&=1+\frac{bc}{a}+1+\frac{ca}{b}+1+\frac{ab}{c}\\&=3+\frac{bc}{a}+\frac{ca}{b}+\frac{ab}{c}\\&\geqslant 3+\left(\sqrt{\frac{bc}{a}\cdot\frac{ca}{b}}+\sqrt{\frac{ca}{b}\cdot\frac{ab}{c}}+\sqrt{\frac{bc}{a}\cdot\frac{ab}{c}}\right)\\&=3+(c+a+b)=4\end{aligned}$$

故

$$S^2\geqslant\frac{4(a_1+a_2+a_3)^2}{a_1^2+a_2^2+a_3^2} \qquad ①$$

要使不等式①恒成立,必须有

$$S^2\geqslant\max\left\{\frac{4(a_1+a_2+a_3)^2}{a_1^2+a_2^2+a_3^2}\right\}$$

由幂平均不等式知,若 $a_i>0(i=1,2,3)$,则

$$\frac{a_1^2+a_2^2+a_3^2}{3}\geqslant\left(\frac{a_1+a_2+a_3}{3}\right)^2$$

则

$$\frac{(a_1+a_2+a_3)^2}{a_1^2+a_2^2+a_3^2}\leqslant 3$$

即 $S^2\geqslant 4\times 3$,即 $S\geqslant 2\sqrt{3}$. 故原不等式成立.

(2)设 $S=\sqrt{1+\frac{a}{bc}}+\sqrt{1+\frac{b}{ac}}+\sqrt{1+\frac{c}{ab}}>0$. 令

$$\sqrt{1+\frac{a}{bc}}=\frac{Sa_1}{a_1+a_2+a_3},\sqrt{1+\frac{b}{ca}}=\frac{Sa_2}{a_1+a_2+a_3},\sqrt{1+\frac{c}{ab}}=\frac{Sa_3}{a_1+a_2+a_3}$$

其中 $a_i>0(i=1,2,3)$,从而

$$\begin{aligned}\frac{S^2(a_1^2+a_2^2+a_3^2)}{(a_1+a_2+a_3)^2}&=3+\frac{a}{bc}+\frac{b}{ca}+\frac{c}{ab}\\&\geqslant 3+\left(\sqrt{\frac{a}{bc}\cdot\frac{b}{ca}}+\sqrt{\frac{b}{ca}\cdot\frac{c}{ab}}+\sqrt{\frac{a}{bc}\cdot\frac{c}{ab}}\right)\\&=3+\left(\frac{1}{a}+\frac{1}{b}+\frac{1}{c}\right)\end{aligned}$$

$$\geqslant 3+(a+b+c)\left(\frac{1}{a}+\frac{1}{b}+\frac{1}{c}\right)$$

$$\geqslant 3+3^2=12$$

故

$$S^2\geqslant\frac{12(a_1+a_2+a_3)^2}{a_1^2+a_2^2+a_3^2} \qquad ②$$

要使不等式②恒成立,必须有

$$S^2\geqslant\max\left\{\frac{12(a_1+a_2+a_3)^2}{a_1^2+a_2^2+a_3^2}\right\}$$

由幂平均不等式知,若 $a_i>0(i=1,2,3)$,则

$$\frac{a_1^2+a_2^2+a_3^2}{3}\geqslant\left(\frac{a_1+a_2+a_3}{3}\right)^2$$

则

$$\frac{(a_1+a_2+a_3)^2}{a_1^2+a_2^2+a_3^2}\leqslant 3$$

即 $S^2\geqslant 12\times 3=36$,$S\geqslant 6$. 故原不等式成立.

下面探讨上述不等式的几个推广①:

推广1 已知 a,b,c 为满足 $a+b+c=1$ 的正数,$k\in\mathbf{R}$ 且 $k\geqslant 0$,求证:

(1) $\sqrt{k+\frac{bc}{a}}+\sqrt{k+\frac{ca}{b}}+\sqrt{k+\frac{ab}{c}}\geqslant\sqrt{9k+3}$;

(2) $\sqrt{k+\frac{a}{bc}}+\sqrt{k+\frac{b}{ca}}+\sqrt{k+\frac{c}{ab}}\geqslant 3\sqrt{k+3}$.

证明 (1)设 $S=\sqrt{k+\frac{bc}{a}}+\sqrt{k+\frac{ca}{b}}+\sqrt{k+\frac{ab}{c}}>0$,令

$$\sqrt{k+\frac{bc}{a}}=\frac{Sa_1}{a_1+a_2+a_3},\sqrt{k+\frac{ca}{b}}=\frac{Sa_2}{a_1+a_2+a_3},\sqrt{k+\frac{ab}{c}}=\frac{Sa_3}{a_1+a_2+a_3}$$

其中 $a_i>0(i=1,2,3)$,则

$$\frac{S^2(a_1^2+a_2^2+a_3^2)}{(a_1+a_2+a_3)^2}=3k+\frac{bc}{a}+\frac{ca}{b}+\frac{ab}{c}$$

$$\geqslant 3k+\sqrt{\frac{bc}{a}\cdot\frac{ca}{b}}+\sqrt{\frac{ca}{b}\cdot\frac{ab}{c}}+\sqrt{\frac{bc}{a}\cdot\frac{ab}{c}}$$

$$=3k+(a+b+c)=3k+1$$

故

$$S^2\geqslant\frac{(3k+1)(a_1+a_2+a_3)^2}{a_1^2+a_2^2+a_3^2} \qquad ③$$

要使不等式③恒成立,必须有

$$S^2\geqslant\max\left\{\frac{(3k+1)(a_1+a_2+a_3)^2}{a_1^2+a_2^2+a_3^2}\right\}$$

---

① 王炜. 两个相似不等式的统一证明及推广[J]. 中学数学研究,2015(1):20-22.

由幂平均不等式知，若 $a_i>0(i=1,2,3)$，则

$$\frac{a_1^2+a_2^2+a_3^2}{3}\geqslant\left(\frac{a_1+a_2+a_3}{3}\right)^2$$

故

$$\frac{(a_1+a_2+a_3)^2}{a_1^2+a_2^2+a_3^2}\leqslant 3$$

从而 $S^2\geqslant 3(3k+1)$，$S\geqslant\sqrt{3k+3}$，故原不等式成立.

(2)设 $S=\sqrt{k+\frac{a}{bc}}+\sqrt{k+\frac{b}{ca}}+\sqrt{k+\frac{c}{ab}}>0$，令

$$\sqrt{k+\frac{a}{bc}}=\frac{Sa_1}{a_1+a_2+a_3},\sqrt{k+\frac{b}{ca}}=\frac{Sa_2}{a_1+a_2+a_3},\sqrt{k+\frac{c}{ab}}=\frac{Sa_3}{a_1+a_2+a_3}$$

其中 $a_i>0(i=1,2,3)$，则

$$\begin{aligned}\frac{S^2(a_1^2+a_2^2+a_3^2)}{(a_1+a_2+a_3)^2}&=3k+\frac{a}{bc}+\frac{b}{ca}+\frac{c}{ab}\\&\geqslant 3k+\sqrt{\frac{a}{bc}\cdot\frac{b}{ca}}+\sqrt{\frac{b}{ca}\cdot\frac{c}{ab}}+\sqrt{\frac{a}{bc}\cdot\frac{c}{ab}}\\&=3k+\left(\frac{1}{a}+\frac{1}{b}+\frac{1}{c}\right)\\&\geqslant 3k+(a+b+c)\left(\frac{1}{a}+\frac{1}{b}+\frac{1}{c}\right)\\&\geqslant 3k+9\end{aligned}$$

从而

$$S^2\geqslant\frac{(3k+9)(a_1+a_2+a_3)^2}{a_1^2+a_2^2+a_3^2}\quad ④$$

要使不等式④恒成立，必须有

$$S^2\geqslant\max\left\{\frac{(3k+9)(a_1+a_2+a_3)^2}{a_1^2+a_2^2+a_3^2}\right\}$$

由幂平均不等式知，若 $a_i>0(i=1,2,3)$，则

$$\frac{a_1^2+a_2^2+a_3^2}{3}\geqslant\left(\frac{a_1+a_2+a_3}{3}\right)^2$$

即

$$\frac{(a_1+a_2+a_3)^2}{a_1^2+a_2^2+a_3^2}\leqslant 3$$

所以 $S^2\geqslant(3k+9)\times 3=9\times(k+3)$，即 $S\geqslant 3\sqrt{k+3}$，故原不等式成立.

推广2　已知 a,b,c 为满足 $a+b+c=1$ 的正数，$n\in\mathbf{Z}$ 且 $n>1$，求证：

(1) $\sqrt[n]{1+\frac{bc}{a}}+\sqrt[n]{1+\frac{ca}{b}}+\sqrt[n]{1+\frac{ab}{c}}\geqslant 3\sqrt[n]{\frac{4}{3}}$；

(2) $\sqrt[n]{1+\frac{a}{bc}}+\sqrt[n]{1+\frac{b}{ca}}+\sqrt[n]{1+\frac{c}{ab}}\geqslant 3\sqrt[n]{4}$.

证明 (1)设 $S=\sqrt[n]{1+\frac{bc}{a}}+\sqrt[n]{1+\frac{ca}{b}}+\sqrt[n]{1+\frac{ab}{c}}>0$,令

$$\sqrt[n]{1+\frac{bc}{a}}=\frac{Sa_1}{a_1+a_2+a_3},\sqrt[n]{1+\frac{ca}{b}}=\frac{Sa_2}{a_1+a_2+a_3},\sqrt[n]{1+\frac{ab}{c}}=\frac{Sa_3}{a_1+a_2+a_3}$$

其中 $a_i>0(i=1,2,3)$,从而

$$\begin{aligned}\frac{S^n(a_1^n+a_2^n+a_3^n)}{(a_1+a_2+a_3)^n}&=3+\frac{bc}{a}+\frac{ca}{b}+\frac{ab}{c}\\&\geqslant 3+\sqrt{\frac{bc}{a}\cdot\frac{ca}{b}}+\sqrt{\frac{ca}{b}\cdot\frac{ab}{c}}+\sqrt{\frac{bc}{a}\cdot\frac{ab}{c}}\\&=3+(a+b+c)=4\end{aligned}$$

则

$$S^n\geqslant\frac{4(a_1+a_2+a_3)^n}{a_1^n+a_2^n+a_3^n} \qquad ⑤$$

要使不等式⑤恒成立,必须有

$$S^n\geqslant\max\{\frac{4(a_1+a_2+a_3)^n}{a_1^n+a_2^n+a_3^n}\}$$

由幂平均不等式知,若 $a_i>0(i=1,2,3)$,$n\in\mathbf{Z}$ 且 $n>1$,则

$$\frac{a_1^n+a_2^n+a_3^n}{3}\geqslant(\frac{a_1+a_2+a_3}{3})^n$$

从而

$$\frac{(a_1+a_2+a_3)^n}{a_1^n+a_2^n+a_3^n}\leqslant 3^{n-1}$$

即 $S^n\geqslant 4\times 3^{n-1}$,$S\geqslant 3\sqrt[n]{\frac{4}{3}}$,故原不等式成立.

(2)设 $S=\sqrt[n]{1+\frac{a}{bc}}+\sqrt[n]{1+\frac{b}{ca}}+\sqrt[n]{1+\frac{c}{ab}}>0$,令

$$\sqrt[n]{1+\frac{a}{bc}}=\frac{Sa_1}{a_1+a_2+a_3},\sqrt[n]{1+\frac{b}{ca}}=\frac{Sa_2}{a_1+a_2+a_3},\sqrt[n]{1+\frac{c}{ab}}=\frac{Sa_3}{a_1+a_2+a_3}$$

其中 $a_i>0(i=1,2,3)$,从而

$$\begin{aligned}\frac{S^n(a_1^n+a_2^n+a_3^n)}{(a_1+a_2+a_3)^n}&=3+\frac{a}{bc}+\frac{b}{ca}+\frac{c}{ab}\\&\geqslant 3+\sqrt{\frac{a}{bc}\cdot\frac{b}{ca}}+\sqrt{\frac{b}{ca}\cdot\frac{c}{ab}}+\sqrt{\frac{a}{bc}\cdot\frac{c}{ab}}\\&=3+(a+b+c)(\frac{1}{a}+\frac{1}{b}+\frac{1}{c})\geqslant 12\end{aligned}$$

从而

$$S^n\geqslant\frac{12(a_1+a_2+a_3)^n}{a_1^n+a_2^n+a_3^n} \qquad ⑥$$

要使不等式⑥恒成立,必须有

$$S^n \geqslant \max\left\{\frac{12(a_1+a_2+a_3)^n}{a_1^n+a_2^n+a_3^n}\right\}$$

由幂平均不等式知，若 $a_i>0(i=1,2,3)$，$n\in\mathbf{Z}$ 且 $n>1$，则

$$\frac{a_1^n+a_2^n+a_3^n}{3}\geqslant\left(\frac{a_1+a_2+a_3}{3}\right)^n$$

从而

$$\frac{(a_1+a_2+a_3)^n}{a_1^n+a_2^n+a_3^n}\leqslant 3^{n-1}$$

即 $S^n\geqslant 12\times 3^{n-1}$，$S\geqslant 3\sqrt[n]{4}$，故原不等式成立.

推广3　已知 a,b,c 为满足 $a+b+c=1$ 的正数，$n\in\mathbf{R}$ 且 $n>1$，$k\in\mathbf{R}$ 且 $k\geqslant 0$，求证：

(1) $\sqrt[n]{k+\frac{bc}{a}}+\sqrt[n]{k+\frac{ca}{b}}+\sqrt[n]{k+\frac{ab}{c}}\geqslant 3\sqrt[n]{\frac{3k+1}{3}}$；

(2) $\sqrt[n]{k+\frac{a}{bc}}+\sqrt[n]{k+\frac{b}{ca}}+\sqrt[n]{k+\frac{c}{ab}}\geqslant 3\sqrt[n]{k+3}$.

证明　(1) 设 $S=\sqrt[n]{k+\frac{bc}{a}}+\sqrt[n]{k+\frac{ca}{b}}+\sqrt[n]{k+\frac{ab}{c}}>0$，令

$$\sqrt[n]{k+\frac{bc}{a}}=\frac{Sa_1}{a_1+a_2+a_3},\sqrt[n]{k+\frac{ca}{b}}=\frac{Sa_2}{a_1+a_2+a_3},\sqrt[n]{k+\frac{ab}{c}}=\frac{Sa_3}{a_1+a_2+a_3}$$

则

$$\begin{aligned}\frac{S^n(a_1^n+a_2^n+a_3^n)}{(a_1+a_2+a_3)^n}&\geqslant 3k+\frac{bc}{a}+\frac{ca}{b}+\frac{ab}{c}\\&\geqslant 3k+\sqrt{\frac{bc}{a}\cdot\frac{ca}{b}}+\sqrt{\frac{ca}{b}\cdot\frac{ab}{c}}+\sqrt{\frac{bc}{a}\cdot\frac{ab}{c}}\\&=3k+(a+b+c)=3k+1\end{aligned}$$

即

$$S^n\geqslant\frac{(3k+1)(a_1+a_2+a_3)^n}{a_1^n+a_2^n+a_3^n} \tag{7}$$

要使不等式⑦恒成立，必须有

$$S^n\geqslant\max\left\{\frac{(3k+1)(a_1+a_2+a_3)^n}{a_1^n+a_2^n+a_3^n}\right\}$$

由幂平均不等式知，若 $a_i>0(i=1,2,3)$，$n\in\mathbf{R}$ 且 $n>1$，则

$$\frac{a_1^n+a_2^n+a_3^n}{3}\geqslant\left(\frac{a_1+a_2+a_3}{3}\right)^n$$

从而

$$\frac{(a_1+a_2+a_3)^n}{a_1^n+a_2^n+a_3^n}\leqslant 3^{n-1}$$

即 $S^n\geqslant(3k+1)3^{n-1}$，$S\geqslant 3\sqrt[n]{\frac{3k+1}{3}}$，故原不等式成立.

(2) 设 $S=\sqrt[n]{k+\frac{a}{bc}}+\sqrt[n]{k+\frac{b}{ca}}+\sqrt[n]{k+\frac{c}{ab}}>0$，令

$$\sqrt[n]{k+\frac{a}{bc}}=\frac{Sa_1}{a_1+a_2+a_3},\sqrt[n]{k+\frac{b}{ca}}=\frac{Sa_2}{a_1+a_2+a_3},\sqrt[n]{k+\frac{c}{ab}}=\frac{Sa_3}{a_1+a_2+a_3}$$

则

$$\begin{aligned}\frac{S^n(a_1^n+a_2^n+a_3^n)}{(a_1+a_2+a_3)^n}&\geqslant 3k+\frac{a}{bc}+\frac{b}{ca}+\frac{c}{ab}\\&\geqslant 3k+\sqrt{\frac{a}{bc}\cdot\frac{b}{ca}}+\sqrt{\frac{b}{ca}\cdot\frac{c}{ab}}+\sqrt{\frac{a}{bc}\cdot\frac{c}{ab}}\\&=3k+(\frac{1}{a}+\frac{1}{b}+\frac{1}{c})\\&=3k+(a+b+c)(\frac{1}{a}+\frac{1}{b}+\frac{1}{c})\geqslant 3k+9\end{aligned}$$

从而

$$S^n\geqslant\frac{(3k+9)(a_1+a_2+a_3)^n}{a_1^n+a_2^n+a_3^n} \tag{⑧}$$

要使不等式⑧恒成立,必须有

$$S^n\geqslant\max\{\frac{(3k+9)(a_1+a_2+a_3)^n}{a_1^n+a_2^n+a_3^n}\}$$

由幂平均不等式知,若 $a_i>0(i=1,2,3)$,$n\in\mathbf{R}$ 且 $n>1$,则

$$\frac{a_1^n+a_2^n+a_3^n}{3}\geqslant(\frac{a_1+a_2+a_3}{3})^n$$

从而

$$\frac{(a_1+a_2+a_3)^n}{a_1^n+a_2^n+a_3^n}\leqslant 3^{n-1}$$

即 $S^n\geqslant(3k+9)\times 3^{n-1}$,$S\geqslant 3\sqrt[n]{k+3}$,故原不等式成立.

注 从上述例题得到了 3 个推广命题,其推广命题的证明方法也都是原例题证明方法的迁移. 这启示我们:推广一个问题后,寻求其证明时,不妨将原问题的证明方法迁移来试探. 在许多情形下是可行的. 当然,在不可行时,或是推广命题是不真的,或者需寻求其他的处理方法.

6.3.2 由特殊型向一般型推广

有些数学命题的结论,是在特定的条件下成立的,如果抓住问题的实质,探讨具有共性的问题,往往可以由特殊型命题得到一般型命题.

特殊与一般是数学研究中经常遇到的一对矛盾,当解决一个特殊的数学问题之后,人们往往力图把这一结果扩展开来,从不同角度加以推广. 从特殊向一般推广的主要类型有①:

1. **概念型**:先找出已知命题中的条件或结论中的某个对象,把它作为类概念,然后扩展到与它邻近的种概念.

新加坡 1988 年有这样一道数学竞赛题(注:叙述略有改动).

---

① 朱华伟. 推广陈题,生成新题[J]. 中学数学,1996(1):4-6.

例 23　一个梯形被两条对角线分成四个三角形. 若用 s_1, s_2 分别表示以梯形上、下底为底边且有公共顶点的两个三角形的面积，则梯形面积为 $s=(\sqrt{s_1}+\sqrt{s_2})^2$，即 $\sqrt{s}=\sqrt{s_1}+\sqrt{s_2}$.

将此题条件中的对象——梯形作为类概念，扩展到与它邻近的种概念——凸四边形，而其他条件不变，

推广题　设凸四边形 $ABCD$ 的对角线相交于 O，$\triangle AOB$ 和 $\triangle OCD$ 的面积分别为 S_1 和 S_2，四边形 $ABCD$ 的面积为 S. 求证：$\sqrt{S_1}+\sqrt{S_2}\leqslant\sqrt{S}$，其中等号成立当且仅当 $AB/\!/CD$.

2. **状态型**：把一个仅对某种或几种特殊状态（位置）成立的命题，推广到一般状态（位置）都成立.

1990 年印度向第 31 届 IMO 提供了如下的题目（叙述及字母记号与原题略有改动）：

例 24　设圆 P 外接于锐角 $\triangle ABC$，且 $AB\neq AC$，$CE\perp AB$ 交 AB 于 E，交圆 P 于 D，过点 D，E 及边 BA 的中点 M 作圆，再过 E 作此圆的切线分别交直线 BC，AC 于点 F，G. 求证：$EF=GE$.

第 31 届 IMO 选题委员会委员张景中院士利用面积方法对此题进行了如下推导：

如图 6－19，设 $AE=a$，$CE=b$，则

$$BE=kb, DE=ka$$

$$\frac{BE}{AE}=\frac{kb}{a}=\frac{S_{\triangle BEC}}{S_{\triangle AEC}}=\frac{S_{\triangle BEF}+S_{\triangle CEF}}{S_{\triangle CEG}-S_{\triangle AEG}}$$

$$=\frac{S_{\triangle BEF}+S_{\triangle CEF}}{S_{\triangle CEG}-S_{\triangle AEG}}\cdot\frac{S_{\triangle MDE}}{S_{\triangle MDE}}$$

$$=\frac{\dfrac{S_{\triangle BEF}}{S_{\triangle MDE}}+\dfrac{S_{\triangle CEF}}{S_{\triangle MDE}}}{\dfrac{S_{\triangle CEG}}{S_{\triangle MDE}}-\dfrac{S_{\triangle AEG}}{S_{\triangle MDE}}}$$

$$=\frac{\dfrac{FE\cdot BE}{MD\cdot DE}+\dfrac{EF\cdot CE}{ME\cdot MD}}{\dfrac{GE\cdot CE}{ME\cdot MD}-\dfrac{GE\cdot AE}{MD\cdot ED}}$$

$$=\frac{\dfrac{FE\cdot kb}{MD\cdot ka}+\dfrac{FE\cdot b}{ME\cdot MD}}{\dfrac{GE\cdot b}{ME\cdot MD}-\dfrac{GE\cdot a}{MD\cdot ka}}$$

$$=\frac{FE}{GE}\cdot\frac{\dfrac{b}{a}+\dfrac{b}{ME}}{\dfrac{b}{ME}-\dfrac{1}{k}}$$

$$\Rightarrow\frac{k}{a}=\frac{FE}{GE}\cdot\frac{\dfrac{ME+a}{a\cdot ME}}{\dfrac{bk-ME}{ME\cdot k}}$$

$$\Rightarrow 1=\frac{FE}{GE}\cdot\frac{MA}{MB}$$

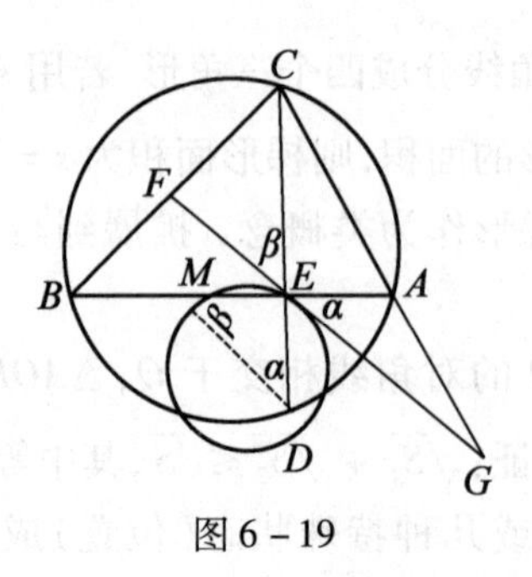

图 6－19

至此还没有用到条件 $CE \perp AB$，$AM = MB$，因而张景中先生考虑向一般推广，将特殊位置关系 $CE \perp AB$，$AM = MB$ 扩展为 CD 与 AB 相交于 E，M 为 AB 上一点（即 $AM = tAB$），结论变为求 $\frac{GE}{EF}$，于是有了第 31 届 IMO 选题委员会向主试委员会提供的备选题：

推广题 设圆内两弦 AB，CD 交于圆内一点 E，在弦 AB 内取不同于 E 的点 M，过点 D，E，M 作圆，再过 E 作此圆的切线分别交直线 BC，CA 于点 F，G，若 $AM = tAB$，试求比值 $\frac{GE}{EF}$.

3. **数值型**：把一个仅对某些自然数成立的命题，推广到对所有的自然数成立，或者把题目的条件或结论中的某些数值扩展到更一般的情形.

例 25 十个学生参加一次考试，试题十道，已知没有两个学生做对的题目完全相同，证明在这十道试题中可以找到一道试题，将这道试题取消后，每两个学生所做对的题目仍然不会完全相同.

考虑更一般的情况，将数值 10 推广为任意自然数 n，并将考试做题改述为乒乓球赛就有：

推广题 （1987 年全国高中数学联赛试题）$n(n>3)$ 名乒乓球选手单打比赛若干场后，任意两个选手已赛过的对手恰好都不完全相同. 试证明：总可从中去掉一名选手，而使在余下的选手中，任意两个选手已赛过的对手仍然不完全相同.

例 26 设 $x,y,z>0$ 且 $x+y+z=1$，求证

$$\frac{1}{1+x+x^2}+\frac{1}{1+y+y^2}+\frac{1}{1+z+z^2} \geqslant \frac{27}{13}$$

证明 令 $f(t)=\frac{1}{1+t+t^2}(0<t<1)$，考虑在 $t=\frac{1}{3}$ 处的切线函数

$$g(\frac{1}{3})=f'(\frac{1}{3})(t-\frac{1}{3})+f(\frac{1}{3})=\frac{135}{169}(\frac{6}{5}-t)$$

比较当 $x \in (0,1)$ 时，$f(t)$ 与 $g(t)$ 的大小，可证得 $f(t) \geqslant g(t)$，即有

$$\frac{1}{1+t+t^2} \geqslant \frac{135}{169}(\frac{6}{5}-t) \qquad ㊉$$

事实上，将上述不等式展开，并化简有

$$t^3-\frac{1}{5}t^2-\frac{1}{5}t+\frac{7}{135} \geqslant 0$$

将上式左边因式分解得

$$(t-\frac{1}{3})^2(x+\frac{7}{15}) \geqslant 0$$

因 $t\in(0,1)$，上式恒成立. 故式㊉成立，且其中等号当且仅当 $t=\frac{1}{3}$ 时成立.

于是由不等式㊉，有

$$\frac{1}{1+x+x^2}+\frac{1}{1+y+y^2}+\frac{1}{1+z+z^2}\geqslant\frac{135}{169}\left(\frac{6}{5}+\frac{6}{5}+\frac{6}{5}-x-y-z\right)=\frac{27}{13}$$

其中等号当且仅当 $x=y=z=\frac{1}{3}$ 时取得.

下面从变元个数和幂指数方面给出上述不等式的一个推广. ①

推广　若 m,n 是大于 1 的正整数，$x_i>0$ 且 $\sum\limits_{i=1}^{n}x_i=1$，则

$$\sum_{i=1}^{n}\frac{1}{1+x_i+\cdots+x_i^{m-1}}\geqslant\frac{n^m}{1+n+\cdots+n^{m-1}}$$

证明　令 $f(x)=\frac{1}{1+x+x^2+\cdots+x^{m-1}}(0<x<1)$，且

$$S_m=1+2x+3x^2+\cdots+(m-1)x^{m-2}$$

$$T_m=2+3\cdot 2x+\cdots+(m-1)(m-2)x^{m-3}$$

$$M_m=1+x+x^2+\cdots+x^{m-1}$$

则

$$f'(x)=\frac{-S_m}{(1+x+x^2+\cdots+x^{m-1})^2}$$

$$f''(x)=\frac{2S_m^2-T_m\cdot M_m}{(1+x+x^2+\cdots+x^{m-1})^3}$$

由 $S_m=1+2x+3x^2+\cdots+(m-1)x^{m-2}$，得

$$xS_m=x+2x^2+\cdots+(m-1)x^{m-1}$$

所以

$$\begin{aligned}(1-x)S_m&=1+x+\cdots+x^{m-2}-(m-1)x^{m-1}\\&=\frac{1-x^{m-1}}{1-x}-(m-1)x^{m-1}\\&=\frac{1-mx^{m-1}+mx^m-x^m}{1-x}\end{aligned}$$

所以

$$S_m=\frac{1-mx^{m-1}+mx^m-x^m}{(1-x)^2}$$

使用同样的求和方法可得

$$T_m=\frac{2-(m^2-m)x^{m-2}+(2m^2-4m)x^{m-1}-(m^2-3m+2)x^m}{(1-x)^3}$$

又 $M_m=1+x+x^2+\cdots+x^{m-1}=\frac{1-x^m}{1-x}$ 所以，将 M_m,T_m,S_m 带入 $f''(x)$，化简得

① 崔凤仙. 一个有理型不等式的推广[J]. 数学通报. 2012(10):56.

$$f''(x)=\frac{2S_m^2-T_m\cdot M_m}{(1+x+x^2+\cdots+x^{m-1})^3}$$

$$=\frac{mx^{m-2}[m(1+x^m)-(1+x)(1+x+\cdots+x^{m-1})]}{(1-x)^3(1+x+\cdots+x^{m-1})^3}$$

令 $g(x)=m(1+x^m)-(1+x)(1+x+\cdots+x^{m-1})$，当 $m=2$ 时

$$g(x)=2(1+x^2)-(1+x)^2=(x-1)^2>0$$

假设当 $m=k(k\geqslant 2,k\in\mathbf{N}_+)$ 时，$g(x)>0$，即

$$k(1+x^k)-(1+x)(1+x+x^2+\cdots+x^{k-1})>0$$

则当 $m=k+1(k\geqslant 2,k\in\mathbf{N}_+)$ 时

$$\begin{aligned}g(x)&=(k+1)(1+x^{k+1})-(1+x)(1+x+\cdots+x^k)\\&=k(1+x^k)-(1+x)(1+x+\cdots+x^{k-1})+kx^{k+1}-kx^k-x^k+1\\&>kx^{k+1}-kx^k-x^k+1\\&=kx^k(x-1)+(1-x^k)\\&=(1-x)(1+x+x^2+\cdots+x^{k-1}-kx^k)\\&=(1-x)[(1-x^k)+(x-x^k)+\cdots+(x^{k-1}-x^k)]>0\end{aligned}$$

从而 $g(x)>0$，所以 $f''(x)>0$.

由琴生不等式有

$$\frac{1}{n}[f(x_1)+f(x_2)+\cdots+f(x_n)]\geqslant f(\frac{x_1+x_2+\cdots+x_n}{n})=f(\frac{1}{n})\qquad ①$$

所以

$$f(x_1)+f(x_2)+\cdots+f(x_n)\geqslant nf(\frac{1}{n})=n\cdot\frac{1}{1+\frac{1}{n}+\frac{1}{n^2}+\cdots+\frac{1}{n^{m-1}}}$$

$$=\frac{n^m}{1+n+n^2+\cdots+n^{m-1}}$$

所以式①成立，当且仅当 $x_1=x_2=\cdots=x_n=\frac{1}{n}$ 时取等号.

显然，当 $m=n=3$ 时，此推广即为例 26. 由上述推广易得下述结论：

(1)若 $x_i>0$ 且 $\sum\limits_{i=1}^{n}x_i=\lambda(n\geqslant 2,i,n\in\mathbf{N}_+)$，则

$$\sum_{i=1}^{n}\frac{1}{1+x_i+x_i^2}\geqslant\frac{n^3}{\lambda^2+n\lambda+n^2}$$

(2)若 $x_i>0$ 且 $\sum\limits_{i=1}^{n}x_i=1(n\geqslant 2,i,n\in\mathbf{N}_+)$，则

$$\sum_{i=1}^{n}\frac{1}{1+x_i+\cdots+x_i^{n-1}}\geqslant\frac{n^n}{1+n+\cdots+n^{n-1}}$$

(3)若 m,n 是大于 1 的正整数，$x_i>1$ 且 $\sum\limits_{i=1}^{n}x_i=\lambda$，则

$$\sum_{i=1}^{n}\frac{1}{1+x_i+\cdots+x_i^{m-1}}\leqslant\frac{n^m}{\lambda^{m-1}+\lambda^{m-2}n+\cdots+\lambda n^{m-2}+n^{m-1}}$$

6.3.3　由静态型向动态型推广

事物间的联系是普遍存在的,静态时结论可视为运动事物在某一时刻产生的,静态事物往往隐含着动态的因素,只有认真洞察问题,找出静与动的辩证关系,便可将静态型问题推广为动态型问题.

例 27　已知 $\alpha,\beta\in(0,\frac{\pi}{2})$,且 $\sin^2\alpha+\sin^2\beta=\sin(\alpha+\beta)$. 求证:$\alpha+\beta=\frac{\pi}{2}$.

证明　由 $\sin^2\alpha+\sin^2\beta=\sin(\alpha+\beta)$,得

$$\sin\alpha(\sin\alpha-\cos\beta)+\sin\beta(\sin\beta-\cos\alpha)=0$$

即

$$\sin\alpha[\sin\alpha-\sin(\frac{\pi}{2}-\beta)]+\sin\beta[\sin\beta-\sin(\frac{\pi}{2}-\alpha)]=0$$

和差化积得

$$[\sin\alpha\cdot\cos(\frac{\alpha-\beta}{2}+\frac{\pi}{4})+\sin\beta\cdot\cos(\frac{\beta-\alpha}{2}+\frac{\pi}{4})]\sin(\frac{\alpha+\beta}{2}-\frac{\pi}{4})=0$$

因 $\alpha,\beta\in(0,\frac{\pi}{2})$,$\alpha-\beta\in(-\frac{\pi}{2},\frac{\pi}{2})$,则 $\frac{\pi}{4}\pm\frac{\alpha-\beta}{2}\in(0,\frac{\pi}{2})$,则 $\cos(\frac{\pi}{4}\pm\frac{\alpha-\beta}{2})\geqslant0$,从而 $\sin(\frac{\alpha+\beta}{2}-\frac{\pi}{4})=0$.

又 $\frac{\alpha+\beta}{2}\in(0,\frac{\pi}{2})$,则 $\frac{\alpha+\beta}{2}-\frac{\pi}{4}=0$,即 $\alpha+\beta=\frac{\pi}{2}$.

上述例题可有下述变式(简单的推广)[①]:

变式 1　已知 $\alpha,\beta\in(0,\frac{\pi}{2})$,且 $\cos^2\alpha+\cos^2\beta=\sin(\alpha+\beta)$,求证:$\alpha+\beta=\frac{\pi}{2}$.

变式 2　已知 $\alpha,\beta\in(0,\frac{\pi}{2})$,且 $\sin^2\alpha+\cos^2\beta=\cos(\alpha-\beta)$,求证:$\alpha=\beta$.

变式 3　已知 $\alpha,\beta\in(0,\frac{\pi}{2})$,且 $\cos^2\alpha+\cos^2\beta=\sin\alpha-\cos\beta+1=\cos(\alpha-\beta)$,求证:$\alpha=\beta=\frac{\pi}{4}$.

变式 4　已知 $\alpha\in(0,\frac{\pi}{2})$,且 $\sin^2\alpha+\frac{1}{4}=\sin(\alpha+\frac{\pi}{6})$,求角 α.

变式 5　已知 $\alpha\in(0,\frac{\pi}{2})$,且 $\sin^2\alpha+\frac{1}{2}=\cos(\alpha-\frac{\pi}{4})$,求角 α.

解法 1　(恒等式化简法)由于 $\sin^2\alpha-\sin^2\beta=\sin(\alpha+\beta)\sin(\alpha-\beta)$,故

$$\sin^2\alpha+\frac{1}{2}=\sin^2\alpha-\sin^2(-\frac{\pi}{4})=\sin(\alpha-\frac{\pi}{4})\sin\left(\alpha+\frac{\pi}{4}\right)$$

$$=\sin(\alpha-\frac{\pi}{4})\cos(\alpha-\frac{\pi}{4})=\cos(\alpha-\frac{\pi}{4})$$

---

① 桂有良. 让经典继续流行,让流行成为经典[J]. 中学数学研究,2015(1):16-17.

而 $\cos(\alpha-\frac{\pi}{4})\neq 0$，故 $\sin(\alpha-\frac{\pi}{4})=0$，即 $\alpha=\frac{\pi}{4}$.

解法 2 （导数法）设函数 $f(x)=\sin^2 x+\frac{1}{2}-\cos(x-\frac{\pi}{4})$，$x\in(0,\frac{\pi}{2})$，则

$$f'(x)=2\sin x\cos x+\cos(x-\frac{\pi}{4})=\sin 2x+\cos(x-\frac{\pi}{4})>0$$

而 $f(\frac{\pi}{4})=0$，故 $\alpha=\frac{\pi}{4}$.

变式 6 已知 $\alpha\in(0,\frac{\pi}{2})$，且 $\sin^2\alpha-\frac{1}{4}=\cos(\alpha+\frac{\pi}{3})$，求角 α.

变式 7 已知 $\alpha\in(0,\frac{\pi}{2})$，且 $\sin^2\alpha-\frac{1}{4}=\sin(\alpha-\frac{\pi}{6})$，求角 α.

上述例题还有下述推广：

推广 1 设 $\alpha,\beta\in(0,\frac{\pi}{2})$，如果存在实数 $p\in[0,2]$，使得 $\sin^2\alpha+\sin^2\beta=\sin^p(\alpha+\beta)$ 成立，那么 $\alpha+\beta=\frac{\pi}{2}$.

证明 由 $\alpha,\beta\in(0,\frac{\pi}{2})$，有 $\alpha,\beta,\pi-(\alpha+\beta)$ 构成三角形的三内角. 不妨设 a,b,c 分别是此三角所对边的边长，则

$$\sin^2\alpha+\sin^2\beta=\sin^p(\alpha+\beta)\geqslant\sin^2(\alpha+\beta)=\sin^2[\pi-(\alpha+\beta)]$$

由正弦定理，得 $a^2+b^2\geqslant c^2$. 又由余弦定理，有

$$\cos[\pi-(\alpha+\beta)]=\frac{a^2+b^2-c^2}{2bc}\geqslant 0$$

故 $\alpha+\beta\geqslant\frac{\pi}{2}$. 又 $\sin^2\alpha+\sin^2\beta=\sin^p(\alpha+\beta)\leqslant 1$，则

$$\sin\alpha\leqslant\cos\beta=\sin(\frac{\pi}{2}-\beta)$$

因为 $\alpha,\frac{\pi}{2}-\beta\in(0,\frac{\pi}{2})$，故 $\alpha\leqslant\frac{\pi}{2}-\beta$，即 $\alpha+\beta\leqslant\frac{\pi}{2}$.

综上可知，$\alpha+\beta=\frac{\pi}{2}$.

推广 2 设 $\alpha,\beta\in(0,\frac{\pi}{2})$，如果存在实数 $p,q\in[2,+\infty)$，$r\in[0,2]$，且 $p\neq q$，使得 $\sin^p\alpha+\sin^q\beta=\sin^r(\alpha+\beta)$ 成立，那么 $\alpha+\beta>\frac{\pi}{2}$.

证明 由 $\alpha,\beta\in(0,\frac{\pi}{2})$，有 $\alpha,\beta,\pi-(\alpha+\beta)$ 构成三角形的三内角. 不妨设 a,b,c 分别是三角所对边的边长. 又 $\sin^2\alpha+\sin^2\beta>\sin^p\alpha+\sin^q\beta=\sin^r(\alpha+\beta)>\sin^2(\alpha+\beta)=\sin^2[\pi-(\alpha+\beta)]$，则 $a^2+b^2>c^2$. 所以 $\cos[\pi-(\alpha+\beta)]>0$，故 $\alpha+\beta>\frac{\pi}{2}$.

推广 3 设 $\alpha,\beta\in\left(0,\frac{\pi}{2}\right)$，如果存在实数 $p,q\in[0,2]$，$r\in[2,+\infty)$，且 $p\neq q$，使得

$\sin^p\alpha+\sin^q\beta=\sin^r(\alpha+\beta)$成立,那么$\alpha+\beta<\dfrac{\pi}{2}$.

证明从略.实际上,以上推论还可以从正弦推广到余弦得出相应的一些结论(略).

例 28　已知椭圆$C:\dfrac{x^2}{a^2}+\dfrac{y^2}{b^2}=1(a>b>0)$的一个焦点为$(\sqrt{5},0)$,离心率为$\dfrac{\sqrt{5}}{3}$.

(1)求椭圆C的标准方程;

(2)若动点$P(x_0,y_0)$为椭圆外一点,且点P到椭圆C的两条切线相互垂直,求点P的轨迹方程.

解　(1)$c=\sqrt{5},e=\dfrac{c}{a}=\dfrac{\sqrt{5}}{a}=\dfrac{\sqrt{5}}{3}$,则$a=3,b^2=a^2-c^2=9-5=4$,所以椭圆$C$的标准方程为$\dfrac{x^2}{9}+\dfrac{y^2}{4}=1$.

(2)设两个切点分别为A,B,当两条切线中有一条斜率不存在时,则两切线分别垂直x轴与y轴,A,B两点分别位于椭圆长轴与短轴的端点,此时点P坐标为$(\pm3,\pm2)$.当两条切线的斜率均存在时,设椭圆切线斜率为k,过点P的椭圆切线方程为

$$y-y_0=k(x-x_0)$$

代入椭圆方程$\dfrac{x^2}{9}+\dfrac{y^2}{4}=1$得

$$(9k^2+4)x^2+18k(y_0-kx_0)x+9[(y_0-kx_0)^2-4]=0$$

依题意,$\Delta=0$,即

$$(18k)^2(y_0-kx_0)^2-36[(y_0-kx_0)^2-4](9k^2+4)=0$$

化简得

$$(x_0^2-9)k^2-2x_0y_0k+y_0^2-4=0$$

设切线PA,PB的斜率分别为k_1,k_2,则

$$k_1\cdot k_2=\frac{y_0^2-4}{x_0^2-9}$$

因为PA,PB相互垂直,所以$k_1\cdot k_2=-1$,即$\dfrac{y_0^2-4}{x_0^2-9}=-1$,化简得

$$x_0^2+y_0^2=13\quad(x_0\neq\pm3)$$

又因为$P(\pm3,\pm2)$满足$x_0^2+y_0^2=13$,所以点P的轨迹方程为$x^2+y^2=13$.

由上述问题可得下述动态型推广命题①:

推广 1　设椭圆$C:\dfrac{x^2}{a^2}+\dfrac{y^2}{b^2}=1(a>b>0)$,若点$P(x_0,y_0)$为椭圆外一点,且点$P$到椭圆$C$的两条切线相互垂直,求点$P$的轨迹方程.

解析　设两个切点分别为A,B,当两条切线中有一条斜率不存在时,则A,B两点分别位于椭圆长轴与短轴的端点,此时点P坐标为$(\pm a,\pm b)$.当两条切线的斜率均存在时,设椭圆切线斜率为k,过点P的椭圆切线方程为

---

①　林国勇.2014年广东高考解析几何题的推广[J].中学数学研究.2015(1):23-24.

$$y-y_0=k(x-x_0)$$

代入椭圆方程$\frac{x^2}{a^2}+\frac{y^2}{b^2}=1$得

$$(b^2+a^2k^2)x^2+2a^2k(y_0-kx_0)x+a^2(y_0-kx_0)^2-a^2b^2=0$$

依题意,$\Delta=0$,化简得

$$(a^2-x_0^2)k^2+2x_0y_0k+b^2-y_0^2=0$$

设切线PA,PB的斜率分别为k_1,k_2,则

$$k_1\cdot k_2=\frac{b^2-y_0^2}{a^2-x_0^2}$$

因为PA,PB相互垂直,所以$k_1\cdot k_2=-1$,即$\frac{b^2-y_0^2}{a^2-x_0^2}=-1$,化简得

$$x_0^2+y_0^2=a^2+b^2$$

又$P(\pm a,\pm b)$满足$x_0^2+y_0^2=a^2+b^2$,所以点P的轨迹方程为$x^2+y^2=a^2+b^2$,这是以椭圆中心为圆心,$\sqrt{a^2+b^2}$为半径的圆.

推广2 设曲线$C:\frac{x^2}{a^2}-\frac{y^2}{b^2}=1(a>0,b>0)$,若点$P(x_0,y_0)$为双曲线外一点,且点$P$到双曲线$C$的两条切线相互垂直,求点$P$的轨迹方程.

解析 当两条切线中有一条斜率不存在时,显然不存在满足条件的点P.当两条切线的斜率均存在时,设两个切点分别为A,B,双曲线切线斜率为k,过点P的双曲线切线方程为

$$y-y_0=k(x-x_0)$$

代入双曲线方程$\frac{x^2}{a^2}-\frac{y^2}{b^2}=1$得

$$(a^2k^2-b^2)x^2+2a^2k(y_0-kx_0)x+a^2(y_0-kx_0)^2+a^2b^2=0$$

依题意得$a^2k^2-b^2\neq0$且$\Delta=0$,化简得

$$(a^2-x_0^2)k^2+2x_0y_0k-b^2-y_0^2=0$$

设切线PA,PB的斜率分别为k_1,k_2,又PA,PB相互垂直,则

$$k_1\cdot k_2=\frac{-b^2-y_0^2}{a^2-x_0^2}=-1$$

化简得

$$x_0^2+y_0^2=a^2-b^2$$

所以点P的轨迹方程为$x^2+y^2=a^2-b^2$.

当$a^2-b^2>0$时,点P的轨迹是以双曲线中心为圆心,$\sqrt{a^2-b^2}$为半径的圆;当$a^2-b^2=0$时,方程表示点$(0,0)$,不满足条件,此时点P的轨迹不存在;当$a^2-b^2<0$时,方程不表示任何图形,点P的轨迹不存在.

推广3 设抛物线$C:y^2=2px(p>0)$,若动点$P(x_0,y_0)$为抛物线外一点,且点P到抛物线的两条切线相互垂直,求动点P的轨迹方程.

解析 当其中一条切线垂直x轴时,与之垂直的另一条切线不存在,此时点P不存在.当两条切线的斜率均存在时,设两个切点分别为A,B,设切线斜率为k,过点P的切线方程

为

$$y-y_0=k(x-x_0)$$

代入抛物线方程 $y^2=2px$，得

$$ky^2-2py+2py_0-2pkx_0=0$$

依题意得 $k\neq 0$ 且 $\Delta=0$，即 $\Delta=4p^2-4k(2py_0-2pkx_0)=0$，化简得 $2x_0k^2-2y_0k+p=0$，且 $x_0\neq 0$，设 PA,PB 的斜率分别为 k_1,k_2，因为 PA,PB 互相垂直，则

$$k_1\cdot k_2=\frac{p}{2x_0}=-1$$

即 $x_0=-\frac{p}{2}$，所以点 P 的轨迹方程是 $x=-\frac{p}{2}$，点 P 的轨迹是抛物线的准线.

6.3.4 由低维型向高维型推广

“维数”是线性空间理论中的一个基本概念，在初等数学中，我们习惯上把直线叫作一维空间，平面叫作二维空间，立体几何中所说的“空间”叫作三维空间. 空间图形与平面图形息息相关，空间图形依托于平面图形，平面图形蕴涵着空间图形的属性. 对于许多平面图形，通过类比与猜想，在空间中都可以找到对应的几何图形，由此可以产生耐人寻味的空间图形的性质结论.

除此之外，“维数”还泛指未知数的个数、变量的个数、方程的次数、不等式的次数、行列式的阶数、数表的阶数等. 数学家喜欢将数学问题从低维推广到高维，高维的问题往往比低维的问题要困难、复杂一些. 因此将低维问题推广到高维问题也是数学研究者喜爱的研究方式之一.

例如，对于平行四边形的性质：

(1)平行四边形两条对角线在交点处互相平分；

(2)平行四边形两条对角线长的平方和等于所有边长的平方和.

均可以推广到平行六面体中：

(1)平行六面体的四条体对角线相交于一点，且在这一点互相平分；

(2)平行六面体的四条体对角线的平方和等于所有棱长的平方和.

例 29 设 P 是矩形 $ABCD$ 内任一点，求证

$$PA^2+PC^2=PB^2+PD^2$$

事实上，过 P 作与一边平行的线交两条对边于 E,F. 然后应用勾股定理，即证得结论.

上述命题可推广，有：

推广 1 设 P 是矩形 $ABCD$ 所在平面内一点，则 $PA^2+PC^2=PB^2+PD^2$.

推广 2 设 P 是三维欧氏空间任一点，对于矩形 $ABCD$，有 $PA^2+PC^2=PB^2+PD^2$.

上述两个推广命题均是利用勾股定理来证的.

例 30 求证：$\cos\frac{\pi}{15}\cos\frac{2\pi}{15}\cos\frac{3\pi}{15}\cos\frac{4\pi}{15}\cos\frac{5\pi}{15}\cos\frac{6\pi}{15}\cos\frac{7\pi}{15}=\frac{1}{2^7}$.

上述命题可推广为：

推广 求证：$\prod\limits_{k=1}^{n}\cos\frac{k\pi}{2n+1}=\frac{1}{2^n}$.

显然,原命题是推广命题当 $n=7$ 的情形.

证明 由棣莫弗定理可知,二项方程 $x^{2n+1}-1=0$ 的 $2n+1$ 个根为

$$x_k=\cos\frac{2k\pi}{2n+1}+\mathrm{i}\sin\frac{2k\pi}{2n+1}\quad(k=1,2,\cdots,2n+1)$$

则

$$\begin{aligned}x^{2n+1}-1&=\prod_{k=1}^{2n+1}(x-x_k)=(x-1)\prod_{k=1}^{2n}(x-x_k)\\&=(x-1)\prod_{k=1}^{n}[(x-x_k)(x-\overline{x_k})]\\&=(x-1)\prod_{k=1}^{n}[x^2-(x_k+\overline{x_k})x+x_k\overline{x_k}]\end{aligned}$$

这时,$\overline{x_k}$ 为 x_k 的共轭复数,即

$$\overline{x_k}=\cos\frac{2k\pi}{2n+1}-\mathrm{i}\sin\frac{2k\pi}{2n+1}\quad(k=1,2,\cdots,n)$$

从而

$$x_k+\overline{x_k}=2\cos\frac{2k\pi}{2n+1},x_k\overline{x_k}=1$$

于是

$$x^{2n+1}-1=(x-1)\prod_{k=1}^{n}\left(x^2-2x\cos\frac{2k\pi}{2n+1}+1\right)$$

在上式中,令 $x=-1$,得

$$-2=-2\prod_{k=1}^{n}\left(2+2\cos\frac{2k\pi}{2n+1}\right)$$

则

$$\prod_{k=1}^{n}\left[2\left(1+\cos\frac{2k\pi}{2n+1}\right)\right]=1$$

即

$$\prod_{k=1}^{n}\left(2^2\cos^2\frac{k\pi}{2n+1}\right)=1$$

$$2^{2n}\prod_{k=1}^{n}\cos^2\frac{k\pi}{2n+1}=1$$

两边开平方取正值即得 $\prod_{k=1}^{n}\cos\frac{k\pi}{2n+1}=\frac{1}{2^n}$.

6.4 数学推广的几点注意

6.4.1 运用适当的解题方法以助于命题推广

解决某些数学问题,由于切入点不同、使用工具不同、思维层次不同等原因,同一个问题会呈现出风格各异的不同解法,其中有的解法可能揭示了问题的本质,因而往往会暗示如何

将该命题加以推广,包括推广命题的形式、结论,以及可能的解法. ①

例 31　对于正整数 n,证明:$1\cdot 2+2\cdot 3+\cdots+n(n+1)=\frac{1}{3}n(n+1)(n+2)$.

直觉告诉我们可以用数学归纳法来证明本题,也可以由 $n(n+1)=n+n^2$,并利用两个求和公式

$$1+2+\cdots+n=\frac{1}{2}n(n+1)$$

$$1^2+2^2+\cdots+n^2=\frac{1}{6}n(n+1)(2n+1)$$

进行证明.

我们知道,使用数学归纳法证明一个命题仅证明了结论的正确性,而并没有指出这个结论是如何得到的. 而使用后一证明方法,需要知道 $1^2+2^2+\cdots+n^2$ 的结果. 因此这两种证明方法虽然很容易想到,但却不能帮助我们对该命题进行推广. 例如 $1\cdot 2\cdot 3+2\cdot 3\cdot 4+\cdots+n(n+1)(n+2)$ 等于什么? 无法直接回答.

注意到数学归纳法证明本题的过程中会得到

$$\begin{aligned}1\cdot 2+2\cdot 3+\cdots+k(k+1)+(k+1)(k+2)&=\frac{1}{3}k(k+1)(k+2)+(k+1)(k+2)\\&=\frac{1}{3}(k+1)(k+2)(k+3)\end{aligned}$$

那么就有

$$(k+1)(k+2)=\frac{1}{3}(k+1)(k+2)(k+3)-\frac{1}{3}k(k+1)(k+2)$$

受此式启发,我们还可以用拆项法来证明本题.

证明　在等式 $k(k+1)=\frac{1}{3}k(k+1)(k+2)-\frac{1}{3}(k-1)k(k+1)$ 中分别取 $k=1,2,\cdots,n$,并相加,得

$$\begin{aligned}&1\cdot 2+2\cdot 3+\cdots+n(n+1)\\&=\left(\frac{1}{3}\cdot 1\cdot 2\cdot 3-\frac{1}{3}\cdot 0\cdot 1\cdot 2\right)+\left(\frac{1}{3}\cdot 2\cdot 3\cdot 4-\frac{1}{3}\cdot 1\cdot 2\cdot 3\right)+\cdots+\\&\quad\left[\frac{1}{3}n(n+1)(n+2)-\frac{1}{3}(n-1)n(n+1)\right]\\&=\frac{1}{3}n(n+1)(n+2)\end{aligned}$$

显然,这个证法比前两种证法都更为简洁,而且若利用该证法中使用的拆项方法,并进行类比,我们有

$$k(k+1)(k+2)=\frac{1}{4}k(k+1)(k+2)(k+3)-\frac{1}{4}(k-1)k(k+1)(k+2)$$

由此可得本题的一个推广命题:

---

① 汪纯中. 浅谈数学命题的推广[J]. 中学数学研究,2005(1):1-3.

推广 1 $1\cdot2\cdot3+2\cdot3\cdot4+\cdots+n(n+1)(n+2)=\frac{1}{4}n(n+1)(n+2)(n+3)(n\in\mathbf{N}_+)$.

用完全类似的方法,本题可推广到更为一般的情形:

推广 2 $1\cdot2\cdot3\cdot\cdots\cdot k+2\cdot3\cdot4\cdot\cdots\cdot(k+1)+\cdots+n(n+1)(n+2)\cdots(n+k-1)=\frac{1}{k+1}n(n+1)(n+2)\cdots(n+k)(n,k\in\mathbf{N}_+$且$k\geqslant2)$.

6.4.2 恰当改变命题结论的形式以利于命题推广

数学命题结论的形式有时对于数学命题推广的难易程度有很大的影响.

有些数学命题,由结论形式很容易进行推广. 例如,对于两个正数的平均数不等式:“若$a,b>0$,则$\frac{a+b}{2}\geqslant\sqrt{ab}$.”着眼于形式,推广命题应该是:“若$a_1,a_2,\cdots,a_n$是$n(n\geqslant2)$个正数,则$\frac{a_1+a_2+\cdots+a_n}{n}\geqslant\sqrt[n]{a_1a_2\cdots a_n}$.”

但另有些数学命题,需要改变结论的形式,才便于将命题推广.

例 32 直角坐标平面内以$A_1(x_1,y_1),A_2(x_2,y_2),A_3(x_3,y_3)$为顶点的三角形的有向面积公式为

$$S_{\triangle A_1A_2A_3}=\frac{1}{2}\begin{vmatrix}x_1 & x_2 & x_3\\ y_1 & y_2 & y_3\\ 1 & 1 & 1\end{vmatrix}$$

现将它推广到以$A_1(x_1,y_1),A_2(x_2,y_2),A_3(x_3,{}_3),A_4(x_4,y_4)$为顶点的凸四边形$A_1A_2A_3A_4$的有向面积计算公式.

联结A_2,A_4,利用上述公式可得

$$\begin{aligned}S_{四边形A_1A_2A_3A_4}&=S_{\triangle A_1A_2A_4}+S_{\triangle A_2A_3A_4}\\&=\frac{1}{2}\begin{vmatrix}x_1 & x_2 & x_4\\ y_1 & y_2 & y_4\\ 1 & 1 & 1\end{vmatrix}+\frac{1}{2}\begin{vmatrix}x_2 & x_3 & x_4\\ y_2 & y_3 & y_4\\ 1 & 1 & 1\end{vmatrix}\\&=\frac{1}{2}\begin{vmatrix}x_1 & x_2 & x_4\\ y_1 & y_2 & y_4\\ 1 & 1 & 1\end{vmatrix}-\frac{1}{2}\begin{vmatrix}x_3 & x_2 & x_4\\ y_3 & y_2 & y_4\\ 1 & 1 & 1\end{vmatrix}\\&=\frac{1}{2}\begin{vmatrix}x_1-x_3 & x_2 & x_4\\ y_1-y_3 & y_2 & y_4\\ 0 & 1 & 1\end{vmatrix}\end{aligned}$$

如果要继续以这种形式再向五边形、六边形,以至n边形推广,应会遇到很大的困难.

但是,如果把上述有关三角形的有向面积公式等价地改换成三个二阶行列式的和的形式

$$S_{\triangle A_1A_2A_3}=\frac{1}{2}\left(\begin{vmatrix}x_1 & x_2\\ y_1 & y_2\end{vmatrix}+\begin{vmatrix}x_2 & x_3\\ y_2 & y_3\end{vmatrix}+\begin{vmatrix}x_3 & x_1\\ y_3 & y_1\end{vmatrix}\right)$$

那么推广成凸四边形$A_1A_2A_3A_4$的有向面积公式就是

$$\begin{aligned}S_{\text{四边形}A_1A_2A_3A_4}&=S_{\triangle A_1A_2A_4}+S_{\triangle A_2A_3A_4}\\&=\frac{1}{2}\left(\begin{vmatrix}x_1&x_2\\y_1&y_2\end{vmatrix}+\begin{vmatrix}x_2&x_4\\y_2&y_4\end{vmatrix}+\begin{vmatrix}x_4&x_1\\y_4&y_1\end{vmatrix}\right)+\\&\quad\frac{1}{2}\left(\begin{vmatrix}x_2&x_3\\y_2&y_3\end{vmatrix}+\begin{vmatrix}x_3&x_4\\y_3&y_4\end{vmatrix}+\begin{vmatrix}x_4&x_2\\y_4&y_2\end{vmatrix}\right)\\&=\frac{1}{2}\left(\begin{vmatrix}x_1&x_2\\y_1&y_2\end{vmatrix}+\begin{vmatrix}x_2&x_3\\y_2&y_3\end{vmatrix}+\begin{vmatrix}x_3&x_4\\y_3&y_4\end{vmatrix}+\begin{vmatrix}x_4&x_1\\y_4&y_1\end{vmatrix}\right)\end{aligned}$$

据此,有理由将其推广到凸 $n(n\geqslant 3)$ 边形中.

推广 以 $A_i(x_i,y_i)(i=1,2,\cdots,n)$ 为顶点的凸 $n(n\geqslant 3)$ 边形 $A_1A_2\cdots A_n$ 的有向面积公式(凹多边形也具有这种形式)是

$$S_{n\text{边形}A_1A_2\cdots A_n}=\frac{1}{2}\left(\begin{vmatrix}x_1&x_2\\y_1&y_2\end{vmatrix}+\begin{vmatrix}x_2&x_3\\y_2&y_3\end{vmatrix}+\cdots+\begin{vmatrix}x_{n-1}&x_n\\y_{n-1}&y_n\end{vmatrix}+\begin{vmatrix}x_n&x_1\\y_n&y_1\end{vmatrix}\right)$$

利用数学归纳法容易证明这个公式.

6.4.3 善于引入合适的新概念以便于命题推广

在一个数学命题中,一般都包含着若干个数学概念. 有时为推广某个命题,仅使用题中的概念可能已经无济于事,这时可以考虑引入合适的新概念,以使命题的推广得以成功.

例 33 正三角形内任意一点到其三边的距离之和为一定值.

这是一个常见题,利用面积方法很容易证明该命题,且题中的定值为正三角形边上的高线长度.

如果取消边数的限制,则例 33 可以推广为如下命题:

推广 1 正 n 边形内任意一点到其各边的距离之和为一定值.

如果取消平面图形的限制,则例 33 可以推广为如下命题:

推广 2 正四面体内任意一点到其各面的距离之和为一定值.

进一步取消面数的限制,则推广 2 又可以推广为如下命题:

推广 3 正多面体内任意一点到其各面的距离之和为一定值.

那么,如果取消"点在三角形内"这一限制,对例 33 又该如何推广呢?

显然,当点在正三角形外部时,该点到三角形三条边所在直线的距离之和将大于正三角形边上的高(这一点用面积方法很容易证明),而且也不是一个定值. 因此,取消"点在三角形内"这一限制,例 33 的结论将不成立.

这时,我们可以引入"有向距离"这一新概念:"三角形所在平面上一点 P,若它与该三角形内部任意一点均在三角形某条边所在直线的同侧,则定义点 P 到该边所在直线的距离为正;若在异侧,则定义距离为负."

有了正、负距离的概念,取消"点在三角形内"这一限制后,例 33 就可以推广为如下命题:

推广 4 正三角形所在平面上任意一点到其三边所在直线的有向距离之和为一定值.

仍可用面积方法证明推广 4,且题中的定值还是三角形边上的高线长度.

例 34 如图 6-20,P 为正三角形 ABC 内任意一点,过 P 作正三角形三边的垂线,垂足分别为 D,E,F,则

$$BD + CE + AF = DC + EA + FB \qquad ①$$

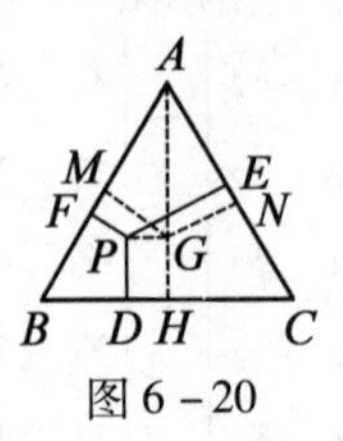

图 6－20

证明 过 A 作 $AH \perp BC$ 于点 H，再过 P 作 $PG \perp AH$ 于点 G，由点 G 分别作 AB,AC 于点 M,N，则

$$\begin{aligned} AF + BD + CE &= (AM + MF) + (BH - DH) + (CN + NE) \\ &= (AM + BH + CN) + (MF - DH + NE) \qquad ② \\ FB + DC + EA &= (MB - MF) + (HC + DH) + (NA - NE) \\ &= (MB + HC + NA) + (DH - MF - NE) \qquad ③ \end{aligned}$$

注意到 $AM = NA, BH = HC, CN = MB$，则②－③得

$$AF + BD + CE - (FB + DC + EA) = 2(MF + NE - DH)$$

于是，要证明题设等式①，只需证明 $2(MF + NE - DH) = 0$，即 $MF + NE = DH$ 即可。

由图 6－20 不难看出，$\angle PGM = \angle GPE = 30°$，则有

$$MF + NE = PG \cdot \sin 30° + PG \cdot \sin 30° = PG = DH$$

故命题获证.

下面探讨这个命题的推广①：

推广 1 如图 6－21，P 为正方形 $A_1A_2A_3A_4$ 内任意一点，过 P 作正方形四边的垂线，垂足分别为 B_1,B_2,B_3,B_4，则

$$A_1B_1 + A_2B_2 + A_3B_3 + A_4B_4 = B_1A_2 + B_2A_3 + B_3A_4 + B_4A_1 \qquad ④$$

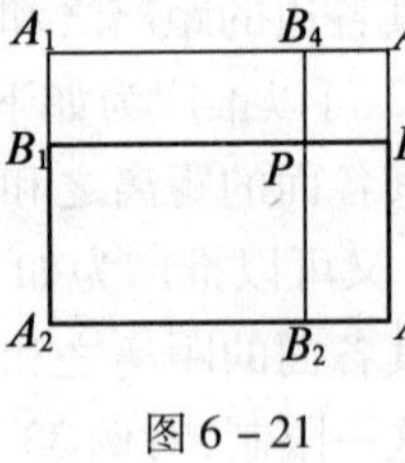

图 6－21

上述证明较易(略)，也易证得下述引理：

引理 如图 6－22，P 为矩形 $A_1A_2A_3A_4$ 所在平面上任一点，过 P 作 A_1A_2 的垂线，与 A_1A_2，A_3A_4(或它们的延长线)分别交于 B_1,B_3，则

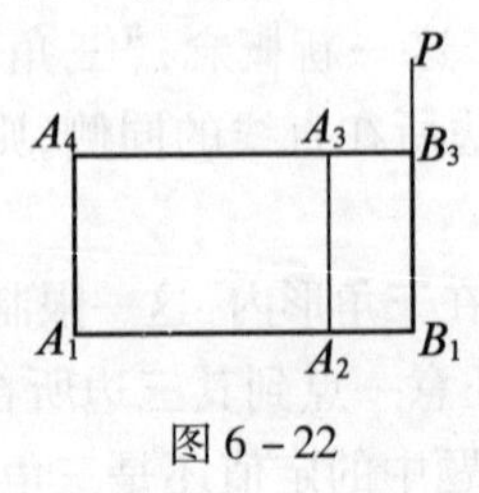

图 6－22

① 徐道. 正三角形一个性质的推广[J]. 数学通报，2014(1)：55-57.

$$A_1B_1+A_3B_3=B_1A_2+B_3A_4$$

由引理,我们利用正偶数边形的性质可方便地证得如下:

推广 2　设 P 为正 $2n$ 边形 $A_1A_2\cdots A_{2n}$ 所在平面上任意一点,过 P 作正 $2n$ 边形 $2n$ 条边 $A_1A_2,A_2A_3,\cdots,A_{2n}A_1$ 的垂线,垂足分别为 $B_1,B_2,\cdots,B_{2n}$,则有

$$\sum_{i=1}^{2n}A_iB_i=\sum_{i=1}^{2n}B_iA_{i+1} \tag{⑤}$$

其中 $A_{2n+1}=A_1$.

至此,我们已将三角形中的等式①推广至正偶数边形中,并且点 P 的要求降低了.

正奇数边形有无与①类似的结论呢?探索之路与正偶数边形相比,则显得崎岖多了.我们还是回过头看看①的证明过程中,点 P 是否一定要在正三角形内部?也就是说,点 P 作正三角形三边垂线的垂足均不在边的延长线上,①成立,否则①不成立.

据此,我们给出正多边形可控区域的概念,即如下:

定义　过正 n 边形每条边的两端点作两条与这条边都垂直的直线,$2n$ 条这样的直线(有的可能重合)围成的封闭区域叫作这个正 n 边形的可控区域.

由此定义可知:

(ⅰ)过一个正多边形可控区域内任一点作此正多边形任一边的垂线,垂足不会在这条边的延长线上.

(ⅱ)正三角形的可控区域是一个以此正三角形中心为中心的正六边形,其面积是此正三角形面积的 2 倍;正方形的可控区域就是这个正方形本身.

于是,例 34 可改进为:

命题　如图 6－23,P 为正$\triangle ABC$ 对称轴上或可控区域内任一点,过 P 作此正三角形三边的垂线,垂足为 D,E,F,则

$$BD+CE+AF=DC+EA+FB \tag{⑥}$$

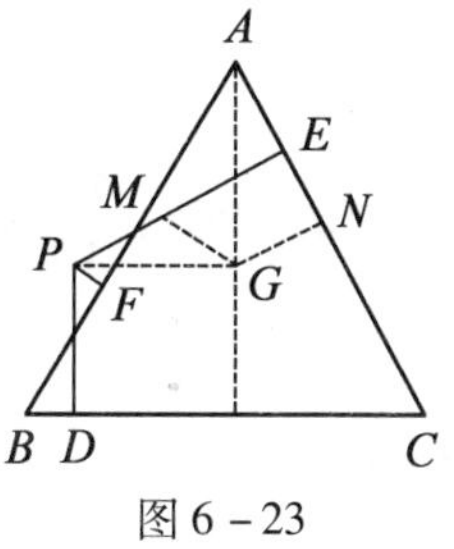

图 6－23

此命题中点 P 在正三角形内部的情形在①中已证,点 P 在正三角形对称轴上的情形也易证.这里要补证点 P 不在正三角形内部,也不在对称轴上,而在其可控区域内的情况,如图 6－23,可仿①的证明可证.

接着考察正五边形的情形.

设 P 为正五边形 $A_1A_2A_3A_4A_5$ 对称轴上或可控区域内任一点,过 P 分别作正五边形的边 $A_3A_4,A_4A_5,A_5A_1,A_1A_2,A_2A_3$ 的垂线,垂足分别为 B_1,B_2,B_3,B_4,B_5.

若 P 为正五边形 $A_1A_2A_3A_4A_5$ 对称轴上任一点,则由正五边形的对称性易得

$$A_3B_1+A_4B_2+A_5B_3+A_1B_4+A_2B_5=B_1A_4+B_2A_5+B_3A_1+B_4A_2+B_5A_3$$

若 P 不是对称轴上而是可控区域内任一点,如图 6－24,过 A_1 作 $A_1C_1\perp A_3A_4$,C_1 为垂

足；再过 P 作 $PG\perp A_1C_1$，G 为垂足；过 G 分别作 $A_4A_5, A_5A_1, A_1A_2, A_2A_3$ 的垂线，垂足分别为 C_2, C_3, C_4, C_5，则

$$\begin{aligned}&A_3B_1+A_4B_2+A_5B_3+A_1B_4+A_2B_5\\&=(A_3C_1-B_1C_1)+(A_4C_2-B_2C_2)+(A_5C_3+B_3C_3)+(A_1C_4+B_4C_4)+(A_2C_5-B_5C_5)\\&=(A_3C_1+A_4C_2+A_5C_3+A_1C_4+A_2C_5)-(B_1C_1+B_2C_2-B_3C_3-B_4C_4+B_5C_5)\end{aligned} \quad ⑦$$

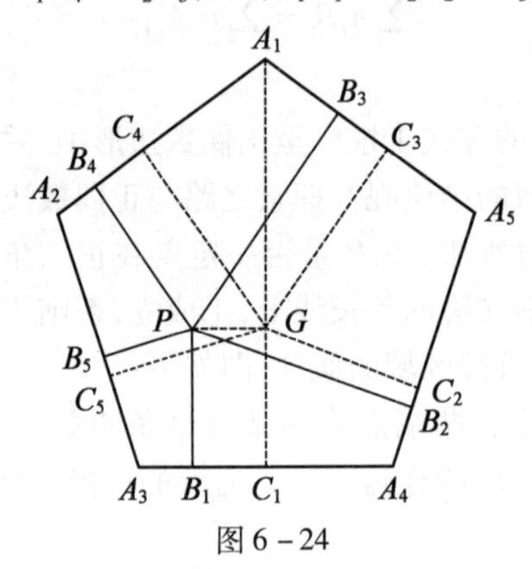

图 6－24

而

$$\begin{aligned}&B_1A_4+B_2A_5+B_3A_1+B_4A_2+B_5A_3\\&=(B_1C_1+C_1A_4)+(B_2C_2+C_2A_5)+(C_3A_1-B_3C_3)+(C_4A_2-B_4C_4)+(C_5A_3+B_5C_5)\\&=(C_1A_4+C_2A_5+C_3A_1+C_4A_2+C_5A_3)+(B_1C_1+B_2C_2-B_3C_3-B_4C_4+B_5C_5)\end{aligned} \quad ⑧$$

由于 $A_3C_1=C_1A_4, A_4C_2=C_5A_3, A_5C_3=C_4A_2, A_1C_4=C_3A_1, A_2C_5=C_2A_5$，故⑦－⑧得

$$\begin{aligned}&(A_3B_1+A_4B_2+A_5B_3+A_1B_4+A_2B_5)-(B_1A_4+B_2A_5+B_3A_1+B_4A_2+B_5A_3)\\&=2[(B_3C_3+B_4C_4)-(B_1C_1+B_2C_2+B_5C_5)]\end{aligned} \quad ⑨$$

过点 P 作 $PM\perp GC_4$，M 为垂足；过点 G 作 $GN\perp PB_3$，N 为垂足，则 $\angle NPG=\angle MGP=\frac{3\pi}{10}$.

所以

$$B_3C_3=B_4C_4=PM=PG\sin\frac{3\pi}{10}=B_1C_1\sin\frac{3\pi}{10} \quad ⑩$$

同理可得

$$B_2C_2=B_5C_5=B_1C_1\sin\frac{\pi}{10} \quad ⑪$$

将⑩⑪代入⑨得

$$\begin{aligned}&(A_3B_1+A_4B_2+A_5B_3+A_1B_4+A_2B_5)-(B_1A_4+B_2A_5+B_3A_1+B_4A_2+B_5A_3)\\&=2B_1C_1\left(2\sin\frac{3\pi}{10}-1-2\sin\frac{\pi}{10}\right)\end{aligned} \quad ⑫$$

又 $\sin\frac{3\pi}{10}=\frac{1}{4}(1+\sqrt{5})$，$\sin\frac{\pi}{10}=\frac{1}{4}(-1+\sqrt{5})$，所以⑫右端为 0.

故 $A_3B_1+A_4B_2+A_5B_3+A_1B_4+A_2B_5=B_1A_4+B_2A_5+B_3A_1+B_4A_2+B_5A_3$.

我们已把命题推广到正五边形中.

命题可进一步推广为：

推广 3 设 P 为正 $(2n+1)$ 边形 $A_1A_2\cdots A_{2n+1}$ 对称轴上或可控区域内任一点，过点 P 分

别作正$(2n+1)$边形的边$A_1A_2, A_2A_3, \cdots, A_{2n+1}A_1$的垂线，垂足分别为$B_1, B_2, \cdots, B_{2n+1}$，则

$$\sum_{i=1}^{2n+1} A_iB_i = \sum_{i=1}^{2n+1} B_iA_{i+1} \tag{13}$$

其中$A_{2n+2}=A_1$.

解析　若P为正$(2n+1)$边形$A_1, A_2, \cdots, A_{2n+1}$对称轴上任一点，则由正$(2n+1)$边形的对称性，易证⑬成立.

故下面仅证P不是正$(2n+1)$边形$A_1, A_2, \cdots, A_{2n+1}$对称轴上而是其可控区域内任一点的情形. 现在我们以正九边形为例证明推广3，一般正$(2n+1)$边形可仿正九边形证之.

设P为正九边形$A_1, A_2, \cdots, A_9$可控区域内且不在对称轴上的任意一点，过P分别作正九边形的边$A_1A_2, A_2A_3, \cdots, A_9A_1$的垂线，垂足分别为$B_1, B_2, \cdots, B_9$，如图6－25. 作$A_6C_1 \perp A_1A_2$，$C_1$为垂足，则$A_1C_1=C_1A_2$；再作$PQ \perp A_6C_1$，$Q$为垂足；再过$Q$分别作$A_2A_3, A_3A_4, \cdots, A_9A_1$的垂线，垂足分别为$C_2, C_3, \cdots, C_9$. 因为$Q$为正九边形对称轴上一点，故有

$$\sum_{i=1}^{9} A_iC_i = \sum_{i=1}^{9} C_iA_{i+1} \tag{14}$$

其中$A_{10}=A_1$.

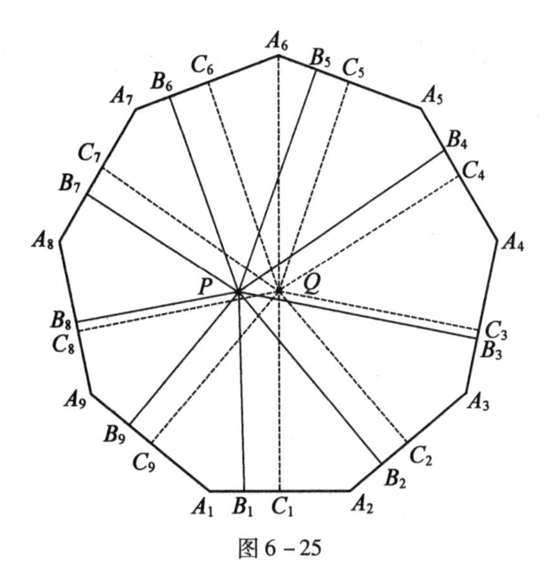

图6－25

而

$$\begin{aligned}\sum_{i=1}^{9} A_iB_i &= (A_1C_1-B_1C_1)+(A_2C_2-B_2C_2)+(A_3C_3-B_3C_3)+\\&\quad(A_4C_4+B_4C_4)+(A_5C_5+B_5C_5)+(A_6C_6+B_6C_6)+\\&\quad(A_7C_7+B_7C_7)+(A_8C_8-B_8C_8)+(A_9C_9-B_9C_9)\\&=\sum_{i=1}^{9} A_iC_i-\sum_{i=1}^{3} B_iC_i+\sum_{i=4}^{7} B_iC_i-\sum_{i=8}^{9} B_iC_i\end{aligned} \tag{15}$$

同理可得

$$\sum_{i=1}^{9} B_iA_{i+1} = \sum_{i=1}^{9} C_iA_{i+1}+\sum_{i=1}^{3} B_iC_i-\sum_{i=4}^{7} B_iC_i+\sum_{i=8}^{9} B_iC_i \tag{16}$$

⑮－⑯，并注意到⑭，得

$$\sum_{i=1}^{9}A_iB_i-\sum_{i=1}^{9}B_iA_{i+1}=-2\sum_{i=1}^{3}B_iC_i+2\sum_{i=4}^{7}B_iC_i-2\sum_{i=8}^{9}B_iC_i \quad ⑰$$

又 $B_iC_i=B_{11-i}C_{11-i}, i=2,3,4,5$,故⑰可化为

$$\sum_{i=1}^{9}A_iB_i-\sum_{i=1}^{9}B_iA_{i+1}=2\left(2\sum_{i=4}^{5}B_iC_i-2\sum_{i=2}^{3}B_iC_i-B_1C_1\right) \quad ⑱$$

而 $B_2C_2=B_1C_1\cos\frac{2\pi}{9}, B_3C_3=B_1C_1\cos\frac{4\pi}{9}, B_4C_4=B_1C_1\cos\frac{3\pi}{9}, B_5C_5=B_1C_1\cos\frac{\pi}{9}$,将这四个等式代入⑱,得

$$\begin{aligned}\sum_{i=1}^{9}A_iB_i-\sum_{i=1}^{9}B_iA_{i+1}&=2B_1C_1\left(2\cos\frac{3\pi}{9}+2\cos\frac{\pi}{9}-2\cos\frac{2\pi}{9}-2\cos\frac{4\pi}{9}-1\right)\\&=4B_1C_1\left(\cos\frac{\pi}{9}-\cos\frac{2\pi}{9}+\cos\frac{3\pi}{9}-\cos\frac{4\pi}{9}-\frac{1}{2}\right)\\&=4B_1C_1\left[\frac{2\sin\frac{\pi}{9}\left(\cos\frac{\pi}{9}+\cos\frac{3\pi}{9}+\cos\frac{5\pi}{9}+\cos\frac{7\pi}{9}\right)}{2\sin\frac{\pi}{9}}-\frac{1}{2}\right]\\&=4B_1C_1\left(\frac{\sin\frac{8}{9}\pi}{2\sin\frac{\pi}{9}}-\frac{1}{2}\right)=0\end{aligned}$$

所以 $\sum_{i=1}^{9}A_iB_i=\sum_{i=1}^{9}B_iA_{i+1}$.

至此已证 $2n+1=9$ 时推广 3 成立.

第七章　数学精神的重要载体——数学思维

思维是在表象(事物形象在头脑中的反映),概念的基础上进行分析、综合、判断、推理等认识活动的过程. 思维是人类特有的一种能力. 思维的规律常称为逻辑. 善于运用逻辑的人,易于摘下智慧之果.

数学是思维的体操,数学是思维的科学,这是人们常说的两句话. 这也表明:数学能够启迪、培养、发展人的思维. 虽然也有其他学科或其他方式可以培养人的思维,但在深度、广度、系统性等方面,是无法与数学相比的.

明朝的徐光启先生(1562—1633),见解就很高明. 他在万历三十五年(公元1607年)与利玛窦合译了欧几里得的《几何原本》. 在译本卷首的《几何原本杂议》中,徐先生指出:"人具上资而意理疏莽,即上资无用;人具中材而心思缜密,即中材有用;能通几何之学,缜密甚矣,故率天下之人而归于实用者,是或其所由之道也."

我国古代曾有过四大发明,在数学方面也有很多成就,并出现了《九章算术》《周髀算经》等重要著作,但后来我国的自然科学却停滞了,远远落后于西方. 这当然有很多的原因,但其中有一点是很重要的,即过于强调实用,而缺乏理性的思维.

希腊比古代的中国、埃及、巴比伦前进了一大步,他们"具有重理知的特性,概括并简化各种科学原则,希望由此求出这些科学的道理","柏拉图坚持研究几何学,并不是为了几何学的实际用途,而是想发展思想的抽象力,并训练心智使之能正确而活泼地思考. 柏拉图把思想的抽象力和正确的思考能力应用在伦理与政治上,结果奠定了西方社会哲学的基础;亚里士多德把它们应用在研究具体事物的真实性上,结果奠定了物质科学的基础."

"自然科学之所以能发展到目前的阶段,首先归功于希腊人对大自然的观念以及对有系统的智力训练的爱好,中间经过文艺复兴、宗教革命、法国革命,后来又受到工业革命的大刺激. 工业革命使工具的技术逐渐改进. 西欧在自然科学的后期发展中,从未忽视科学的实际用途. 不断地发现和发明,更进一步刺激了科学研究. 理论科学和应用科学齐头并进,而相辅相成."①

7.1　数学思维的含义

数学思维是针对数学活动而言的,它是通过对数学问题的提出、分析、解决、应用和推广等一系列工作,以获得对数学对象(空间形式、数量关系、结构模式)的本质和规律性的认识过程. 这个过程是人脑的意识对数学对象信息的接收、分析、选择、加工与整合. 它既是高级的神经生理活动,也是一种复杂的心理操作. 数学思维与数学知识具有密不可分、互为表里的血肉关系. 数学思维是一种内隐的心智活动,而数学知识是这种活动的外现结果②. 平时

---

① 单墫. 数学是思维的科学[J]. 数学通报. 2001(6):封二-2.

② 任樟辉. 数学思维理论[M]. 南宁:广西教育出版社,2001:2-3.

提到的数学意识、观念以及数学的推理、思想、方法等则是数学思维活动的结晶,或者说是数学思维的宏观概括.

关于数学思维,我国著名数学家与数学教育家王梓坤院士在《今日数学及其应用》(1993 年)一文中指出:"当代数学思维是一种精确定量思维. 所谓定量思维是指人们从实际中提炼数学问题,抽象化为数学模型,用数学计算求出此模型的解或近似,然后回到现实中进行检验,必要时修改模型使之更切合实际,最后编制解题的软件包,以便得到更广泛的方便的应用."这可以认为是从当代数学发展和应用中概括出的高层次的现代数学思维的特征. 实际上,无论是传统的、古典的或现代的数学思维都是一种定量思维.

在我国数学教育界,王仲春教授等认为:"数学思维是指人类关于数学对象的理性认识过程,包括应用数学工具解决各种实际问题的思考过程."作者很赞同这个观点.

数学活动的实践也表明:凡有数学活动就有数学思维,只不过进行数学研究的数学活动是独特的. 进行数学研究所呈现的数学思维方式是一种典型的数学思维,这是通过不断地提出数学问题,建立数学模型或猜想,用灵活的思维方法和高超的思维技巧去分析和解决历史遗留的或现实中的难题与重大问题,不断地开拓新的数学分支与研究方向,使得数学科学不断得到发展,并且每一次重大的数学发现和创造都使数学思维方式产生深刻的变革. 因此从整体上去研究数学的发展过程以及数学家的各种不同的数学思维方式,就能对数学思维的实质和特征有更好的理解.

我们又注意到,数学本身既是数学思维的结果,又是科学思维的工具. 这可让我们看到,数学思维的特点或特性,一方面来自于数学本身的"高度的抽象性"和"严密的逻辑性",以及"应用的广泛性"和"结论的精确性". 另一方面,正如徐利治教授指出的:数学思维同时还具有类似自然科学思维的"观察、实验、类比、归纳"等特点,甚至具有类似社会科学的"猜想、反驳、想象、直觉、美感"等特点. ①张奠宙教授则概括地提出:数学思维的特点是"策略创造与逻辑演绎的结合."②丁石孙教授等在《数学与教育》一书中也认为数学思维有三方面的本质特征:(ⅰ)逻辑性;(ⅱ)抽象性;(ⅲ)对事物主要的、基本的属性的准确把握. ③

基于数学思维既与左脑思维的分析、逻辑和判断思维以及顺序的、线性的加工和处理信息的方式相关,又与右脑思维的视觉图像的感知、记忆,具体的形象思维和美感,以及整体的、综合的加工和处理信息的方式相关. 同时基于众多数学家与数学工作者的数学思维活动的亲身感受和体验,可以认为数学思维具有广泛的含义,它除了具有明显的概括性、抽象性、逻辑性、精确性与定量性外,还具有问题性、相似类比性、辩证性、想象与猜测性,以及直觉、美感等特性.

正因为数学思维有如上的含义,所以我们有理由认为,数学思维是数学精神的重要载体.

---

① 徐利治,王前. 数学与思维[M]. 长沙:湖南教育出版社,1990:2.

② 张奠宙,等. 数学教育学[M]. 南昌:江西教育出版社,1991:14.

③ 丁石孙,张祖贵. 数学与教育[M]. 长沙:湖南教育出版社,1987:102.

7.2　数学思维的基本形式

数学思维的基本形式是指用思维科学的范畴来分析数学思维活动的不同特征.

数学思维的基本形式也可称为数学思维的基本类型.

若按思维活动的性质特征以及数学精神的特性划分,则有:

(1)数学抽象思维(弱抽象、强抽象、等置抽象、形式化抽象等);

(2)数学逻辑思维(形式逻辑思维、数理逻辑思维、辩证逻辑思维等);

(3)数学形象思维(数学表象、数学直感、数学想象、几何思维、类几何思维等);

(4)数学猜想思维(类比猜想、归纳猜想、探索性猜想、仿造性猜想、审美性猜想等);

(5)数学直觉思维(数觉:辨识直觉、关联直觉、审美直觉等);

(6)数学灵感思维(突发式灵感、诱发式灵感等).

若按个体思维发展顺序划分,则有直观动作思维、具体形象思维、抽象逻辑思维、动态辩证思维.

若按思维指向划分,则有集中思维(又称求同思维)、发散思维(又称求异思维).集中思维又可分为定向思维、纵向思维及构造性思维;发散思维又可分为逆向思维、侧向思维、悖向思维、探索性思维等.

若按思维的智力品质划分,又可分为再现性思维、创造性思维等.

还可以按思维类型的不同用二分法划分,例如,分为逻辑思维与非逻辑思维,或者分为分析思维与直觉思维等.

下面,我们按数学思维性质特征以及数学精神特性划分的六种形式讨论.

7.2.1　抽象思维

数学的概念与认识从一开始就是人类大脑抽象思维概括的产物,由于在最初定义“点”这个最基础、最原始的概念时,做了点无大小(或点不论大小)的规定,就使得所建立的数学世界只有在理想的抽象思维中才可能存在.在这个抽象的世界中,线无粗细,面无厚薄,两个数可以靠得任意近,经过多层次的复杂的抽象与推理,可以建构出一个又一个精致而又宏大的知识理论体系,建立起一个只服从于公理和逻辑的“抽象国”.

在这个“抽象国”中,人类思维超越了自然界,脱离了现实世界的沉重束缚,能够完全地置研究对象的自然性质于不顾,从而为创造与想象开拓了广阔天地,让数学家比其他的科学家享有更大的自由:可以自由、冒险地提出各种问题;可以神奇地撮合似乎是毫不相干的两个符号概念;只要不违背逻辑规律,就可以随心所欲地搭建起一个个数学理论框架,而理论本身大都已远远超越了通常的经验和常识……,这些都让数学家们在思维上颇具诗人气质.集合论发明者康托曾由衷感喟:数学的本质在于它的自由!魏尔斯特拉斯说过,“一个没有几分诗人才能的数学家决不会成为一个完全的数学家”;希尔伯特也认为,数学家比诗人更需要想象力.

在这个“抽象国”中,人类超越了自然界,反而能更简单地把握自然界,从而拥有更多自由.“世界是一本以数学语言写成的书,自然界总是按照完美的数学定律在不断地运动变化”(伽利略),理性通过数学的认识把握了自然界的必然性,让“实践理性按照自身的要求而对现实世界施加影响，使经验世界最大限度合乎实践理性的要求”（康德），就意味着自由. 由数学思考发展而成的理性思维让人类有望洞察永恒和无限，纵观世界本质，实现“无限谬妄的真正终结”，因而奠定了人格的基础并在思想上走向自由.

把取得的数学概念与认识等组织起来，使其成为高度有序的知识系统，可以进一步地抽象与概括出各种类型的不同层次的数学思想方法. 这是在数学发展过程中始终贯穿着的一个追求，也就是要尽力地寻找数学概念和方法间的一致性、各种数学理论间的一致性，以及数学和其他科学间的一致性，然后将它们纳入同一系统，以获得更有力、更简单的方法，最后归结出一个能统一最多认识的、最完善的数学思想. 进一步地说，数学的抽象和形象并不完全对立，因为数学并不是一个完全独立于客观物质世界的某个思维王国中的自由乐园. 所谓的抽象并非绝对的抽象，任何抽象的数学内容，总与形象的图形等存在着直接或间接的联系. 许多时候，即使这种联系极其微弱，仍然可以通过人所固有的几何直觉将抽象内容适度地直观化、形象化，对其进行感性的关照和体验，并将它的逻辑规定和感性形象融合成一体. 庞加莱认为数学直觉能使完全抽象的、符号化的数学思维依附于一定的形象思维、直观思维，“正是通过直觉，数学世界才能依然与真实世界保持接触，……以填平把符号与实在分隔开的鸿沟”. 所以抽象物可以间接地成为人的审美对象，只不过它比艺术的审美更需要精细的感觉. 人们对音乐、绘画之类的艺术美的鉴赏，往往不需具备很多知识即可获得一定的愉悦感，然而要感知到数学的精致优雅，即必须清晰地理解包含其中的所有概念，在理性方面做出努力. 也就是说，数学的审美活动是人的直觉想象力和逻辑知性协调运作的过程，需要一种基于优秀理解力和想象力的精细感觉.

综上所述，我们可以认为，抽象思维就是指抽取出同类事物的共同的本质属性或特征，舍弃其他非本质的属性或特征的思维形式.

对于数学，抽象的内容在本质上只有两种：一个是数量与数量关系的抽象；另一个是图形与图形关系的抽象. 所以数学在本质上研究这两种关系. ①

抽象大概要分两个层次，直观描述与符号表达. 直观描述必然引起悖论，因为凡是具体的东西，都能举出反例. 为了避免这些，就必须进一步抽象，抽象到举不出反例来，这只有通过符号表达.

抽象的第一个层次：直观描述.

抽象的第一步是从数量中抽象出数. 数在现实生活中是不存在的，现实生活中存在的只有数量，2 匹马、2 头牛，没有 2，2 是抽象出来的数. 数量关系的本质是什么呢？是多和少. 用什么来判断一件事情的本质呢，就是看动物是否明白，动物都明白的事情就是本质. 动物知道多和少，来一只狼，一只狗还敢对付，要是来一群狼，这只狗肯定掉头就跑.

抽象的第二个层次：符号表达.

数的抽象必须过渡到第二步抽象. 数学是一个符号化的世界，数学符号就是数学的语言——世界上最通用的一种语言，它是数学抽象物的表达形式，是对现实世界数量关系的反映结果.

用符号表示有关数学对象，具有简洁、明确的优点，增大了信息密度和思维容量，这样抽象的形式有时反而带来“思维的直观”. 例如，用大写字母 A 表示集合，用小写字母 a 表示元

① 史宁中. 数学的基本思想[J]. 数学通报，2011(1)：1-8.

素,用符号$\in$表示属于. 如果元素 a 属于 A,就表示成 $a \in A$. 这样定义就挑不出毛病,这是符号化定义的优点. 谁能证明两点间直线段最短,证明不了,希尔伯特把这个问题提了出来. 如果这样定义,就能够证明:两点间可以用很多条线连接,其中最短的那条线叫直线段. 这就是形式化,如果用图形表示这就是符号化语言了.

数学抽象的基本形式可划分如下①:

1. 弱抽象

减弱数学结构的抽象. 这种思维方法获得的数学对象(或概念)的外延扩大,而内涵缩小,即是普通意义下的抽象.

2. 强抽象

把新特征引入原有数学结构加以强化形成的抽象. 这时内涵扩大,而外延缩小,它们实际上是概念或关系的交叉结合而生成的新的数学对象.

3. 等置抽象

将彼此等价的各元素归为一类,视等价类为一个新元素而获得新集合的抽象方法. 它是弱抽象的一种特征表现.

等价关系是同时具有自反性($\forall a, aRa$)、对称性($aRb \Rightarrow bRa$)和传递性($aRb \wedge bRc \Rightarrow aRc$)的关系. 例如,同余关系即是等价关系.

4. 形式化抽象

形式化是指用逻辑概念或表意的数学符号及其体系,去表达和界定数学对象的结构和规律. 形式化思维是数学思维本质的一个重要侧面. 形式化的目的是从现实世界的纷繁复杂的事物内容及其联系中抽取出纯粹的数量关系简洁明了地加以表示,以便揭示各种事物的数学本质和规律性.

形式化抽象思维与前面所述的弱抽象、强抽象等是从不同角度出发对事物(或数学对象)性质和规律的认识方式. 它们有着不同的层次:

(1)构象化抽象是指由现实原型(徐利治则认为不能由现实原型)或思想材料中加以弱化或强化,或者出于逻辑需要进行构造而得到的完全理想化的数学对象.

可以说数学概念都是在不同深度、不同层次上的构象化抽象. 另外,数学符号化抽象也是构象化抽象的一种表现形式.

(2)模式化抽象是对具有现实原型或数学模型本身进一步简化或一般化、精确化,从而从前者中分离出来的数学对象的关系、性质或规律的结构化抽象.

“模型”是从属于具体的特定的事物或现象的,而“模式”所反映的只是特定事物或现象的量性特征或结构,因此更具有普遍性. 但有时模型也可称为模式,反之则不然.

(3)公理化抽象是完全理想化的抽象. 这种抽象的作用在于更换公理(或基本法则),以排除数学悖论,使整个数学理论体系恢复和谐统一.

7.2.2　逻辑思维

数学逻辑思维的基本形式是概念、判断、推理和证明. 从数学思维方法角度讲是属于整理数学知识和证明数学结论的方法.

---

①　任樟辉. 数学思维理论[M]. 南宁:广西教育出版社,2001:15-66.

数学的特点之一是形式化、符号化、公式化. 这些特点在数学思维中的反映首先是形式逻辑. 形式逻辑的进一步发展即是数理逻辑和辩证逻辑,以至于更广义的一些逻辑(多值逻辑和模糊逻辑等). 它们之间虽然有层次上的关系,但又是相互之间不能完全包容的. 在数学思维研究中应取长补短,互相结合、互相补充地去处理.

数理逻辑、形式逻辑及辩证逻辑研究的对象都是概念、判断、推理和证明的规律或法则. 但形式逻辑采用的是自然语言,比较复杂难懂,不易为人们掌握,且还容易产生歧义. 辩证逻辑则是从思维的运动、变化、发展的观点去研究思维,研究概念、判断、推理自身的矛盾运动和辩证思维的逻辑方法,如演绎与归纳、分析与综合、抽象与具体等,以及辩证思维规律,如具体同一律、能动转化律、相似类比律、周期发展律等.

形式逻辑的基本规律和推理手段已为人们所熟知. 形式逻辑的有些对象如归纳、类比等是数理逻辑尚未充分研究的,而数理逻辑的有些对象,如公理系统的完全性与无矛盾性等是形式逻辑所不研究的.

"数理逻辑是形式逻辑精确和完备的表述"(哥德尔语)①,亦称符号逻辑,主要是用数学方法研究判断、推理和证明等思维规律的学科. 主要内容包括命题演算、谓词演算以及已经发展成为新数学分支的公理集合论(公理方法)、证明论和递归论、模型论(四论).

由于数学教育中涉及大量的形式逻辑和基本的数理逻辑知识(当然还有辩证逻辑知识),这里着重从逻辑与中学数学结合的角度来讨论数学逻辑思维的一些规律.

数理逻辑中表示命题时要用到$\forall$(任何),$\exists$(存在)两个量词及$\neg$(非),$\wedge$(且),$\vee$(或),$\rightarrow$(蕴涵),$\leftrightarrow$(等值)(这个顺序已按强度减弱方向排列)五个逻辑联结词,再用$\Rightarrow$或$\vdash$表示"推出",用$\Leftrightarrow$或$=$表示"等价"或"等于". 然后用大写字母表示性质或关系,小写字母表示概念或元素,写成谓词$R(a)$就表示a具有性质R. 对字母赋予实际意义就能把普通命题形式化. 例如,"$\sqrt{2}$是无理数"可写成$F(\sqrt{2})$,"a比b大"可写成$R(a,b)$.

形式逻辑的基本规律也可写成数理逻辑的命题公式.

①同一律:"A是A"表示为$A\rightarrow A$(思维的确定性);

②矛盾律:"A不是非A",表示为$\overline{A\wedge\overline{A}}$(避免思维的自我矛盾),这里$\overline{A}$即$\neg A$;

③排中律:"或者A真,或者非A真",表示为$A\vee\overline{A}$(保持思维的明确性);

数理逻辑与布尔代数及集合代数都是同构的,所以我们常用乘号"·"代替"$\wedge$"或"$\cap$",用加号"+"代替"$\vee$"或"$\cup$". 在变形过程中可以先把后面两个联结词$\rightarrow$及$\leftrightarrow$化归为前三个联结词再进行化简,这样去推理就能逻辑地得出结论.

数学逻辑思维在中学数学范围内常用的演绎推理与证明格式有下列一些:

(1)肯定前提式假言推理:$P\wedge(P\rightarrow Q)\Rightarrow Q$.

(2)否定结论式假言推理:$(P\rightarrow Q)\wedge\overline{Q}\Rightarrow\overline{P}$.

(3)三段论(即传递推理):$(P\rightarrow Q)\wedge(Q\rightarrow R)\Rightarrow(P\rightarrow R)$.

(4)逆否推理:$(\overline{Q}\rightarrow\overline{P})\Rightarrow(P\rightarrow Q)$或$((\overline{Q}\wedge P)\rightarrow\overline{P})\Rightarrow(P\rightarrow Q)$.

(5)演绎法:$(P\wedge Q)\rightarrow R\Rightarrow P\rightarrow(Q\rightarrow R)$.

① 朱水林. 哥德尔不完全性定理[M]. 沈阳:辽宁教育出版社,1987:190.

(6)反例法:$(\forall x\in S,P(x))\wedge(\exists\alpha\in S,\overline{P}(\alpha))\Rightarrow\overline{\forall x\in S,P(x)}$.

(7)完全归纳法:$((P_1\to Q)\wedge(P_2\to Q)\wedge\cdots\wedge(P_n\to Q))\Rightarrow(P_1\vee P_2\vee\cdots\vee P_n)\to Q$.

(8)反证法:$(P\wedge\overline{Q})\to(R\wedge\overline{R})\Rightarrow(P\to Q)$

或 $\overline{P}\to(Q\wedge\overline{Q})\Rightarrow P$

或$(P\wedge\overline{Q})\to\overline{P}\Rightarrow(P\to Q)$

或$(P\wedge\overline{Q})\to Q\Rightarrow(P\to Q)$

或$(P\wedge\overline{R})\to\overline{Q}\Rightarrow((P\wedge Q)\to R)$;

半反证法:$(P\wedge\overline{Q})\to R\Rightarrow(P\to(Q\vee R))$.

(9)数学归纳法:$P(1)\wedge(\forall k\in\mathbf{N},P(k)\to P(k+1))\Rightarrow\forall n\in\mathbf{N},P(n)$

或$(P(1)\wedge P(2))\wedge(\forall k\in\mathbf{N},(P(k)\wedge P(k+1)\to P(k+2))\Rightarrow\forall n\in\mathbf{N},P(n)$

或 $P(1,1)\wedge(\forall k\in\mathbf{N},P(k,l)\to P(k+1,l)\wedge(\forall l\in\mathbf{N},P(k,l)\to P(k,l+1))\Rightarrow\forall m\in\mathbf{N},\forall n\in\mathbf{N},P(m,n)$.

7.2.3　形象思维

数学形象思维的“形象”不应仅局限于几何图形(思维),“形象”还应包括非几何图形(思维)所呈现的部分.

1. 形象的种类

(1)直观形象①.

直观形象包括平面几何图形、立体几何图形、函数图像等. 这样的形象思维属第一层次的几何思维,它常用于研究尚具有直观特点的几何问题. 画出文字语言所表示的图形,添加几何证明中的辅助线,把实际问题数学化为几何问题,皆属这个层次的形象思维,并称直观形象思维为第一层次的形象思维.

(2)经验形象.

一定的“形”常对应一定的“式”. 解代数题时,抓住式的结构特征,反过来联想与之对应的形,把代数题转化到几何领域,通过研究形的性质而解决. 这种由式而产生的图形,也就是经验形象. 直观形象和它所反映的本质成块地贮存在人的大脑里,就成为经验形象. 像握手、比赛问题用连线段求解;行程、工程问题用构造矩形求解;方程问题用函数图像求解,都是经验形象的作用. 这种形象思维属第二层次的类几何思维. 类几何思维是主体把已知和与已知类似的经验形象沟通,从而解决代数问题的一种思维.

代数公式、命题、命题推理论证等的整体形象也属经验形象. 例如,已知实数 a,b,c,且满足 $a>b>c,a+b+c=1,a^2+b^2+c^2=1$. 求证:$1<a+b<\frac{4}{3}$. 有 $a+b=m,a^2+b^2=n$ 便可用韦达定理构造一元二次方程. “$a+b=m,a^2+b^2=n$”就是主体的经验形象. 把本题已知与此一沟通,便得①$a+b=1-c$,②$ab=c^2-c$. 进一步得根为 a,b 的方程 $x^2-(1-c)x+(c^2-c)=0$,问题得解. 这里,由已知式到①②,进行的主要是由一式到另一式的类几何思维.

---

① 徐有政. 略论数学形象思维[J]. 数学通报,1999(9):4-5

(3)创新形象.

创新形象就是主体面对一个新的问题情景,在经验形象基础上想象出的一种新形象. 如互补的两角之差是 36°,求较小角的余角. 此题一般列方程求解,但若应用形象思维构图 7－1 可巧解此题. 图 7－1 就是创新形象,线段 AB,BC 表示互补的两个角,把 AC 对折,得中点 O 和 B 的重合点 B',则 BB'表示两角之差 36°,较小角的余角为 $BO=\frac{1}{2}BB'=18°$. 创造新形象解决问题的思维属第三层次的创新形象思维. 笛卡儿创立解析几何,进行的也就是创新形象思维.

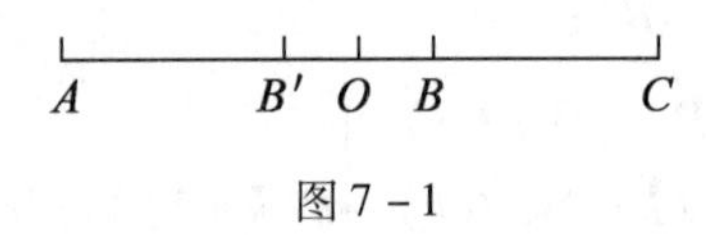

图 7－1

(4)意会形象.

爱因斯坦在回答阿达玛所准备的一组问题时写道:"无论是在写作的时候,还是在论述的时候,所使用的单词或语言对于我正在进行的思维活动几乎不起丝毫作用. 作为心理元素的思维实体只是某些符号,以及时而清楚时而模糊的意象……"阿达玛也说:"在我所从事的全部数学研究中,我都会构作这样的图像,它一定是一幅模糊的东西,有了这个图,我才不会误入歧途."此处,爱因斯坦、阿达玛所说的"意象""图像"就是意会形象. 意会形象一般不进入人类公认的知识体系,只存在于单个人的头脑中,它是主体个人对数学对象的一种整体把握. 模糊、易变,只能意会,不好言传是其主要特点. 这种意会形象的思维,称之为意象思维,属形象思维的最高层次——第四层次.

综上可知,数学形象思维是人们通过形象反映数学对象间关系的过程,它既具有形象性,又具有抽象概括性,它不仅活跃在几何问题中,也在代数问题中有充分体现.

为了讨论问题的方便,以上几类形象统称为形象材料. 因而我们有形象思维是依靠形象材料的意识领会得到理解的思维. 形象材料是指客观事物的整体在人脑中形成的表象. 表象具有各种不同的形态,是心理学的研究对象之一. 但是过去和现在,人们一直把表象作为感性认识的一部分,或者仅仅承认表象是由感性认识过渡到理性认识的纽带,而并不承认它属于理性认识的范畴. 近年来,随着思维科学研究的逐步深入,这种把思维仅仅局限于抽象思维的狭隘观点已经受到冲击. 钱学森教授称形象思维的研究是"思维科学的突破口"①. 一些思维科学研究者把抽象思维称为"狭义的思维",把形象思维称为"广义的思维",并提出"表象是形象思维的基本元素"②. 对于形象思维形式化的研究已经成为思维科学研究中的一个重要课题,它对揭示形象思维的过程及其规律有着重要的意义. 下面我们就来探讨数学形象思维的基本形式.

2. 数学形象思维的基本形式

(1)表象是人脑对当前没有直接作用于感觉器官的、以前感知过的事物形象的反映③.

个别表象是头脑中再现出来的某个具体事物的形象;一般表象是头脑中再现出来的某

---

① 钱学森. 关于思维科学[M]. 上海:上海人民出版社,1986:141.

② 邹邦才. 形象思维新探[J]. 思维科学,1998(3):4-6.

③ 任樟辉. 数学思维理论[M]. 南宁:广西教育出版社,2001:25-29.

一类事物的形象. 数学表象则是从事物的形体物象中通过形式结构特征的概括而得到的观念性形象.

数学表象是数学形象思维的基本元素. 形象思维从表象这种思维形式开始,主体可以对它进行自由的加工与整合,并借助于逻辑思维的渗透或结合,对各种表象进行分析、比较,并不断地进行不同类型和不同深度的概括,产生更一般的各种表象,形成表象系统.

数学表象思维的载体是客观实物的原型或模型以及各种几何图形、代数构式,包括数学符号、图像、图表与公式等形象性的外部材料. 它们在人脑中内化为表象时可分为两种基本类型:图形表象(或几何型表象)与构式表象(或代数型表象). 有时则呈现为混合型状态,心理学中把它们统属于表征(representation).

图形表象是与外部几何图形的形状相一致的脑中示意图,如正方体、抛物线等语词概念能唤起主体头脑中一般的正方体、抛物线形象的浮现.

构式表象是与外部数学式子的结构关系相一致的模式形象.

(2)直感(insight)①是运用表象对具体形象的直接判别和感知.

数学直感是在数学表象基础上对有关数学形象的特征判别. 形象思维的判断活动与抽象思维不同,它不必以概念为中介,甚至不必以语言为中介(在右半球的"哑脑"中),它只需将储存在大脑神经化学网络中的理性意象(即一般表象)与特征相应的某一事物的感性映象比较一下便能直接做出判别了②. 在数学中,对于直观实物的形体识别,即使没有抽象概念的形成,例如对于一个没有学过几何学的人来说,主体也能根据他以前对类似形体的表象记忆,去判断一个实物应归属于哪一类范围. 形象特征判别是用带有普遍性的概括表象去对照具有个别性的具体形象所得的判断. 这种特征对照是一种整体形象的分解与整合的直观感知过程,是形象思维规律的相似特性的一种表现.

直感与灵感(inspiration)不同,直感是显意识,而灵感是潜意识. 直感也与直觉(intuition)不同. 直感是直觉的整体形象判别的侧面,而直觉的实质主要在于逻辑思维过程的压缩,运用知识组块对当前问题进行分析及推理,以便迅速发现解决问题的方向或途径. 直觉是直感的扩大或延伸,因此直感是直觉形成的基础之一. 数学直感有着各种不同的形式,主要的有形象识别直感、模式补形直感、形象相似直感和象质转换直感. 其中前两种是简单直感,后两种是复合直感.

(ⅰ)形象识别直感是用数学表象这个类象(普遍形象)的特征去比较具体数学对象的个象,根据形象特征整合的相似性来判别个象是否与类象同质的思维形式. 数学中的形象识别主要表现于各种图形、图式在变位、变式情况下的再认,以及在复合、综合形态下的分解辨认. 这种形象识别直感在数字解题的思维过程中起着明显的启发引导作用.

形象识别直感的重要作用是能将问题目标的形象分解成基本图形或基本构式,使主体在解题思维中能迅速定向,认清解题方向或途径.

(ⅱ)模式补形直感是利用主体已在头脑中建构的数学表象模式,对具有部分特征相同的数学对象进行表象补形,实施整合的思维形式. 这是一种由部分形象去判断整体形象,或由残缺形象补全整体形象的直感. 数学解题中运用的补形法的思维机制就是这种模式补形

---

① 钱学森. 关于思维科学[M]. 上海:上海人民出版社,1986:143.

② 陶伯华. 形象思维特征规律探析[J]. 思维科学,1987(1):21-25.

直感.

(ⅲ)形象相似直感是以形象识别直感和模式补形直感为基础的复合直感. 当主体进行形象识别时,往往在头脑中找不到同质的已有表象,也不能通过补形整合于已有模式. 这时主体通常是在头脑中筛选出最接近于目标形象的已有表象或模式来进行形象识别. 通过形象特征的同与异的比较,判别其相似的程度,从而通过适当的思维加工与改造,使新形象联结于原有表象系统的相应环节,构成相似链,在问题解决的过程中就表现为问题的变更和转化.

数学中的形象相似直感主要有图形相似直感和构式相似直感两种形式. 形象相似是多侧面的,这种直感是联想、类比、想象、猜想等形象推理方法的认识基础. 数学形象相似直感的丰富程度依赖于主体头脑中图形或构式表象系统的丰富程度以及相似意识的自觉程度,同时也是与前两种直感相互渗透、交错作用的.

图形相似意识的形成与认识各种几何实例中的图形相似性有关. 这里所谓相似是包括通常意义下几何相似在内的更广义的相似,既有形式相似也有实质相似.

(ⅳ)象质转换直感是利用数学表象的变化或差异来判别数学对象的质变或质异的形象特征判断. 数学中的图形、图像、图式等在主体头脑中形成的表象是数学对象内在本质的外现,象变意味着质变,象异代表着质异. 因此在数学形象思维中往往可以通过图形、图像、图式的变化来判别它们所反映的数学对象性质的变化,使数学表象与数学性质的对应形成一个动态的平衡关联系统. 例如,在解析几何中,由圆锥曲线形状的变化判断离心率的变化以及与其相对应的二元二次方程的系数关系特征的变化;在代数中,由二次函数图像相对于坐标轴的位置差异来判别二次函数系数间关系的差异等都能帮助人们确立象质转换的动态直感.

象质转换直感的运用与主体头脑中已有的表象系统直接相关. 这正如医生看病时,利用望、闻、问、切(中医)或听诊、叩诊、透视、化验(西医)来获取病人身上的心、肺、气、血等活动的视觉、听觉和触觉等象变信息,然后与他头脑中已储存的病变表象系统进行比较,从而得出病人病变的直感判断(诊断)一样. 数学中的象质转换通常是把图形、图像、图式的相对静止或特殊的形态,同有关的动态表象系统或一般的形态相互比较来进行判断的. 由于图式是图形、图像的解析化,也是数学性质的形式化,所以象与质的理解是相对的,即数学图形、图像、图式与数学对象性质的关系是象质关系,而图形、图像相对于图式而言,也是一种象质关系.

(3)想象是在头脑中对已有表象经过结合和改造,产生新表象的思维过程.

想象的基本材料是表象,想象的基本手段是直感. 在想象过程中,对已有表象进行结合和改造的方式是直感. 这个问题长期以来较少研究,因此对形象思维的规律认识往往比较模糊和笼统. 实际上,任何有意想象(不是无规则的表象堆砌),特别是科学想象都是对已有表象的一系列的直感联结. 数学想象是对数学形象的特征推理,它是数学表象与数学直感在主体头脑中的有机联结和组合. 直感联结的过程就是新形象的构思产生过程. 数学想象是似真推理(或合情推理)的基本成分. 它与逻辑推理不同,逻辑推理是一种形式严格的推理,而想象是一种不严格的推理,或者说是一种形式相似的推理,其结果不一定都是正确的. 数学中常见的一些推理,如经验归纳推理、类比推理以及猜想等,其主要倾向都是形象特征推理.

想象思维的重要性还在于它是创造性思维的重要成分,不论是数学中的直觉还是灵感,没有想象的展开是不可能实现的. 正如爱因斯坦所言:“想象力比知识更重要,想象力是科学研究中的实在因素,是知识进化的源泉.”在数学科学发展史上,罗巴切夫斯基发现非欧几何的过程是与他的高度科学想象力分不开的. 在当时和以后许多年中,并非马上能够在现实世界中找到它的数学模型,但罗巴切夫斯基则将他获得的抽象结果进行科学的猜想,他指出,“普通几何作为特殊情况包含在想象几何之中,想象几何取无限小线段可转变成普通几何”,认为非欧几何是“巨大尺度形式的几何”“可适用于被观察到的世界之外以及分子引力范围之内”.

数学想象有着各种不同的表现形式. 按照想象的内容特点来分,可以分成图形想象和图式想象两类;按照想象的深度来分,则可以分成联想(包括回忆、追想等)和猜想两类. 联想是一种再造性想象,而猜想是属于创造性想象. 在联想和猜想之间还有一些近义的中间层次,按逐渐加深的顺序是:(联想)→推想→设想→构想→(猜想). 在日常用语中,这些中间层次的提法往往是不加区别地混用,并没有严格的区别.

(ⅰ)图形想象是以空间形象直感为基础的数学图形表象的加工与改造. 它是对几何图形的形象建构,包括图形构想、图形表达、图形识别和图形推理四个层次. 每个层次包含着对图形的基本元素之间位置关系和度量关系的认识,以及对整体图形的形状和结构的认识.

(ⅱ)图式想象是以数学直感为基础的对数学图式表象的加工与改造. 它是对数学图式进行的形象特征推理. 图式(schema)又称为框架(framework)或数据结构(data structure)[①]. 在数学中,它是事物数量关系的解析表现,而图形(包括图像等)则是事物数量关系的几何表现. 图式与图形是事物数学特征的两个相互联系、辩证统一的侧面. 图式是数量关系的引申,又是对图形的抽象和概括. 反过来,图形是数量关系的形象表现,又是图式的直观显示. 正是由于这种关系,图式想象是与图形想象密切联系的,但是它又具有自己的明显特点,即以框架结构作为形象思维的材料进行分析和思考,这与图形想象以形状位置作为形象思维的材料是有区别的.

(ⅲ)关于联想和猜想,它们既是数学形象思维中想象推理的不同表现形式,也是数学形象思维的重要方法. 它们与想象的关系及规律可从数学的特点、心理学与思维科学的有关规律等诸方面结合的角度来进行分析. 其基本关系为:

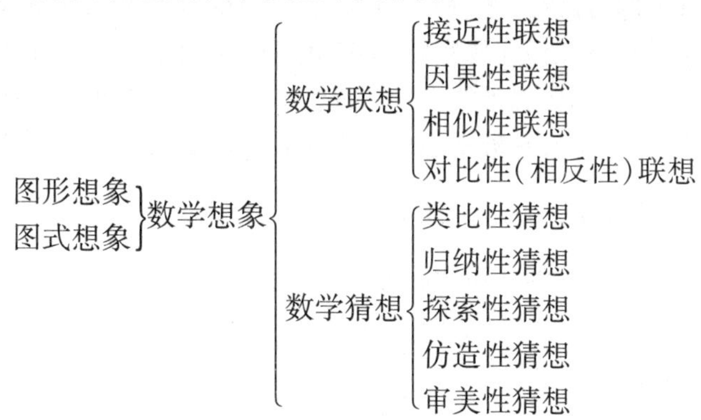

关于数学想象的类型,徐利治教授从另一角度把它划分为:视觉想象、听觉想象和触觉

① 司马贺. 人类的认识[M]. 荆其诚,等译. 北京:科学出版社,1986:102.

想象.①

需要特别指出的是,数学形象思维的三种基本形态(或形式):数学表象、数学直感与数学想象之间存在深刻的辩证联系,即数学表象和数学直感是数学想象的基本成分或材料,但数学直感与数学想象互为表里、互相渗透,数学想象是数学直感形成的过程,而数学直感又表现为数学想象的结果. 这个关系对于一般的形象思维也适用. 这就反映了直感是有程度深浅之分的,其高层次的表现就是一种形象思维的洞察力,如同钱学森教授在"开展思维科学的研究"一文中所举的例子②那样,获得诺贝尔生理和医学奖的美国科学家芭芭拉·麦克林托克在研究玉米遗传学时的情景就是形象思维的表象、直感、想象的交互作用(当然也和逻辑思维相互交织)使她发现了分子遗传学中的"转座因子"等重要概念,建立了分子遗传学理论.

上述关系相似于逻辑思维中的判断和推理间的辩证联系(已在前面论述),它是思维相似律的一种反映,具有深刻的哲理性.

(4)数学形象思维的层次通常可以分为几何思维(即以日常的几何空间中的图形、图式为对象的直观思维)和借助于几何空间关系进行理性构思而形成朦胧形象的类几何思维.

几何思维是通过已经理想化的点、线或平面与空间中的图形或图像进行思维加工的较为直接的、具体的、直观的形象思维,是数学形象思维的基本方式. 中学数学中的数形结合、图像法、几何模型法等均属于几何思维.

类几何思维提供的形象是较为间接的带有理性想象的构造性形象,因此是一种抽象的形象. 实际上,它是形象思维和抽象思维有机结合的产物.

综上所述,形象思维的内涵是非常丰富的,不仅如此,形象思维的训练价值也是不可低估的. 例如,解题实践表明:"解题者所做的脑力工作就在于回忆它的经验中用得上的东西"并和它的解题思维联系起来,这是表象——联想——想象的形象思维过程. 形象思维能力较强的人,思考问题时各种形象经常浮现眼前、活跃在脑海里,这有助于搜集有用信息,激活解题思路,从而有效地解决问题.

数学形象美而有趣,它不仅有利于激发学习者的创造性想象,而且会引导学习者主动地实验、研究,从而发现问题、探索问题、解决问题直至深化问题. 又由于数学创造思维往往先通过形象、灵感、数学美感等抓住问题实质,迅速找出解决问题的突破口,再通过逻辑思维做出严格证明,所以对学习者形象思维能力的训练将有益于学习者创造性思维的发展.

作为本节的结束,我们来看看数学形象思维与数学抽象思维的关系. 先看一个例子:

例 1 当实数 a 在什么范围内取值时,曲线$\frac{(x-a)^2}{2}+y^2=1$ 和曲线 $y^2=\frac{x}{2}$有公共点?

解析 如果仅从抽象的数的知识方面思考,则由

$$\begin{cases}\frac{(x-a)^2}{2}+y^2=1\\ y^2=\frac{x}{2}\end{cases}$$

---

① 徐利治,王前. 数学与思维[M]. 长沙:湖南教育出版社,1990:83.

② 钱学森. 关于思维科学[M]. 上海:上海人民出版社,1986:136.

得

$$x^2-(2a-1)x+a^2-2=0 \quad ⊛$$

由 $\Delta\geqslant 0$ 得，$a\leqslant\frac{9}{4}$时，两曲线有公共点. 其实，结合图形来检查这一结论，当 $a<-\sqrt{2}$时，椭圆系与抛物线无公共点，于是得正确结论：$-\sqrt{2}\leqslant a\leqslant\frac{9}{4}$. 但是，形象思维并不能使解题者彻底明白失误原因，这又得从抽象的逻辑思维中去找答案：方程⊛有实数解仅是原方程组有解的必要非充分条件，故还需结合图形求解.

由此可见，数学形象思维与抽象思维具有互补关系，它们犹如人的两目，在实际思维过程中总是协同进行. 在数学学习中，二者应互相配合，相辅相成；在数学教学中，两种思维的训练均不可轻而视之，更不可缺少任一方面.

7.2.4 直觉思维

所谓数学直觉思维就是人脑对数学对象及其结构关系一种迅速的判断与直接的领悟. 所谓迅速的判断就是人脑对于数学对象及其规律性关系的敏捷的洞察、直接的理解与综合的判断，而直接的领悟是指与普通逻辑推理相区别的悟性，直接触及数学对象的本质.

直觉判断与直觉想象来源于丰富的学识和经验，是数学的洞察力和感悟力的表现表式，它是以实践为基础的，事实上，一个数学文盲就不可能产生数学上的直觉判断与想象，这符合哲学中认识事物的一般规律. 数学发展过程本身就是人的认识不断发展的过程，受数学知识、实践条件、认知水平、心理因素等内在和外在条件的限制，数学直觉思维的产生，自然也需要一定的条件和孕育的过程，人们不可能在认识之初就对事物洞察无遗.

关于直觉思维的讨论，国内外的科学家和专家学者有着许多重要的论述. 著名物理学家爱因斯坦曾说过："我相信直觉和灵感."①

美国教育家布鲁纳认为："直觉是指没有明显地依靠个人技巧的分析器官掌握问题或情境的意义、重要性或结构的行为."

英国剑桥大学病理学家贝弗里奇认为："直觉是指对情况的一种突如其来的颖悟或理解."②数学家. 布洛赫(Bloch)则认为："直觉是把那些你已经了解很充分的对事物的认识拼起来，形成一个完整的认识."③我国著名科学家钱学森认为："直觉是一种人们没有意识到的对信息的加工活动，是在潜意识中酝酿问题而然后与显意识突然沟通，于是一下子得到了问题的答案，而对加工的具体过程，我们则没有意识到."④

这些看法虽然有所差异，它们是着重从某一侧面或某一角度对直觉或灵感做出的解释. 但有一个共同的思想，即直觉思维(包括直觉与灵感)是客观存在的一种思维形式. 它是一种以高度省略、简化、浓缩的方式洞察问题实质的思维. 其主要特征是能在一瞬间迅速解决问题.

数学直觉因数学对象的本性，而有着独特的内涵. 数学认识的对象是量化模式和空间形

---

① 爱因斯坦. 爱因斯坦文集(第1卷)[M]. 北京：商务印书馆，1976：248.

② 贝弗里奇. 科学研究的艺术[M]. 陈捷，译. 北京：科学出版社，1979：72.

③ 刘电芝，张庆林. 试论直觉的心理机制[J]. 教育研究，1988(1)：20.

④ 钱学森. 思维科学探索[M]. 太原：山西人民出版社，1985：22.

式，具有很强的抽象性，较高层次的抽象是以较低抽象度的数学对象为基础的. 与此相应，数学直觉也是由低到高地建构和发展的，较高层次的数学直觉是对相对具体的数学对象及其性质的直接洞察. ①

例 2 已知点 $P(x,y)$ 的坐标满足 $\begin{cases}\sqrt{3}x-y<0\\ x-\sqrt{3}y+2<0\\ y\geqslant 0\end{cases}$，则 $\dfrac{\sqrt{3}x+y}{\sqrt{x^2+y^2}}$ 的取值范围为________.

解析 留心观察目标式 $u=\dfrac{\sqrt{3}x+y}{\sqrt{x^2+y^2}}$ 的结构，通过适当变形、表征，赋予 u 以新的意义或解释，获得了以下多种基于直觉判断的解法：

直觉判断 1：目标式的结构形式与平面向量数量积坐标表示形式非常相似，考虑构造向量，利用向量数量积知识解决问题. 在直角坐标系 xOy 中，设 $A\left(\dfrac{\sqrt{3}}{2},\dfrac{1}{2}\right)$，$P(x,y)$ 为满足不等式组的平面区域内一个动点，向量 $\overrightarrow{OA}$，$\overrightarrow{OP}$ 的夹角为 θ，则 $\cos\theta=\dfrac{\overrightarrow{OA}\cdot\overrightarrow{OP}}{|\overrightarrow{OA}|\cdot|\overrightarrow{OP}|}=\dfrac{1}{2}\times\dfrac{\sqrt{3}x+y}{\sqrt{x^2+y^2}}$. 利用图形直觉，可得 $\dfrac{\sqrt{3}x+y}{\sqrt{x^2+y^2}}$ 的取值范围为 $[-\sqrt{3},\sqrt{3})$.

直觉判断 2：在给定区域取特殊点 $(1,\sqrt{3})$，$(0,2)$，$(-3,0)$，则 $u=\dfrac{\sqrt{3}x+y}{\sqrt{x^2+y^2}}$ 取值分别为 $\sqrt{3}$，1，$-\sqrt{3}$. 可以直觉猜测 u 的取值范围为 $[-\sqrt{3},\sqrt{3})$. 不过，这个结论并不可靠，需要进一步证实.

直觉判断 3：直觉上看，$\sqrt{x^2+y^2}$ 表示点 $P(x,y)$ 到原点的距离，而 $u=\dfrac{\sqrt{3}x+y}{\sqrt{x^2+y^2}}=\sqrt{3}\dfrac{x}{\sqrt{x^2+y^2}}+\dfrac{y}{\sqrt{x^2+y^2}}$，由三角函数的定义，设 $u=\sqrt{3}\cos\theta+\sin\theta=2\sin\left(\theta+\dfrac{\pi}{3}\right)$. 本题把代数关系通过转化重新表征为三角关系加以研究，这时，原本无法解决或模糊不清的问题，运用直觉判断就能直接洞察问题的本质，看得真真切切.

直觉判断 4：观察目标式的结构特征，分子与分母可以看成关于 x,y 的齐次式，同除以 x，问题转化为与以斜率 $\dfrac{y}{x}$ 为变量的函数的值域问题.

直觉判断 5：由于区域中 $y>0$，则将目标式的分子与分母同除以 y，可减少分类讨论的麻烦.

直觉判断 6：u 的形式与点到直线距离公式相类似，联想到直线的距离公式. 设经过区域中点 (a,b) 所在直线 OP 的方程为 $bx-ay=0$，$\dfrac{\sqrt{3}a+b}{\sqrt{a^2+b^2}}$ 的几何意义为平面上定点 $Q(1,-\sqrt{3})$ 到直线 $bx-ay=0$ 的距离.

---

① 杨鹤云. 数学直觉思维的一些思考[J]. 数学通报，2014(8)：29-32.

以上直觉判断 1,2,6 主要是借助于已知不等式组或目标代数式的图形表征(知识的表象表征),直觉判断 3,4,5 则主要利用数式的结构特征和转化,用单变量函数取值的变化表征代数式 u 的取值情况.

需要指出的是,个体的知识表征或解释作为内在认知结构的一部分,不具有认识论意义上绝对的可靠性和客观性,但这是通往客观知识与自然法则的可能途径. 而数学直觉思维活动,则借助适合主体认知结构的、具有数学意义的表征,进行敏锐的观察感悟,能够生动、具体、直接地洞察到较为明晰可靠的知识.

直觉是运用有关知识组块和形象直感对当前问题进行敏锐的分析、推理,并能迅速发现解决问题的方向或途径的思维形式. 知识组块是知识数量的单位. 由于人们在日常生活、工作与学习中经常要解决类似的问题,这些问题的反复出现以及解决它们所用的知识、方法和手段的反复使用,使解决此类问题的知识或方法、手段内部之间的联结加强,形成一个知识单元或组块,主体在解决问题时就能运用形象直感敏锐地对问题进行分解式地识别、补形或进行相似、转换等辨认,迅速与有关知识组块进行联结,并整合成问题的整体综合判断,得出解决问题的方向或途径. 组块是在知识、经验基础上形成的. 组块在头脑中的表征也是丰富多彩的. 各人对同样的知识,其表征方式不一定相同. 但是它是抽象与形象的结合,既是知识的浓缩,也是形象的结晶. 因此组块思维是直觉的逻辑基础,而直感则是直觉的形象成分. 人们在解决问题产生直觉时,有时常感到思维加工的过程没有意识到,这是由于组块的结合反应经过不尽相同的多次反复,已经趋于自动化,即已从显意识不同程度地转入潜意识贮存. 这一特点正是直觉思维应在思维活动形式分类中单独划归一类的原因之一. 它虽然要"以逻辑思维和形象思维为前提"①,但它已是逻辑思维组块和形象思维直感在意识淡化情况下结合的质变形态. 直觉在解决新问题时并非是简单的再认. 它在运用知识组块和直感时都得进行适当的加工,将脑中贮存的与当前问题相似的块通过不同的直感进行联结. 根据系统论的观点,整体大于部分之和. 因此直觉思维对问题的分解、改造和整合加工是具有创造性的加工.

1. 直觉具有的特征

直觉具有如下的 4 个特征:(1)经验性. 直觉所运用的知识组块和形象直感都是经验的积累和升华. 直觉不断地组合老经验,形成新经验,从而不断提高直觉的水平. (2)迅速性. 直觉解决问题的过程短暂,反应灵敏,领悟直接. (3)跳跃性. 直觉思维并不按常规的逻辑规则前进,尽管它在一定程度上有逻辑的分析和综合,表现出整体的确定性及细节上的模糊性. 主体往往是不自觉地运用组块与直觉,体验不到逻辑过程的高度浓缩和简化. 这是直觉思维的本质特征. (4)或然性. 直觉判断的结果不一定都正确,这是由于组块本身及其联结存在模糊性所致. "数学直觉是一种直接反映数学对象结构关系的心智活动形式,它是人脑对于数学对象事物的某种直接的领悟或洞察. "②

数学直觉,可以简称为数觉(有很多人认为它属于形象思维),但是并非数学家才能产生数学直觉,对于学习数学已经达到一定水平的人来说,直觉是可能产生的,也是可以加以培养的. 数学直觉的基础在于数学知识的组块和数学形象直感的生长. 因此,如果一个学生在解决数学新问题时能够对它的结论做出直接的迅速的领悟,那么我们就应该认为这是数

① 齐振海. 认识论新论[M]. 上海:上海人民出版社,1988:293.

②③ 郑毓信. 数学方法论入门[M]. 杭州:浙江教育出版社,1985:117-118.

学直觉的表现. 这较之数学家的创造性思维过程中表现出的直觉来说,虽然层次上显得较低,但其本质是一致的. 由于"数学直觉常常与形象思维相联系",直觉与想象或猜想就存在交叉和关联. 这就是为什么在数学教学中有"直觉的想象"或"直觉性猜想"等提法的原因. 但是如果把想象或猜想与直觉等同,或者把想象当成直觉思维的一种形式,这就有失偏颇了. 因为猜想不一定需要直觉,想象则更主要地属于形象思维.

2. 直觉思维与逻辑思维是对立统一关系

从思维的特征看:逻辑思维以抽象性、连续性为主要特征,每前进一步都有充分的依据,而直觉思维是以在一瞬间迅速解决问题为特征的. 从思维的形式看:逻辑思维基本形式是概念、判断和推理,直觉思维的基本形式是以高度的省略、简化、浓缩的方式洞察问题的实质,其思维是非逻辑性的,是逻辑思维的浓缩. 庞加莱是最早研究数学直觉的数学大家,他是如何看待数学直觉及其在数学研究中的作用呢? 他首先强调了直觉和逻辑的对立性,认为数学家著作分为两种类型:一种类型主要是逻辑型的,另一种类型则是主要凭借直觉. 直觉思维的结果的不严格性与不可靠性则需要逻辑思维加以验证其结果的正确性,因此庞加莱十分明确地强调了直觉和逻辑的互补性:"逻辑和直觉各有其必要的作用,二者缺一不可. 唯有逻辑能给我们以可靠性,它是证明的工具,而直觉则是发明的工具. "①

以往的研究更多地强调了直觉思维与逻辑思维的对立. 事实上,数学直觉是从多次反复逻辑思维和形象思维的交叉作用下脱胎成长的. 直觉思维是逻辑思维过程的压缩,运用知识组块对当前问题进行减缩判断. 直觉思维的跳跃性是逻辑性与非逻辑性的结合,能迅速地发现解决问题的方向和途径. 双方在认识过程中既相互矛盾又相互依靠,使人的思维能力不断发展. 充分认识逻辑思维与直觉思维的对立统一关系,才不会因循守旧、死抱成规,才会发现、发明、创造、获取新的知识发展智力. 徐利治教授指出:"数学直觉既是抽象思维的起点,又是抽象思维的归宿. "通过抽象性思维,对数学对象的本质有所洞察、有所概括,在此基础上就形成了更高层次的数学直觉,从而又可进行更高层次的创造性思维活动. ②

例 3 证明:$\frac{1}{n+1}+\frac{1}{n+2}+\cdots+\frac{1}{2n}<\frac{4}{5}(n\in\mathbf{N}_+)$.

本题直接利用数学归纳法证明有一定的难度,式子左边似曾相识,直觉告诉我们问题与 $f(n)=1+\frac{1}{2}+\frac{1}{3}+\cdots+\frac{1}{n}$ 有关联,由此寻求它们之间关系获得问题的解决.

解法 1 (直觉关联 + 逻辑推理)

令 $f(n)=1+\frac{1}{2}+\frac{1}{3}+\cdots+\frac{1}{n}$,则

$$\begin{aligned}\frac{1}{n+1}+\frac{1}{n+2}+\cdots+\frac{1}{2n}&=f(2n)-f(n)\\&=\left(1+\frac{1}{2}+\frac{1}{3}+\cdots+\frac{1}{2n}\right)-\left(1+\frac{1}{2}+\frac{1}{3}+\cdots+\frac{1}{n}\right)\\&=\left(1+\frac{1}{2}+\frac{1}{3}+\cdots+\frac{1}{2n}\right)-2\left(\frac{1}{2}+\frac{1}{4}+\frac{1}{6}+\cdots+\frac{1}{2n}\right)\end{aligned}$$

---

① 庞加莱. 科学的价值[M]. 北京:光明日报出版社,1988.

② 杨鹤云. 数学直觉思维的一些思考[J]. 数学通报,2014(8):29-32.

$$=\left(1-\frac{1}{2}\right)+\left(\frac{1}{3}-\frac{1}{4}\right)+\left(\frac{1}{5}-\frac{1}{6}\right)+\left(\frac{1}{7}-\frac{1}{8}\right)+\cdots+\left(\frac{1}{2n-1}-\frac{1}{2n}\right)$$

$$<\frac{1}{2}+\frac{1}{12}+\left(\frac{1}{5}-\frac{1}{7}\right)+\left(\frac{1}{7}-\frac{1}{9}\right)+\cdots+\left(\frac{1}{2n-1}-\frac{1}{2n+1}\right)$$

$$<\frac{1}{2}+\frac{1}{12}+\left(\frac{1}{5}-\frac{1}{2n+1}\right)<\frac{7}{12}+\frac{1}{5}<\frac{4}{5}$$

解法 2 （直觉联想＋逻辑推理）

由数列 a_n 与 S_n 的关系，即 $n\geqslant 2$ 时，$a_n=S_n-S_{n-1}$，联想到

$$S_n=a_n+a_{n-1}+\cdots+a_2+a_1=(S_n-S_{n-1})+(S_{n-1}-S_{n-2})+\cdots+(S_2-S_1)+S_1$$

累积法解决问题. 令

$$f(n)=\frac{1}{n+1}+\frac{1}{n+2}+\cdots+\frac{1}{2n-1}+\frac{1}{2n} \quad ①$$

$$f(n-1)=\frac{1}{n}+\frac{1}{n+1}+\cdots+\frac{1}{2n-2} \quad ②$$

①－②得

$$f(n)-f(n-1)=\frac{1}{2n-1}+\frac{1}{2n}-\frac{1}{n}=\frac{1}{2n-1}-\frac{1}{2n}$$

由累积法有

$$f(n)=[f(n)-f(n-1)]+[f(n-1)-f(n-2)]+\cdots+[f(2)-f(1)]+f(1)$$

$$=\frac{1}{2}+\left(\frac{1}{3}-\frac{1}{4}\right)+\left(\frac{1}{5}-\frac{1}{6}\right)+\cdots+\left(\frac{1}{2n-1}-\frac{1}{2n}\right)$$

以下和解法 1 一样求解.

解法 3 （直觉发现＋逻辑推理）

由解法 2 发现 $\frac{1}{n+1}+\frac{1}{n+2}+\cdots+\frac{1}{2n}=\frac{1}{1\cdot 2}+\frac{1}{3\cdot 4}+\cdots+\frac{1}{(2n-1)2n}$ 成立，从而原命题转化为右边小于 $\frac{4}{5}$ 的证明.

解法 4 （直觉类比＋逻辑推理）

分母中 $n+1,n+2,\cdots,2n$ 为等差数列，类比联想等差数列求和方法——倒序相加求和.

令 $S_n=\frac{1}{n+1}+\frac{1}{n+2}+\cdots+\frac{1}{2n}$. 又 $S_n=\frac{1}{2n}+\frac{1}{2n-1}+\cdots+\frac{1}{n+1}$. 因为 $n\geqslant k,n,k\in\mathbf{N}_+$，所以

$$(n+k)(2n-k+1)<2n(n+1)$$

则

$$\frac{1}{n+k}+\frac{1}{2n-k+1}<\frac{1}{n+1}+\frac{1}{2n}$$

于是

$$2S_n<n\left(\frac{1}{n+1}+\frac{1}{2n}\right)=\frac{3}{2}-\frac{1}{n+1}<\frac{3}{2}$$

因此 $S_n<\frac{3}{4}<\frac{4}{5}$.

解法 5 （直觉创造＋逻辑推理）

由解法 1 不难发现得出更一般性的结论：$\frac{1}{n+1}+\frac{1}{n+2}+\cdots+\frac{1}{2n}<\frac{4}{5}-\frac{1}{2n+1}$，用数学归纳法证明此结论容易得多.

直觉思维与逻辑思维有很强的互补性，交替使用，使我们不断有所想象、有所发现、有所创造，为数学学习带来乐趣、带来收获. 直觉思维扎根于学习者数学学习的经验，来自于发现问题、分析问题和解决问题的过程. 伴随着经验的自我改造、重组和更新，直觉思维得到生长.

7.2.5 猜想思维

猜想是对研究的对象或问题进行观察、实验、分析、比较、联想、类比、归纳等，依据已有的材料和知识做出符合一定的经验与事实的推测性想象的思维形式. 猜想是一种合情推理，属于综合程度较高的带有一定直觉性的高级认识过程. 对于数学研究或者发现学习来说，猜想方法是一种重要的基本思维方法. 正如波利亚所说："在你证明一个数学定理之前，你必须猜想到这个定理，在你弄清楚证明细节之前，你必须猜想出证明的主导思想."[①]因此，研究猜想的规律和方法，对于培养能力、开发智力、发展思维都有重要的意义.[②]

数学猜想是在数学证明之前构想数学命题的思维过程. "数学事实首先是被猜想，然后是被证实."那么构想或推测的思维活动的本质是什么呢？从其主要倾向来说，它是一种创造性的形象特征推理. 就是说，猜想的形成是对研究的对象或问题，联系已有知识与经验进行形象的分解、选择、加工、改造的整合过程. 例如，著名的哥德巴赫猜想就通过观察偶数的分解，选择出具有规律的表达式：$4=2+2$，$6=3+3$，$8=5+3$，$12=7+5$，…，$100=97+3$，$102=97+5$，…，然后概括成数学命题："任何不小于 4 的偶数均可表示为两个素数之和."凸多面体的欧位公式：$F+V=E+2$（F 为面数，V 为顶点数，E 为棱数），以及这个公式的等价形式：$2\pi V-\sum\alpha=4\pi$（V 为顶点数，$\sum\alpha$ 为面角之和. 例如，在四面体中，四个面三角形的内角和等于 4π），其发现过程也是从观察、分析各种多面体的几何元素之间的关系，到形成归纳猜想得出命题的. 类似的例子在数学科学发展史上可以举出很多.

这些猜想有些是正确的，有些是不正确的或不可能的问题，它们已被数学家所证明或否定或加以改进；有些则至今仍未得到解决. 但是所有这些猜想或问题吸引了无数优秀的数学家去研究，成为推动数学发展的强大动力.

数学猜想和数学证明是数学学习和研究中的两个相辅相成、互相联系的方面. 波利亚提出，在数学教学中"必须两样都教"，即既要使学生掌握论证推理，也要使他们懂得合情推理. "会区别有效的论证与无效的尝试，会区别证明与猜想"，"区别更合理的猜想与较不合理的猜想".

严格意义上的数学猜想是指数学新知识发现过程中形成的猜想. 例如，非欧几何产生过程中的有关猜想以及上面谈到的一些猜想例子都属于这一类. 但是这些猜想并不能在短时间内形成. 它们实际上来源于广义的数学猜想，即在数学学习或解决问题时展开的尝试和探索，是关于解题的主导思想、方法以及答案的形式、范围、数值等的猜测. 不仅包括对问题结论整体的猜想，也包括对某一局部情形或环节的猜想. 在这种意义上，数学猜想的一些基本

---

① 波利亚. 数学与猜想（第二卷）[M]. 李志尧，等译. 北京：科学出版社，1984：177.

② 任樟辉. 数学思维理论[J]. 南宁：广西教育出版社，2001：51-57.

形式是:类比性猜想、归纳性猜想、探索性猜想、仿造性猜想及审美性猜想等. 它们同时反映了数学猜想的一些基本方法.

类比性猜想是指运用类比方法,通过比较两个对象或问题的相似性——部分相同或整体类似,得出数学新命题或新方法的猜想. 这里的"新"是相对于思维主体而言的. 例如,由已知命题:"若 h_a,h_b,h_c 为 $\triangle ABC$ 三边上的高,则 $h_a+h_b+h_c<a+b+c$",得出猜想命题:"t_a,t_b,t_c 为 $\triangle ABC$ 三内角的平分线,则 $t_a+t_b+t_c<a+b+c$";由已知命题:"三角形的三条角平分线相交于一点,且此点为三角形内切圆的圆心",得出猜想命题:"四面体的六个二面角的平分面相交于一点,且此点为四面体的内切球的球心"等.

值得注意的是类比猜想的思维方法极其丰富,诸如形象类比、形式类比、实质类比、特性类比、相似类比、关系类比、方法类比、有限与无限的类比、个别到一般的类比、低维到高维(平面到空间等)的类比等,是一个挖掘不尽的思想宝库.

归纳性猜想是指运用不完全归纳法,对研究对象或问题从一定数量的个例、特例进行观察、分析,从而得出有关命题的形式、结论或方法的猜想. 例如,$12=3\times4$,$1\ 122=33\times34$,$111\ 222=333\times334$,猜想出 $\underbrace{11\cdots1}_{n个}\underbrace{22\cdots2}_{n个}=\underbrace{33\cdots3}_{n个}\times(\underbrace{33\cdots3}_{n个}+1)$. 由假设 $x+\frac{1}{x}=2\cos\alpha$,先推出 $x^2+\frac{1}{x^2}=2\cos 2\alpha$,再做出归纳猜想 $x^n+\frac{1}{x^n}=2\cos 2n\alpha$.

探索性猜想是指运用尝试探索法,依据已有知识和经验,对研究的对象或问题做出的逼近结论的方向性或局部性的猜想. 也可对数学问题变换条件,或者做出分解,进行逐级猜想. 探索性猜想是一种需要按照探索分析的深入程度加以修改而逐步增强其可靠性或合理性的猜测. 改进猜想、增强其可靠性的主要方法是"探索性演绎法". 它不是直接对所得出的猜想 A 去进行检验,而是由 A 出发去演绎出进一步的结论 $B,C,D,\cdots$,如果 $B,C,D,\cdots$,中的某一个已被证明为假,则可断言原来的猜想 A 为假;而如果 $B,C,D,\cdots$,都为真,则 A 为真的可能性就增大了[①]. 如果原来的猜想已被证明为假,或者还不完善,则可以再做出猜想 A',以后就重新进行上述过程,直至得出更可靠的结论. 这实际上相当于波利亚给出的合情推理的一般模式. 探索性猜想与探索性演绎是相互交叉地前进的. 在对一个问题的结论或证明方法没有明确表达的猜想时,我们可以先给出探索性猜想,再用探索性演绎来验证或改进这个猜想;在已有明确表达的猜想时,则可用探索性演绎来确定它们的真或假. 例如,现代集合论中的许多公理(选择公理、可化归公理等),其可靠性就都建立在探索性演绎法之上.

仿造性猜想是指由于受到物理学、生物学或其他科学中有关的客观事物、模型或方法的启示,依据它们与数学对象或问题之间的相似性做出的有关数学规律或方法的猜想. 因此,模拟方法是形成仿造性猜想的主要方法. 例如,由物理学的表面张力实验猜想等周问题的极值;从光的反射规律猜想数学中有关最短线的解答;从力的分解与合成猜想有关图形的几何性质;从蜂房结构猜想正六棱柱的有关极值以及由抛射运动来猜想和解决有关抛物线的几何性质等都是仿造性猜想的典型事例.

审美性猜想是运用数学美的思想——简单性、对称性、相似性、和谐性、奇异性等,对研究的对象或问题的特点,结合已有知识与经验通过直观想象或审美直觉,或逆向思维与悖向

---

① 郑毓信. 数学方法论入门[M]. 杭州:浙江教育出版社,1985:86.

思维所做出的猜想.例如,困难的问题可能存在简单的解答;对称的条件能够导致对称的结论以及可能运用对称变换的方法去求解;相似的对象具有相似的因素或相似的性质;和谐或奇异的构思有助于问题的明朗或简化等均属此列.审美性猜想也与其他猜想一样,可以根据具体情况猜想出问题的结论或者问题的解法等.

例 4 已知 $x+y+z=0$,求证

$$\frac{x^2+y^2+z^2}{2}\cdot\frac{x^5+y^5+z^5}{5}=\frac{x^7+y^7+z^7}{7}$$

解析 注意到问题的条件与结论均含有 x,y,z 的轮换对称式,故猜想尽可能利用条件构造补充的轮换对称式进行运算或变换.

先考察特例,若 x,y,z 中有一个为零或全部为零时,结论显然成立.

若 x,y,z 均不为零,则设轮换对称式

$$A=xy+yz+zx, B=xyz$$

此时,x,y,z 为方程 $t^3+At-B=0$ 的根,记 $I_n=x^n+y^n+z^n(n\in\mathbf{N})$,则有

$$I_0=3, I_1=0, I_2=I_1^2-2A=-2A$$

将前述关于 t 的方程的两边同乘以 t^n,得

$$t^{n+3}+At^{n+1}-Bt^n=0$$

此时,x,y,z 仍是这个方程的根,于是有

$$x^{n+3}+Ax^{n+1}-Bx^n=0$$
$$y^{n+3}+Ay^{n+1}-By^n=0$$
$$z^{n+3}+Az^{n+1}-Bz^n=0$$

三式相加得

$$(x^{n+3}+y^{n+3}+z^{n+3})+A(x^{n+1}+y^{n+1}+z^{n+1})-B(x^n+y^n+z^n)=0$$

即

$$I_{n+3}=-AI_{n+1}+BI_n$$

从而得

$$I_3=-AI_1+BI_0=3B$$
$$I_4=-AI_2+BI_1=2A^2$$
$$I_5=-AI_3+BI_2=-5AB$$
$$I_7=-AI_5+BI_4=7A^2B$$

由上述四式可推得

$$\frac{I_2}{2}\cdot\frac{I_5}{5}=(-A)\cdot(-AB)=A^2B=\frac{I_7}{7}$$

故命题获证.

7.2.6 灵感思维

灵感又称顿悟.灵感是一种高级复杂的思维活动,是人们在科学研究或文学创作活动中,因思想高度集中而突然表现出来的一种心理活动.

灵感(或顿悟)是直觉思维的另一种形式,它"表现为人们对长期探索而未能解决的问

题的一种突然性领悟，也就是对问题百思不得其解时的一种'茅塞顿开'"①. 灵感与直觉都有一瞬间迅速解决问题的特点，但灵感解决的问题通常是以前未解决的问题，经过长时间孕育、思考之后，一部分"问题意识"连同加工过的方法已经转入潜意识贮存，而在某个适当的时候(例如主体的工作放松时期，精神境界升华状态等)或者受到某种事物原型的启迪情况下，突然闪现出一个念头使问题得以解决. 因此，灵感是显意识的"忽然接通"②. 由于灵感的思维加工过程有一部分是在潜意识中进行的，所以人们往往意识不到解决问题的过程，这与"直觉虽然有时表现为下意识水平，但主要表现为综合运用经验知觉信息的意识活动"③是有区别的.

有人对参加第三届全国发明展鉴会的100名发明人做了调查④，他们之中80%的人完成的是职务发明. 调查结果的统计数字表明，人们最容易在床上获得灵感，其次是在资料阅览室 ，再次是在步行、乘车及参观展览时等，这些都是容易获得灵感的良好条件.

灵感具有下列特征：

(1)突发性. 一般是在对问题苦思冥想之后，在出其不意的时间或状态下突然发生，出现迅速，过程短暂.

(2)偶然性. 灵感的出现常常受到偶发信息的启发或者精神状态的调节，事先难以预料.

(3)模糊性. 灵感的闪动是潜意识加工的结果跃入脑际，隐隐约约，稍纵即逝，给出的信息往往是轮廓性、模糊性的.

(4)非逻辑性. 灵感的思维加工主要是大脑右半球的潜意识功能，不受已有理论框架和逻辑规则的束缚，因此还常常表现出创造性.

数学灵感是人脑对数学对象的结构关系的一种突然性领悟. 在数学科学发展史上，有四个例子是数学灵感的典型例子，它们经常为思维科学、科学思想史、数学史、数学方法论等研究者所引用. ⑤⑥我们在这里把这几个事例的内容扼要地列成一个表(表7－1)，以便于更清楚 地看到它们的思维过程的主要特征.

表7－1

数学家	发现内容	发现地点或时间	顿悟时的精神状态	问题已酝酿时间
笛卡儿 (1596—1650) R. Descartes	解析几何 基本思想	多瑙河畔诺伊堡 1619年11月10日	几天来整日沉迷在思考之中而不得其解，入睡连做数梦，梦后第二天得到	约2年 (1617—1619)

① 解恩泽，赵树智. 数学思想方法纵横论[M]. 北京：科学出版社，1987：62-63.

② 钱学森. 关于思维科学[M]. 上海：上海人民出版社，1986：142.

③ 钱学森. 关于思维科学[M]. 上海：上海人民出版社，1986：360.

④ 刘二中. 创造性思维中有关灵感的若干问题[J]. 自然辩证法研究，1989，V(7).

⑤ 梁宗巨. 世界数学史简编[M]. 沈阳：辽宁人民出版社，1980：196.

⑥ 贝弗里奇. 科学研究的艺术[M]. 陈捷，译. 北京：科学出版社，1979：74-75.

续表 7-1

数学家	发现内容	发现地点或时间	顿悟时的精神状态	问题已酝酿时间
庞加莱 (1854—1912) H. Poincaré	富克斯(Fuchs)函数的变换方法	去乡下旅行刚登上马车 1880 年	"脚刚踏上刹车板,突然想到一种设想……"长时间紧张工作之后,放松思想时	1 年之内
高斯 (1777—1855) C. F. Gauss	一个算术定理的证明	在一次谈话中	"终于在两天以前我成功了……像闪电一样,谜一下子解开了. 我自己也说不清楚是什么导线把我原先的知识和使我成功的东西连接了起来"	数年
哈密尔顿 (1805—1865) W. R. Hamilton	四元数 $a+bi+cj+dk$	步行去柏林途中,到勃洛翰桥时 1843 年 10 月 16 日	"……来到勃洛翰桥时,它们就来到了人世间,发育成熟了……感到思想的电路接通了……我当场抽出笔记本……做了记录"	15 年

从该表可以看出,这些层次较高的具有科学发现性质的数学灵感都是数学家在长时间紧张思考问题之后,精神得到放松调节之时,甚至是在梦中突然得到问题的答案的. 它们具有前述灵感思维的典型特征. 那么,在一般的数学学习中是否存在数学灵感这种思维形式呢? 钱学森教授指出:"灵感是又一种人可以控制的大脑活动,又一种思维,也是有规律的……"①

数学直觉和数学灵感是数学直觉思维的两种形式,但是它们之间具有深刻的本质联系,即灵感是直觉的更高发展,是一种突发性的直觉. 通常灵感的形成是从多次的直觉受阻或产生错误的情况下得到教益,而使一部分信息不自觉地转入潜意识加工,最终又在某种意境或偶发信息的启示下,由潜意识跃入显意识爆发顿悟的. 因此数学灵感是从多个数学直觉中升华而形成的结晶. 而数学直觉又是从多次反复的逻辑思维和形象直感的交互作用下脱胎成长的. 它们的关系可用表示如下:

$$\left.\begin{array}{l}\text{数学知识组块}\\\text{数学形象直感}\end{array}\right\}\rightarrow\text{数学直觉}\rightarrow\text{数学灵感}$$

按照灵感思维发生的机制分析,灵感的本质是人们的潜意识推论,是显意识与潜意识交互通融的结晶,其发生过程机制的序列链是:境域—启迪—跃迁—顿悟—验证. ②从数学灵感的上述实例可以看出,数学灵感来源于数学家或数学工作者对数学科学研究或探索的激情,是长期或至少是长时间地把思想沉浸于工作与解决问题的境域之中,然后受到偶发信息或精神松弛状态下的某种因素的启迪,爆发出思想的闪光与火花,于是接通显意识,产生跃

① 钱学森. 系统科学、思维科学与人体科学[J]. 自然杂志,1981(1):3.
② 钱学森. 关于思维科学[M]. 上海:上海人民出版社,1986:352-367.

迁式的顿悟，最后进行验证获得创造性的成果. 因此灵感通常是突发式的. 但是若能按照上述机制诱导，则对数学工作者来说，努力形成灵感容易诱发的环境与条件，例如，查阅文献资料，与有关专家进行交流讨论，善于对各种现象进行观察、剖析，善于汲取各家、各学科的思想与方法，有时可把问题暂时搁置，或者上床静思渐入梦境，一旦有奇思妙想，要立即跟踪记录，如此等等，则灵感也可以是诱发式的. ①

7.3　数学思维的品质

"数学是思维的体操"，数学活动的核心是思维活动，数学的存在和发展离不开思维，都要通过思维来表现. 反过来，数学又是思维的工具. 在探索、研究和应用数学的过程中，思维品质也在发生着量和质的变化，并因此标志了数学修养之深浅，呈现出了数学思维之境域.

数学思维有如下品质：

7.3.1　思维的深刻性

思维的深刻性是指在分析和解决问题的过程中，能够透过表面现象认识和把握问题的实质及其相互关系，揭示规律，追根溯源，或将已有方法和结论拓展、变换、推广，得到更深刻的结果，谓之"思维的洞察力和穿透力". 思维的深刻性是一切思维品质的基础，主要表现为以下几个方面②：

(1)对数学概念理解透彻，形成科学合理的概念域和概念系；对数学事实掌握清楚，形成科学合理的命题域和命题系. 头脑中内化的数学知识是系统化和网络化的，各知识点在这个网络中处于一定位置，知识点之间呈现出可推理的结构关系，并因此蕴涵了思维方法和策略.

(2)具备良好的数学交流能力和符号意识，可以自如地将其他语言等价翻译为数学语言，发现或抽象出数学模型，实现横向或纵向数学化.

(3)能自觉运用分析、比较、抽象、概括等思维操作，发现形异质同的数学对象之间的内在联系.

(4)即使解决问题的条件不是明确给定的，也能不受表面现象的困扰，从表象中挖掘隐含条件，为解决问题做出适当的铺垫.

(5)在解决具体的问题后，能主动自觉地去寻找具有普遍意义的方法、模式，将思想、方法、结论等概括、迁移、推广到一般情境中去.

例 5　对一道平面几何问题的深刻认识.

命题 1　设$\triangle ABC$的内切圆I分别切边BC，CA于点D，E. 若直线BI交直线DE于点G，则$AG\perp BG$.

证明　如图 7－2，联结IE，IA，则$IE\perp AE$，$\angle AIB=90°+\frac{1}{2}\angle C$.

---

① 任樟辉. 数学思维理论[M]. 南宁：广西教育出版社，2001：66.

② 苑建广. 数学思维的五个品质[J]. 中学教研（数学），2013(12)：33-35.

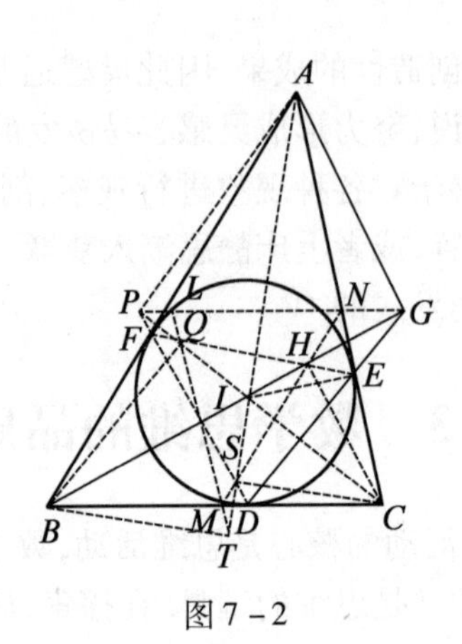

图 7－2

于是，$\angle AIG=180^\circ-\angle AIB=90^\circ-\frac{1}{2}\angle C=\angle DEC=\angle AEG$. 从而，知 A,I,E,G 四点共圆，即有 $\angle AGI=\angle AEI=90^\circ$，故 $AG\perp BG$.

此命题的逆命题也是成立的，即：

命题 2 设 $\triangle ABC$ 的内切圆 I 分别切 BC,CA 于点 D,E，点 G 在射线 BI 上. 若 $AG\perp BG$，则 D,E,G 三点共线.

证明 如图 7－2，联结 IE,IA，则 $IE\perp AE$，于是即知 A,I,E,G 四点共圆，即知 $\angle AEG=\angle AIG=180^\circ-\angle AIB=90^\circ-\frac{1}{2}\angle C$. 而 $\angle DEC=90^\circ-\frac{1}{2}\angle C$，即有 $\angle AEG=\angle DEC$，故 D,E,G 三点共线.

于是，命题 1 和命题 2 可合写为：

命题 3 设 $\triangle ABC$ 的内切圆 I 分别切 BC,CA 于点 D,E，点 G 在射线 BI 上，则 $AG\perp BG$ 的充分必要条件是 D,E,G 三点共线

在图 7－2 中，设圆 I 切 AB 于点 F. 同理，射线 BI 上的点 H，射线 CI 上的点 P,Q，射线 AI 上的点 S,T 满足类同命题 3 的条件与结论. 因而，我们有结论：

结论 1 三角形一内角平分线上的点为三角形一顶点的射影的充分必要条件是另一顶点关于内切圆的切点弦直线与这条内角平分线的交点.

在图 7－2 中，注意到 $AG\perp BG$ 时，设 L 为 AB 的中点，则由直角三角形斜边中线的性质，知 $LG=LB$，由此推知 $LG/\!/BC$.

若设 LG 与 AC 交于点 N，则推知 N 为 AC 的中点，即知点 G 在中位线 LN 上. 同理，点 P 在中位线 LN 上.

同样，若设 M 为 BC 的中点，则点 Q,T 在中位线 ML 上，点 H,S 在中位线 MN 上. 于是，我们又有结论：

结论 2 三角形的一条中位线，与平行于此中位线的边的一端点处的内角平分线及另一端点关于内切圆的切点弦直线，这三条直线相交于一点，该点为与中位线对应的顶点在这条内角平分线上的射影.

上述结论 1、结论 2 中的内切圆也可以改为旁切圆，内角平分线改为外角平分线.

从而，结论 1、结论 2 都是对命题 1（或命题 2、命题 3）的本质表述.

7.3.2　思维的灵活性

思维的灵活性是指因题制宜，活用有关知识多角度寻求问题解决途径的能力，谓之“思维的发散力和变通力”. 主要表现为以下几个方面：

(1)思维起点灵活. 善于全面地看问题，能从与题目相关的各种角度和方向去考虑问题.

(2)心理转向容易. 从正向思维转为反向思维，特别是对概念正反关系的认识、公式的正反运用、定理与逆定理的灵活使用、解题中分析法与综合法交替使用时表现自如.

(3)思维转换迅速. 可以不受先前解题方法的影响，克服思维定式的消极作用及自我心理限制，遇机而变，及时调整思路、方法、技巧，不拘一格、有的放矢地解决问题.

(4)思维过程中善于转化. 可以很容易地化生为熟，把几个部分看成一个整体，或把一个整体分成几个部分，也就是聚零为整，化整为零.

(5)概括、迁移能力强. 运用规律熟练，善于组合分析，思维有弹性、能跳跃，既能注意把握事物的整体，又不忽视重要的细节，能够从多层面上捕捉有效信息，广泛地对比、联想，在研究问题本身的同时，拓展到相关问题.

例6　一道平面几何问题的灵活处置.

命题1　如图7－3，在$\triangle BCD$中，$CA\perp BD$于点A，F为CA上一点，直线BF交CD于点E，直线DF交BC于点G. 联结EA，GA，则$\angle GAC=\angle EAC$.

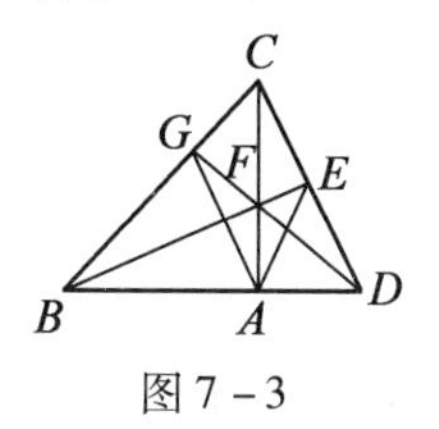

图7－3

这道题曾多次作为初中、高中乃至大学的竞赛题，证法也非常多.

对上述命题中的条件“$CA\perp BD$”，如果认识到它可陈述为“CA平分平角$\angle BAD$”，这时，马上就会联想到，将平角$\angle BAD$又改变成小于平角的角或大于平角的情形，CA平分$\angle BAD$不变，其他条件也不变，还有$\angle GAC=\angle EAC$吗？恰好就是如下的两个命题：

命题2　如图7－4，在四边形$ABCD$中，对角线AC平分$\angle BCD$，在CD上取一点E，BE与AC相交于F，延长DF交BC于G. 求证：$\angle GAC=\angle EAC$.

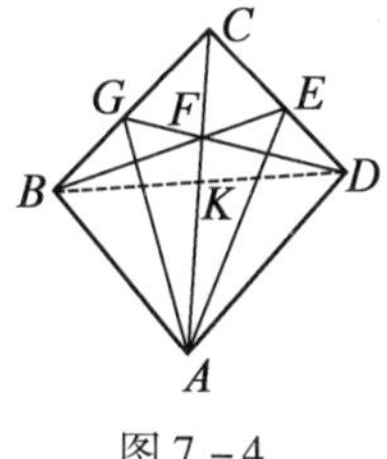

图7－4

此命题2即为1999年全国高中联赛题.

命题3　如图7－5，A为$\triangle DBC$内一点，满足$\angle DAC=\angle BAC$，F是线段AC内任一点，直线DF，BF分别交边BC，CD于G，E，求证：$\angle GAC=\angle EAC$.

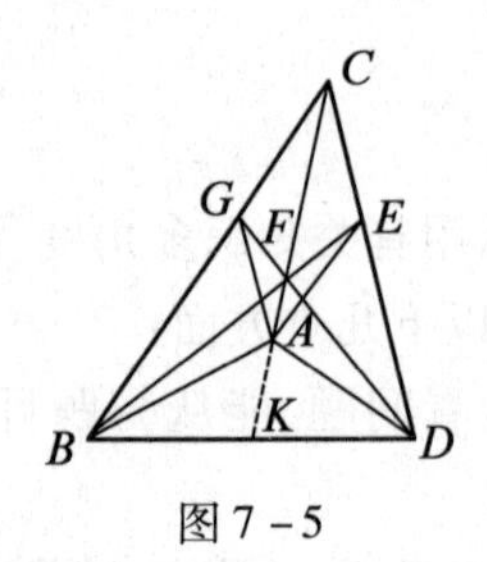

图 7－5

此命题 3 即为《数学教学》问题 561 号.

命题 2、命题 3 还可改述为下列命题：

命题 4 在完全四边形 $CGBFDE$ 中，A 是对角线 CF 所在直线上一点，联结 AB，AD，AE，AG，若 $\angle CAB=\angle CAD$，则 $\angle GAC=\angle EAC$.

此命题 4 不仅包含了命题 2、命题 3，还推广了这两个命题，只要点 A 不与 C 重合都行. 此时，命题 4 的逆命题也是成立的. 于是有：

命题 5 在完全四边形 $CGBFDE$ 中，A 是对角线 CF 所在直线上异于点 C 的任一点，联结 AB，AD，AE，AG，则 $\angle GAC=\angle EAC$ 的充要条件是 $\angle CAB=\angle CAD$（即 CA 平分 $\angle BAD$）.

由命题 5，改变陈述又可得：

命题 6 在完全四边形 $CGBFDE$ 中，A 是对角线 CF 所在直线上异于点 C 的任一点，则 $\cot\angle CAB+\cot\angle EAC=\cot\angle CAD+\cot\angle GAC$.

证明 如图 7－4 或 7－5，设直线 AC 与 BD 交于点 K. 在 $\triangle BDC$ 中对点 F 应用塞瓦定理，有

$$\frac{CG}{GB}\cdot\frac{BK}{KD}\cdot\frac{DE}{EC}=1 \quad ①$$

注意到

$$\frac{CG}{GB}=\frac{S_{\triangle ACG}}{S_{\triangle AGB}}=\frac{AC\cdot\sin\angle GAC}{AB\cdot\sin\angle BAG}$$

$$\frac{BK}{KD}=\frac{S_{\triangle ABK}}{S_{\triangle AKD}}=\frac{AB\cdot\sin\angle CAB}{AD\cdot\sin\angle CAD}$$

$$\frac{DE}{EC}=\frac{S_{\triangle ADE}}{S_{\triangle AEC}}=\frac{AD\cdot\sin\angle DAE}{AC\cdot\sin\angle EAC}$$

将上述三式代入式①得

$$\frac{\sin\angle BAG}{\sin\angle CAB\cdot\sin\angle GAC}=\frac{\sin\angle DAE}{\sin\angle CAD\cdot\sin\angle EAC} \quad ②$$

又

$$\sin\angle BAG=\sin(\angle CAB-\angle GAC)=\sin\angle CAB\cdot\cos\angle GAC-\cos\angle CAB\cdot\sin\angle GAC$$

$$\sin\angle DAE=\sin(\angle CAD-\angle EAC)=\sin\angle CAD\cdot\cos\angle EAC-\cos\angle CAD\cdot\sin\angle EAC$$

将上述两式代入式②并整理，即得

$$\cot\angle CAB+\cot\angle EAC=\cot\angle CAD+\cot\angle GAC$$

7.3.3 思维的独创性

思维的独创性是指思维的结果相对于（自己）已有的认识成果来说，具有独特性和新颖

性,是最难得的思维品质,谓之"思维的发现力和创造力". 主要表现为以下几个方面:

(1)从事数学活动时,能对数学对象进行独立的思考,善于发现、提出、分析、解决问题,勇于创新,敢于突破常规的思考方法和解题模式,大胆提出新见解和采用新方法.

(2)能从与众不同的全新角度观察问题,能在貌似平常的信息中发现不寻常之所在,从而发现隐含的特殊联系,产生与他人不同的思路和结论.

(3)富于联想. 在解题时主动联系数学的不同分支、其他学科以及生活实际,以至思维跳跃,经常产生有别于常规的、正统的、创造性的想法,善于运用"移植".

"移植"是借用生物学中的术语的一种形象比喻. 在科学研究中,我们也可把运用已有学科的知识去解决另一学科中的新问题,发现新学科中一些规律的思维方式称为"移植".

例 7　运用移植得到数学解题方法原理.

在日常生活中,有许多至为明显的事实,由于它们实在太简单了,人们反而觉得平淡无奇,而将它们轻易地放过去了. 如全班学生中必有一个年龄最小的;四本书放到三个抽屉里,必有一个抽屉放有两本或两本以上的书;水总是由高处流向低处,等等. 一旦我们注意到它们,便可移植到数学中来,成为深刻的数学解题中的方法原理:"最小数原理""抽屉原理""局部调整原理"等.

例 8　运用移植得到实数系中的连续归纳法.

实数,是由自然数演变扩充得到的. 自然数集是全序集,实数集也是全序集. 那么,对自然数系而言的有力工具,能不能"移植"过来,用于实数系呢? 具体地说,能不能把大家熟悉的数学归纳法搬到实数系里去一显身手呢? 这样来移植,张景中院士便获得了关于实数系的连续归纳法:设 P_x 是涉及一个实数 x 的命题,如果:①有某个 x_0,使对一切 $x<x_0$ 有 P_x 真;②若对一切 $x<y$ 有 P_x 真,则有 $\delta_y>0$,使 P_x 对一切 $x<y+\delta$ 也真. 那么,对一切实数 x,P_x 真.

例 9　计算 $\mathrm{C}_n^1+2\cdot\mathrm{C}_n^2+\cdots+n\cdot\mathrm{C}_n^n(n\in\mathbf{N}_+)$.

显然运用组合数的性质 $k\cdot\mathrm{C}_n^k=n\cdot\mathrm{C}_{n-1}^{k-1}$,也可求得结果 $n\cdot2^{n-1}$,但没有运用"移植"的手段令人难以忘怀.

把直线上的重心坐标公式 $x=\dfrac{m_1x_1+m_2x_2+\cdots+m_nx_n}{m_1+m_2+\cdots+m_n}$移植来运用,考虑数轴上坐标分别为 $0,1,2,\cdots,n$ 的点,显然其中点为$\dfrac{n}{2}$,在每一点对应放置质量为 $\mathrm{C}_n^0,\mathrm{C}_n^1,\mathrm{C}_n^2,\cdots,\mathrm{C}_n^n$ 的物体,则由重心坐标公式有

$$\frac{n}{2}=\frac{\mathrm{C}_n^0\cdot0+\mathrm{C}_n^1\cdot1+\cdots+\mathrm{C}_n^n\cdot n}{\mathrm{C}_n^0+\mathrm{C}_n^1+\cdots+\mathrm{C}_n^n}$$

即得

$$\mathrm{C}_n^1+2\cdot\mathrm{C}_n^2+\cdots+n\cdot\mathrm{C}_n^n=n\cdot2^{n-1}$$

例 10　某数学活动小组在作三角形拓展图形,研究其性质时,经历了如下过程①:

首先操作发现.

在等腰△ABC 中,$AB=AC$,分别以 AB 和 AC 为斜边,向△ABC 的外侧作等腰直角三角

---

①　苑建广. 数学思维的五个品质[J]. 中学教研(数学),2013(12):33-35.

形，如图 7-6 所示，其中 $DF\perp AB$ 于点 F，$EG\perp AC$ 于 G，M 是 BC 的中点，联结 MD 和 ME，则下列结论正确的是________.

①$AF=AG=\frac{1}{2}AB$；②$MD=ME$；③整个图形是轴对称图形；④$\angle DAB=\angle DMB$.

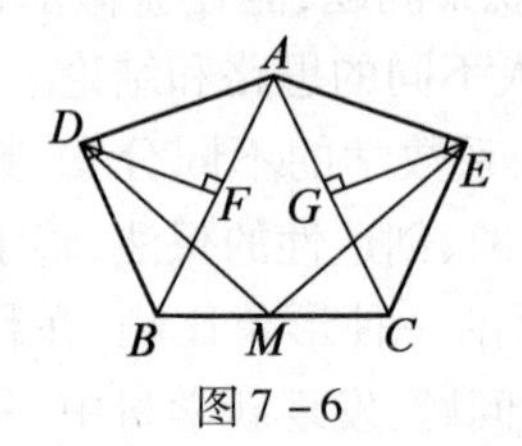

图 7-6

其次数学思考.

在任意 $\triangle ABC$ 中，分别以 AB 和 AC 为斜边，向 $\triangle ABC$ 的外侧作等腰直角三角形，如图 7-7 所示，M 是 BC 的中点，联结 MD 和 ME，则 MD 和 ME 具有怎样的数量关系和位置关系？请给出证明过程.

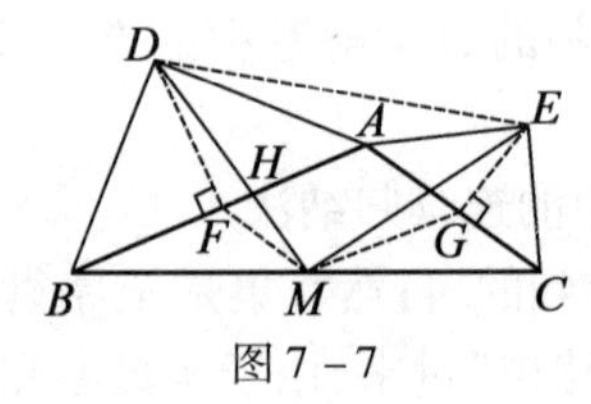

图 7-7

然后类比探索.

在任意 $\triangle ABC$ 中，仍分别以 AB 和 AC 为斜边，向 $\triangle ABC$ 的内侧作等腰直角三角形，如图 7-8 所示，M 是 BC 的中点，联结 MD 和 ME，试判断 $\triangle MED$ 的形状.

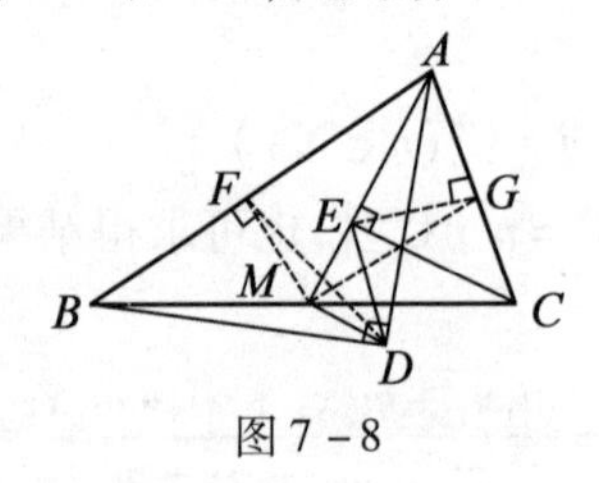

图 7-8

分析 常规思路自然是按部就班，依次完成题目设问，且通常是分别对 MD 和 ME 的数量关系和位置关系予以说明. 但是，显然图 7-6 是图 7-7 的一种特殊情形，而图 7-7 与图 7-8 又属于并列情形，题目本身呈现出“从特例推向一般”“从一种情形（图 7-7 中向 $\triangle ABC$ 的外侧作等腰直角三角形）向另一种情形（图 7-8 中向 $\triangle ABC$ 的内侧作等腰直角三角形）拓展”的命题模式. 看透了这一点，便能做如下处理.

欲证“$\triangle DME$ 是等腰直角三角形”，若能证出“$\angle MDE=\angle MED=45°$”，则问题得以突破.

如图 7-7，取 AB，AC 的中点 F，G，联结 DF，FM，EG，GM，DE. 易知 $\angle FDA=\angle GEA=45°$，于是转为证

$$\angle ADE=\angle FDM,\angle AED=\angle GEM$$

设 $AB=2a$，$AC=2b$，易得

$$MG=DF=a,MF=EG=b,AD=\sqrt{2}a,AE=\sqrt{2}b$$

于是

$$\frac{AD}{AE}=\frac{DF}{FM}$$

又易证

$$\angle DAE=270^\circ-\angle BAC=(180^\circ-\angle BAC)+90^\circ=\angle AFM+\angle AFD=\angle DFM$$

于是

$$\triangle DAE\backsim\triangle DFM$$

故

$$\angle ADE=\angle FDM$$

同理可证

$$\angle AED=\angle GEM$$

到此,思路被打通,将其条件强化,则第(2)小题自然得证.

将之迁移到图 7－8 中,易知$\angle FDA=\angle GEA=45^\circ$,于是转为证

$$\angle ADE=\angle FDM,\angle AED=\angle GEM$$

仍设$AB=2a,AC=2b$,可得

$$MG=DF=a,MF=EG=b,AD=\sqrt{2}a,AE=\sqrt{2}b$$

于是

$$\frac{AD}{AE}=\frac{DF}{FM}$$

又易证

$$\angle DAE=(\angle DAB+\angle EAC)-\angle BAC=90^\circ-\angle BAC=90^\circ-\angle MFB=\angle DFM$$

于是

$$\triangle DAE\backsim\triangle DFM$$

故

$$\angle ADE=\angle FDM$$

同理可证

$$\angle AED=\angle GEM$$

到此,思路再次被打通.

如此处理,显然超出了供题人所料,是极具创新味道的. 正是善于观察“平凡中之异象,平静中之波澜”,才成就了创新解法. 由于特殊情形往往存有无关枝节或表面现象,容易掩盖问题的实质,而一般情形则更能明确地表达问题的本质. 因此,有时面对一般化的问题可能更容易求解. 就此,希尔伯特有言:“在解决一个数学问题时,如果我们没有获得成功,原因常常在于我们没有认识到更一般的观点,即眼下要解决的问题不过是一连串有关问题的一个环节. ”

7.3.4　思维的批判性

思维的批判性是指在思维活动中独立思考,善于提出疑问,敢于发表不同的看法,严格客观地评价思维的结果和精细地检查思维过程的品质,谓之“思维的诊断力和甄别力”. 主

要表现为以下几个方面①：

(1)不会不经思考地附和他人的意见，能坚持自己的合理看法，善于发现问题，明辨是非，不迷信书本和专家，敢于向他人提出质疑；

(2)能够比较不同对象之间的差异和相似性，辨析容易混淆的概念与形式，对数学对象进行合理分类；

(3)能评估信息资源的可靠性，判断从一个结论导出另一个结论的充分性，因而发现解题过程或结论中的错误；

(4)能在有多种合情思路的情况下，对各种解题思路、方法、策略进行比较，选择更为合理的方案，从而找出最佳的方法或结论；

(5)在解题时能对全过程进行监控，经常回头审视自己的解题过程，进行有意识的自我调节，在自我检查中修正论证的过程和结论.

例 11 对于任意非零实数 a,b，定义运算"$\oplus$"，使下列式子成立：$1\oplus 2=-\frac{3}{2}$，$2\oplus 1=\frac{3}{2}$，$(-2)\oplus 5=\frac{21}{10}$，$5\oplus(-2)=-\frac{21}{10}$，…，则 $a\oplus b=$ ________.

分析 观察各式特征，不断地进行猜测、调整、验证，可以确定 $a\oplus b=\frac{a^2-b^2}{ab}$.

上述题目难度较大，求解该题良好的"数感"固然是重要的，但不断地对所得结果进行检验和修正，以决定继续进行下去，还是另觅他径，更显重要. 思维批判的对象不仅是他人，更是自己. 善于自我监控解答过程，"思必有理、有据、有序"，而不是瞎碰乱试，就可在一定程度上避免更多失误，省时省力.

7.3.5 思维的敏捷性

思维的敏捷性是指智力活动的速度，在处理问题和解决问题的过程中，能够适应迫切的情况来积极地思考，并迅速地做出判断，谓之"思维的自动化和果断力". 主要表现为以下几个方面②：

(1)能够较快且正确地完成对题目信息的理解；

(2)能够自觉地运用简便方法，对数字进行快速运算，且"感觉良好"；

(3)能够迅速地判别出题目的模式，从而缩短解题时间；

(4)能对最近做过的题目有清晰的记忆，迅速反映出解题过程及结果；

(5)能够迅速判断，像电脑或机器一样自动、果断地执行，在时间紧迫的情况下做出继续下去或是放弃进行的决策.

例 12 阅读下列材料：如图 7-9，在梯形 $ABCD$ 中，$AD /\!/ BC$，点 M,N 分别在边 AB,CD 上，且 $MN /\!/ AD$. 记 $AD=a,BC=b$，若 $\frac{AM}{MB}=\frac{m}{n}$，则有结论：$MN=\frac{bm+an}{m+n}$.

---

① 苑建广. 数学思维的五个品质[J]. 中学教研(数学). 2013(12):35-36.

② 苑建广. 数学思维的五个品质[J]. 中学教研(数学). 2013(12):35-36.

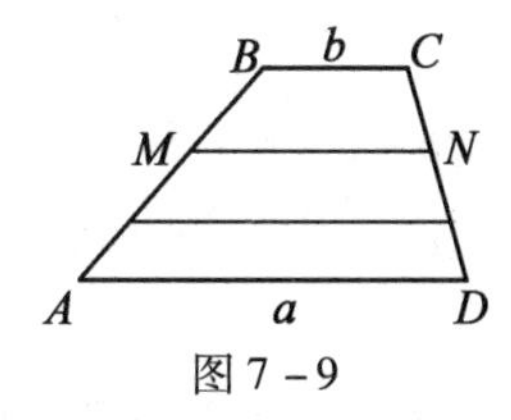

图 7－9

请根据以上结论，解答下列问题：

如图 7－10 和图 7－11，BE，CF 是 $\triangle ABC$ 的两条角平分线，过 EF 上一点 P 分别作 $\triangle ABC$ 三边的垂线段 PP_1，PP_2，PP_3，交 BC 于点 P_1，交 AB 于点 P_2，交 AC 于点 P_3.

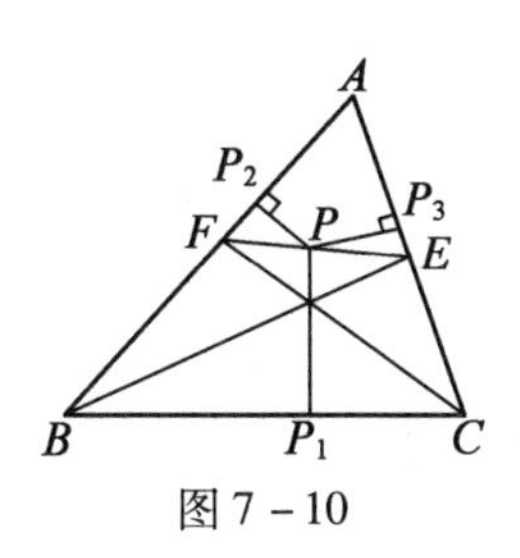

图 7－10

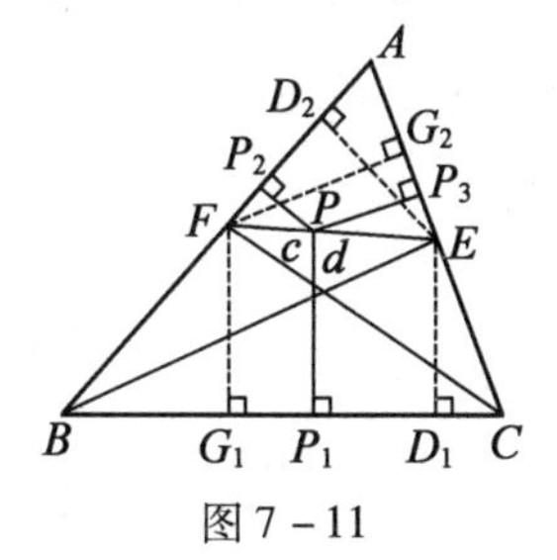

图 7－11

（1）若点 P 为线段 EF 的中点，如图 7－10，求证：$PP_1 = PP_2 + PP_3$；

（2）若点 P 在线段 EF 上任意位置时，如图 7－11，试探究 PP_1，PP_2，PP_3 的数量关系，并给出证明.

解析　此题给出了一个新命题，思维的重点应放在运用新命题解决新问题. 如何快速完成模式的转化，有意识地把新知识、新模式转移到新对象上解决问题是关键. 运用观察、测量、比较、计算等手段可以“合情”地猜想第（1）小题中的结论可以转移到第（2）小题中，因此可直接面对第（2）小题，待之. 证明结束后，将条件强化，则第（1）小题自然得证. 结合题设和待证结论，对比图形构成特点，容易想到如图 7－11 所示的辅助线. 设 $PF = c$，$PE = d$，在梯形 EFG_1D_1 中，易得

$$PP_1 = \frac{FG_1 \cdot d + ED_1 \cdot c}{c + d}$$

又三角形可以看作退化的梯形（上底为 0），在 $\triangle FED_2$ 和 $\triangle EFG_2$ 中，易得

$$PP_2 = \frac{ED_2 \cdot c}{c + d}, PP_3 = \frac{FG_2 \cdot d}{c + d}$$

而 $ED_1 = ED_2$，$FG_1 = FG_2$，故

$$PP_1 = PP_2 + PP_3$$

例 13　求三个实数 x，y，z，使得它们同时满足下列条件：

（1）$2x + 3y + z = 13$，（2）$4x^2 + 9y^2 + z^2 - 2x + 15y + 3z = 82$.

解析　对已知条件进行模式化处理，并联想到二次函数模型来求解该题. 由两个条件式相加并配方，得

$$(2x)^2 + (3y + 3)^2 + (z + 2)^2 = 108$$

把条件（1）变为

$$2x + (3y + 3) + (z + 2) = 18$$

令 $2x=p,3y+3=q,z+2=r$，则有

$$\begin{cases}p+q+r=18\\p^2+q^2+r^2=108\end{cases}$$

注意到二次函数模型

$$\begin{aligned}f(t)&=(t-p)^2+(t-q)^2=2t^2-2(p+q)t+p^2+q^2\\&=2t^2-2(18-r)t+108-r^2\end{aligned}$$

又 $f(t)\geqslant 0$，对 $t\in\mathbf{R}$ 恒成立，则 $\Delta\leqslant 0$，即

$$4(18-r)^2-8(108-r^2)\leqslant 0$$

整理得 $12(r-6)^2\leqslant 0$，从而 $r=6$.

同理，$p=6,q=6$.

故有

$$\begin{cases}2x=6\\3y+3=6\\z+2=6\end{cases}$$

解得

$$\begin{cases}x=3\\y=1\\z=4\end{cases}$$

例 14 已知 $a,b,c\in\mathbf{R}$. 求证

$$(a^2+ab+b^2)(b^2+bc+c^2)(c^2+ca+a^2)\geqslant(ab+bc+ca)^2$$

解析 根据求证式中字母的对称性，可引入参变元进行代换，迅速转化到一种简化的抽象模式中处理. 令 $a^2+ab+b^2=M_1,b^2+bc+c^2=M_2,c^2+ca+a^2=M_3$，则由

$$\begin{aligned}3&=\frac{M_1}{M_1}+\frac{M_2}{M_2}+\frac{M_3}{M_3}\\&=\frac{a^2+ab+b^2}{M_1}+\frac{b^2+bc+c^2}{M_2}+\frac{c^2+ca+a^2}{M_3}\\&=\left(\frac{a^2}{M_1}+\frac{c^2}{M_2}+\frac{ca}{M_3}\right)+\left(\frac{ab}{M_1}+\frac{b^2}{M_2}+\frac{a^2}{M_3}\right)+\left(\frac{b^2}{M_1}+\frac{bc}{M_2}+\frac{c^2}{M_3}\right)\\&\geqslant\frac{3ca}{\sqrt[3]{M_1M_2M_3}}+\frac{3ab}{\sqrt[3]{M_1M_2M_3}}+\frac{3bc}{\sqrt[3]{M_1M_2M_3}}\\&=\frac{3(ab+bc+ca)}{\sqrt[3]{M_1M_2M_3}}\end{aligned}$$

有

$$3\geqslant\frac{3(ab+bc+ca)}{\sqrt[3]{M_1M_2M_3}}$$

即 $M_1M_2M_3\geqslant(ab+bc+ca)^3$. 故原不等式获证.

上面分述了数学思维的五个品质，并分别附例诠释，实际上这些品质之间并不是相互分

离和割裂的. 恰恰相反,它们是相互渗透、联系和制约的统一体. 深刻性是所有思维品质的基础,在其支撑下进行发展,避免思维定式的负面影响,灵活处理,才能产生独创性见解. 加上周密地思虑、批判性地认知和合理地自我监控与调节思维过程,就能形成全面准确的判断,揭示数学本质和规律. 而只有实现了深刻的理解、灵活而富有创造性地思考以及批判性地审问,才能达到心领神会、融会贯通,从而展示出真正的敏捷性,全面提升思维品质,促使数学思维达到较高的境域.

第八章　数学精神的雨露滋润——数学素养

8.1　数学素养的内涵

20世纪中叶以来,数学素养开始成为人们关注的话题,特别是国际经济合作与发展组织(OECD)自2000年开展国际学生评价项目(PISA)以来,更是倍受重视.数学素养作为现代社会公民的基本素养,已写进了我国《全日制义务教育数学课程标准》和《普通高中数学课程标准(实验稿)》.但数学素养的概念、内涵、指标等一系列问题,课标尚未深入阐述.文章①对数学素养内涵进行了深入探讨,提出了"数学素养是数学情感态度价值观、数学知识、数学能力的综合体现.全文比较和分析了数学素养用词的缘起、内涵发展过程及其框架结构,这有助于进一步把握数学素养概念内涵.文章还给出了数学素养内涵框架的构想.文章②也介绍了PISA 2012对数学素养的定义:数学素养是个体在不同情境下表述、运用、解释数学的能力,包括数学推理,运用数学概念、程序、事实和工具来描述、解释和预测现象.数学素养有助于个体理解数学在现实世界中的作用,并做出合理判断和决策,成为关注社会生活的、有创见和反思能力的公民.由此定义可见PISA关注的重点不囿于了解学习者已经学会了什么,还要评测学习者在多大程度上能将已掌握的知识和技能迁移至新环境,并灵活运用的能力.文章③也对数学素养做了深入探讨,王子兴很赞赏从教育学的视野出发所做的"素养"含义的界定,指"人在先天生理基础上受后天教育和社会环境的影响,通过自身的努力由知识内化而养成的比较稳定的身心发展的心理品质".先天素质(又称遗传素质、亦称禀赋)是人的心理发展的生理条件,但不能决定人的心理内容和发展水平;先天素质既然是生来具有的某些解剖生理特点,自然就无所谓后天教育与培养了.后天素质是后天养成的,是教化的结果,是可以培养造就和提高的,也是知识内化和升华的结果.对于这种后天养成的比较稳定的身心发展的心理品质,则称之为"素养".并且认为数学素养涵盖创新意识、数学思维、数学意识、用数学的意识、理解和欣赏数学的美学价值等五个要素.

综上所述,可谓是见仁见智.在此,我们试图从数学精神的雨露滋润出发来探讨数学素养,并且仅从数学意识方面这一个侧面来探讨数学素养,即探讨创新意识、推理意识、抽象意识、符号意识、整体意识、化归意识、应用意识、欣赏意识等.

所谓意识(观念),是人脑对客观世界的某种反映.数学意识是指用数学的思维方式去思考问题、处理问题的自觉行为或思维倾向,数学意识是低层次数学思想的升华,又是高层次数学思想的准备.数学意识影响着人的思考方式,所以数学意识影响着人们接受、加工处理信息的方式,从而影响认知结构的形成.这说明数学意识是数学认知结构中起重要的组织

---

① 桂德怀,徐斌艳.数学素养内涵探析[J].数学教育学报,2008(5):22-24.

② 吴蓉等.PISA关于数学素养的测评特点简析[J].数学通报,2014(7):10.

③ 王子兴.论数学素养[J].数学通报,2002(1):6-9.

作用的因素.如果把数学认知结构比作一个立体的网络结构,则数学意识就是建立网络的思想.掌握数学知识并不是形成数学意识的充分条件,但掌握数学知识及数学思想是形成数学意识的必要步骤,形成数学意识是认识应达到的较高层次.

8.2　数学素养中的意识(观念)简介

8.2.1　创新意识

创新意识是对新颖的信息、情境和设问,选择有效的方法和手段收集信息,综合与灵活地应用所学的数学知识、思想和方法,进行独立的思考、探索和研究,提出解决问题的思路,创造性地解决问题.

思维能力、运算能力、空间想象能力是学习者进行数学学习的基础,是对学习者认识数学特点的概括,是学习者在数学活动中表现和培养的,带有明显的数学特点,因此被认为是数学能力.与之相比,创新意识属于更高的层次,有着更宽泛的内涵.

创新意识和创造能力是理性思维的高层次表现.在数学学习和研究过程中,知识的迁移、组合、融会的程度越高,展示能力的区域就越宽泛,显现出的创造意识也就越强.

宁波的马洪炎老师对创新意识有深入的研究①:

1. 一题多解是培养创新意识的核心

苏霍姆林斯基说:“在人的心灵深处,都有一种根深蒂固的需要,这就是希望自己是一个发现者、研究者、探索者.”因此,发掘一道问题的多种不同的解法,这不同的思路呈现解题者从不同的角度思考.

例1　如图8-1,设点A,B为抛物线$y^2=4px(p>0)$上原点以外的两个动点,已知$OA\perp OB$,$OM\perp AB$.求点M的轨迹方程,并说明它表示什么曲线?

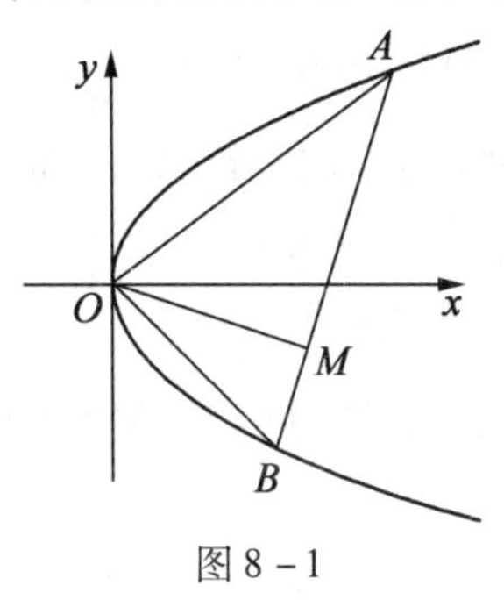

图8-1

解析1　注意到点M既在直线AB上,又在直线OM上,所以可用交轨法.设$A(pt_1^2,2pt_1)$,$B(pt_2^2,2pt_2)$,$M(x,y)$$(t_1,t_2\neq 0)$.

因为$OA\perp OB$,所以$pt_1^2\cdot pt_2^2+2pt_1\cdot 2pt_2=0$,即$t_1t_2=-4$.

又直线AB的方程为

$$x-pt_2^2=\frac{t_1+t_2}{2}(y-2pt_2)$$

① 马洪炎.例说学生创新意识的培养[J].数学通报,2013(11):27-29.

化简得

$$x=\frac{t_1+t_2}{2}y+4p \qquad ①$$

因为 $OM\perp AB$,所以直线 OM 的方程为

$$y=-\frac{t_1+t_2}{2}x \qquad ②$$

联立①和②消去 t_1,t_2 得

$$x^2+y^2-4px=0$$

因为 A,B 是异于原点的点,所以 $x\neq 0$.

因此点 M 的轨迹方程是 $x^2+y^2+4px=0(x\neq 0)$,它表示以 $(2p,0)$ 为圆心,以 $2p$ 为半径的圆(除去原点).

注 解题过程中把直线 AB 的方程写成 $x-pt_2^2=\frac{t_1+t_2}{2}(y-2pt_2)$,而不是用 $y-2pt_2=\frac{2}{t_1+t_2}(x-pt_2^2)$ 表示,目的是避开斜率是否存在的讨论,从而简化运算.

解析2 注意到 $\triangle OAB$ 是直角三角形,OM 是斜边 AB 上的高,所以可利用 $|OM|^2=|MA|\cdot|MB|$,为计算 $|MA|\cdot|MB|$,可利用直线 AB 的参数方程.

设 $M(x_0,y_0)$,直线 AB 的参数方程为

$$\begin{cases}x=x_0+t\cos\alpha\\ y=y_0+t\sin\alpha\end{cases}$$

其中 α 为倾斜角,t 为参数. 代入 $y^2=4px$ 并整理得

$$t^2\sin^2\alpha+(2y_0\sin\alpha-4p\cos\alpha)t+y_0^2-4px_0=0$$

所以

$$|MA|\cdot|MB|=-\frac{y_0^2-4px_0}{\sin^2\alpha}$$

又 $|OM|^2=x_0^2+y_0^2$,且 $OA\perp OB$,$OM\perp AB$,所以 $|OM|^2=|MA|\cdot|MB|$,即

$$-\frac{y_0^2-4px_0}{\sin^2\alpha}=x_0^2+y_0^2$$

又 $\tan^2\alpha=\frac{x_0^2}{y_0^2}$,所以 $\sin^2\alpha=\frac{x_0^2}{x_0^2+y_0^2}$,代入即得点 M 的轨迹方程是 $x_0^2+y_0^2-4px_0=0$,仿方法1知 $x_0\neq 0$.

所以点 M 的轨迹方程是 $x^2+y^2-4px=0(x\neq 0)$,它表示以 $(2p,0)$ 为圆心,以 $2p$ 为半径的圆(除去原点).

注 把动点视作相对的定点,建立参数方程,达到求解目的,是解析几何中的常用技巧.

解析3 本题中有较多的垂直关系,联系所学知识可知用向量来解决,能达到简化运算的目的.

设 $A\left(\frac{y_1^2}{4p},y_1\right)$,$B\left(\frac{y_2^2}{4p},y_2\right)$,$M(x,y)$. 则

$$\overrightarrow{OA}=\left(\frac{y_1^2}{4p},y_1\right),\overrightarrow{OB}=\left(\frac{y_2^2}{4p},y_2\right),\overrightarrow{OM}=(x,y)$$

所以

$$\overrightarrow{AB}=\left(\frac{y_2^2-y_1^2}{4p},y_2-y_1\right),\overrightarrow{AM}=\left(x-\frac{y_1^2}{4p},y-y_1\right)$$

因为$\overrightarrow{OA}\perp\overrightarrow{OB}$，所以$\frac{y_1^2}{4p}\cdot\frac{y_2^2}{4p}+y_1y_2=0$，即 $y_1y_2=-16p^2$.

又$\overrightarrow{OM}\perp\overrightarrow{AB}$，所以$\frac{y_2^2-y_1^2}{4p}x+(y_2-y_1)y=0$，即$\frac{y_1+y_2}{4p}x+y=0$.

因为 A,M,B 三点共线，所以$\overrightarrow{AM}/\!/\overrightarrow{AB}$，因此

$$\left(x-\frac{y_1^2}{4p}\right)\cdot(y_2-y_1)-\frac{y_2^2-y_1^2}{4p}\cdot(y-y_1)=0$$

化简得

$$x-\frac{y_1+y_2}{4p}y+\frac{y_1y_2}{4p}=0$$

消去 y_1,y_2 得

$$x^2+y^2-4px=0$$

其余与方法 1 同.

注　使用向量共线与垂直的充要条件处理直线的平行与垂直关系，与解析几何中使用直线的斜率关系解题，从实质看是相同的，但向量的坐标运算可以避开斜率是否存在的讨论，达到简化运算的目的.

通过引导解题者从各种途径，多角度地考虑问题，促使解题者主动参与、积极探索、主动思考、主动创造，从而激发了解题者的创新意识，培养了学生的创造能力.

2. 一题多变是培养创新意识的重要手段

陶行知先生说："处处是创造之地，天天是创造之时，人人是创造之才."学习者的创新意识、创造能力，不是一朝一夕所能形成的，而是靠平时长期有意识地培养而形成的. 平时的学习中，我们要善于创设多种问题的情景，多方向地激发学习者去积极思考，充分发挥学习者的主体作用，使学习者得到足够的创造空间. 一题多变是培养创新意识的重要手段. 下面，我们看看例 1 的变式：

变式 1　设点 A,B 为抛物线 $y^2=2px(p>0)$ 上原点以外的两个动点，已知 $OA\perp OB$，$OM\perp AB$. 求点 M 的轨迹方程，并说明它表示什么曲线？

仿例 1 的解法可知，点 M 的轨迹方程是 $x^2+y^2-2px=0(x\neq0)$，它表示以 $(p,0)$ 为圆心，以 p 为半径的圆(除去原点).

变式 2　设点 A,B 为抛物线 $y^2=2px(p>0)$ 上原点以外的两个动点，点 $N(2p,2p)$ 满足 $NA\perp NB$，$NM\perp AB$. 求点 M 的轨方程，并说明它表示什么曲线？

仿例 1 的解法可知，点 M 的轨迹方程是 $x^2+y^2-6px+4p^2=0(x\neq2p$ 且 $y\neq2p)$，它表示以 $(3p,0)$ 为圆心，以 $\sqrt{5}p$ 为半径的圆(除去点 N).

变式 3　设点 A,B 为抛物线 $y^2=2px(p>0)$ 上原点以外的两个动点，点 $N(x_0,y_0)$ 是抛物线 $y^2=2px(p>0)$ 上的一定点. 已知 $NA\perp NB$，$NM\perp AB$. 求点 M 的轨迹方程，并说明它表示什么曲线？

仿例 1 的解法可知，点 M 的轨迹方程是 $x^2+y^2-(2x_0+2p)x+x_0^2=0(x\neq x_0$ 且 $y\neq y_0)$，

它表示以$(x_0+p,0)$为圆心，以$\sqrt{y_0^2+p^2}$为半径的圆（除去点N）.

借助几何画板的演示可引导学习者得到：在上述三个变式中，不论点A,B如何变化，直线AB恒过一定点. 因此可得：

结论1 过抛物线$y^2=2px(p>0)$上任意一点$N(x_0,y_0)$作两条互相垂直的弦NA,NB，则直线AB恒过定点$(x_0+2p,-y_0)$.

推论1 过抛物线$y^2=2px(p>0)$上任意一点$N(x_0,y_0)$作两条互相垂直的弦NA,NB，$NM\perp AB$于点M，则点M的轨迹方程是

$$(x-x_0)(x-x_0-2p)+(y-y_0)(y+y_0)=0\quad(x\neq x_0\text{ 且 }y\neq y_0)$$

通过对例1的条件的变化，不仅引导学习者探究出例1的本质，而且有助于培养学习者的发散性思维，而数学上的新思维、新概念和新方法往往来源于发散思维. 按照现代心理学家的见解，数学家创新能力的大小应和他的发散思维成正比.

3. 推广、引申是培养创新意识的重要途径

荷兰著名学者弗赖登塔尔说："学习数学的唯一正确方法是实行'再创造'，也就是由学习者本人把要学的东西自己去发现或创造出来，我们的任务是引导学习者去进行这种创造工作，而不是把现成的知识灌输给学生."因此，在探究例1的本质后，可进一步引导学习者去发现、去寻求更一般的规律，能否将例1推广、引申为任意的曲线和椭圆呢？

结论2 过椭圆$\frac{x^2}{a^2}+\frac{y^2}{b^2}=1(a>b>0)$上任意一点$N(x_0,y_0)$作两条互相垂直的弦$NA$，$NB$，则直线$AB$恒过定点$\left(\frac{a^2-b^2}{a^2+b^2}x_0,-\frac{a^2-b^2}{a^2+b^2}y_0\right)$.

推论2 过椭圆$\frac{x^2}{a^2}+\frac{y^2}{b^2}=1(a>b>0)$上任意一点$N(x_0,y_0)$作两条互相垂直的弦$NA$，$NB$，$NM\perp AB$于点$M$，则点$M$的轨迹方程是

$$(x-x_0)\left(x-\frac{a^2-b^2}{a^2+b^2}x_0\right)+(y-y_0)\left(y+\frac{a^2-b^2}{a^2+b^2}y_0\right)=0\quad(x\neq x_0\text{ 且 }y\neq y_0)$$

结论3 过双曲线$\frac{x^2}{a^2}-\frac{y^2}{b^2}=1(a>0,b>0,a\neq b)$上任意一点$N(x_0,y_0)$作两条互相垂直的弦$NA,NB$，则直线$AB$恒过定点$\left(\frac{a^2+b^2}{a^2-b^2}x_0,-\frac{a^2+b^2}{a^2-b^2}y_0\right)$.

推论3 过双曲线$\frac{x^2}{a^2}-\frac{y^2}{b^2}=1(a>0,b>0,a\neq b)$上任意一点$N(x_0,y_0)$作两条互相垂直的弦$NA,NB$，$NM\perp AB$于点$M$，则点$M$的轨迹方程是

$$(x-x_0)\left(x-\frac{a^2+b^2}{a^2-b^2}x_0\right)+(y-y_0)\left(y+\frac{a^2+b^2}{a^2-b^2}y_0\right)=0\quad(x\neq x_0\text{ 且 }y\neq y_0)$$

通过对例1的推广和引申，不仅调动了学习者的学习积极性，激发了学习者的学习兴趣，而且是学习者思维的一次飞跃和创新，是思维向高层次发展的结果.

注 上述例1的多解、多变以及引申、推广等还可参见本丛书中的《测评数学探营》第四章.

8.2.2 推理意识

推理意识是指推理与讲理的自觉意识，即遇到问题时自觉推测，并做到落笔有据，言之

有理，这是严密的逻辑性的反映. 它包括演绎推理、归纳推理、类比推理的自觉意识. 推理意识是公理化思想的准备.

例 2　借马分马的合理性.

古典分马问题　有一位老人，他有三个儿子和 17 匹马，他在临终前对他的儿子们说："我已经写好了遗嘱，我把马留给你们，你们一定要按我的要求去分."老人去世后，三兄弟看到了遗嘱. 遗嘱上写着："我把 17 匹马全都留给我的三个儿子. 长子得一半，次子得三分之一，幼子得九分之一. 不许杀马，不许流血，你们必须遵从父亲的遗嘱."

这是有名的古代数学趣题，采用的是借马分马的办法，具体解法是：三个儿子去请教一位智者，智者借给他们 1 匹马，老人原有 17 匹马，加上智者借给的 1 匹马，一共 18 匹马，于是三个儿子按照 18 匹马的一半、三分之一和九分之一，分别得到了 9 匹马、6 匹马和 2 匹马，共 17 匹马. 还剩下 1 匹马，还给智者. 这种方法符合老人的遗嘱，解法独特.

在借马分马的古典解法中，三个儿子按照老人的遗嘱，临时借用一下智者的 1 匹马，在合起来的 18 匹马中按$\frac{1}{2}$，$\frac{1}{3}$，$\frac{1}{9}$恰好分完了其中的 17 匹马，这正好是老人留下的马的匹数，所以合情合理，假如不借用或借用超过 1 匹以上的马，就不能恰好将其中的 17 匹马分完，所以不借和多借都不行.

借马分马到底是否合理呢？

我们换一个角度来看，三个儿子分得马的比例是$\frac{1}{2}:\frac{1}{3}:\frac{1}{9}$，即$\frac{9}{18}:\frac{6}{18}:\frac{2}{18}$，亦即 $9:6:2$，我们按比例来进行分配，因为 $9+6+2=17$，所以只要分别分 9，6，2 即可，因此按比例来分配是比较简洁的方法. 所以借马分马是合理的.

又因为$\frac{1}{2}+\frac{1}{3}+\frac{1}{9}=\frac{17}{18}<1$，所以一次性按$\frac{1}{2}$，$\frac{1}{3}$，$\frac{1}{9}$来分不能将 17 匹马分完，按遗嘱要求，还要将剩下的马再按$\frac{1}{2}$，$\frac{1}{3}$，$\frac{1}{9}$来分，还没有分完，再继续按$\frac{1}{2}$，$\frac{1}{3}$，$\frac{1}{9}$来分，……，如此继续下去，分别求出三个儿子每次分得的马匹数之和就可以得出他们应分得的马匹数.

即：第一次三个儿子分别分得 $17\times\frac{1}{2}$，$17\times\frac{1}{3}$，$17\times\frac{1}{9}$，还剩 $17\times\frac{1}{18}$，第二次三个儿子分别分得 $17\times\frac{1}{18}\times\frac{1}{2}$，$17\times\frac{1}{18}\times\frac{1}{3}$，$17\times\frac{1}{18}\times\frac{1}{9}$，还剩 $17\times\frac{1}{18}\times\frac{1}{18}=17\times(\frac{1}{18})^2$，第三次三个儿子分别分得 $17\times(\frac{1}{18})^2\times\frac{1}{2}$，$17\times(\frac{1}{18})^2\times\frac{1}{3}$，$17\times(\frac{1}{18})^2\times\frac{1}{9}$，……，则三个儿子应分得的马匹数分别为

$$17\times\frac{1}{2}+17\times\frac{1}{18}\times\frac{1}{2}+17\times(\frac{1}{18})^2\times\frac{1}{2}+\cdots=\frac{17\times\frac{1}{2}}{1-\frac{1}{18}}=9$$

$$17\times\frac{1}{3}+17\times\frac{1}{18}\times\frac{1}{3}+17\times(\frac{1}{18})^2\times\frac{1}{3}+\cdots=\frac{17\times\frac{1}{3}}{1-\frac{1}{18}}=6$$

$$17\times\frac{1}{9}+17\times\frac{1}{18}\times\frac{1}{9}+17\times\left(\frac{1}{18}\right)^2\times\frac{1}{9}+\cdots=\frac{17\times\frac{1}{9}}{1-\frac{1}{18}}=2$$

这实际上是利用无穷递缩等比数列的求和思想来把问题得到解决.

借马分马问题可以推广为:由 N 个东西分给 k 个人,这 k 个人分别按$\frac{n_1}{N+m},\frac{n_2}{N+m},\cdots,\frac{n_k}{N+m}(n_1\in\mathbf{N}_+,n_2\in\mathbf{N}_+,\cdots,n_k\in\mathbf{N}_+,m\in\mathbf{N}_+,N\in\mathbf{N}_+)$的比例来分配,其中 $n_1+n_2+\cdots+n_k=N$,则这 k 个人分别应分得 $n_1,n_2,\cdots,n_k$ 个.

8.2.3 抽象意识

抽象意识是指在学习数学的过程中应形成的如下思维习惯:从本质上看问题;自觉地进行抽象概括,建立数学模型. 抽象意识强调对事物(或数量)的结构、关系的敏感. 抽象意识是结构思想的准备.

例 3 不等式的矩阵抽象陈述.

首先看下列熟知的不等式:

设 $a,b,c\in\mathbf{R}_+$,则有

$$a^3+b^3+c^3\geqslant 3abc \quad ①$$

由式①显然有 $a+b+c\geqslant 3\sqrt[3]{abc}$,从而又有

$$27abc\leqslant(a+b+c)^3 \quad ②$$

由式①,又有

$$\begin{aligned}9(a^3+b^3+c^3)&=a^3+b^3+c^3+6(a^3+b^3+c^3)+2(a^3+b^3+c^3)\\&\geqslant a^3+b^3+c^3+3(a^2b+a^2c+ab^2+ac^2+b^2c+bc^2)+6abc\\&=(a+b+c)^3\end{aligned}$$

从而又有

$$\frac{1}{3}(a^3+b^3+c^3)\geqslant\left(\frac{a+b+c}{3}\right)^3 \quad ③$$

由 $a+b+c\geqslant 3\sqrt[3]{abc}$,亦有

$$[(a+b+c)^3]^{\frac{1}{3}}\geqslant\sqrt[3]{abc}+\sqrt[3]{abc}+\sqrt[3]{abc} \quad ④$$

上述不等式中的等号,均当且仅当 $a=b=c$ 时取得.

上述不等式均可以用矩阵陈述表示:

作 3×3 矩阵

$$\boldsymbol{A}=\begin{bmatrix}a&b&c\\a&b&c\\a&b&c\end{bmatrix},\boldsymbol{B}=\begin{bmatrix}a&b&c\\b&c&a\\c&a&b\end{bmatrix}$$

矩阵 $\boldsymbol{A}$ 常称为可同序矩阵(即每行元素的大小顺序一致),矩阵 $\boldsymbol{B}$ 为矩阵 $\boldsymbol{A}$ 的一个乱序阵(即每行元素的大小顺序不一致,但还是原行中的元素),此时,上述各不等式可陈述为:

结论 1 式①即为可同序矩阵 $\boldsymbol{A}$ 的元素的列积之和不小于其乱序阵 $\boldsymbol{B}$ 的元素的列积之

和.

结论 2 式②即为可同序矩阵 $\boldsymbol{A}$ 的元素的列和之积不大于其乱序阵 $\boldsymbol{B}$ 的元素的列和之积.

结论 3 式③即为矩阵 $\boldsymbol{B}$ 的每列元素之积的算术平均值不小于其每行元素的算术平均值之积.

结论 4 式④即为矩阵 $\boldsymbol{B}$ 的每列元素之和的几何平均值不小于其每行元素的几何平均值之和.

上述 4 个结论中的 3 阶正实数矩阵 $\boldsymbol{A},\boldsymbol{B}$ 均可以推广列 $n\times m$ 的非负实数矩阵的情形.

设 $a_{ij}\geqslant 0(i=1,2,\cdots,n,j=1,2,\cdots,m)$,记

$$\boldsymbol{M}=\begin{bmatrix} a_{11} & a_{12} & \cdots & a_{1m} \\ a_{21} & a_{22} & \cdots & a_{2m} \\ \vdots & \vdots & & \vdots \\ a_{n1} & a_{n2} & \cdots & a_{nm} \end{bmatrix}_{n\times m},\boldsymbol{N}=\begin{bmatrix} a'_{11} & a'_{12} & \cdots & a'_{1m} \\ a'_{21} & a'_{22} & \cdots & a'_{2m} \\ \vdots & \vdots & & \vdots \\ a'_{n1} & a'_{n2} & \cdots & a'_{nm} \end{bmatrix}_{n\times m}$$

其中 $\boldsymbol{M}$ 的每行元素的大小顺序一致,$\boldsymbol{N}$ 为 $\boldsymbol{M}$ 的乱序阵,每一行的元素虽仍是 $\boldsymbol{M}$ 中的行的元素,但大小顺序不一定是一致的.

此时,不等式①至④分别推广为

$$\sum_{j=1}^{m}\prod_{i=1}^{n}a_{ij}\geqslant\sum_{j=1}^{m}\prod_{i=1}^{n}a'_{ij} \quad ⑤$$

$$\prod_{j=1}^{m}\sum_{i=1}^{n}a_{ij}\leqslant\prod_{j=1}^{m}\sum_{i=1}^{n}a'_{ij} \quad ⑥$$

$$\frac{1}{m}\sum_{j=1}^{m}\prod_{i=1}^{n}a'_{ij}\geqslant\prod_{i=1}^{n}\left(\frac{1}{m}\sum_{j=1}^{m}a'_{ij}\right) \quad ⑦$$

$$\prod_{j=1}^{m}\left(\sum_{i=1}^{n}a'_{ij}\right)^{\frac{1}{m}}\geqslant\sum_{i=1}^{n}\left(\prod_{j=1}^{m}a'_{ij}\right)^{\frac{1}{m}} \quad ⑧$$

这 4 个不等式均是著名的不等式,即式⑤与式⑥称为微微对偶不等式,式⑦称为 Acsel 不等式,式⑧称为 Carlson 不等式. 于是,上述 4 个著名不等式便可采用矩阵陈述表示. 只要将前述 4 个结论中的矩阵 $\boldsymbol{A},\boldsymbol{B}$ 改为矩阵 $\boldsymbol{M},\boldsymbol{N}$ 即可.

例如,式⑧即可陈述为:

对于 $n\times m$ 非负实数矩阵,m 列各列元素之和的几何平均值不小于 n 行各行元素的几何平均值之和.

矩阵是日常生活中,数学各分支中见得较多的数学对象(长方形数表)的表述形式,它能把头绪纷繁的事物或者数学对象按一定的规律排列表示出来,让人看上去一目了然,帮助我们保持清醒的头脑,不至于被一些杂乱无章的关系弄得晕头转向. 若运用上述著名不等式处理问题,则变成了巧妙设计矩阵处理问题了.

8.2.4 符号意识

符号意识是指对数学概念及专用术语相关的记号,表述各种数学对象相互关系的符号、性质符号、运算符号的深刻理解和灵活运用的良好习惯. 符号意识包括:认识与鉴别能力——对于数表、图像表示的数学模式,能粗略估计其分析表达式,鉴别以某个法则表示某

个模式是否恰当;估算能力——对以某种符号法则表示某种函数,如二次函数,能对函数值做出非正式的估计与比较;验算与预告能力——对运算结果做一算术估计,或对已进行的运算的正确性做出判断;选择能力——对一个特定问题,从几个等价的解答形式中确定最合适的形式. 符号意识是符号化与变元表示思想的准备.

例 4 若 $A=\sqrt{3\ 633\times 3\ 635\times 3\ 639\times 3\ 641+36}$,$B=3\ 636\times 3\ 638$,比较 A,B 的大小.

解析 直接通过数值计算来比较,若身边有计算器还是方便的. 但若身边没有计算器就不方便了. 由观察可知乘积中的四位数因数具有明显的结构特征和联系,不妨用字母符号表示. 设 $3\ 637=a$,则

$$\begin{aligned}A-B&=\sqrt{(a-4)(a-2)(a+2)(a+4)+36}-(a-1)(a+1)\\&=\sqrt{(a^2-10)^2}+(a^2-1)\\&=(a^2-10)-(a^2-1)=-9<0\end{aligned}$$

故 $A<B$.

例 5 对一个不等式的等价变形推导及应用①.

题目 设$\triangle ABC$ 的三边长为 a,b,c,则有

$$3abc\geqslant a(b^2+c^2-a^2)+b(c^2+a^2-b^2)+c(a^2+b^2-c^2) \qquad ⊛$$

证明 由余弦定理及 $\cos A+\cos B+\cos C\leqslant\frac{3}{2}$得:式⊛右端 $=2abc(\cos A+\cos B+\cos C)\leqslant 3abc$,其中等号成立时当且仅当$\triangle ABC$ 为正三角形.

令 $S=\frac{1}{2}(a+b+c)$,不等式⊛还有下面一些等价形式:

变形 1 $3abc\leqslant 2[a^2(s-a)+b^2(s-b)+c^2(s-c)]$. ①

变形 2 $abcs\leqslant 2[a^2(s-b)(s-c)+b^2(s-c)(s-a)+c^2(s-a)(s-b)]$. ②

证明 ⊛$\Leftrightarrow 3abc(a+b+c)\geqslant a^2[(b+c)^2-a^2]+b^2[(c+a)^2-b^2]+c^2[(a+b)^2-c^2]\Leftrightarrow abc(a+b+c)\geqslant a^2[(b-c)^2-a^2+2bc]+b^2[(c-a)^2-b^2+2ca]+c^2[(a-b)^2-c^2+2ab]\Leftrightarrow$②.

变形 3 $a(s-b)(s-c)+b(s-c)(s-a)+c(s-a)(s-b)\geqslant\frac{3}{4}abc$. ③

证明 ⊛$\Leftrightarrow 3abc\geqslant a[(b-c)^2-a^2+2bc]+b[(c-a)^2-b^2+2ca]+c[(a-b)^2-c^2+2ab]\Leftrightarrow a(b+a-c)(c+a-b)+b(c+b-a)(b+a-c)+c(b+c-a)(c+a-b)\geqslant 3abc\Leftrightarrow$③.

变形 4 $9abc\geqslant 4s[a(s-a)+b(s-b)+c(s-c)]$. ④

证明 ⊛$\Leftrightarrow 3abc\geqslant a[(b+c)^2-a^2-2bc]+b[(c+a)^2-b^2-2ca]+c[(a+b)^2-c^2-2ab]\Leftrightarrow 9abc\geqslant(a+b+c)[a(b+c-a)+b(c+a-b)+c(a+b-c)]\Leftrightarrow$④.

变形 5 $9abc\geqslant 8s[(s-a)(s-b)+(s-b)(s-c)+(s-c)(s-a)]$. ⑤

证明 ④$\Leftrightarrow 9abc\geqslant 4s[(s-b+s-c)(s-a)+(s-c+s-a)(s-b)+(s-a+s-b)(s-c)]=8s[(s-a)(s-b)+(s-b)(s-c)+(s-c)(s-a)]$,即⑤成立.

下面应用不等式⊛及等价变形式处理一些问题:

---

① 邹明,尹桂勋. 若干数学问题的同一等价形式及应用[J]. 数学通报,1999(1):21-22.

设$\triangle ABC$的外接圆、内切圆和三个旁切圆半径分别为R,r,r_n,r_b,r_c,Δ为其面积.

问题1　求证:$\frac{a}{s-a}+\frac{b}{s-b}+\frac{c}{s-c}\geqslant\frac{3R}{r}$.

证明　由恒等式$(s-a)(s-b)(s-c)=sr^2$及$abc=4srR$得

$$③\Leftrightarrow\frac{a}{s-a}+\frac{b}{s-b}+\frac{c}{s-c}\geqslant\frac{3abc}{4(s-a)(s-b)(s-c)}=\frac{3\cdot 4srR}{4sr^2}=\frac{3R}{r}$$

得证.

问题2　求证:$\frac{a^2}{r_br_c}+\frac{b^2}{r_cr_a}+\frac{c^2}{r_ar_b}\geqslant\frac{2R}{r}$.

证明　由恒等式$\Delta=r_a(s-a)=r_b(s-b)=r_c(s-c)=sr$知

$$②\Leftrightarrow\frac{a^2}{r_br_c}+\frac{b^2}{r_cr_a}+\frac{c^2}{r_ar_b}\geqslant\frac{abcS}{2\Delta^2}=\frac{4s^2rR}{2r^2s^2}=\frac{2R}{r}$$

即得证.

问题3　求证:$qr\leqslant r_a+r_b+r_c\leqslant\frac{9}{2}R$.

证明　由

$$⑤\Leftrightarrow\frac{s}{s-a}+\frac{s}{s-b}+\frac{s}{s-c}\leqslant\frac{9abc}{8(s-a)(s-b)(s-c)}=\frac{9\cdot 4srR}{8sr^2}=\frac{9R}{2r}$$

及问题1有

$$\frac{3R}{r}+3\leqslant\frac{a}{s-a}+1+\frac{b}{s-b}+1+\frac{c}{s-c}+1=\frac{s}{s-a}+\frac{s}{s-b}+\frac{s}{s-c}\leqslant\frac{9R}{r}$$

即

$$(\frac{3R}{r}+3)\Delta\leqslant s(r_a+r_b+r_c)\leqslant\frac{9R}{2r}\Delta\overset{\Delta=sr}{\Leftrightarrow}3R+3r\leqslant r_a+r_b+r_c\leqslant\frac{9}{2}R$$

又$R\geqslant 2r$,则$9r\leqslant 3R+3r\leqslant r_a+r_b+r_c\leqslant\frac{9}{2}R$.

问题4　设A',B',C'是$\triangle ABC$的三个旁心,记$a=BC,b=AC,c=AB;a'=B'C',b'=C'A',c'=A'B'$,求证:$\frac{a^2}{a'^2}+\frac{b^2}{b'^2}+\frac{c^2}{c'^2}\geqslant\frac{3}{4}$.

证明　因

$$r_b+r_c=\frac{\Delta}{s-b}+\frac{\Delta}{s-c}=\frac{a\Delta}{(s-b)(s-c)},\cos\frac{A}{2}=\sqrt{\frac{s(s-a)}{bc}}$$

则

$$a'^2=(AB'+AC')^2=\left(\frac{r_b+r_c}{\cos\frac{A}{2}}\right)^2=\frac{a^2\Delta^2bc}{s(s-b)^2(s-c)^2(s-a)}=\frac{a^2bc}{(s-b)(s-c)}$$

从而

$$\frac{a^2}{a'^2}=\frac{(s-b)(s-c)}{bc}$$

同理有

$$\frac{b}{b'^2}=\frac{(s-c)(s-a)}{ca},\frac{c^2}{c'^2}=\frac{(s-a)(s-b)}{ab}$$

故

$$\frac{a^2}{a'^2}+\frac{b^2}{b'^2}+\frac{c^2}{c'^2}\geqslant\frac{3}{4}\Leftrightarrow a(s-b)(s-c)+b(s-c)(s-a)+c(s-a)(s-b)\geqslant\frac{3}{4}abc$$

这是③,得证.

问题 5 在$\triangle ABC$中. 求证:$3(\cot A+\cot B+\cot C)\geqslant\cot\frac{A}{2}+\cot\frac{B}{2}+\cot\frac{C}{2}$.

证明 由恒等式

$$\cot\frac{A}{2}=\frac{1}{r}(s-a),\cot A=\frac{1}{2r}\left[(s-a)-\frac{r^2}{s-a}\right]$$

可得

$$原式\Leftrightarrow(s-b)(s-c)+(s-c)(s-a)+(s-a)(s-b)\leqslant\frac{1}{3}s^2$$

而由⑤得

$$(s-b)(s-c)+(s-c)(s-a)+(s-a)(s-b)\leqslant\frac{9abc}{8s}\leqslant\frac{9}{8s}\left[\frac{1}{3}(a+b+c)\right]^3=\frac{1}{3}s^2$$

得证.

注 问题 5 又与下述问题等价:

在$\triangle ABC$中,求证:$(\tan\frac{A}{2}+\tan\frac{B}{2}+\tan\frac{C}{2})\tan\frac{A}{2}\cdot\tan\frac{B}{2}\cdot\tan\frac{C}{2}\leqslant\frac{1}{3}$.

8.2.5 整体意识

整体意识是指全面地,从全局上考虑问题的思维习惯或自觉意识. 它注重问题的整体结构及其改造,能卓有成效地作用于思维过程中的定向、调节和控制. 培养整体意识,不能仅强调一个整体,还要强调整体与局部的关系,整体与局部的相对性、整体与结构的关系. 整体意识是系统思想的准备.

例 6 已知实数 a 满足 $a^3+a^2-3a+2=\frac{3}{a}-\frac{1}{a^2}-\frac{1}{a^3}$,求 $a+\frac{1}{a}$的值.

解析 若先求 a,再求 $a+\frac{1}{a}$的值还是比较麻烦的.

若视 $a+\frac{1}{a}$为一个整体,即令 $a+\frac{1}{a}=y$,则由原条件或变形

$$a^3+\frac{1}{a^3}+a^2+\frac{1}{a^2}+2-3(a+\frac{1}{a})=0$$

有

$$y^3-3y+y^2-3y=0$$

即 $y(y^2+y-6)=0$. 求得 $y_1=0,y_2=2,y_3=-3$.

又 $a+\frac{1}{a}=\frac{a^2+1}{a}\neq0$,故 $a+\frac{1}{a}=2$ 或 -3.

例 7 设 $0\leqslant a,b,c\leqslant1$,求证:$\frac{a}{bc+1}+\frac{b}{ca+1}+\frac{c}{ab+1}\leqslant2$.

证明 设 $\max\{a,b,c\}=a$,则

$$原式左边\le\frac{a}{bc+1}+\frac{b}{bc+1}+\frac{c}{bc+1}=\frac{a+b+c}{bc+1}$$
$$\le\frac{1+b+c+bc+(1-b)(1-c)}{bc+1}=\frac{2(bc+1)}{bc+1}=2$$

证毕.

例8　设 x,y,z 为互不相等的非负实数,求证

$$(xy+yz+zx)\left[\frac{1}{(x-y)^2}+\frac{1}{(y-z)^2}+\frac{1}{(z-x)^2}\right]\ge4$$

证明　设 $\min\{x,y,z\}=z$,因

$$\frac{1}{(x-y)(y-z)}+\frac{1}{(y-z)(z-x)}+\frac{1}{(z-x)(x-y)}=0$$

故

$$原式左边=(xy+yz+zx)\left(\frac{1}{x-y}+\frac{1}{y-z}+\frac{1}{z-x}\right)^2$$
$$\ge4(xy+yz+zx)\cdot\frac{1}{x-y}\cdot\left(\frac{1}{y-z}+\frac{1}{z-x}\right)$$
$$=\frac{4(xy+yz+zx)}{(y-z)(x-z)}=\frac{4(xy+yz+zx)}{z^2+xy-z(x+y)}$$
$$\ge\frac{4(xy+yz+zx)}{2z(x+y)+xy-z(x+y)}=4$$

证毕.

8.2.6　化归意识

化归意识是指在解决问题的过程中,有意识地对问题进行转化,变为已经解决或易于解决的问题;化归意识还意味着用联系、发展的、运动变化的眼光观察问题、认识问题.强调化归意识,能够使学习者意识到,事物是多方联系的,解决问题的途径不是单一的,从而可提醒学习者自觉地建立联想,调整思考方向.化归意识是化归思想以及辩证思想的准备.

例9　设 x 与 y 为实数,满足 $(x-1)^3+1\,997(x-1)=-1$, $(y-1)^3+1\,997(y-1)=1$,则 $x+y=$________.

解析　根据题目特征,可构造函数 $f(t)=t^3+1\,997t$,相应条件等式可化归为两点的函数值

$$f(x-1)=-1,f(1-y)=-1$$

显然,函数 $f(t)=t^3+1\,997t$ 为严格递增函数,故必有 $x-1=1-y$,即 $x+y=2$.

化归应朝着使待解问题在表现形式上趋于和谐,在量、形、关系方面趋于统一的方向进行,使问题的条件与结论表现得更匀称和恰当.

例10　在△ABC 中,$\angle A=2\angle C$,$\angle A$,$\angle B$,$\angle C$ 所对的边长为 a,b,c.求证

$$\frac{b}{3}<a-c<\frac{b}{2}$$

解析　条件是角的关系,结论是边的关系,由统一性原则,可利用正弦定理,将结论与条件统一起来,转化为 $\frac{\sin B}{3}<\sin A-\sin C<\frac{\sin B}{2}$,通过三角恒等变形及 $A+B+C=\pi$,此问题

易解决.

在分析和解决问题过程中,应尽可能将抽象的问题向较具体的问题转化,使得其中较复杂的数量关系更容易理解和把握.

8.2.7 应用意识

应用意识是指善于将所学的数学知识进行应用.应用既可以是数学内部的应用,也可以是数学外部的应用,即应用于现实生活、工农业生产等实际问题中去.关于应用意识培养的应用实例可参见本丛书中的《数学应用展观》与《数学建模示例》.

数学作为一种精确的语言,不但具有重要的形式训练价值,而且具有重要的应用价值;不但是提高各级人才的思维能力的有力手段,而且是人类认识世界和改造世界的一种应用广泛的工具.特别在当代,数学作为经济建设的重要武器、作为各门科学的重要基础,作为人类文明的重要支柱,在很多领域中已起着关键性的作用;数学已经渗入到整个社会,数学的影响和作用可以说是无处不在.因此,在当今社会中,用数学的意识,应是一种重要的数学素养,应是每一个公民具备的素质.

任何一项数学的应用,主要或首先是数学模型方法的应用.数学模型方法不仅是处理数学问题的一种经典方法,也是处理科技、工程设计、经济管理、军事与安全等领域中各种实际问题的一般的数学方法.数学建模就是这种数学思想方法的应用,可以帮助学习者灵活地、综合地应用所学知识(包括数学知识)来处理和解决一些现实生活中的问题.数学建模的过程是数学应用的过程,是解决实际问题的真实的、生动的、创造性活动的过程.数学建模的教育是培养学生用数学意识的教育,有益于用数学的意识的培养.

8.2.8 欣赏意识

欣赏意识是指怀着愉悦的心态对待面临的美满对象,是用观赏的目光看待眼前事物的美好形象,是用赞赏的情怀注视事物外表的美观,是用领略的眼光发现事物内部深处的美妙.

数学欣赏就是欣赏数学数形结构形象之巧,欣赏数学结论深刻之妙,欣赏数学文化底蕴之浓,欣赏数学理性思维之慧;数学欣赏就是欣赏数学的真、善、美,真是指数学的科学性,善是指数学的实践性,美是指数学的艺术性,数学是真、善、美的统一体,真、善、美也是数学精神的精髓.美与情感结合产生美满,美与善结合产生美好,美与眼光结合产生美观,美与领略结合产生美妙,由此可知数学欣赏也是一种意识,一种喜爱数学的意识.

欣赏是教育的一部分,从某种意义上讲,数学教育在很大程度上是让受教育者欣赏数学.欣赏需要指导,需要培养.欣赏意识的培养首先可从欣赏数学美开始.数学是美的,它呈现出了和谐、简单、统一、对称、奇异等特性.

数学的和谐美表现为简单性、统一性、对称性等.实际上,简单性、统一性、对称性和奇异性这些都是数学美的基本特征.理解和欣赏数学的美学价值,就是要根据这些基本特征去理解和欣赏.

简单性是数学结构美的重要标志.数学的简单美,是指数学的表达形式和数学理论体系的结构简单,而不是指数学内容本身简单.数学理论的过人之处,就在于能用最简单的方式揭示现实世界中的量及其关系的规律.统一性也是数学结构美的重要标志.统一性是数学本质的一种反映,是指部分与部分,部分与整体之间的和谐协调. 对称性不仅是指几何图形的对称,也包括各种数学概念和理论之间的对称. 数学中的对称美是数学对自然本质的一种反映. 奇异性是指研究对象不能用任何现成的理论解释的特殊性质. 奇异是一种美,奇异到极度更是一种美. 在某种意义上,数学中的和谐性与奇异性是世界的统一性和多样性在数学中的反映,客观世界表现为统一性与多样性的统一,而数学则是和谐性与奇异性的统一. 数学美是数学发展的内在驱动力之一,数学美也是评价数学理论的重要标准之一.

数学美的欣赏可按如下层次进行①:

第一个层次:美观的感受.

这主要是数学对象以形式上的对称、和谐、简洁,给人的感官带来美丽、漂亮的感受.

几何学常常带给人们直观的美学形象. 几何图形中的圆是全方位对称图形,美观、匀称、无可非议. 正三角形、五角星等常用的几何图像都因对称和谐而受到人们喜爱.

第二个层次:美好的感怀.

数学上的许多东西,只有当你感到其"美好",才会激发你对它产生兴趣.

从外表形象之秀到事物特性之领略,这就是从"美观"的层次,进入到"美好"的层次. 例如前面提到的圆,从结构上看是极其美观的,但是我们的认识只停留在"美观"的层次上,还不足以理解它. 事实上,它还有一些与众不同的"美好"的性质:①无论任何圆,它的周长与直径之比总是一个常数 π. π 既非有理数,也非代数数,是超越数. 在四千年前 π 的有效数字仅为 1 位,20 世纪末达 60 亿位,1995 年最高纪录达到 6 442 450 938 位. 现在竟有计算机专家将计算 π 的位数作为衡量计算机性能的指标. ②在周长相同的所有平面封闭图形中,圆的面积最大,这又是一条在工农业生产实践中极具实用性的"美好"的性质.

第三个层次:美妙的感觉.

美妙的感觉需要培养. 给学习者一些创新、探究以至发现的机会,体验发现真理的快乐. 例如,让学习者自己亲身发现三角形三条高、三条中线、三内角平分线都交于一点. 这些美丽、十分美好,同时又令人惊奇的结论,发现它会使人觉得数学妙不可言,几何学妙极了. 自己发现这些一下子并看不出来的"真理",对学习者而言会是何等的惊喜,从而对数学产生由衷的兴趣,也就是顺理成章的事了.

美妙的感觉往往来自"意料之外"但"情理之中"的事物. 三角形的三条高以及中线、内角平分线均交于一点就是这样. 两个圆柱体垂直相截,再展开截面,其截线所对应的曲线竟然是一条正弦曲线,原来猜想这也许是一段圆弧,于是结果大出"意料之外",经过分析推演,却又在"情理之中". 美妙的感觉也就油然而生.

每个喜欢数学的人,都曾感受到那样的时刻:一条辅助线使无从着手的几何题豁然开朗;一个技巧使百思不得其解的不等式证明得以通过;一个特定的"关系—映射—反演"方法使原不相干的问题得以解决. 这时的快乐与兴奋真是难以形容,也许只有用一个"妙"字加以概括. 这种美妙的意境,会使人感到天地造化数学之巧妙,数学家创造数学之深邃,数学学习领悟之欢快. 达到这一步,学习者才真正感受到数学的美丽,被数学所吸引,喜欢数学,热爱数学.

第四个层次:完美的感悟.

---

① 张奠宙. 数学教育经纬[M]. 南京:江苏教育出版社,2003:148.

数学总是尽力做到至善至美、完美无缺. 这也许是数学的最高“品质”和最高的精神“境界”. 从大的方面看,欧氏几何公理体系的构建,数学家通过300余年的努力来证明费马定理,陈景润对哥德巴赫猜想的苦苦追求,都是追求数学“完美”的典型事例. 从小的方面说,我们解一个方程,不只是要回答是否有解,也不只是找到一个解了事,而要证明它确定存在解,知道有多少个解,最后把它们一一找出来,一个都不能少. 二次曲线标准方程,既有圆锥曲线的优美,又有数形结合的风采,既有启迪二次型的数学底蕴,更有描摹天体运动的功能,确实是意境完美的科学杰作. 追求完美的数学境界,是数学思维的又一个亮点.

关于欣赏意识培养的大量实例还可参见本丛书中的《数学欣赏拾趣》.

参 考 文 献

[1] 欧阳维诚.数学——科学与人文的共同基因[M].长沙:湖南师范大学出版社,2000.

[2] 张楚廷.数学文化[M].北京:高等教育出版社,2000.

[3] 王梓坤.科学发现纵横谈[M].上海:上海人民出版社,1983.

[4] 王梓坤.今日数学及应用[J].数学通报,1994(7):3-10.

[5] 赵小平.现代数学大观[M].上海:华东师范大学出版社,2002.

[6] 瓦西里·康定斯基.论艺术的精神[M](中译本).北京:中国社会科学出版社,1987.

[7] 故作玄.布尔巴斯学派的兴衰[M].北京:知识出版社,1984.

[8] 胡作玄.数学与社会[M].长沙:湖南教育出版社,1991.

[9] 齐民友.数学与文化[M].长沙:湖南教育出版社,1991.

[10] 尚强,胡炳生.数学的灵魂——数学精神[J].中学数学教学参考,2012(6):67-68.

[11] 黄秦安,邹慧超.数学的人文精神及其教育价值[J].数学教育学报,2006(4):6-7.

[12] 胡炳生.数学与修养[J].中学数学教学,2006(2):46-47.

[13] 郑毓信.数学文化学[M].成都:四川教育出版社,2001.

[14] 刘云章.论数学的求简精神[J].数学通报,1997(7):5-8.

[15] 沈文选.初等数学研究教程[M].长沙:湖南教育出版社,1996.

[16] 易南轩.数学美拾趣[M].北京:科学出版社,2005.

[17] 沈文选.走进教育数学[M].北京:科学出版社,2015.

[18] 李红婷.几何关系推理教学设计思路[J].数学通报,2009(7):32-33.

[19] 王瑾,贺贤孝.数学证明与数学发现[J].数学通报,2000(10):3-5.

[20] 萧文强.数学证明[M].南京:江苏教育出版社,1989.

[21] 俞求是.空间与图形教学目标和教材编制的初步研究[J].数学教学通讯,2002(4):15.

[22] 李大潜.在上海市中小学数学改革研讨会的发言[J].数学教学,2003(1):6-10.

[23] 符必轲.证明与联想[J].数学通报,2009(3):43-45.

[24] 王增强.一个不等式的再推广与证明[J].中学数学研究,2013(5):15-16.

[25] 叶挺彪.逆平行的应用[J].中学数学教学,2012(6):36-37.

[26] 张俊.圆的一个命题在圆锥曲线中的推广[J].数学通讯,2011(4):18-19.

[27] 于志华.数学问题2095的简证与推广[J].数学通报,2013(9):60-61.

[28] 张留杰,周明芝.数学问题2098在圆锥曲线中的推广[J].数学通报,2013(11):49-50.

[29] 单墫.数学是思维的科学[J].数学通报,2001(6):封二-2.

[30] 任樟辉.数学思维理论[M].南宁:广西教育出版社,2001.

[31] 徐利治,王前.数学与思维[M].长沙:湖南教育出版社,1990.

[32] 丁石孙,张祖贵.数学与教育[M].长沙:湖南教育出版社,1987.

[33] 史宁中.数学的基本思想[J].数学通报,2011(1):1-8.

[34] 徐有政.略论数学形象思维[J].数学通报,1999(9):4-5.

[35] 钱学森. 关于思维科学[M]. 上海:上海人民出版社,1986.
[36] 杨鹤云. 数学直觉思维的一些思考[J]. 数学通报,2014(8):29-32.
[37] 苑建广. 数学思维的五个品质[J]. 中学教研(数学),2013(12):33-35.
[38] 马洪炎. 例说学生创新意识的培养[J]. 数学通报,2013(11):27-29.
[39] 邹明,尹桂勋. 若干数学问题的同一等价形式及应用[J]. 数学通报,1999(1):21-22.
[40] 王子兴. 论数学素养[J]. 数学通报,2002(1):6-9.
[41] 李世臣,陆楷章. 三角形欧拉公式的推广[J]. 数学通报,2015(1):52-55.
[42] 周兴伟,姚丽,赵震宇. 基于两道“姊妹距”结论与证明的思考[J]. 数学通报,2016(5):61-62.

⊙ 编后语

沈文选先生是我多年的挚友,我又是这套书的策划编辑,所以有必要在这套书即将出版之际,说上两句.

有人说:"现在,书籍越来越多,过于垃圾,过于商业,过于功利,过于弱智,无书可读."

还有人说:"从前,出书难,总量少,好书就像沙滩上的鹅卵石一样显而易见,而现在书籍的总量在无限扩张,而佳作却无法迅速膨化,好书便如埋在沙砾里的金粉一样细屑不可寻,一读便上当,看书的机会成本越来越大."(无书可读——中国图书业的另类观察,侯虹斌《新周刊》,2003,总166期)

但凡事总有例外,摆在我面前的沈文选先生的著作便是一个小概率事件的结果.文如其人,作品即是人品,现在认认真真做学问,老老实实写著作的学者已不多见,沈先生算是其中一位,用书法大师、教育家启功给北京师范大学所题的校训"学为人师,行为世艺"来写照,恰如其分.沈先生"从一而终",从教近四十年,除偶有涉及n维空间上的单形研究外,将全部精力投入到初等数学的研究中,不可不谓执着,成果也是显著的,称其著作等身并不为过.

目前,国内高校也开始流传美国学界历来的说法"不发表则自毙(Publish or Perish)".于是大量应景之作迭出,但沈先生已退休,并无此压力,只是想将多年的研究做个总结,可算封山之作.所以说这套书是无书可读时代的可读之书,选读此套书可将读书的机会成本降至无穷小.

这套书非考试之用,所以切不可抱功利之心去读.中国最可怕的事不是大众不读书,而是教师不读书,沈先生的书既是给学生读的,也是给教师读的.2001年陈丹青在上海《艺术世界》杂志开办专栏时,他采取读者提问他回答的互动方式.有一位读者直截了当地问:“你认为在艺术中能够得到什么?”陈丹青答道:“得到所谓‘艺术’:有时自以为得到了,有时发现并没得到.”(陈丹青.与陈丹青交谈.上海文艺出版社,2007,第12页).读艺术如此,读数学也如此.如果非要给自己一个读的理由,可以用一首诗来说服自己,曾有人将古代五言《神童诗》扩展成七言:

古今天子重英豪,学内文章教尔曹.
世上万般皆下品,人间唯有读书高.

沈先生的书涉猎极广,可以说只要对数学感兴趣的人都会开卷有益,可自学,可竞赛,可教学,可欣赏,可把玩,只是不宜远离.米兰·昆德拉在《小说的艺术》中说:“缺乏艺术细胞并不可怕,一个人完全可以不读普鲁斯特,不听舒伯特,而生活得很平和,但一个蔑视艺术的人不可能平和地生活.”(米兰·昆德拉.小说的艺术.董强,译.上海译文出版社,2004,第169页)将艺术换以数学,结论也成立.

本丛书旨在提高公众数学素养,打个比方说,它不是药,但它是营养素与维生素,缺少它短期似无大碍,长期缺乏必有大害.2007年9月初,法国中小学开学之际,法国总统尼古拉·萨科奇发表了长达32页的《致教育者的一封信》,其中他严肃指出:当前法国教育中的普通文化日渐衰退,而专业化学习经常过细、过早.他认为:“学者、工程师、技术员不能没有文学、艺术、哲学素养;作家、艺术家、哲学家不能没有科学、技术、数学素养.”

最后我们祝沈老师退休生活愉快,为数学工作了一辈子,教了那么多学生,写了那么多书和论文,您太累了,也该歇歇了.

刘培杰
2018年3月1日

刘培杰数学工作室

已出版(即将出版)图书目录——初等数学

书　　名	出版时间	定　价	编号
新编中学数学解题方法全书(高中版)上卷(第2版)	2018—08	58.00	951
新编中学数学解题方法全书(高中版)中卷(第2版)	2018—08	68.00	952
新编中学数学解题方法全书(高中版)下卷(一)(第2版)	2018—08	58.00	953
新编中学数学解题方法全书(高中版)下卷(二)(第2版)	2018—08	58.00	954
新编中学数学解题方法全书(高中版)下卷(三)(第2版)	2018—08	68.00	955
新编中学数学解题方法全书(初中版)上卷	2008—01	28.00	29
新编中学数学解题方法全书(初中版)中卷	2010—07	38.00	75
新编中学数学解题方法全书(高考复习卷)	2010—01	48.00	67
新编中学数学解题方法全书(高考真题卷)	2010—01	38.00	62
新编中学数学解题方法全书(高考精华卷)	2011—03	68.00	118
新编平面解析几何解题方法全书(专题讲座卷)	2010—01	18.00	61
新编中学数学解题方法全书(自主招生卷)	2013—08	88.00	261
数学奥林匹克与数学文化(第一辑)	2006—05	48.00	4
数学奥林匹克与数学文化(第二辑)(竞赛卷)	2008—01	48.00	19
数学奥林匹克与数学文化(第二辑)(文化卷)	2008—07	58.00	36′
数学奥林匹克与数学文化(第三辑)(竞赛卷)	2010—01	48.00	59
数学奥林匹克与数学文化(第四辑)(竞赛卷)	2011—08	58.00	87
数学奥林匹克与数学文化(第五辑)	2015—06	98.00	370
世界著名平面几何经典著作钩沉——几何作图专题卷(上)	2009—06	48.00	49
世界著名平面几何经典著作钩沉——几何作图专题卷(下)	2011—01	88.00	80
世界著名平面几何经典著作钩沉(民国平面几何老课本)	2011—03	38.00	113
世界著名平面几何经典著作钩沉(建国初期平面三角老课本)	2015—08	38.00	507
世界著名解析几何经典著作钩沉——平面解析几何卷	2014—01	38.00	264
世界著名数论经典著作钩沉(算术卷)	2012—01	28.00	125
世界著名数学经典著作钩沉——立体几何卷	2011—02	28.00	88
世界著名三角学经典著作钩沉(平面三角卷Ⅰ)	2010—06	28.00	69
世界著名三角学经典著作钩沉(平面三角卷Ⅱ)	2011—01	38.00	78
世界著名初等数论经典著作钩沉(理论和实用算术卷)	2011—07	38.00	126
发展你的空间想象力	2017—06	38.00	785
走向国际数学奥林匹克的平面几何试题诠释(上、下)(第1版)	2007—01	68.00	11,12
走向国际数学奥林匹克的平面几何试题诠释(上、下)(第2版)	2010—02	98.00	63,64
平面几何证明方法全书	2007—08	35.00	1
平面几何证明方法全书习题解答(第1版)	2005—10	18.00	2
平面几何证明方法全书习题解答(第2版)	2006—12	18.00	10
平面几何天天练上卷·基础篇(直线型)	2013—01	58.00	208
平面几何天天练中卷·基础篇(涉及圆)	2013—01	28.00	234
平面几何天天练下卷·提高篇	2013—01	58.00	237
平面几何专题研究	2013—07	98.00	258

刘培杰数学工作室
已出版(即将出版)图书目录——初等数学

书 名	出版时间	定 价	编号
最新世界各国数学奥林匹克中的平面几何试题	2007—09	38.00	14
数学竞赛平面几何典型题及新颖解	2010—07	48.00	74
初等数学复习及研究(平面几何)	2008—09	58.00	38
初等数学复习及研究(立体几何)	2010—06	38.00	71
初等数学复习及研究(平面几何)习题解答	2009—01	48.00	42
几何学教程(平面几何卷)	2011—03	68.00	90
几何学教程(立体几何卷)	2011—07	68.00	130
几何变换与几何证题	2010—06	88.00	70
计算方法与几何证题	2011—06	28.00	129
立体几何技巧与方法	2014—04	88.00	293
几何瑰宝——平面几何 500 名题暨 1000 条定理(上、下)	2010—07	138.00	76,77
三角形的解法与应用	2012—07	18.00	183
近代的三角形几何学	2012—07	48.00	184
一般折线几何学	2015—08	48.00	503
三角形的五心	2009—06	28.00	51
三角形的六心及其应用	2015—10	68.00	542
三角形趣谈	2012—08	28.00	212
解三角形	2014—01	28.00	265
三角学专门教程	2014—09	28.00	387
图天下几何新题试卷.初中(第 2 版)	2017—11	58.00	855
圆锥曲线习题集(上册)	2013—06	68.00	255
圆锥曲线习题集(中册)	2015—01	78.00	434
圆锥曲线习题集(下册·第 1 卷)	2016—10	78.00	683
圆锥曲线习题集(下册·第 2 卷)	2018—01	98.00	853
论九点圆	2015—05	88.00	645
近代欧氏几何学	2012—03	48.00	162
罗巴切夫斯基几何学及几何基础概要	2012—07	28.00	188
罗巴切夫斯基几何学初步	2015—06	28.00	474
用三角、解析几何、复数、向量计算解数学竞赛几何题	2015—03	48.00	455
美国中学几何教程	2015—04	88.00	458
三线坐标与三角形特征点	2015—04	98.00	460
平面解析几何方法与研究(第 1 卷)	2015—05	18.00	471
平面解析几何方法与研究(第 2 卷)	2015—06	18.00	472
平面解析几何方法与研究(第 3 卷)	2015—07	18.00	473
解析几何研究	2015—01	38.00	425
解析几何学教程.上	2016—01	38.00	574
解析几何学教程.下	2016—01	38.00	575
几何学基础	2016—01	58.00	581
初等几何研究	2015—02	58.00	444
十九和二十世纪欧氏几何学中的片段	2017—01	58.00	696
平面几何中考.高考.奥数一本通	2017—07	28.00	820
几何学简史	2017—08	28.00	833
四面体	2018—01	48.00	880
平面几何图形特性新析.上篇	即将出版		911
平面几何图形特性新析.下篇	2018—06	88.00	912
平面几何范例多解探究.上篇	2018—04	48.00	913
平面几何范例多解探究.下篇	即将出版		914
从分析解题过程学解题:竞赛中的几何问题研究	2018—07	68.00	946

刘培杰数学工作室
已出版(即将出版)图书目录——初等数学

书　　名	出版时间	定　价	编号
俄罗斯平面几何问题集	2009—08	88.00	55
俄罗斯立体几何问题集	2014—03	58.00	283
俄罗斯几何大师——沙雷金论数学及其他	2014—01	48.00	271
来自俄罗斯的5000道几何习题及解答	2011—03	58.00	89
俄罗斯初等数学问题集	2012—05	38.00	177
俄罗斯函数问题集	2011—03	38.00	103
俄罗斯组合分析问题集	2011—01	48.00	79
俄罗斯初等数学万题选——三角卷	2012—11	38.00	222
俄罗斯初等数学万题选——代数卷	2013—08	68.00	225
俄罗斯初等数学万题选——几何卷	2014—01	68.00	226
俄罗斯《量子》杂志数学征解问题100题选	2018—08	48.00	969
俄罗斯《量子》杂志数学征解问题又100题选	2018—08	48.00	970
463个俄罗斯几何老问题	2012—01	28.00	152
《量子》数学短文精粹	2018—09	38.00	972
谈谈素数	2011—03	18.00	91
平方和	2011—03	18.00	92
整数论	2011—05	38.00	120
从整数谈起	2015—10	28.00	538
数与多项式	2016—01	38.00	558
谈谈不定方程	2011—05	28.00	119
解析不等式新论	2009—06	68.00	48
建立不等式的方法	2011—03	98.00	104
数学奥林匹克不等式研究	2009—08	68.00	56
不等式研究(第二辑)	2012—02	68.00	153
不等式的秘密(第一卷)	2012—02	28.00	154
不等式的秘密(第一卷)(第2版)	2014—02	38.00	286
不等式的秘密(第二卷)	2014—01	38.00	268
初等不等式的证明方法	2010—06	38.00	123
初等不等式的证明方法(第二版)	2014—11	38.00	407
不等式·理论·方法(基础卷)	2015—07	38.00	496
不等式·理论·方法(经典不等式卷)	2015—07	38.00	497
不等式·理论·方法(特殊类型不等式卷)	2015—07	48.00	498
不等式探究	2016—03	38.00	582
不等式探秘	2017—01	88.00	689
四面体不等式	2017—01	68.00	715
数学奥林匹克中常见重要不等式	2017—09	38.00	845
三正弦不等式	2018—09	98.00	974
同余理论	2012—05	38.00	163
[x]与{x}	2015—04	48.00	476
极值与最值.上卷	2015—06	28.00	486
极值与最值.中卷	2015—06	38.00	487
极值与最值.下卷	2015—06	28.00	488
整数的性质	2012—11	38.00	192
完全平方数及其应用	2015—08	78.00	506
多项式理论	2015—10	88.00	541
奇数、偶数、奇偶分析法	2018—01	98.00	876

刘培杰数学工作室

已出版(即将出版)图书目录——初等数学

书　　名	出版时间	定　价	编号
历届美国中学生数学竞赛试题及解答(第一卷)1950—1954	2014—07	18.00	277
历届美国中学生数学竞赛试题及解答(第二卷)1955—1959	2014—04	18.00	278
历届美国中学生数学竞赛试题及解答(第三卷)1960—1964	2014—06	18.00	279
历届美国中学生数学竞赛试题及解答(第四卷)1965—1969	2014—04	28.00	280
历届美国中学生数学竞赛试题及解答(第五卷)1970—1972	2014—06	18.00	281
历届美国中学生数学竞赛试题及解答(第六卷)1973—1980	2017—07	18.00	768
历届美国中学生数学竞赛试题及解答(第七卷)1981—1986	2015—01	18.00	424
历届美国中学生数学竞赛试题及解答(第八卷)1987—1990	2017—05	18.00	769
历届 IMO 试题集(1959—2005)	2006—05	58.00	5
历届 CMO 试题集	2008—09	28.00	40
历届中国数学奥林匹克试题集(第 2 版)	2017—03	38.00	757
历届加拿大数学奥林匹克试题集	2012—08	38.00	215
历届美国数学奥林匹克试题集:多解推广加强	2012—08	38.00	209
历届美国数学奥林匹克试题集:多解推广加强(第 2 版)	2016—03	48.00	592
历届波兰数学竞赛试题集. 第 1 卷,1949～1963	2015—03	18.00	453
历届波兰数学竞赛试题集. 第 2 卷,1964～1976	2015—03	18.00	454
历届巴尔干数学奥林匹克试题集	2015—05	38.00	466
保加利亚数学奥林匹克	2014—10	38.00	393
圣彼得堡数学奥林匹克试题集	2015—01	38.00	429
匈牙利奥林匹克数学竞赛题解. 第 1 卷	2016—05	28.00	593
匈牙利奥林匹克数学竞赛题解. 第 2 卷	2016—05	28.00	594
历届美国数学邀请赛试题集(第 2 版)	2017—10	78.00	851
全国高中数学竞赛试题及解答. 第 1 卷	2014—07	38.00	331
普林斯顿大学数学竞赛	2016—06	38.00	669
亚太地区数学奥林匹克竞赛题	2015—07	18.00	492
日本历届(初级)广中杯数学竞赛试题及解答. 第 1 卷(2000～2007)	2016—05	28.00	641
日本历届(初级)广中杯数学竞赛试题及解答. 第 2 卷(2008～2015)	2016—05	38.00	642
360 个数学竞赛问题	2016—08	58.00	677
奥数最佳实战题. 上卷	2017—06	38.00	760
奥数最佳实战题. 下卷	2017—05	58.00	761
哈尔滨市早期中学数学竞赛试题汇编	2016—07	28.00	672
全国高中数学联赛试题及解答:1981—2017(第 2 版)	2018—05	98.00	920
20 世纪 50 年代全国部分城市数学竞赛试题汇编	2017—07	28.00	797
高中数学竞赛培训教程:平面几何问题的求解方法与策略. 上	2018—05	68.00	906
高中数学竞赛培训教程:平面几何问题的求解方法与策略. 下	2018—06	78.00	907
高中数学竞赛培训教程:整除与同余以及不定方程	2018—01	88.00	908
高中数学竞赛培训教程:组合计数与组合极值	2018—04	48.00	909
国内外数学竞赛题及精解:2016～2017	2018—07	45.00	922
许康华竞赛优学精选集. 第一辑	2018—08	68.00	949
高考数学临门一脚(含密押三套卷)(理科版)	2017—01	45.00	743
高考数学临门一脚(含密押三套卷)(文科版)	2017—01	45.00	744
新课标高考数学题型全归纳(文科版)	2015—05	72.00	467
新课标高考数学题型全归纳(理科版)	2015—05	82.00	468
洞穿高考数学解答题核心考点(理科版)	2015—11	49.80	550
洞穿高考数学解答题核心考点(文科版)	2015—11	46.80	551

刘培杰数学工作室

已出版(即将出版)图书目录——初等数学

书　　名	出版时间	定　价	编号
高考数学题型全归纳:文科版.上	2016－05	53.00	663
高考数学题型全归纳:文科版.下	2016－05	53.00	664
高考数学题型全归纳:理科版.上	2016－05	58.00	665
高考数学题型全归纳:理科版.下	2016－05	58.00	666
王连笑教你怎样学数学:高考选择题解题策略与客观题实用训练	2014－01	48.00	262
王连笑教你怎样学数学:高考数学高层次讲座	2015－02	48.00	432
高考数学的理论与实践	2009－08	38.00	53
高考数学核心题型解题方法与技巧	2010－01	28.00	86
高考思维新平台	2014－03	38.00	259
30分钟拿下高考数学选择题、填空题(理科版)	2016－10	39.80	720
30分钟拿下高考数学选择题、填空题(文科版)	2016－10	39.80	721
高考数学压轴题解题诀窍(上)(第2版)	2018－01	58.00	874
高考数学压轴题解题诀窍(下)(第2版)	2018－01	48.00	875
北京市五区文科数学三年高考模拟题详解:2013～2015	2015－08	48.00	500
北京市五区理科数学三年高考模拟题详解:2013～2015	2015－09	68.00	505
向量法巧解数学高考题	2009－08	28.00	54
高考数学万能解题法(第2版)	即将出版	38.00	691
高考物理万能解题法(第2版)	即将出版	38.00	692
高考化学万能解题法(第2版)	即将出版	28.00	693
高考生物万能解题法(第2版)	即将出版	28.00	694
高考数学解题金典(第2版)	2017－01	78.00	716
高考物理解题金典(第2版)	即将出版	68.00	717
高考化学解题金典(第2版)	即将出版	58.00	718
我一定要赚分:高中物理	2016－01	38.00	580
数学高考参考	2016－01	78.00	589
2011～2015年全国及各省市高考数学文科精品试题审题要津与解法研究	2015－10	68.00	539
2011～2015年全国及各省市高考数学理科精品试题审题要津与解法研究	2015－10	88.00	540
最新全国及各省市高考数学试卷解法研究及点拨评析	2009－02	38.00	41
2011年全国及各省市高考数学试题审题要津与解法研究	2011－10	48.00	139
2013年全国及各省市高考数学试题解析与点评	2014－01	48.00	282
全国及各省市高考数学试题审题要津与解法研究	2015－02	48.00	450
新课标高考数学——五年试题分章详解(2007～2011)(上、下)	2011－10	78.00	140,141
全国中考数学压轴题审题要津与解法研究	2013－04	78.00	248
新编全国及各省市中考数学压轴题审题要津与解法研究	2014－05	58.00	342
全国及各省市5年中考数学压轴题审题要津与解法研究(2015版)	2015－04	58.00	462
中考数学专题总复习	2007－04	28.00	6
中考数学较难题、难题常考题型解题方法与技巧.上	2016－01	48.00	584
中考数学较难题、难题常考题型解题方法与技巧.下	2016－01	58.00	585
中考数学较难题常考题型解题方法与技巧	2016－09	48.00	681
中考数学难题常考题型解题方法与技巧	2016－09	48.00	682
中考数学中档题常考题型解题方法与技巧	2017－08	68.00	835
中考数学选择填空压轴好题妙解365	2017－05	38.00	759

刘培杰数学工作室

已出版(即将出版)图书目录——初等数学

书名	出版时间	定价	编号
中考数学小压轴汇编初讲	2017-07	48.00	788
中考数学大压轴专题微言	2017-09	48.00	846
北京中考数学压轴题解题方法突破(第3版)	2017-11	48.00	854
助你高考成功的数学解题智慧:知识是智慧的基础	2016-01	58.00	596
助你高考成功的数学解题智慧:错误是智慧的试金石	2016-04	58.00	643
助你高考成功的数学解题智慧:方法是智慧的推手	2016-04	68.00	657
高考数学奇思妙解	2016-04	38.00	610
高考数学解题策略	2016-05	48.00	670
数学解题泄天机(第2版)	2017-10	48.00	850
高考物理压轴题全解	2017-04	48.00	746
高中物理经典问题25讲	2017-05	28.00	764
高中物理教学讲义	2018-01	48.00	871
2016年高考文科数学真题研究	2017-04	58.00	754
2016年高考理科数学真题研究	2017-04	78.00	755
初中数学、高中数学脱节知识补缺教材	2017-06	48.00	766
高考数学小题抢分必练	2017-10	48.00	834
高考数学核心素养解读	2017-09	38.00	839
高考数学客观题解题方法和技巧	2017-10	38.00	847
十年高考数学精品试题审题要津与解法研究.上卷	2018-01	68.00	872
十年高考数学精品试题审题要津与解法研究.下卷	2018-01	58.00	873
中国历届高考数学试题及解答.1949-1979	2018-01	38.00	877
历届中国高考数学试题及解答.第二卷,1980—1989	2018-10	28.00	975
历届中国高考数学试题及解答.第三卷,1990—1999	2018-10	48.00	976
数学文化与高考研究	2018-03	48.00	882
跟我学解高中数学题	2018-07	58.00	926
中学数学研究的方法及案例	2018-05	58.00	869
高考数学抢分技能	2018-07	68.00	934
高一新生常用数学方法和重要数学思想提升教材	2018-06	38.00	921

书名	出版时间	定价	编号
新编640个世界著名数学智力趣题	2014-01	88.00	242
500个最新世界著名数学智力趣题	2008-06	48.00	3
400个最新世界著名数学最值问题	2008-09	48.00	36
500个世界著名数学征解问题	2009-06	48.00	52
400个中国最佳初等数学征解老问题	2010-01	48.00	60
500个俄罗斯数学经典老题	2011-01	28.00	81
1000个国外中学物理好题	2012-04	48.00	174
300个日本高考数学题	2012-05	38.00	142
700个早期日本高考数学试题	2017-02	88.00	752
500个前苏联早期高考数学试题及解答	2012-05	28.00	185
546个早期俄罗斯大学生数学竞赛题	2014-03	38.00	285
548个来自美苏的数学好问题	2014-11	28.00	396
20所苏联著名大学早期入学试题	2015-02	18.00	452
161道德国工科大学生必做的微分方程习题	2015-05	28.00	469
500个德国工科大学生必做的高数习题	2015-06	28.00	478
360个数学竞赛问题	2016-08	58.00	677
200个趣味数学故事	2018-02	48.00	857
470个数学奥林匹克中的最值问题	2018-10	88.00	985
德国讲义日本考题.微积分卷	2015-04	48.00	456
德国讲义日本考题.微分方程卷	2015-04	38.00	457
二十世纪中叶中、英、美、日、法、俄高考数学试题精选	2017-06	38.00	783

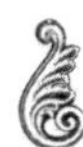

刘培杰数学工作室
已出版(即将出版)图书目录——初等数学

书　　名	出版时间	定　价	编号
中国初等数学研究　2009 卷(第 1 辑)	2009－05	20.00	45
中国初等数学研究　2010 卷(第 2 辑)	2010－05	30.00	68
中国初等数学研究　2011 卷(第 3 辑)	2011－07	60.00	127
中国初等数学研究　2012 卷(第 4 辑)	2012－07	48.00	190
中国初等数学研究　2014 卷(第 5 辑)	2014－02	48.00	288
中国初等数学研究　2015 卷(第 6 辑)	2015－06	68.00	493
中国初等数学研究　2016 卷(第 7 辑)	2016－04	68.00	609
中国初等数学研究　2017 卷(第 8 辑)	2017－01	98.00	712
几何变换(Ⅰ)	2014－07	28.00	353
几何变换(Ⅱ)	2015－06	28.00	354
几何变换(Ⅲ)	2015－01	38.00	355
几何变换(Ⅳ)	2015－12	38.00	356
初等数论难题集(第一卷)	2009－05	68.00	44
初等数论难题集(第二卷)(上、下)	2011－02	128.00	82,83
数论概貌	2011－03	18.00	93
代数数论(第二版)	2013－08	58.00	94
代数多项式	2014－06	38.00	289
初等数论的知识与问题	2011－02	28.00	95
超越数论基础	2011－03	28.00	96
数论初等教程	2011－03	28.00	97
数论基础	2011－03	18.00	98
数论基础与维诺格拉多夫	2014－03	18.00	292
解析数论基础	2012－08	28.00	216
解析数论基础(第二版)	2014－01	48.00	287
解析数论问题集(第二版)(原版引进)	2014－05	88.00	343
解析数论问题集(第二版)(中译本)	2016－04	88.00	607
解析数论基础(潘承洞,潘承彪著)	2016－07	98.00	673
解析数论导引	2016－07	58.00	674
数论入门	2011－03	38.00	99
代数数论入门	2015－03	38.00	448
数论开篇	2012－07	28.00	194
解析数论引论	2011－03	48.00	100
Barban Davenport Halberstam 均值和	2009－01	40.00	33
基础数论	2011－03	28.00	101
初等数论 100 例	2011－05	18.00	122
初等数论经典例题	2012－07	18.00	204
最新世界各国数学奥林匹克中的初等数论试题(上、下)	2012－01	138.00	144,145
初等数论(Ⅰ)	2012－01	18.00	156
初等数论(Ⅱ)	2012－01	18.00	157
初等数论(Ⅲ)	2012－01	28.00	158

刘培杰数学工作室

已出版(即将出版)图书目录——初等数学

书　名	出版时间	定　价	编号
平面几何与数论中未解决的新老问题	2013—01	68.00	229
代数数论简史	2014—11	28.00	408
代数数论	2015—09	88.00	532
代数、数论及分析习题集	2016—11	98.00	695
数论导引提要及习题解答	2016—01	48.00	559
素数定理的初等证明.第2版	2016—09	48.00	686
数论中的模函数与狄利克雷级数(第二版)	2017—11	78.00	837
数论:数学导引	2018—01	68.00	849
数学眼光透视(第2版)	2017—06	78.00	732
数学思想领悟(第2版)	2018—01	68.00	733
数学方法溯源(第2版)	2018—08	68.00	734
数学解题引论	2017—05	58.00	735
数学史话览胜(第2版)	2017—01	48.00	736
数学应用展观(第2版)	2017—08	68.00	737
数学建模尝试	2018—04	48.00	738
数学竞赛采风	2018—01	68.00	739
数学技能操握	2018—03	48.00	741
数学欣赏拾趣	2018—02	48.00	742
从毕达哥拉斯到怀尔斯	2007—10	48.00	9
从迪利克雷到维斯卡尔迪	2008—01	48.00	21
从哥德巴赫到陈景润	2008—05	98.00	35
从庞加莱到佩雷尔曼	2011—08	138.00	136
博弈论精粹	2008—03	58.00	30
博弈论精粹.第二版(精装)	2015—01	88.00	461
数学 我爱你	2008—01	28.00	20
精神的圣徒　别样的人生——60位中国数学家成长的历程	2008—09	48.00	39
数学史概论	2009—06	78.00	50
数学史概论(精装)	2013—03	158.00	272
数学史选讲	2016—01	48.00	544
斐波那契数列	2010—02	28.00	65
数学拼盘和斐波那契魔方	2010—07	38.00	72
斐波那契数列欣赏(第2版)	2018—08	58.00	948
Fibonacci数列中的明珠	2018—06	58.00	928
数学的创造	2011—02	48.00	85
数学美与创造力	2016—01	48.00	595
数海拾贝	2016—01	48.00	590
数学中的美	2011—02	38.00	84
数论中的美学	2014—12	38.00	351

刘培杰数学工作室

已出版(即将出版)图书目录——初等数学

书　　名	出版时间	定　价	编号
数学王者　科学巨人——高斯	2015－01	28.00	428
振兴祖国数学的圆梦之旅:中国初等数学研究史话	2015－06	98.00	490
二十世纪中国数学史料研究	2015－10	48.00	536
数字谜、数阵图与棋盘覆盖	2016－01	58.00	298
时间的形状	2016－01	38.00	556
数学发现的艺术:数学探索中的合情推理	2016－07	58.00	671
活跃在数学中的参数	2016－07	48.00	675

书　　名	出版时间	定　价	编号
数学解题——靠数学思想给力(上)	2011－07	38.00	131
数学解题——靠数学思想给力(中)	2011－07	48.00	132
数学解题——靠数学思想给力(下)	2011－07	38.00	133
我怎样解题	2013－01	48.00	227
数学解题中的物理方法	2011－06	28.00	114
数学解题的特殊方法	2011－06	48.00	115
中学数学计算技巧	2012－01	48.00	116
中学数学证明方法	2012－01	58.00	117
数学趣题巧解	2012－03	28.00	128
高中数学教学通鉴	2015－05	58.00	479
和高中生漫谈:数学与哲学的故事	2014－08	28.00	369
算术问题集	2017－03	38.00	789
张教授讲数学	2018－07	38.00	933

书　　名	出版时间	定　价	编号
自主招生考试中的参数方程问题	2015－01	28.00	435
自主招生考试中的极坐标问题	2015－04	28.00	463
近年全国重点大学自主招生数学试题全解及研究.华约卷	2015－02	38.00	441
近年全国重点大学自主招生数学试题全解及研究.北约卷	2016－05	38.00	619
自主招生数学解证宝典	2015－09	48.00	535

书　　名	出版时间	定　价	编号
格点和面积	2012－07	18.00	191
射影几何趣谈	2012－04	28.00	175
斯潘纳尔引理——从一道加拿大数学奥林匹克试题谈起	2014－01	28.00	228
李普希兹条件——从几道近年高考数学试题谈起	2012－10	18.00	221
拉格朗日中值定理——从一道北京高考试题的解法谈起	2015－10	18.00	197
闵科夫斯基定理——从一道清华大学自主招生试题谈起	2014－01	28.00	198
哈尔测度——从一道冬令营试题的背景谈起	2012－08	28.00	202
切比雪夫逼近问题——从一道中国台北数学奥林匹克试题谈起	2013－04	38.00	238
伯恩斯坦多项式与贝齐尔曲面——从一道全国高中数学联赛试题谈起	2013－03	38.00	236
卡塔兰猜想——从一道普特南竞赛试题谈起	2013－06	18.00	256
麦卡锡函数和阿克曼函数——从一道前南斯拉夫数学奥林匹克试题谈起	2012－08	18.00	201
贝蒂定理与拉姆贝克莫斯尔定理——从一个拣石子游戏谈起	2012－08	18.00	217
皮亚诺曲线和豪斯道夫分球定理——从无限集谈起	2012－08	18.00	211
平面凸图形与凸多面体	2012－10	28.00	218
斯坦因豪斯问题——从一道二十五省市自治区中学数学竞赛试题谈起	2012－07	18.00	196

刘培杰数学工作室

已出版(即将出版)图书目录——初等数学

书 名	出版时间	定 价	编号
纽结理论中的亚历山大多项式与琼斯多项式——从一道北京市高一数学竞赛试题谈起	2012-07	28.00	195
原则与策略——从波利亚"解题表"谈起	2013-04	38.00	244
转化与化归——从三大尺规作图不能问题谈起	2012-08	28.00	214
代数几何中的贝祖定理(第一版)——从一道 IMO 试题的解法谈起	2013-08	18.00	193
成功连贯理论与约当块理论——从一道比利时数学竞赛试题谈起	2012-04	18.00	180
素数判定与大数分解	2014-08	18.00	199
置换多项式及其应用	2012-10	18.00	220
椭圆函数与模函数——从一道美国加州大学洛杉矶分校(UCLA)博士资格考题谈起	2012-10	28.00	219
差分方程的拉格朗日方法——从一道 2011 年全国高考理科试题的解法谈起	2012-08	28.00	200
力学在几何中的一些应用	2013-01	38.00	240
高斯散度定理、斯托克斯定理和平面格林定理——从一道国际大学生数学竞赛试题谈起	即将出版		
康托洛维奇不等式——从一道全国高中联赛试题谈起	2013-03	28.00	337
西格尔引理——从一道第 18 届 IMO 试题的解法谈起	即将出版		
罗斯定理——从一道前苏联数学竞赛试题谈起	即将出版		
拉克斯定理和阿廷定理——从一道 IMO 试题的解法谈起	2014-01	58.00	246
毕卡大定理——从一道美国大学数学竞赛试题谈起	2014-07	18.00	350
贝齐尔曲线——从一道全国高中联赛试题谈起	即将出版		
拉格朗日乘子定理——从一道 2005 年全国高中联赛试题的高等数学解法谈起	2015-05	28.00	480
雅可比定理——从一道日本数学奥林匹克试题谈起	2013-04	48.00	249
李天岩-约克定理——从一道波兰数学竞赛试题谈起	2014-06	28.00	349
整系数多项式因式分解的一般方法——从克朗耐克算法谈起	即将出版		
布劳维不动点定理——从一道前苏联数学奥林匹克试题谈起	2014-01	38.00	273
伯恩赛德定理——从一道英国数学奥林匹克试题谈起	即将出版		
布查特-莫斯特定理——从一道上海市初中竞赛试题谈起	即将出版		
数论中的同余数问题——从一道普特南竞赛试题谈起	即将出版		
范·德蒙行列式——从一道美国数学奥林匹克试题谈起	即将出版		
中国剩余定理:总数法构建中国历史年表	2015-01	28.00	430
牛顿程序与方程求根——从一道全国高考试题解法谈起	即将出版		
库默尔定理——从一道 IMO 预选试题谈起	即将出版		
卢丁定理——从一道冬令营试题的解法谈起	即将出版		
沃斯滕霍姆定理——从一道 IMO 预选试题谈起	即将出版		
卡尔松不等式——从一道莫斯科数学奥林匹克试题谈起	即将出版		
信息论中的香农熵——从一道近年高考压轴题谈起	即将出版		
约当不等式——从一道希望杯竞赛试题谈起	即将出版		
拉比诺维奇定理	即将出版		
刘维尔定理——从一道《美国数学月刊》征解问题的解法谈起	即将出版		
卡塔兰恒等式与级数求和——从一道 IMO 试题的解法谈起	即将出版		
勒让德猜想与素数分布——从一道爱尔兰竞赛试题谈起	即将出版		
天平称重与信息论——从一道基辅市数学奥林匹克试题谈起	即将出版		
哈密尔顿-凯莱定理:从一道高中数学联赛试题的解法谈起	2014-09	18.00	376
艾思特曼定理——从一道 CMO 试题的解法谈起	即将出版		

刘培杰数学工作室
已出版(即将出版)图书目录——初等数学

书　名	出版时间	定　价	编号
阿贝尔恒等式与经典不等式及应用	2018－06	98.00	923
迪利克雷除数问题	2018－07	48.00	930
贝克码与编码理论——从一道全国高中联赛试题谈起	即将出版		
帕斯卡三角形	2014－03	18.00	294
蒲丰投针问题——从2009年清华大学的一道自主招生试题谈起	2014－01	38.00	295
斯图姆定理——从一道"华约"自主招生试题的解法谈起	2014－01	18.00	296
许瓦兹引理——从一道加利福尼亚大学伯克利分校数学系博士生试题谈起	2014－08	18.00	297
拉姆塞定理——从王诗宬院士的一个问题谈起	2016－04	48.00	299
坐标法	2013－12	28.00	332
数论三角形	2014－04	38.00	341
毕克定理	2014－07	18.00	352
数林掠影	2014－09	48.00	389
我们周围的概率	2014－10	38.00	390
凸函数最值定理:从一道华约自主招生题的解法谈起	2014－10	28.00	391
易学与数学奥林匹克	2014－10	38.00	392
生物数学趣谈	2015－01	18.00	409
反演	2015－01	28.00	420
因式分解与圆锥曲线	2015－01	18.00	426
轨迹	2015－01	28.00	427
面积原理:从常庚哲命的一道CMO试题的积分解法谈起	2015－01	48.00	431
形形色色的不动点定理:从一道28届IMO试题谈起	2015－01	38.00	439
柯西函数方程:从一道上海交大自主招生的试题谈起	2015－02	28.00	440
三角恒等式	2015－02	28.00	442
无理性判定:从一道2014年"北约"自主招生试题谈起	2015－01	38.00	443
数学归纳法	2015－03	18.00	451
极端原理与解题	2015－04	28.00	464
法雷级数	2014－08	18.00	367
摆线族	2015－01	38.00	438
函数方程及其解法	2015－05	38.00	470
含参数的方程和不等式	2012－09	28.00	213
希尔伯特第十问题	2016－01	38.00	543
无穷小量的求和	2016－01	28.00	545
切比雪夫多项式:从一道清华大学金秋营试题谈起	2016－01	38.00	583
泽肯多夫定理	2016－03	38.00	599
代数等式证题法	2016－01	28.00	600
三角等式证题法	2016－01	28.00	601
吴大任教授藏书中的一个因式分解公式:从一道美国数学邀请赛试题的解法谈起	2016－06	28.00	656
易卦——类万物的数学模型	2017－08	68.00	838
"不可思议"的数与数系可持续发展	2018－01	38.00	878
最短线	2018－01	38.00	879

书　名	出版时间	定　价	编号
幻方和魔方(第一卷)	2012－05	68.00	173
尘封的经典——初等数学经典文献选读(第一卷)	2012－07	48.00	205
尘封的经典——初等数学经典文献选读(第二卷)	2012－07	38.00	206

书　名	出版时间	定　价	编号
初级方程式论	2011－03	28.00	106
初等数学研究(Ⅰ)	2008－09	68.00	37
初等数学研究(Ⅱ)(上、下)	2009－05	118.00	46,47

刘培杰数学工作室
已出版(即将出版)图书目录——初等数学

书 名	出版时间	定 价	编号
趣味初等方程妙题集锦	2014－09	48.00	388
趣味初等数论选美与欣赏	2015－02	48.00	445
耕读笔记(上卷):一位农民数学爱好者的初数探索	2015－04	28.00	459
耕读笔记(中卷):一位农民数学爱好者的初数探索	2015－05	28.00	483
耕读笔记(下卷):一位农民数学爱好者的初数探索	2015－05	28.00	484
几何不等式研究与欣赏.上卷	2016－01	88.00	547
几何不等式研究与欣赏.下卷	2016－01	48.00	552
初等数列研究与欣赏·上	2016－01	48.00	570
初等数列研究与欣赏·下	2016－01	48.00	571
趣味初等函数研究与欣赏.上	2016－09	48.00	684
趣味初等函数研究与欣赏.下	2018－09	48.00	685
火柴游戏	2016－05	38.00	612
智力解谜.第1卷	2017－07	38.00	613
智力解谜.第2卷	2017－07	38.00	614
故事智力	2016－07	48.00	615
名人们喜欢的智力问题	即将出版		616
数学大师的发现、创造与失误	2018－01	48.00	617
异曲同工	2018－09	48.00	618
数学的味道	2018－01	58.00	798
数学千字文	2018－10	68.00	977
数贝偶拾——高考数学题研究	2014－04	28.00	274
数贝偶拾——初等数学研究	2014－04	38.00	275
数贝偶拾——奥数题研究	2014－04	48.00	276
钱昌本教你快乐学数学(上)	2011－12	48.00	155
钱昌本教你快乐学数学(下)	2012－03	58.00	171
集合、函数与方程	2014－01	28.00	300
数列与不等式	2014－01	38.00	301
三角与平面向量	2014－01	28.00	302
平面解析几何	2014－01	38.00	303
立体几何与组合	2014－01	28.00	304
极限与导数、数学归纳法	2014－01	38.00	305
趣味数学	2014－03	28.00	306
教材教法	2014－04	68.00	307
自主招生	2014－05	58.00	308
高考压轴题(上)	2015－01	48.00	309
高考压轴题(下)	2014－10	68.00	310
从费马到怀尔斯——费马大定理的历史	2013－10	198.00	Ⅰ
从庞加莱到佩雷尔曼——庞加莱猜想的历史	2013－10	298.00	Ⅱ
从切比雪夫到爱尔特希(上)——素数定理的初等证明	2013－07	48.00	Ⅲ
从切比雪夫到爱尔特希(下)——素数定理100年	2012－12	98.00	Ⅲ
从高斯到盖尔方特——二次域的高斯猜想	2013－10	198.00	Ⅳ
从库默尔到朗兰兹——朗兰兹猜想的历史	2014－01	98.00	Ⅴ
从比勃巴赫到德布朗斯——比勃巴赫猜想的历史	2014－02	298.00	Ⅵ
从麦比乌斯到陈省身——麦比乌斯变换与麦比乌斯带	2014－02	298.00	Ⅶ
从布尔到豪斯道夫——布尔方程与格论漫谈	2013－10	198.00	Ⅷ
从开普勒到阿诺德——三体问题的历史	2014－05	298.00	Ⅸ
从华林到华罗庚——华林问题的历史	2013－10	298.00	Ⅹ

刘培杰数学工作室

已出版(即将出版)图书目录——初等数学

书　　名	出版时间	定　价	编号
美国高中数学竞赛五十讲.第1卷(英文)	2014-08	28.00	357
美国高中数学竞赛五十讲.第2卷(英文)	2014-08	28.00	358
美国高中数学竞赛五十讲.第3卷(英文)	2014-09	28.00	359
美国高中数学竞赛五十讲.第4卷(英文)	2014-09	28.00	360
美国高中数学竞赛五十讲.第5卷(英文)	2014-10	28.00	361
美国高中数学竞赛五十讲.第6卷(英文)	2014-11	28.00	362
美国高中数学竞赛五十讲.第7卷(英文)	2014-12	28.00	363
美国高中数学竞赛五十讲.第8卷(英文)	2015-01	28.00	364
美国高中数学竞赛五十讲.第9卷(英文)	2015-01	28.00	365
美国高中数学竞赛五十讲.第10卷(英文)	2015-02	38.00	366
三角函数(第2版)	2017-04	38.00	626
不等式	2014-01	38.00	312
数列	2014-01	38.00	313
方程(第2版)	2017-04	38.00	624
排列和组合	2014-01	28.00	315
极限与导数(第2版)	2016-04	38.00	635
向量(第2版)	2018-08	58.00	627
复数及其应用	2014-08	28.00	318
函数	2014-01	38.00	319
集合	即将出版		320
直线与平面	2014-01	28.00	321
立体几何(第2版)	2016-04	38.00	629
解三角形	即将出版		323
直线与圆(第2版)	2016-11	38.00	631
圆锥曲线(第2版)	2016-09	48.00	632
解题通法(一)	2014-07	38.00	326
解题通法(二)	2014-07	38.00	327
解题通法(三)	2014-05	38.00	328
概率与统计	2014-01	28.00	329
信息迁移与算法	即将出版		330
IMO 50年.第1卷(1959-1963)	2014-11	28.00	377
IMO 50年.第2卷(1964-1968)	2014-11	28.00	378
IMO 50年.第3卷(1969-1973)	2014-09	28.00	379
IMO 50年.第4卷(1974-1978)	2016-04	38.00	380
IMO 50年.第5卷(1979-1984)	2015-04	38.00	381
IMO 50年.第6卷(1985-1989)	2015-04	58.00	382
IMO 50年.第7卷(1990-1994)	2016-01	48.00	383
IMO 50年.第8卷(1995-1999)	2016-06	38.00	384
IMO 50年.第9卷(2000-2004)	2015-04	58.00	385
IMO 50年.第10卷(2005-2009)	2016-01	48.00	386
IMO 50年.第11卷(2010-2015)	2017-03	48.00	646

刘培杰数学工作室

已出版(即将出版)图书目录——初等数学

书　　名	出版时间	定　价	编号
数学反思(2007—2008)	即将出版		915
数学反思(2008—2009)	即将出版		916
数学反思(2010—2011)	2018—05	58.00	917
数学反思(2012—2013)	即将出版		918
数学反思(2014—2015)	即将出版		919
历届美国大学生数学竞赛试题集.第一卷(1938—1949)	2015—01	28.00	397
历届美国大学生数学竞赛试题集.第二卷(1950—1959)	2015—01	28.00	398
历届美国大学生数学竞赛试题集.第三卷(1960—1969)	2015—01	28.00	399
历届美国大学生数学竞赛试题集.第四卷(1970—1979)	2015—01	18.00	400
历届美国大学生数学竞赛试题集.第五卷(1980—1989)	2015—01	28.00	401
历届美国大学生数学竞赛试题集.第六卷(1990—1999)	2015—01	28.00	402
历届美国大学生数学竞赛试题集.第七卷(2000—2009)	2015—08	18.00	403
历届美国大学生数学竞赛试题集.第八卷(2010—2012)	2015—01	18.00	404
新课标高考数学创新题解题诀窍:总论	2014—09	28.00	372
新课标高考数学创新题解题诀窍:必修1～5分册	2014—08	38.00	373
新课标高考数学创新题解题诀窍:选修2—1,2—2,1—1,1—2分册	2014—09	38.00	374
新课标高考数学创新题解题诀窍:选修2—3,4—4,4—5分册	2014—09	18.00	375
全国重点大学自主招生英文数学试题全攻略:词汇卷	2015—07	48.00	410
全国重点大学自主招生英文数学试题全攻略:概念卷	2015—01	28.00	411
全国重点大学自主招生英文数学试题全攻略:文章选读卷(上)	2016—09	38.00	412
全国重点大学自主招生英文数学试题全攻略:文章选读卷(下)	2017—01	58.00	413
全国重点大学自主招生英文数学试题全攻略:试题卷	2015—07	38.00	414
全国重点大学自主招生英文数学试题全攻略:名著欣赏卷	2017—03	48.00	415
劳埃德数学趣题大全.题目卷.1:英文	2016—01	18.00	516
劳埃德数学趣题大全.题目卷.2:英文	2016—01	18.00	517
劳埃德数学趣题大全.题目卷.3:英文	2016—01	18.00	518
劳埃德数学趣题大全.题目卷.4:英文	2016—01	18.00	519
劳埃德数学趣题大全.题目卷.5:英文	2016—01	18.00	520
劳埃德数学趣题大全.答案卷:英文	2016—01	18.00	521
李成章教练奥数笔记.第1卷	2016—01	48.00	522
李成章教练奥数笔记.第2卷	2016—01	48.00	523
李成章教练奥数笔记.第3卷	2016—01	38.00	524
李成章教练奥数笔记.第4卷	2016—01	38.00	525
李成章教练奥数笔记.第5卷	2016—01	38.00	526
李成章教练奥数笔记.第6卷	2016—01	38.00	527
李成章教练奥数笔记.第7卷	2016—01	38.00	528
李成章教练奥数笔记.第8卷	2016—01	48.00	529
李成章教练奥数笔记.第9卷	2016—01	28.00	530

刘培杰数学工作室
已出版(即将出版)图书目录——初等数学

书　　名	出版时间	定　价	编号
第19～23届"希望杯"全国数学邀请赛试题审题要津详细评注(初一版)	2014—03	28.00	333
第19～23届"希望杯"全国数学邀请赛试题审题要津详细评注(初二、初三版)	2014—03	38.00	334
第19～23届"希望杯"全国数学邀请赛试题审题要津详细评注(高一版)	2014—03	28.00	335
第19～23届"希望杯"全国数学邀请赛试题审题要津详细评注(高二版)	2014—03	38.00	336
第19～25届"希望杯"全国数学邀请赛试题审题要津详细评注(初一版)	2015—01	38.00	416
第19～25届"希望杯"全国数学邀请赛试题审题要津详细评注(初二、初三版)	2015—01	58.00	417
第19～25届"希望杯"全国数学邀请赛试题审题要津详细评注(高一版)	2015—01	48.00	418
第19～25届"希望杯"全国数学邀请赛试题审题要津详细评注(高二版)	2015—01	48.00	419
物理奥林匹克竞赛大题典——力学卷	2014—11	48.00	405
物理奥林匹克竞赛大题典——热学卷	2014—04	28.00	339
物理奥林匹克竞赛大题典——电磁学卷	2015—07	48.00	406
物理奥林匹克竞赛大题典——光学与近代物理卷	2014—06	28.00	345
历届中国东南地区数学奥林匹克试题集(2004～2012)	2014—06	18.00	346
历届中国西部地区数学奥林匹克试题集(2001～2012)	2014—07	18.00	347
历届中国女子数学奥林匹克试题集(2002～2012)	2014—08	18.00	348
数学奥林匹克在中国	2014—06	98.00	344
数学奥林匹克问题集	2014—01	38.00	267
数学奥林匹克不等式散论	2010—06	38.00	124
数学奥林匹克不等式欣赏	2011—09	38.00	138
数学奥林匹克超级题库(初中卷上)	2010—01	58.00	66
数学奥林匹克不等式证明方法和技巧(上、下)	2011—08	158.00	134,135
他们学什么:原民主德国中学数学课本	2016—09	38.00	658
他们学什么:英国中学数学课本	2016—09	38.00	659
他们学什么:法国中学数学课本.1	2016—09	38.00	660
他们学什么:法国中学数学课本.2	2016—09	28.00	661
他们学什么:法国中学数学课本.3	2016—09	38.00	662
他们学什么:苏联中学数学课本	2016—09	28.00	679
高中数学题典——集合与简易逻辑·函数	2016—07	48.00	647
高中数学题典——导数	2016—07	48.00	648
高中数学题典——三角函数·平面向量	2016—07	48.00	649
高中数学题典——数列	2016—07	58.00	650
高中数学题典——不等式·推理与证明	2016—07	38.00	651
高中数学题典——立体几何	2016—07	48.00	652
高中数学题典——平面解析几何	2016—07	78.00	653
高中数学题典——计数原理·统计·概率·复数	2016—07	48.00	654
高中数学题典——算法·平面几何·初等数论·组合数学·其他	2016—07	68.00	655

刘培杰数学工作室
已出版(即将出版)图书目录——初等数学

书　　名	出版时间	定　价	编号
台湾地区奥林匹克数学竞赛试题.小学一年级	2017—03	38.00	722
台湾地区奥林匹克数学竞赛试题.小学二年级	2017—03	38.00	723
台湾地区奥林匹克数学竞赛试题.小学三年级	2017—03	38.00	724
台湾地区奥林匹克数学竞赛试题.小学四年级	2017—03	38.00	725
台湾地区奥林匹克数学竞赛试题.小学五年级	2017—03	38.00	726
台湾地区奥林匹克数学竞赛试题.小学六年级	2017—03	38.00	727
台湾地区奥林匹克数学竞赛试题.初中一年级	2017—03	38.00	728
台湾地区奥林匹克数学竞赛试题.初中二年级	2017—03	38.00	729
台湾地区奥林匹克数学竞赛试题.初中三年级	2017—03	28.00	730
不等式证题法	2017—04	28.00	747
平面几何培优教程	即将出版		748
奥数鼎级培优教程.高一分册	2018—09	88.00	749
奥数鼎级培优教程.高二分册.上	2018—04	68.00	750
奥数鼎级培优教程.高二分册.下	2018—04	68.00	751
高中数学竞赛冲刺宝典	即将出版		883
初中尖子生数学超级题典.实数	2017—07	58.00	792
初中尖子生数学超级题典.式、方程与不等式	2017—08	58.00	793
初中尖子生数学超级题典.圆、面积	2017—08	38.00	794
初中尖子生数学超级题典.函数、逻辑推理	2017—08	48.00	795
初中尖子生数学超级题典.角、线段、三角形与多边形	2017—07	58.00	796
数学王子——高斯	2018—01	48.00	858
坎坷奇星——阿贝尔	2018—01	48.00	859
闪烁奇星——伽罗瓦	2018—01	58.00	860
无穷统帅——康托尔	2018—01	48.00	861
科学公主——柯瓦列夫斯卡娅	2018—01	48.00	862
抽象代数之母——埃米·诺特	2018—01	48.00	863
电脑先驱——图灵	2018—01	58.00	864
昔日神童——维纳	2018—01	48.00	865
数坛怪侠——爱尔特希	2018—01	68.00	866
当代世界中的数学.数学思想与数学基础	2019—01	38.00	892
当代世界中的数学.数学问题	2019—01	38.00	893
当代世界中的数学.应用数学与数学应用	即将出版		894
当代世界中的数学.数学王国的新疆域(一)	2019—01	38.00	895
当代世界中的数学.数学王国的新疆域(二)	2019—01	38.00	896
当代世界中的数学.数林撷英(一)	即将出版		897
当代世界中的数学.数林撷英(二)	即将出版		898
当代世界中的数学.数学之路	即将出版		899

刘培杰数学工作室

已出版(即将出版)图书目录——初等数学

书　　名	出版时间	定　价	编号
105 个代数问题:来自 AwesomeMath 夏季课程	即将出版		956
106 个几何问题:来自 AwesomeMath 夏季课程	即将出版		957
107 个几何问题:来自 AwesomeMath 全年课程	即将出版		958
108 个代数问题:来自 AwesomeMath 全年课程	2018—09	68.00	959
109 个不等式:来自 AwesomeMath 夏季课程	即将出版		960
数学奥林匹克中的 110 个几何问题	即将出版		961
111 个代数和数论问题	即将出版		962
112 个组合问题:来自 AwesomeMath 夏季课程	即将出版		963
113 个几何不等式:来自 AwesomeMath 夏季课程	即将出版		964
114 个指数和对数问题:来自 AwesomeMath 夏季课程	即将出版		965
115 个三角问题:来自 AwesomeMath 夏季课程	即将出版		966
116 个代数不等式:来自 AwesomeMath 全年课程	即将出版		967

联系地址:哈尔滨市南岗区复华四道街 10 号　哈尔滨工业大学出版社刘培杰数学工作室
网　　址:http://lpj.hit.edu.cn/
邮　　编:150006
联系电话:0451—86281378　　13904613167
E-mail:lpj1378@163.com